Heinz J. Nowarra · Die deutsche Luftrüstung 1933–1945 · Band 3

Heinz J. Nowarra

Die deutsche Luftrüstung 1933–1945

Band 3: Flugzeugtypen Henschel – Messerschmitt

Bernard & Graefe Verlag

Das gesamte Bild- und Zeichnungsmaterial entstammt dem Archiv des Verfassers und wurde in den Jahren 1949 bis 1983 mit Unterstützung in- und ausländischer Sammler, der deutschen Luftfahrtindustrie und des Smithsonian Institution, Washington, D. C. zusammengestellt.

© Bernard & Graefe Verlag, Koblenz 1993
Alle Rechte vorbehalten, Nachdruck und fotomechanische
Wiedergabe, auch auszugsweise, nur mit Genehmigung des Verlages.
Herstellung und Layout: Walter Amann, München
Lithos: Repro GmbH, Ergolding/Landshut
Satz: Isar-Post GmbH, Landshut
Gesamtherstellung: Graficas Estella S.A.
Printed in Spain
ISBN 3-7637-5464-4 (Gesamtwerk)
ISBN 3-7637-5467-9 (Band 3)

Inhalt

Vorbemerkung

Das Werk »Die deutsche Luftrüstung 1933 – 1945« behandelt in vier Bänden ein militär-technisches Geschehen, dessen Ursachen, dessen Gesamt- und Einzelablauf vor dem zeitgeschichtlichen Hintergrund dieser nicht nur deutschen Schicksalsjahre gesehen und verstanden werden müssen. Der »technische Vorgang« kann eigentlich nicht vom politischen Vorgang losgelöst behandelt werden. Wenn dies hier dennoch geschieht, so aus folgenden Gründen:

Die geistige, politische und militärische Bewältigung und Aufarbeitung der Jahre 1933 – 1945 ist im In- und Ausland in breitestem Umfang und mit Unterstützung aller verfügbarer Medien so vorgenommen worden, daß die Kenntnis der politischen und militärischen Hintergründe der deutschen Luftrüstung dieser Jahre beim Leser dieses Werkes vorausgesetzt werden kann.

Gegenüber der eingehenden wissenschaftlichen Verarbeitung der politischen und militärischen Ereignisse befinden sich die Darstellungen der technischen, industriellen, wirtschaftlichen und rüstungsmäßigen Vorgänge der Jahre 1933 – 1945 weit im Hintertreffen.

Deshalb wurde in diesem Werk der eindeutige Schwerpunkt auf die Darstellung der rüstungstechnischen Vorgänge gelegt. Auf die politische und militärische Bedeutung der Luftrüstungsmaßnahmen wurde zwar hingewiesen, sie haben aber aus den angegebenen Gründen hier nicht die Priorität.

Vorwort

Das erstmals im Jahre 1961 im F. J. Lehmanns Verlag in München erschienene Buch »Die deutschen Flugzeuge 1933–1945« ist bis zum Jahr 1977 — immer wieder erweitert und verbessert — fünfmal neu aufgelegt worden.

Die ständige Nachfrage nach dem Werk, die Fülle an neuem Material und Informationen, besonders auch nach 1977, die sich inzwischen angesammelt hatten, und Unterlagen, die uns erst jetzt aus ehemaliger Siegerhand wieder zugänglich gemacht wurden, zwangen zu der hier vorgelegten Neuausgabe.

So wurden hier neben anderem die Flugzeug- und Motorenentwicklung, die Flugzeugbewaffnung, Flugzeugausrüstung, Sondergeräte, Lenkwaffen sowie Funk- und Ortungsgeräte berücksichtigt.

Nur ein Teil des Textes der Ausgabe von 1977 wurde verwendet, der größere Teil des Textes neu geschrieben und ergänzt.

Photos und Zeichnungen sind neu, bei den letzteren handelt es sich größtenteils um Werkszeichnungen.

Die thematische Erweiterung rechtfertigte den jetzt gewählten Titel »Die deutsche Luftrüstung 1933–1945«, die erhebliche Umfangerweiterung zwang dazu, dieses Werk in vier Bänden vorzulegen. Der Band 1 enthält neben den für *alle* Flugzeugtypen — also auch für die Bände 2–4 — notwendigen Angaben die Typen von AEG bis Dornier, der Band 2 die Flugzeugtypen von Erla bis Heinkel, der Band 3 von Henschel bis Messerschmitt und der Band 4 beinhaltet die Flugzeugtypen von MIAG bis Zeppelin, die Flugzeugschleppverfahren, die FIST-Landflugzeugschleuder KI 12, Flugkörper, Flugmotoren aller Art, Bordwaffen und Ausrüstung.

Da es sich bei den in den vier Bänden erfaßten fliegerischen Geräten um Entwicklungen ausschließlich der Jahre 1933 bis 1945 handelt, wurden hier Abmessungen, Gewichte und Leistungen in den damals gültigen Werten angegeben, die im Ausland zum Teil heute noch Gültigkeit haben. Da diese Werte in der Bundesrepublik Deutschland jedoch seit dem 31. Dezember 1977 nicht mehr gültig sind, wurde allen vier Bänden eine Umrechnungstafel beigefügt, die insbesondere jüngeren Lesern behilflich sein soll; ebenso ist ein »Appendix for english-speaking readers« Bestandteil aller Bände.

Ein Werk dieses Umfangs, zusammengefügt aus so vielen Einzelfachgebieten, wäre ohne die Hilfe anderer nicht zu bewerkstelligen gewesen. Platzgründe verbieten die Aufzählung aller, denen der Autor sich zu Dank verpflichtet weiß. Stellvertretend für die vielen seien hier genannt:

Messerschmitt-Bölkow-Blohm, Werk VFW, Bremen
Dornier-Werke, München
DFVLR, Porz-Wahn
H. P. Dabrowski, Hannover
Dr. Göers, Osnabrück
Manfred Griehl, Mainz
Armin Kerle, Böblingen (†)
Peter Petrick, Berlin
Helmuth Roosenboom, Bremen
Professor Soehne, München
Jay P. Spencer, Smithsonian Institution

Dieses Werk möchte der Autor gern auch in die Hände junger Leser gelegt wissen:

Die technischen und unternehmerischen Leistungen der Väter sind auch Teil der deutschen Geschichte und, wie ich meine, sie sind nicht ihr schlechtester Teil!

Harreshausen, im Frühjahr 1987   Heinz J. Nowarra

Einzelnachweis für Flugzeuge, Triebwerke, Ausrüstung und Geräte

Erklärung von Ausdrücken und Abkürzungen

Ausdrücke aus der Nachtjagd

Himmelbett	Nachtjagdverfahren, bei dem eine geschlossene Wolkendecke von unten durch Scheinwerfer angestrahlt wurde. Die feindlichen Flugzeuge erschienen den hoch fliegenden Nachtjägern wie Schattenrisse auf einer Mattglasscheibe.
Schräge Musik	Starr in den Rumpfrücken eingebaute Waffen, die in einem Winkel von etwa 70° schräg nach oben schossen. Sie ermöglichten ein Bekämpfen der feindlichen Flugzeuge durch Unterfliegen.
Wilde Sau	Freie Nachtjagd auf im Scheinwerferlicht erfaßte Feindmaschinen.

Abkürzungen im Textteil

A-Stand	Waffenstand im Bug
B-Stand	Waffenstand auf der Rumpfoberseite
B1-Stand	Bei zwei Waffenständen auf dem Rumpfrücken der vordere
B2-Stand	Bei zwei Waffenständen auf dem Rumpfrücken der hintere
C-Stand	Waffenstand unter dem Rumpf
C1-Stand	Bei zwei Waffenständen unter dem Rumpf der vordere
C2-Stand	Bei zwei Waffenständen unter dem Rumpf der hintere
DVL	Deutsche Versuchsanstalt für Luftfahrt
EDL	elektrisch betätigte Drehlafette
ETC	Bombenaufhängevorrichtung
FDL	fernbetätigte Drehlafette
FHL	fernbetätigte Drehlafette im Heck
FT	Funkentelegraphie-Einrichtung
FuG	Funkgerät
GM	Sauerstoffhaltiges Zusatzmittel (Stickstoffoxyd) für die kurzzeitige Leistungssteigerung von Flugmotoren
HD	handbetätigter Drehturm
H-Stand	Waffenstand im Heck
HZ-Anlage	Höhenladerzentrale für Höhenflugzeuge, bestehend aus einem zusätzlichen Motor, der ausschließlich Luft für die anderen Triebwerke erzeugt.
LC	Leuchtbomben
Lotfe	Lotfernrohr als Bombenzielgerät
LT	Lufttorpedo
MG	Maschinengewehr
MK	Maschinenkanone
MW	Wasser-Methanol-Einspritzanlage für die kurzzeitige Leistungssteigerung von Flugmotoren
NSFK	Nationalsozialistisches Fliegerkorps
PTL	Propellerturbine
PV	Periskop-Visier
Rb	Reihenbildgerät
REVI	Reflexvisier
RF	Rückblickfernrohr
RLM	Reichsluftfahrtministerium
SC, SD usw.	Sprengbomben
TL	Luftstrahlturbine
T-Stoff, C-Stoff usw.	Raketentreibstoffe. Sie sind im Teil der Flugkörper näher erläutert.
VDM	Vereinigte Deutsche Metallwerke
V-Muster	Versuchsmuster

Umrechnungsfaktoren von Einheiten des SI-Systems

Umrechnung einiger älterer d. h. außer Kraft gesetzter Einheiten in Einheiten des SI-Systems

Techn. Atmosphäre	at ata atü	1 at = 0,980 bar	Kilokalorie	kcal	1 kcal = 4,187 kJ	
			Kilopond	kp	1 kp = 9,806 N = 0,0098 kN	
Kilogramm (Kraft)	kg	1 kg = 9,806 N = 0,0098 kN	Pferdestärken	PS	1 PS = 735,5 W = 0,736 kW	

Appendix for English-speaking readers

Translations of the most important German aeronautical terms

Sorts of aircraft

Jagdflugzeug, Jäger	Fighter, interceptor
Aufklärer	(recco-plane), reconnaissance plane
Bombenflugzeug	Bomber
Bombenflugzeug, mittleres	Medium bomber
Bombenflugzeug, leichtes	Light bomber
Bombenflugzeug, schweres	Heavy bomber
Langstreckenflugzeug	long-range airplane
Höhenflugzeug	high-altitude airplane
Flugboot	flying boat
Seenotflugzeug	air sea rescue airplane
Jagdbomber, Jabo	fighter-bomber
Nachtjäger	nightfighter
Schwimmer-, Wasserflugzeug	sea plane
Versuchsflugzeug	experimental aircraft
Düsen- oder Turbinenflugzeug	jet aircraft
Lastensegler	cargo-glider
Transportflugzeug	transport plane
Verkehrsflugzeug	personel transport plane
Schulflugzeug	basic trainer
Übungsflugzeug	trainer
Verbindungsflugzeug	liaison airplane
Sturzbomber, Stuka	dive-bomber

Sorts of powerplants

Verbrennungs- oder Kolbenmotor	piston engine
Flugmotor	aero engine
Raketenmotor	rocket engine
Strahlturbine	turbo-jet engine
Propellerturbine	prop-jet, gas-turbine
Sternmotor	radial engine
Reihenmotor	in-line engine
Kompressor	supercharger
Turbolader	turbo-blower
Einspritzung	fuel injection
Schwerölmotor, Diesel	Heavy-oil-engine, Diesel

Parts of aircraft

Flugzeugzelle, Zelle	airframe
Rumpf	fuselage
Tragfläche, Fläche, Flügel	wing
Leitwerk	tail unit
Brennstoffbehälter	fuel tank
Kühler	radiator
Höhenflosse	horizontal fin
Höhenruder	elevator
Seitenflosse	vertical fin
Seitenruder	rudder
Fahrwerk	undercarriage
Fahrwerk, einziehbares	undercarriage, retractable
Fahrwerk, festes or starres	undercarriage, fixed
Luftschraube	airscrew, propeller
Propellerhaube	spinner

Data of aircraft

Länge	length
Spannweite	span
Höhe	height
Flächeninhalt, Flügelfläche	wing area
Leergewicht	empty weight
Nutzlast, Zuladung	payload
Fluggewicht	gross weight
Höchstgeschwindigkeit (V/max)	maximal speed
Reisegeschwindigkeit (V/R)	cruising speed
Landegeschwindigkeit (V/L)	landing speed
Gipfelhöhe	service ceiling
Reichweite	range
Steiggeschwindigkeit	rate of climb
Bombenlast	bombload
Ausrüstung	equipment
Bewaffnung	armament
FuG, Funkgerät	W/T set, radio device
A-Stand	front gun position
B-Stand	dorsal gun position
C-Stand	ventral gun position
Bola — Bodenlafette	ventral gun mounting
Lenkbombe, Lenkgeschoß	guidet missile
Revi — Reflexvisier	reflecting gunsight
Lotfe — Lotfernrohr, Bombenvisier	bombsight
ETC — äußeres Bombengehänge	external bomb rack
Lastenraum (bei Kampfflugzeugen)	bomb-bay
R-Gerät, Startrakete	RATO, generally ATO
Minensuchgerät	mine-detector
Ballonseil-Abschneidegerät	balloon-cable-cutter
Kuto-Nase	balloon-cable-cutter in leadingedge of wing
MW und GM-Geräte	fuel injection-device for engine
DL — Drehlafette	rotating gun-mount
FDL — Ferngesteuerte Drehlafette	electrically operated rotating gunmount

11

Aquivalents of German Measures

Zentimeter	Inches	Meter	feet
1	0,394	1	3,281
2	0,787	2	6,562
3	1,181	3	9,843
4	1,575	4	13,123
5	1,969	5	16,404
6	2,362	6	19,685
7	2,756	7	22,966
8	3,150	8	26,247
9	3,543	9	29,528
10	3,937	10	32,808
20	7,874	20	65,617
30	11,811	30	98,425
40	15,748	40	131,233
50	19,685	50	164,042
60	23,622	60	196,850
70	27,559	70	229,658
80	31,496	80	262,467
90	35,433	90	295, 275

Quadratmeter (m²)	Square feet	Kilogramm (kg)	Pounds
1	10,76	1	2,205
2	21,53	2	4,410
3	32,29	3	6,615
4	43,06	4	8,820
5	53,82	5	11,025
6	64,58	6	13,230
7	75,35	7	15,435
8	86,11	8	17,640
9	96,88	9	19,845
10	107,64	10	22,050
20	215,28	20	44,100
30	322,92	30	66,150
40	430,56	40	88,200
50	538,20	50	110,250
60	645,84	60	132,300
70	753,48	70	154,350
80	861,11	80	176,400
90	968,75	90	198,450

Kilometer (km)	Miles statute	Miles nautical
1	0,621	0,539
2	1,243	1,079
3	1,864	1,619
4	2,486	2,158
5	3,107	2,698
6	3,728	3,238
7	4,350	3,777
8	4,971	4,317
9	5,592	4,856
10	6,214	5,396
20	12,427	10,792
30	18,641	16,188
40	24,855	21,584
50	31,069	26,980
60	37,282	32,376
70	43,496	37,772
80	49,710	43,168
90	55,924	48,564

Liter (l)	US Gallons	Imp. Gallons
1	0,264	0,220
2	0,528	0,440
3	0,793	0,660
4	1,057	0,880
5	1,321	1,100
6	1,585	1,320
7	1,849	1,541
8	2,113	1,761
9	2,378	1,981
10	2,642	2,201
20	5,284	4,402
30	7,926	6,603
40	10,567	8,804
50	13,209	11,005
60	15,851	13,206
70	18,493	15,407
80	21,135	17,608
90	23,777	19,809

Übersetzungstafel/Translation table

Deutsch	English	Français	Español
Flügelspitze	wing tip	bout d'aile, extrémité d'aile	extremo del ala
Ölbehälter, Öltank, Schmierstoffbehälter	oil tank	réservoir d'huile	depósito de aceite
Brandschott	fire-proof bulkhead	cloison-pare-feu, paroi de protection contre l'incendie	tabique parafuego
Motor	engine, motor	moteur	motor
Triebwerksgerüst, Motorträger, Motorbock	engine mounting	bâti-moteur	bancada del motor
Auspuffstutzen Auspuffrohr	exhaust pipe	pipe-d'échappement	tubo de escape
Kühlstoffbehälter Glycolbehälter	glycol tank	réservoir de glycol	depósito de glicol
Propellerhaube	spinner	casserole	caperuza (de la hélice)
Flügelmittelstück	wing center-section	section centrale d'aile	sección central del ala
Flügelanschlüsse	wing junctions	attaches de l'aile	unión del ala
Nasenleiste, Stirnleiste, vordere Randleiste	leading edge	bord d'attaque, aretier	borde de ataque
Holm	spar	longeron	larguero
a) Hauptholm	main spar	longeron principal	larguero principal
b) Hinterholm	rear (back) spar	longeron arrière	larguero posterior
c) Kastenholm	box spar	longeron caisson	larguero en cajón
d) Röhrenholm	tubular spar	longeron tubulaire	larguero tubular
Rippe	rib	nervure	nervadura
a) Haupttrippe	main rib	nervure principale	nervadura principal
b) Hilfsrippe	false rib, form rib stiffening rib	fausse nervure nervure auxiliaire	nervadura auxiliar
Torsionsnase, drehsteife Flügelnase	leading edge stiff against torsion	bord d'attaque résistant à la torsion	borde de ataque resistente a la torsión
Ölfederstrebe	oleo-leg	jambe oléo-ressort	montante amortigua-dor de aceite
Einziehfahrgestell, Verschwindfahrwerk	retractable undercarriage	train d'atterrissage escamotable (relevable)	tren de aterrizaje re-plegable
Fahrgestelleinziehschacht	undercart housing	alvéole du train rentrant	compartimiento de repliegue del tren
Verriegelung	locking device	verrouillage	enclavamiento
Landescheinwerfer	landing light	phare d'atterrissage	faro de aterrizaje
Positionslichter	wing lights, position lights	feux de position	luces de posición
Landeklappe	landing flap	volet d'atterrissage	alerón de aterrizaje
Landeklappenbetätigung	flap control	commande des ailerons	mando de los alerones
Steuerknüppel(-rad)	control-stick, control-column, joy-stick (steering wheel, control wheel)	manche à balai, levier de commande (volant de commande) manche de commande	palanca de mando (volante de mando)
Rumpfspant	former, frame	cloison, couple	armazón
Längsprofile	longitudinal stringers	lisses longitudinales	perfil longitudinal
Stoßstange (für Leitwerk)	operating rod, push rod	poussoir de commande, tige de commande	palanca intermedia

Deutsch	English	Français	Español
Rumpfgerüst (Spanten und Längsprofile)	fuselage frame	charpente de fuselage	armazón del fuselaje
Sanitätskasten	first-aid box, medical box	boîte médicale de secours	botiquín
Anschlußpunkte (für Motoren)	points of attachment	points d'attache	puntos de unión
Radgabel, Sporngabel	wheel fork	fourche de roue	horquilla de la rueda
Gewichtsausgleich Ausgleichsgewicht Trimmgewicht	mass balance, counterweight	compensation par contrepoids	compensación por pesos
Funkgerät	wireless apparatus W/T set	appareil radiotélegraphique, appareil de TSF	aparato radiotelegráfico
Höhenflosse	tail plane, stabilizer, horizontal fin	plan stabilisateur, plan fixe horizontal	plano fijo de cola
Seitenflosse	vertical fin	dérive, plan fixe vertical	plano de deriva
Hilfsruder Trimmklappe	trim tab, trim flap	volet de centrage	aleta de centraje
Kraftstofftank	fuel tank	réservoir à carburant	depósito de carburante
Gerätetafel, Instrumentenbrett	instrument board (panel) dash board	tableau de bord, planche de bord, planchette d'instruments	tablero de instrumentos
Öldruckmesser	oil pressure gauge, oil gauge	indicateur de pression d'huile, manomètre d'huile	indicador de la presión de aceite
Kraftstoffdruckmesser	fuel pressure gauge	indicateur de presoin de carburant	indicador de la presión del carburante
Ölthermometer	oil thermometer, oil temperature gauge	thermomètre d'huile	termómetro de aceite
Kraftstoffvorratsmesser	fuel contents gauge	jaugeur de carburant	indicador del carburante
Kühlertemperaturmesser	radiator temperature gauge	thermomètre de radiateur	termómetro del radiador
Seitensteuerfußhebel	rudder bar	palonnier	pedales del timón de dirección
Kompaß a) Nahkompaß b) Fernkompaß	compass direct reading compass remote compass, tele-compass	compas compas à lecture directe télé-compas	compás, brújula brújula de lectura directa brújula a distancia
Hydraulische Pumpe	hydraulic pump	pompe hydraulique	bomba hidráulica
Klappenbetätigung	flap control	commande des ailerons	mando de los alerones
Fahrgestellbetätigung	undercarriage control	commande de train l'atterrissage	mando del tren aterrizaje
Trimmung	trim compensation	centrage	centraje
Gashebel	throttle lever	manette de gaz	palanca des gases
Gemischregelung	mixture control	réglage du mélange	control de la mezcla
Bremshebel	brake lever	levier de frein	palanca de freno
Fahrgestellanzeiger	undercarriage position indicator	indicateur de la position du train	indicador de la posición del tren
Navigationsinstrumente	navigation instruments	instruments de navigation	instrumentos de navegación
Sprachrohr	speaking tube	tuyau acoustique	tubo acústico
Kabinendach	cabin roof	toit de la cabine	techo de la cabina
Windschutzscheibe	wind-screen, windshield	pare-brise	parabrisas
Fahrtmesser	airspeed indicator A.S.I.	indicateur de vitesse, anémomètre	indicador de la velocidad, anemómetro
Künstlicher Horizont	artificial horizon	horizon artificiel	horizonte artificial
Steiggeschwindigkeitsmesser	Rate-of-climb indicator, climb indicator, climbing speed indicator	indicateur de vitesse ascensionelle, variomètre	indicador de la velocidad de subida

Deutsch	English	Français	Español
Höhenmesser	altimeter	altimètre	altímetro
a) Grobhöhenmesser		altimètre ordinaire,	altímetro normal
b) Feinhöhenmesser	sensitive altimeter,	altimètre de	
	precision altimeter	service courant	
		altimètre sensible,	altímetro de precisión
		altimètre de précision	
Kurskreisel	direction gyro, directional gyro	gyroscope de direction	giroscopio de la dirección, girodirección
Wendezeiger	turn indicator	indicateur de virage	indicador de viraje
Drehzahlmesser	revolution counter,	compte-tours, tachymètre	cuentarrevoluciones
Ferndrehzahlmesser	revolution indicator, tachometer,		
	R.p.m. indicator distance revolution counter	tachymètre à distance	cuentarrevoluciones de mando a distancia
Ladedruckmesser	boost gauge, boost pressure gauge	manomètre de suralimention	manómetro de sobrealimaciñón
Propellernabe	airscrew boss	moyeu d'hélice	ojiva de la hélice
Rollenlager	roller bearing	roulement à galet	cojinete de rodillos
Kurbelwelle	crankshaft	vilebrequin	cigüeñal
Triebwerksgerüst	engine mounting	bâti-moteur	bancada del motor
Ölsumpf	sump	cuvette d'huile	colector de aceite
Pleuel	connecting rod	bielle	biela
Hauptlager	main hearing	coussinet principal	cojinete principal
Ansaugrohr	suction pipe, induction pipe	pipe d'admission	tubo de admisión
Ölleitung	oil feeder line	canalisation d'huile	tubería de aceite
Zündkerze	spark plug	bougie d'allumage	bujía de encendido
Ölfilter	oil filter	filtre d'huile	filtro de aceite
Magnet	magneto	magnéto	imán
Kühlmittelleitung	coolant supply	canalisation d'agent de refroidissement	canalización del líquido refrigerante
Brennstoffpumpe	fuel pump	pompe à carburant	bomba del combustible
Vergaser	carburettor, carburetor (Am.)	cárburateur	carburador
Kompressorantrieb	supercharger drive	commande du compresseur	accionamiento del compresor
Ladedruckregler	boost pressure control, boost control	régulateur de suralimentation	regulador de sobre-alimentación
Druckluftverteiler, Luftkompressor	air compressor	compresseur d'air	compresor de aire
Nockenwelle	camshaft	arbre à came	árbol de levas
Zylinderbolzen	cylinder bolt	boulon de cylindre	pasador del cilindro
Zylinder	cylinder	cylindre	cilindro
Kolbenbolzen	piston pin	axe de piston	eje del émbolo
Kompressionsring	compressing ring	segment d'étanchéité	segmento de compresión
Ventil	valve	soupape	válvula
a) Einlaßventil	intake valve	soupape d'admission	válvula de admisión
b) Auslaßventil	exhaust valve	soupape d'échappement	válvula de escape
Wassermantel	water jacket	chemise d'eau	camisa de agua
Kolben	piston	piston	émbolo, pistón
Zylinderkopf	cylinder head	culasse, tête de cylindre	culata
Luftschraubenantrieb	airsrew drive	entrainement d'hélice	accionamiento de la hélice
Kugellager	ball bearing	roulement à billes	cojinete de bolas

Flugzeugtypen
Henschel – Messerschmitt

Henschel

Henschel Flugzeugwerke A. G., Schönefeld bei Berlin

Präsident: Oskar R. Henschel.
Direktor: Walter Hormel.
Technischer Direktor: Dipl.-Ing. Frydag.
Chefkonstrukteur: Dipl.-Ing. F. Nicolaus.
Werke: Schönefeld b. Berlin, Berlin-Johannisthal, Kassel und Wien.

1848 wurde in Kassel die Lokomotivfabrik Henschel & Sohn A. G. gegründet, die im 19. Jahrhundert zu einem der größten Lokomotivhersteller Europas werden sollte. Dazu wurde im Laufe der Zeit das Fabrikationsprogramm ständig erweitert und die Herstellung von Lastkraftwagen sowie Werkzeugmaschinen aufgenommen. Als 1931 die Junkers-Flugzeugwerke in eine bedenkliche wirtschaftliche Krise gerieten, trat Henschel erstmals auch als Interessent für den Flugzeugbau auf und beabsichtigte die Übernahme der Junkers-Werke. Nachdem aber die Verhandlungen ergebnislos verliefen, brach Oskar R. Henschel Mitte Februar 1932 die Gespräche ab und beauftragte Direktor Hormel, die Gründung einer eigenen Firma zu veranlassen. Der Gründungsakt der Henschel Flugzeugwerke GmbH, kurze Zeit später in A. G. umgewandelt, fand am 30. März 1933 in Kassel statt. Gleichzeitig wurde unter Dipl.-Ing. Erich Koch die konstruktive Tätigkeit aufgenommen. Aber schon im Juli des gleichen Jahres erwarben die Henschel Flugzeugwerke die in Berlin-Johannisthal gelegenen leerstehenden Werkstätten der Ambi-Budd Waggon- und Apparatebau A. G. und bauten sie um. Hier entstand kurze Zeit später die Attrappe der Erstkonstruktion Hs 121. Von der Luftwaffe in Aussicht gestellte größere Produktionsaufträge stellten Henschel vor die Aufgabe, ein größeres Werk in der Nähe von Berlin zu errichten. Die Wahl fiel auf Schönefeld, wo am 15. Oktober 1934 der erste Spatenstich zur Errichtung eines Flugplatz-Werkgeländes getan wurde.
Am 22. Dezember 1935 konnte eines der modernsten deutschen Flugzeugwerke vollständig in Betrieb genommen werden. Hier entstanden in der Folgezeit eine Reihe erfolgreicher Nahaufklärer, Schlachtflugzeuge und Höhenmaschinen.
Ein nicht unwesentlicher Zweig der Henschel-Werke diente daneben der Entwicklung von Fernlenkwaffen. Diese Produkte sind im entsprechenden Abschnitt ausführlich beschrieben.

Henschel Hs 121

Die Hs 121 wurde als einsitziges Fortgeschrittenen-Übungsflugzeug von Dipl.-Ing. E. Koch 1933 konstruiert und in Johannisthal gebaut. Der Erstflug erfolgte am 4. Januar 1934 unter Prof. Scheubel.

Typ: Einmotoriges Übungsflugzeug für die Fortgeschrittenenschulung.
Flügel: Abgestrebter Schulterdecker-Knickflügel. Zweiteiliger, zweiholmiger Ganzmetallflügel mit teilweise stoffbespannter Flügelun-

1. Henschel Hs 121

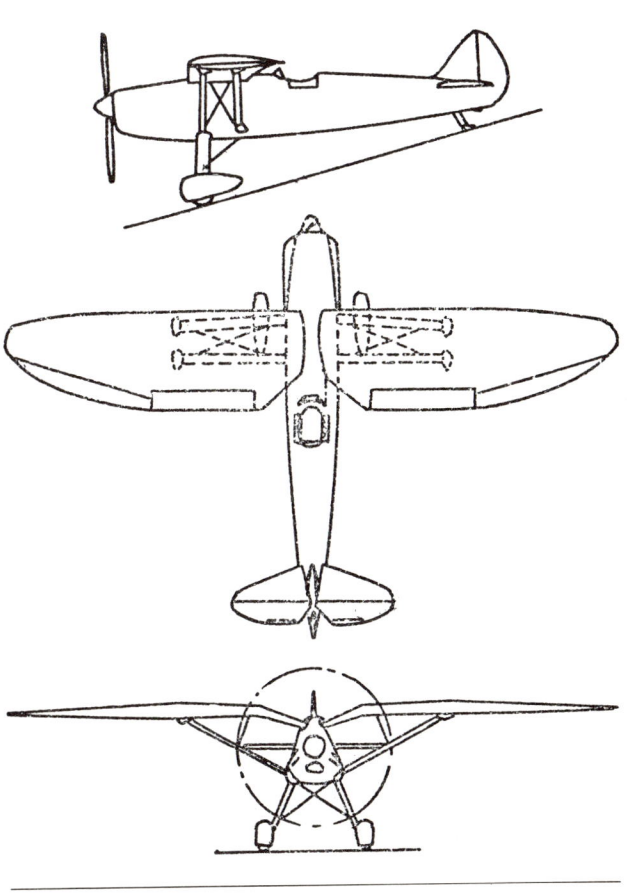

1. Henschel Hs 121 V-1

terseite und ebenfalls stoffbespannten Querrudern. Landeklappen, mechanisch durch Schneckengetriebe betätigt, von den Querrudern bis zum Flügelknick reichend. Jede Flügelhälfte durch zwei Parallelstiele abgefangen.

Rumpf: Leichtmetall-Schalenrumpf mit ovalem Querschnitt. Vorderteil durch große Klappen zugänglich.

Leitwerk: Normal, verspannt. Aufbau aus Ganzmetall, nur Ruder stoffbespannt. Flossen untereinander und zum Rumpf hin verspannt.

Fahrwerk: Starres Normalfahrgestell. Haupträder an freitragenden Federbeinen mit Uerdinger Ringfederung, stromlinienförmig verkleidet. Verkleidetes Spornrad.

Triebwerk: Ein Argus As 10 C luftgekühlter Achtzylinder-∧-Motor mit 1 × 240 PS Startleistung. Zweiblatt-Einstell-Luftschraube aus Holz. Kraftstoffbehälter im Rumpf hinter dem Brandschott.

Besatzung: Ein Pilot in offenem Sitz hinter der Flügelhinterkante.

Das Muster wurde in einem einzigen Exemplar gebaut und diente als Befähigungsnachweis für Entwicklungsaufträge der Luftwaffe. Derartige Befähigungsnachweise sind von allen damals neu entstandenen Firmen der deutschen Luftfahrtindustrie verlangt worden (Blohm & Voß Ha 136, Flugzeugbau Kiel FK 166). Im Falle der Hs 121 wurde der Prototyp jedoch in der Folgezeit noch zahlreichen Tests unterworfen. So wurde das Seitenleitwerk vergrößert und die Höhenflosse abgestrebt. Das freitragende Fahrwerk erhielt im Rahmen dieser Versuche auch noch eine zusätzliche Abstrebung zum Rumpf hin.

Henschel Hs 122

Als erstes Muster in dem neuen Schönefelder Werk entstand 1935 der Nahaufklärer Hs 122, zuerst mit flüssigkeitsgekühltem Reihenmotor, dann mit luftgekühltem Sternmotor.

Hs 122 A

Die *Hs 122 V-1* (D-UBYN), der Vorläufer der A-Reihe, besaß einen Rolls Royce »Kestrel« flüssigkeitsgekühlten Zwölfzylinder-V-Motor mit 1 × 580 PS Startleistung und eine Zweiblatt-Einstell-Luftschraube. Diese Version wurde nicht weiterentwickelt und durch die Hs 122 B abgelöst.

Hs 122 B

Mit einem Bramo Sh 22-Triebwerk entstand bei gleichem Aufbau in der *Hs 122 V-2* (D-UBAV) der Vorläufer der B-Reihe, die von der Luftwaffe als Nahaufklärer akzeptiert wurde und bis zum Ersatz durch die Hs 126 im Einsatz stand.

Typ: Einmotoriger Nahaufklärer.

Flügel: Abgestrebter Hochdecker. Zweiteiliger, zweiholmiger Ganzmetallflügel, durchgehend mit Blech beplankt mit Ausnahme der Flügelunterseite zwischen den Holmen, die, wie auch Querruder und Landeklappen, Stoffbespannung aufweist. Jede Flügelhälfte durch V-Stiel zum Rumpf hin abgefangen.

Rumpf: Ganzmetall-Schalenrumpf mit ovalem Querschnitt. Rumpfvorderteil durch große abnehmbare Verkleidungsbleche gut wartbar.

2. Henschel Hs 122 A-0 △   2. Henschel Hs 122 ▷

Leitwerk: Abgestrebtes Normalleitwerk. Hoch an der Seitenflosse angesetzte Höhenflossen je durch zwei Parallelstiele zum Rumpf hin verstrebt. Aufbau in Ganzmetall, Flossen blechbeplankt, Ruder stoffbespannt. Aerodynamischer und statischer Ausgleich für alle Ruder, ebenso einstellbare Trimmklappen.

Fahrwerk: Starres Normalfahrgestell. Verkleidete Haupträder jeweils an zwei selbständigen V-Streben mit im Rumpf liegender Federung, zur Rumpfmitte hin verspannt. Voll drehbares starres und verkleidetes Spornrad.

Triebwerk: Ein BMW-Bramo-Siemens Sh 22 (SAM 22 B) luftgekühlter Neunzylinder-Sternmotor mit 1×660 PS Startleistung. Zweiblatt-Einstell-Luftschraube aus Holz. NACA-Verkleidung mit vorn liegendem Auspuffsammler.

Besatzung: Zwei Mann hintereinander in offenen Sitzen, vorne der Pilot, hinten der Beobachter/Funker/Schütze.

Militärische Ausrüstung: Bewaffnung bestehend aus $1 \times 7,9$ mm MG 17 auf dem Rumpfvorderteil, starr nach vorne schießend und synchronisiert, und $1 \times 7,9$ mm MG 15 in Drehkranz auf dem hinteren Sitz. Zuladung als Nahaufklärer: Reihenbildgerät, Handkamera und FT, als Mehrzweckflugzeug: FT, Handkamera und Magazin für 10×10-kg-Bomben.

Henschel Hs 123

Anfang der dreißiger Jahre wurden die Erfolge mit Sturzkampfflugzeugen in den USA bekannt und führten zu einer Reihe ähnlicher Entwicklungen bei deutschen Firmen, eifrig gefördert besonders von Ernst Udet. Die Erwartungen, die neue Luftwaffe würde sich für derartige Konstruktionen interessieren, erfüllte sich vorerst jedoch nicht. Als der

3. Henschel Hs 123 V-1

4. Henschel Hs 123 V-5

5. Henschel Hs 123 B-2

3. Henschel Hs 123

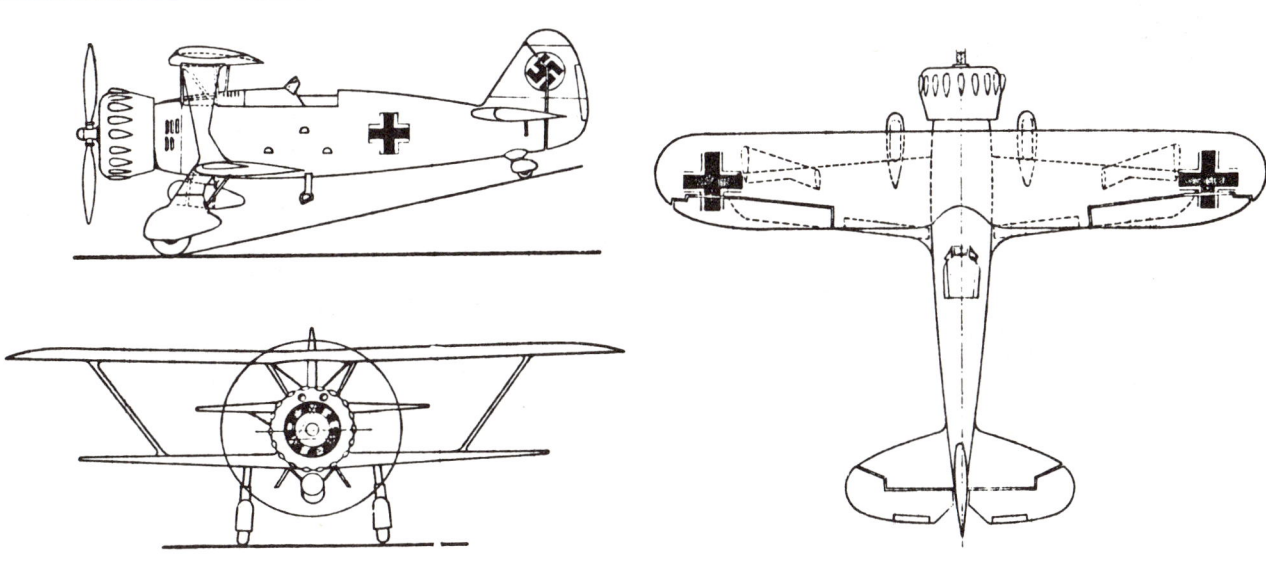

spätere Generalfeldmarschall von Richthofen die Entwicklungsabteilung des Technischen Amtes übernahm, wurde der Sturzkampfbomber mit der Begründung, ein Sturzflug unter 2000 m sei vollendeter Unsinn, restlos abgelehnt. Trotzdem arbeiteten einzelne Ingenieure in Richthofens Abteilung weiter an der Sturzkampfidee und führten ausgiebige Erprobungen mit ausgeführten, auf privater Firmenbasis entstandenen Flugzeugen durch. Zu ihnen gehörte an erster Stelle die von Henschel geschaffene Hs 123, die von Udet bereits am 8. Mai 1935 in Johannisthal im Sturzflug vorgeführt werden konnte. Als sich ein Jahr später das RLM sogar zu einer Ausschreibung für Sturzkampfflugzeuge durchringen konnte, fand die Hs 123 keine Berücksichtigung mehr. Die Konzeption des Aufbaues hatte sich zwischenzeitlich geändert. Dagegen wurde der robuste Doppeldecker als Schlachtflugzeug angenommen und bis weit in den Krieg hinein auch als solcher eingesetzt. Rein äußerlich veränderte sich das Muster über die Zeit der Entwicklung kaum. Die *Hs 123 V-1* besaß noch eine überdimensionierte NACA-Motorhaube, die vollkommen glatt gehalten war.

Das Leitwerk, untereinander verspannt, besaß aerodynamischen Ausgleich. Die *Hs 123 V-2* erhielt bereits die später bei der Serienausführung übliche NACA-Haube mit den Dellen für die Zylinderköpfe des Sternmotors, jedoch ein ausschließlich gewichtlich ausgeglichenes Leitwerk, welches ebenfalls noch verspannt war. Mit der *Hs 123 V-3* wurden weitere Experimente an der Motorhaube durchgeführt. Die anschließende A-Serie erhielt die Motorhaube der V-2 und ein abgestrebtes sowie aerodynamisch und gewichtlich ausgeglichenes Leitwerk.

Versuchsmuster:

Hs 123 V 1 BMW 132 A-3, 650 PS NACA-Motorhaube
     V 2 D-ILUA, neue Motorhaube
     V 3 D-IKOU, Motorhaube wie V 2
     V 4 D-IZKY, Musterflugzeug für A-Serie
     V 5 BMW 132 K, 960 PS, Musterflugzeug für
          B-Serie (nur 1 Stück)
     V 6 D-IHDI, Musterflugzeug für C-Serie
          (nur 1 Stück)

Erste Schlachtfliegergruppen mit Hs 123 Mai 1938: SFG 10 und SFG 50. Noch 1942 Kern der neu aufgestellten Nahkampf-Fliegerverbände. Neubau gefordert, aber unmöglich, da Vorrichtungen und Werkzeuge verschrottet waren.

Typ: Einmotoriges Sturzkampf- und Schlachtflugzeug.
Flügel: Einstieliger, unverspannter Doppeldecker. Oberflügel zweiteilig und zweiholmig, Unterflügel einteilig mit durchgehendem Hauptholm. Aufbau der Flügel in Ganzmetall, nur Flügelunterseiten zum Teil stoffbespannt. Robuste I-Stiele, Querruder mit Gewichtsausgleich nur im Oberflügel. Spreizklappen im Unterflügel.
Rumpf: Ganzmetall-Schalenrumpf mit ovalem Querschnitt.
Leitwerk: Normal, abgestrebt. Höhenflossen je durch einen I-Stiel zum Rumpf hin abgefangen. Aufbau aus Metall, Flossen blechbeplankt, Ruder stoffbespannt. Sämtliche Ruder mit aerodynamischem und Gewichtsausgleich. Verstellbare Trimmklappe im Höhenruder.

22

Fahrwerk: Freitragendes Normalfahrwerk. Haupträder an robusten, verkleideten Einbeinen mit Uerdinger Ringfederung. Starres Spornrad, drehbar gelagert und verkleidet.
Triebwerk: Ein BMW 132 luftgekühlter Neunzylinder-Sternmotor mit 1 × 660 PS Startleistung. Dreiblatt-Verstell-Luftschraube aus Metall.
Besatzung: Ein Pilot in offenem Sitz.
Militärische Ausrüstung: 2 × 7,9 mm MG 17 auf dem Rumpfbug, starr nach vorne durch den Propellerkreis schießend. 1 × 250-kg-Bombe unter dem Rumpf.

Henschel Hs 124

In die gleiche Zeit fällt die Entwicklung eines zweimotorigen militärischen Mehrzweckflugzeuges, welches die Bezeichnung Hs 124 erhielt. Insgesamt wurden nur zwei Prototypen fertiggestellt, dann die Konstruktion fallengelassen. Die *Hs 124 V-1* besaß im sonst unverglasten Rumpfbug einen Drehturm für 2 × 7,9 mm MG 15 und zwei flüssigkeitsgekühlte Zwölfzylinder-A-Motoren des Musters Jumo 210 A von je 610 PS Startleistung. Die *Hs 124 V-2* dagegen erhielt

4. Henschel Hs 124

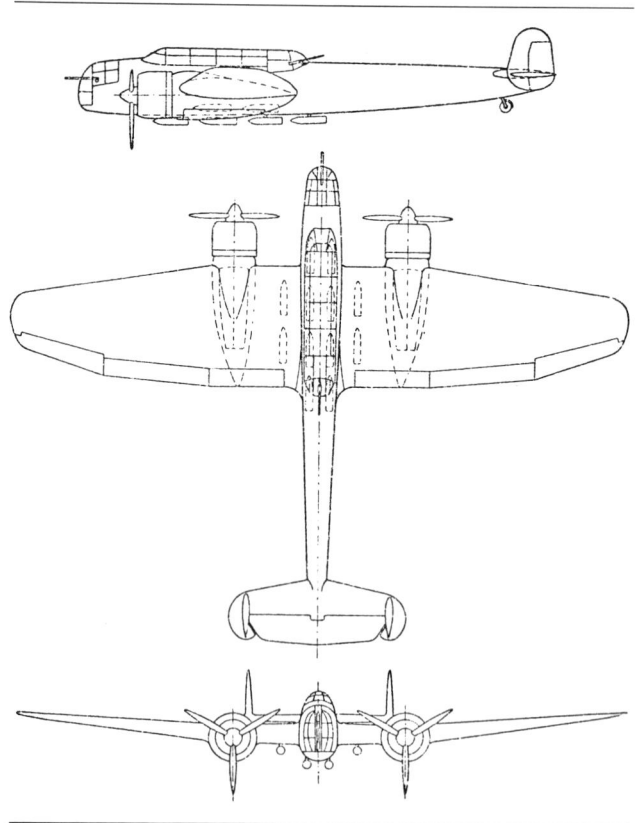

6. Henschel Hs 124 V-1 △

7. Henschel Hs 124 V-2 ▽

bei unverändertem Gesamtaufbau einen vollständig verglasten Rumpfbug und zwei BMW-Sternmotoren. Die untenstehende Beschreibung erfaßt die V-2. Außer der mit Gehängen erprobten Bomberversion waren noch weitere Versionen als Lichtbildflugzeug mit einer Reihenbildkamera im Rumpfbug und als Tiefangriffsflugzeug mit zwei Mann Besatzung und starr eingebauten vier MG geplant.

Typ: Zweimotoriges Mehrzweck-Kampfflugzeug.
Flügel: Freitragender Mitteldecker. Dreiteiliger Ganzmetallflügel, Mittelteil in dreiholmiger Bauweise, Außenteile als Schale. Gesamte Hinterkante als stoffbespannte Klappen ausgebildet, außen als Querruder, innen als hydraulisch betätigte zweiteilige Landeklappe.
Rumpf: Ganzmetall-Schalenrumpf mit ovalem Querschnitt. Rumpfbug und aufgesetzte Haube vollkommen verglast.
Leitwerk: Freitragendes Höhen- und doppeltes Seitenleitwerk. Aufbau in Metall, Flossen blechbeplankt, Ruder stoffbespannt. Sämtliche Ruder statisch und dynamisch ausgeglichen und mit verstellbaren Trimmklappen versehen.
Fahrwerk: Einziehbares Normalfahrgestell. Hauptträder in Gabelbeinen hydraulisch nach hinten in die Motorengondeln einfahrbar. Hydraulische Bremsen. Starr angeordnetes Spornrad, voll drehbar.
Triebwerk: Zwei BMW 132 Dc luftgekühlte Neunzylinder-Sternmotoren mit 2 × 870 PS Startleistung. Dreiblatt-Verstell-Luftschrauben aus Metall.

Besatzung: Drei Mann, bestehend aus Pilot und Funker/Schütze hintereinander unter langer, vollständig verglaster Abdeckhaube sowie aus Bombenschütze/Schütze im Rumpfbug.
Militärische Ausrüstung: 1 × 7,9 mm MG 15 im A-Stand, 1 × 7,9 mm MG 15 im B-Stand. 600 kg Bombenzuladung als Außenlast. Gehänge für 8 × 50-kg-Bomben unter dem Rumpf, für 4 × 50-kg-Bomben unter dem Mittelflügel.

Henschel Hs 125

Nach einer ähnlichen Auslegung wie die Hs 121, jedoch als verspannter Tiefdecker, wurde noch die Hs 125 konstruiert, aber ebenfalls nur als Prototyp fertiggestellt.

Typ: Einmotoriges Fortgeschrittenen-Übungsflugzeug.
Flügel: Verspannter Tiefdecker. Zweiteiliger, zweiholmiger Ganzmetallflügel mit teilweise stoffbespannter Flügelunterseite, zu den Rumpfseiten hin verspannt. Durch Schneckengetriebe betätigte Landeklappen zwischen Querruder und Rumpf.
Rumpf: Ganzmetall-Schalenrumpf mit ovalem Querschnitt.
Leitwerk: Verspanntes Normalleitwerk. Sämtliche Flossen untereinander und zum Rumpf hin verspannt. Aufbau aus Metall, Flossen blechbeplankt, Ruder stoffbespannt. Verstellbare Trimmklappen im Höhenruder.
Fahrwerk: Starres Normalfahrgestell. Hauptträder an Federbeinen mit Uerdinger Ringfeder, nach hinten durch Streben zum Rumpf hin abgestützt und untereinander und zu den Flügeln hin verspannt.

23

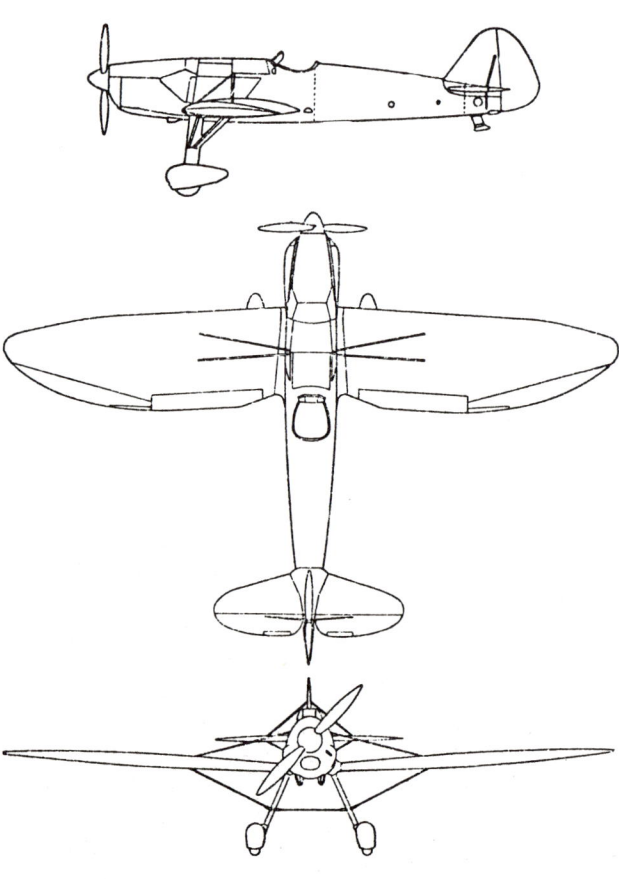

5. Henschel Hs 125 ◁   8. Henschel Hs 125 V-1 △

Streben und Räder stromlinienförmig verkleidet. Radbremse. Sporn als Schleifkufe.
Triebwerk: Ein Argus As 10 C luftgekühlter Achtzylinder-ΛΛ-Motor mit 1 × 240 PS Startleistung. Starre Zweiblatt-Luftschraube aus Holz. Kraftstoffbehälter im Rumpf hinter dem Brandschott.
Besatzung: Ein Pilot in offener Kabine.

Henschel Hs 126

1937 entstand aus der Hs 122 die aerodynamisch verbesserte Hs 126, die in der ersten Prototypform *Hs 126 V-1* einen flüssigkeitsgekühlten Rolls Royce »Kestrel« mit 1 × 580 PS Startleistung erhielt. Dieses Muster besaß ein durch I-Stiele abgestrebtes Höhenleitwerk, jedoch nur einen verkleideten Führersitz, während der Beobachtersitz noch offen und mit einem Drehkranz ausgerüstet war. Auch das zweite Musterflugzeug Hs 126 V-2, D-UJER, erhielt zuerst einen wassergekühlten Reihenmotor, den Jumo 210 Ea, der aber bald durch einen Bramo 323 mit 830 PS ersetzt wurde. Die endgültige Form erhielt aber erst Hs 123 V-3, D-OECY. Ensprechend diesem Muster ging dann die Hs 126 in Serie, die bis 1941 gebaut wurde und als Nahaufklärungsflugzeug im Osten noch 1942 im Einsatz war. Dann wurde sie »Mädchen für alles«. Besonders im Südostraum war sie noch 1944 als Schlepper für Lastensegler, als Verbindungsflugzeug und zur Partisanenbekämpfung eingesetzt. Von 1939 bis 1941 wurden insgesamt 510 Hs 126 gebaut.

Typ: Einmotoriger Nahaufklärer, Artilleriebeobachter und Lasten-
· seglerschlepper.
Flügel: Abgestrebter Hochdecker. Zweiteiliger, zweiholmiger Ganzmetallflügel, nur noch in schmalen Streifen mit Stoff bespannt. Jede

9. Henschel Hs 126 V-2

10. Henschel Hs 126 V-2 mit BMW-Bramo 323 und Höhenlader

6. Henschel Hs 126 ▽

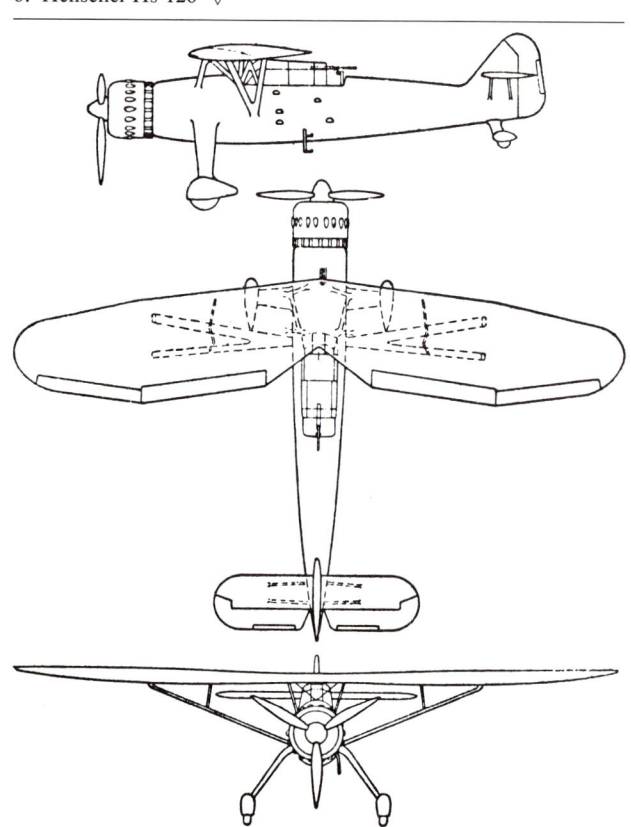

Flügelhälfte durch V-Stiele zum Rumpf hin verstrebt. Querruder und hydraulisch betätigte Landeklappen stoffbespannt.
Rumpf: Ganzmetall-Schalenrumpf mit ovalem Querschnitt, Rumpf-vorderteil durch große abnehmbare Abdeckbleche gut wartbar.
Leitwerk: Abgestrebtes Normalleitwerk. Durch je zwei Parallelstiele zum Rumpf hin abgestrebte Höhenflosse hoch an der Seitenflosse angesetzt. Aufbau in Metall, Flossen blechbeplankt, Ruder stoffbespannt. Alle Ruder statisch und dynamisch ausgeglichen und mit im Fluge verstellbaren Trimmklappen versehen.
Fahrwerk: Starres Normalfahrgestell. Haupträder an freitragenden Beinen mit im Rumpf liegender Federung. Reifen stromlinienförmig verkleidet und hydraulisch bremsbar. Verkleidetes Spornrad voll drehbar.
Triebwerk: Ein BMW-Bramo 323 luftgekühlter Neunzylinder-Sternmotor mit 1 × 830 PS Startleistung. NACA-Haube. Dreiblatt-Verstell-Luftschraube aus Metall mit 3,60 m Durchmesser.
Besatzung: Zwei Mann, bestehend aus Pilot und Beobachter, hintereinander unter langgestreckter und hinten offener Schiebehaube, die abwerfbar angeordnet ist.
Militärische Ausrüstung: 1 × 7,9 mm MG 17 auf dem Rumpfbug, starr nach vorne schießend, und 1 × 7,9 mm MG 15 auf Lafette im Beobachtersitz. Reihenbildgerät, Handkamera und FT.

Henschel Hs 127

Unter der Leitung des Chefkonstrukteurs Nikolaus wurde bei Henschel 1937 ein leichter Schnellbomber in Leichtme-tallkonstruktion entwickelt, der einige Ähnlichkeit mit der britischen De Havilland DH 98 »Moskito« hatte. Es wurde nur ein Musterflugzeug Hs 127 V-1 gebaut, das als Trieb-werk zwei Daimler-Benz DB 600 D von je 950 PS besaß. Ursprünglich mit Tunnelkühlern ausgestattet, verlegte man später die Kühler in die Tragflächenvorderkante zwischen

12. Henschel Hs 127 V-1 △

Rumpf und Motorgondeln. Da man mit einer Höchstgeschwindigkeit von 580 km/h rechnete, wurde bewußt auf jede Bewaffnung verzichtet. Die Bombenlast sollte 1500 kg betragen. Die Maschine ging aber bereits bei einem der ersten Versuchsflüge zu Bruch. Da sich zu diesem Zeitpunkt die Konzeptionen des Luftwaffen-Generalstabs geändert und man die Idee des Schnellbombers ad acta gelegt hatte, wurde die Entwicklung aufgegeben.

Im Spätfrühling 1938 wurde noch ein zweites Versuchsflugzeug, die Hs 127 B-2 fertig, während ein dritter Prototyp unvollendet blieb. Die Hs 127 V-2 wurde nach Travemünde überführt und wurde bei Bruchversuchen zerstört.

Henschel Hs 128

Eine maßgebende Rolle spielte Henschel in der Entwicklung von Höhenflugzeugen. Nach Vorschlägen von Dr. Seewald, dem damaligen Leiter der Deutschen Versuchsanstalt für Luftfahrt (DVL), entwickelte Chefkonstrukteur Dipl.-Ing. F. Nikolaus als erstes Flugzeug dieser Art die Hs 128, einen Ganzmetall-Tiefdecker mit starrem Fahrwerk, in dessen vorderem Rumpfabschnitt sich eine zweisitzige Höhenkammer befand, die die Höhe von 2 500 m bis 17 000 m konstant hielt. 1939 wurde die Hs 128 V-1, D-AHRD, fertiggestellt. Das Triebwerk bestand aus zwei Daimler-Benz DB 601 mit Abgasturbolader TK-9, die eine Startleistung von je 950 PS hatten. Da die Turbolader nicht einwandfrei arbeiteten, wurde mit der Hs 128 V-1 nur eine Gipfelhöhe von 10 000 m erreicht. V-2 wurde zwar auch noch fertiggestellt und soll mit zwei Jumo 210 Ea mit Turbolader TK 16 eine Gipfelhöhe von 17 000 m erreicht haben. Da der Führungsstab der Luftwaffe

7. Henschel Hs 127 ▽

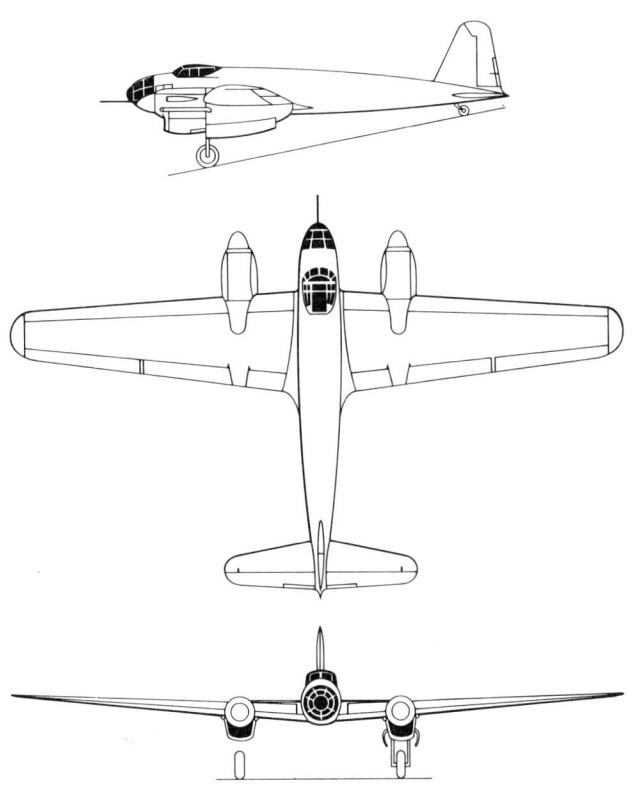

13. Henschel Hs 128 V-1

14. Henschel Hs 129 A-0
(GM + OG)   ▷

1939 noch auf dem Standpunkt stand, daß die Entwicklung von Höhenflugzeugen nicht notwendig sei, wurde die Entwicklung aufgegeben.

Henschel Hs 129

Bereits im Ersten Weltkrieg war die Bedeutung von Schlachtflugzeugen zur Erdkampfunterstützung rechtzeitig erkannt worden und führte zu einer Reihe spezieller, stark gepanzerter Flugzeuge. Nachdem diese Lehren im Spanischen Bürgerkrieg eine Auffrischung erhielten, entschloß sich das RLM, Henschel den Entwicklungsauftrag für eine derartige Konstruktion zu übertragen. Hier entstand kurz vor dem Kriege in der Hs 129 ein reines Spezialflugzeug, welches sämtliche Merkmale, die von einem modernen Schlachtflugzeug gefordert wurden, aufwies: klein in den Abmessungen und wendig, keine allzu große Geschwindigkeit, stark gepanzert, schwer bewaffnet, und, der Beschußunempfindlichkeit wegen, zweimotorig. Den ersten Prototypen, die noch vor Kriegsausbruch flogen, folgte 1940 die A-Serie.
Hs 129 A-0, A-1, Schlachtflugzeug, 2 × 465 PS As 410; erste Serienversion 1940 mit Argus-Verstelluftschrauben. 2 × MG-FF, 2 × MG 17, nur geringe Stückzahl gebaut, da nur mäßige Flugleistungen, zudem recht hohe Steuerdrücke; später einige hiervon an Rumänien abgegeben.
Hs 129 B-0, B-1, Schlachtflugzeug, 2 × 700 PS Gnôme & Rhône 14 M. Ratier-Verstelluftschrauben, NACA-Hauben, gleiche Triebwerksgeräteanordnung wie bisher. Bewaffnung mit zwei MG 17 und zwei MG 151/20 im Rumpf, zwei ETC 50 am Flügel. Bei Rüstzustand 1 konnten vier ETC 50/VIId unter dem Rumpf insgesamt 96 Splitterbomben SD 2/XII aufnehmen (Rüstsatz R 4). Bei Rüstzustand 2 mit Rüstsatz R 2 eine MK 101, bei Rüstsatz R 3 vier MG 17.

8. Henschel Hs 128

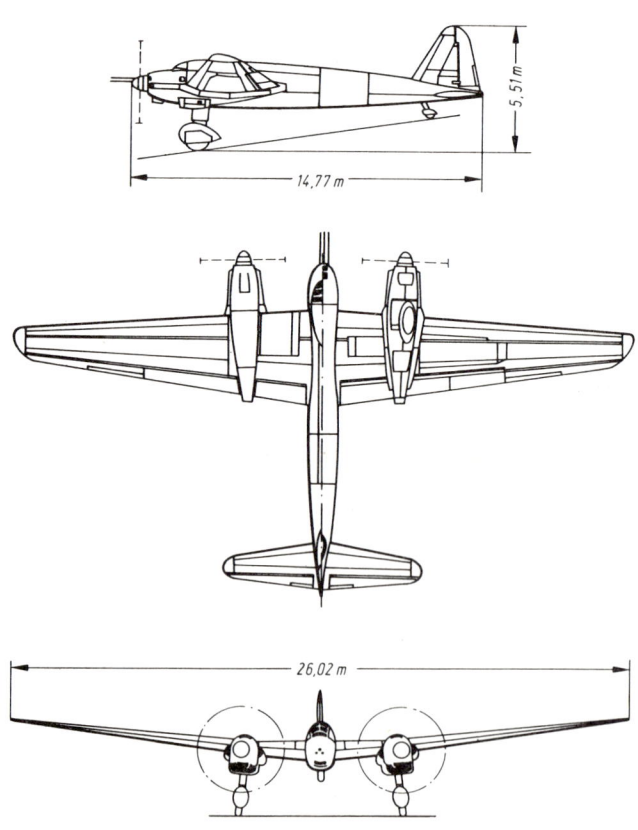

28

15. Henschel Hs 129 B-1

16. Henschel Hs 129
B-3/WA (Pak 7,5 cm)

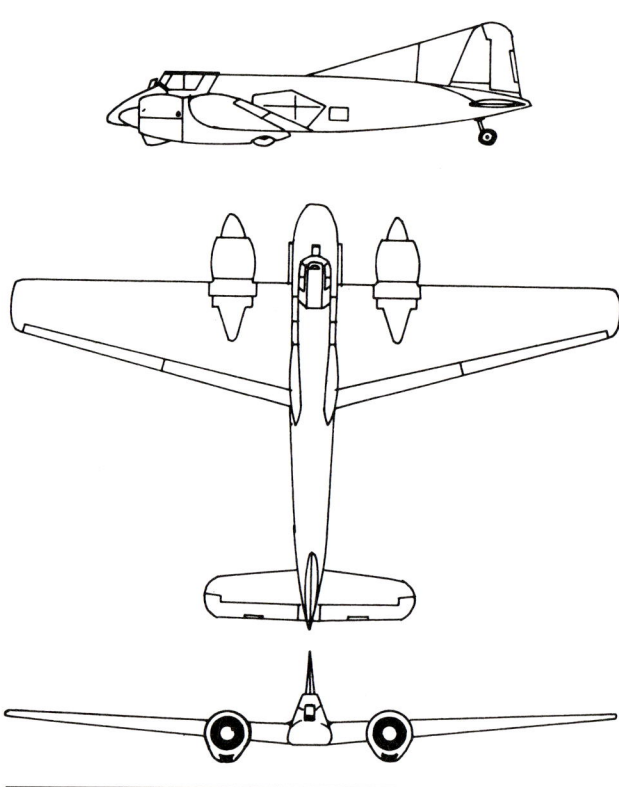

9. Henschel Hs 129 B

Rüstsatz R 5 Reihenbildgerät. Serienanlauf Ende 1941. Spannweite 14,20 m, Länge 9,75 m, je nach Ausrüstung Rüstgewicht etwa 4100 kg, Fluggewicht bis 5250 kg, Höchstgeschwindigkeit 355 km/h.

Hs-129 B-2, B-3, Schlachtflugzeug, 2 × 700 PS Gnôme & Rhône 14 M. Mit anderer Ausrüstung und Bewaffnung. Die Baureihe B-2 konnte einmal in der gleichen Weise wie vorhin mit Bombenaufhängungen versehen werden; für Afrika die Ausführung B-2Trop mit Sandfiltern. Als starre Bewaffnung unter dem Rumpf ließ sich eine MK 103 oder eine Bordkanone 3,7 cm BK anbringen. Baureihe B-3, mit einer 7,5 BK ausgerüstet, diente als »Fliegender Büchsenöffner« zur Panzerbekämpfung an der Ostfront. Zur Panzerbekämpfung wurde die Hs 129 B versuchsweise noch mit einer SG 113 A »Förstersonde« erprobt; mit senkrecht im Rumpf eingebauten Raketen-Abschußrohren und einer Sonderantenne vor dem Bug. Beim Überfliegen von Panzern im Tiefflug löste die Änderung des magnetischen Kraftfeldes einen abwärts gerichteten, rückstoßfreien Schuß aus, doch die Trefferergebnisse befriedigten nicht. Weiter sind hiermit für den gleichen Zweck Bordraketen 21 cm BR erprobt worden, auch eine Ausführung mit Flammenwerfer. Insge-

samt sind von allen Baureihen über 870 Stück gebaut worden; die entworfene Baureihe C-1 mit Isotta-Fraschini-Motoren blieb ein Entwurf.

Typ: Zweimotoriges Schlachtflugzeug.
Flügel: Freitragender Tiefdecker. Dreiteiliger, zweiholmiger Ganzmetallflügel mit wenigen Querverbänden als sickenversteifte Vollwandträger. Motorentragendes Flügelmittelteil fest am Rumpfmittelteil. Gesamte Flügelhinterkante als zweiteilige Schlitzklappe ausgebildet, außen als aerodynamisch und statisch ausgeglichene Querruder, innen als hydraulisch betätigte Wölbungsklappen wirkend.
Rumpf: Dreiteiliger Ganzmetallrumpf mit dreieckigem Querschnitt. Rumpfvorderteil aus geschweißtem Stahlblech von 6 bis 12 mm Stärke (Gesamtgewicht 1080 kg) komplett als Panzerkabine ausgebildet. Rumpfmittelteil, durch Fachwerkverbände versteift, fest mit dem Flügelmittelstück verbunden. Rumpfhinterteil als Leichtmetall-Schale.
Leitwerk: Normal, freitragend. Aufbau, einschließlich der Ruder, aus Ganzmetall. Sämtliche Ruder aerodynamisch und gewichtlich ausgeglichen. Seitenruder mit elektrisch verstellbarer Trimmklappe. Höhenflosse am Boden einstellbar.
Fahrwerk: Einziehbares Normalfahrgestell. Hydraulisch bremsbare Haupträder an freitragenden Einbeinen hydraulisch nach hinten in die Motorengondeln teilweise einfahrbar. Starres Spornrad.
Triebwerk: Zwei Gnôme & Rhône 14 M 04/05 luftgekühlte Vierzehnzylinder-Doppelsternmotoren mit 2 × 740 PS Startleistung und gegenläufigem Drehsinn. Elektrisch betätigte Ratier-Dreiblatt-Verstell-Luftschrauben mit gleichbleibender Drehzahl von 2,60 m Durchmesser. Kraftstoffkapazität 500 Liter in einem gepanzerten Haupttank im Rumpfmittelteil und in zwei geschützten Behältern im Flügelmittelteil.
Besatzung: Ein Pilot in der als Rumpfbug ausgebildeten Panzerkabine. Frontscheibe der Abdeckhaube aus 75 mm Panzerglas in einem 6 mm starken Stahlrahmen. Weitere Panzerungen für Munitionsbehälter, Ölkühler und Vergaser.
Militärische Ausrüstung: Standardbewaffnung bestehend aus 2 × 20 mm MG 151/20 (je 250 Schuß) in den Rumpfseitenwänden des Bugs mit durch gewölbte Bleche abgedeckten Schloßteilen im Rumpfmittelteil, darunter 2 × 7,9 mm MG 17 in Höhe der Flügelwurzeln zwischen den beiden Flügelholmen (je 1000 Schuß). Alle Waffen starr nach vorne schießend. Bombenschlösser für 2 × C 50 oder 2 × 48 SD 2 (ingesamt 100 kg) unter den Außenflügeln. Robot-Kamera für 60 Aufnahmen.

Henschel Hs 130

Aufbauend auf die Erfahrungen mit der Hs 128 forderte das RLM noch vor Ausbruch des Krieges von Henschel die Entwicklung eines Höhenflugzeuges, welches als Bomber und Fernerkunder einzusetzen war. Henschel begann daraufhin mit der Konstruktion der Hs 130, deren Entwicklung über verschiedene Baureihen bis zum Kriegsende lief und schließlich zur einsatzreifen Hs 130 E-0 führte. Gegenüber der Hs 128, die als Entwicklungsgrundlage diente, war der Bau von Druckkabinen beim Konstruktionsbeginn der Hs 130 bereits weit fortgeschritten. Während bei der Druckkabine der Hs 128 als Isolationsmaterial nach vielen Versuchen noch der überaus günstige Werte erbringende Aluminium-Glimmer Verwendung fand, konnten bereits sämtliche

30

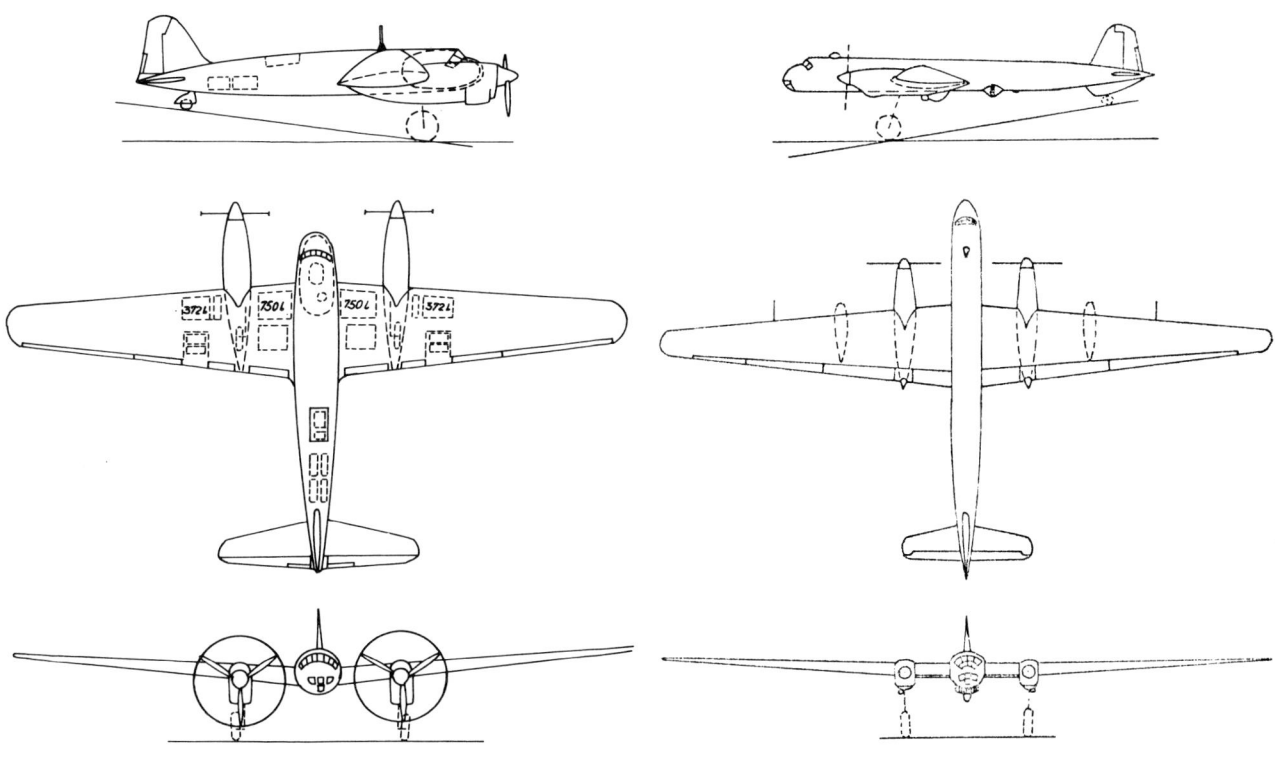

10. Henschel Hs 130 A

11. Henschel Hs 130 E

Druckkabinen der Hs 130 mit einer warmluftdurchströmten Doppelwandung hergestellt werden.

Hs 130 A
Geplant mit DB 601 D mit Zweistufenlader. Errechnete Gipfelhöhe 13 500 m. Da Triebwerk nicht verfügbar, wurde DB 610 R eingebaut, war aber nicht frontverwendungsfähig. Bei Probeflügen wurde auf längere Dauer eine Höhe von 12 500 m, mit GM-1-Einspritzung kurzfristig 13 200 m erreicht. Es wurden einige wenige Maschinen noch gebaut und mit verschiedenen Triebwerken erprobt. Gegen Kriegsende wurden noch DB 605 mit Hirth-Turboladern 9-2281 eingebaut. Ein Fronteinsatz fand nicht statt. Ein freitragender, zweimotoriger Tiefdecker in Ganzmetallbauweise, mit Druckkabine, einfachem Leitwerk und Einziehfahrwerk. Nach verhältnismäßig kurzer Bauzeit standen bereits Ende 1940 drei Versuchsmuster in der Flugerprobung, denen einige weitere Muster mit größerer Spannweite folgten, darunter ein Muster (Hs 130 A-0/U6) mit nochmals vergrößerter Tragfläche und DB 605-Motoren. Spannweite 22,10, 25,50, 29 m, Länge 14,95 m, Leergewicht 8 150 kg, Fluggewicht 11 650 kg, Höchstgeschwindigkeit 470 km/h.

Hs 130 B
Sollte die Bomberversion des Aufklärers Hs 130 A werden, gedieh aber nur bis zum Attrappenbau.

Hs 130 C
War eigentlich gar keine Hs 130, sondern eine Neuentwicklung, die als Hs 130 lief, da die Neuentwicklung von Höhenmaschinen vom RLM untersagt worden war. Der Typ ähnelte der Do 217 K im Aufbau. Drei Maschinen befanden sich im Bau. Die Triebwerke wurden aber so spät geliefert, daß nach Anlaufen des Jäger-Notprogramms eine Fertigstellung nicht mehr möglich war.

Hs 130 D
Nicht gebaut, ursprünglich eine Hs 130 A mit zwei DB 605 und Turboladern, die von der DVL und Argus entwickelt wurden.

Henschel Hs 130 E-Reihe
Mitte des Krieges wurde eine weitere Heraufsetzung der Höhenflugleistungen gefordert. Für diesen Zweck erhielt die E-Reihe einen in der Spannweite durch das Hinzufügen von

17. Henschel Hs 130 A-0 △

18. Henschel Hs 130 C-0 ▽

19. Henschel Hs 130 E-0 ▽

32

Außenteilen vergrößerten Flügel. Die Projektarbeiten liefen anfänglich unter der Bezeichnung *Hs P/80* mit einem 28,00 m spannenden Flügel, der für die Bauausführung um weitere 5,00 m verlängert wurde. Um für die beiden Triebwerke bis zur Gipfelhöhe eine gleichbleibende Leistung zu erhalten, wurde erstmalig auf eine Höhenladerzentrale (HZ-Anlage) zurückgegriffen. Diese HZ-Anlage sieht einen zusätzlichen dritten Motor vor, der lediglich die Aufgabe hat, Verbrennungsluft für sich und für die beiden anderen Triebwerke zu verdichten. Naturgemäß zeigte die Anlage durch ihr hohes Gewicht keine günstigen Ergebnisse, trotzdem aber wurde durch sie die Hs 130 E zum besten Höhenflugzeug, welches Deutschland zu Ende des Krieges besaß. In ihrem äußeren Aufbau war die HS 130 E, bis auf die allseitige Vergrößerung, wieder der Hs 130 A angeglichen und besaß auch eine ähnliche Druckkabine.

Typ: Zweimotoriger Höhenfernerkunder und Höhenbomber.
Flügel: Freitragender Mitteldecker. Einholmiger Ganzmetallflügel großer Streckung. Gesamte Flügelhinterkante als Klappe ausgebildet, außen als zweiteilige Querruder, innen als zweiteilige Landehilfen.
Rumpf: Ganzmetall-Schalenrumpf mit kreisrundem Querschnitt. Rumpfbug komplett als Druckkabine ausgebildet, dahinter Kameraraum, dann Rumpf-Kraftstofftank und dahinter Triebwerk für HZ-Anlage.
Leitwerk: Freitragendes Normalleitwerk in Ganzmetallbauweise.
Fahrwerk: Einziehbares Normalfahrgestell. Hauptträder an freitragenden Ölfederbeinen nach hinten in die Motorengondeln einziehbar, Spornrad ebenfalls nach hinten in eine Kielflosse.
Triebwerk: Zwei Daimler-Benz DB 603 C flüssigkeitsgekühlte Zwölfzylinder-V-Motoren mit 2 × 1750 PS Startleistung. VDM-Vierblatt-Verstell-Luftschrauben. Ladeluft für diese Triebwerke durch einen zusätzlichen DB 605 T mit 1 × 1475 PS Leistung im Rumpfmittelteil, der ein zweistufiges Rootsgebläse treibt (HZ-Anlage). Kühler für die Flügelmotoren unter den Flügeln außenbords der Triebwerksgondeln, für den HZ-Motor unter dem Rumpf hinter dem Ansaugeschacht für die Ladeluft. Je ein Zwischenkühler für die Ladeluft zwischen Rumpf und Motorengondeln unter dem Flügel. Ölkühler jeweils unter den Triebwerken.
Besatzung: Drei Mann in Druckkabine mit Stufenverglasung für den Piloten sowie leichter Planverglasung im Bug.
Militärische Ausrüstung: Ohne Bewaffnung. Drei fernbediente Kameras im Rumpfvorderteil. Unter dem Außenflügel Aufhängung für zwei abwerfbare Zusatztanks mit je 900 Liter Inhalt oder für 2 × 500-kg-Bomben.

Hs 130 E
Nur vier Maschinen fertiggestellt. Bei der Zelle wurden Teile des Rumpfes und das Leitwerk der Hs 130 A sowie Tragflächen und Fahrwerk der Hs 130 C verwendet.

Hs 130 F
Projekt mit vier BMW 801.

Henschel Hs 132

Aus den Erfahrungen mit den bisherigen Schlachtflugzeugen wurde in der Entwicklungsabteilung von Henschel gegen Ende des Krieges mit der Konstruktion eines Turbo-

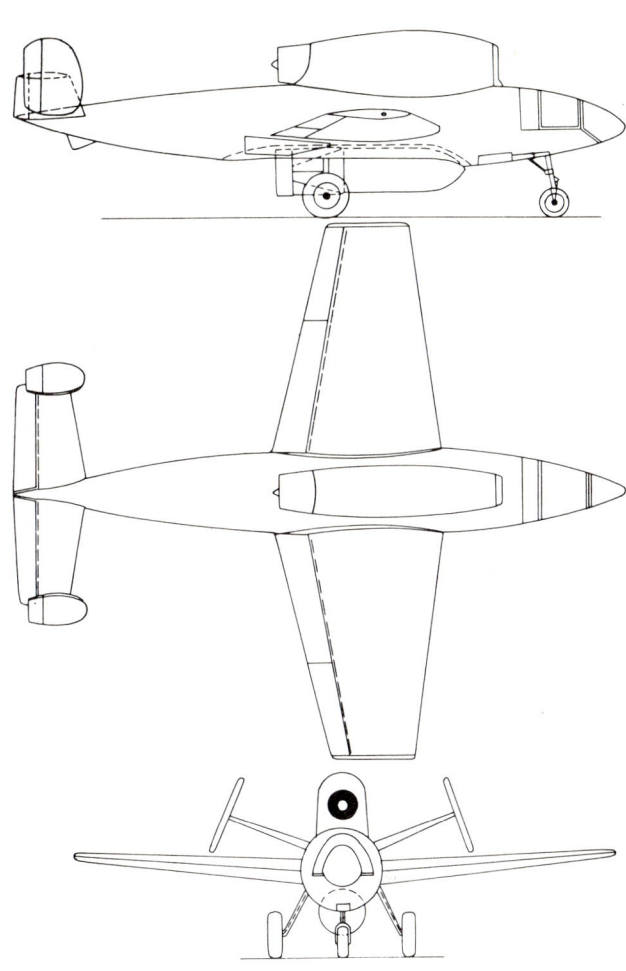

12. Henschel Hs 132

Schlachtflugzeuges, der Hs 132, begonnen. Der Antrieb durch eine Strahlturbine wurde ohne ausgedehnte Vorversuche gewählt. Damit wäre die Hs 132 das erste reine Turbo-Schlachtflugzeug mit Strahlantrieb geworden, denn alle sonstigen Schlachtflugzeuge mit Strahlantrieb, die zu jener Zeit existierten, waren entsprechende Ableitungen aus Strahljägern. Interessant ist die enge konstruktive Anlehnung an die He 162 mit der auf dem Rumpfrücken liegenden Strahlturbine und dem doppelten Seitenleitwerk, die hier wie dort aus wartungs- und fertigungstechnischen Gründen gewählt worden war und befriedigte, wie Modelluntersuchungen über die Hs 132 im Hochgeschwindigkeitswindkanal der Luftfahrt-Forschungsanstalt Braunschweig zeigten. Um die Wendigkeit der kleinen Maschine voll ausnutzen zu können, wurde eine liegende Anordnung des Piloten gewählt, der in dieser Stellung wesentlich höhere Beschleunigungskräfte beim Abfangen und engen Kurven ertragen konnte. Entsprechend der damals laufenden Triebwerksentwicklung waren verschiedene Versionen geplant:

Henschel Hs 132 A-Reihe

Standardausführung als Schlachtflugzeug und Sturzkampfbomber mit einer BMW-Strahlturbine und ohne Bewaffnung. Von dieser Version befanden sich im März 1945 vier Mustermaschinen im Bau. Davon war die *Hs 132 V-1* nahezu fertiggestellt und sollte im Juni 1945 eingeflogen werden. Sie fiel unbeschädigt den Russen in die Hände.

Typ: Einstrahliges Schlachtflugzeug und (Bahnneigungs-)Sturzkampfbomber.
Flügel: Zweiteiliger, einholmiger Holzflügel, komplett mit Sperrholz beplankt. Gesamte Hinterkanten als Klappen ausgebildet, Außenteile als Spalt-Querruder mit Trimmklappen, innen als Wölbungsklappen.
Rumpf: Ganzmetall-Schalenrumpf mit angenähert rundem Querschnitt. Bugkappe verglast.
Leitwerk: Freitragendes Leitwerk. Höhenruder mit starker V-Form, Seitenruder doppelt als Endscheiben. Aufbau komplett aus Holz. Alle Ruder mechanisch trimmbar und gewichtlich ausgeglichen.
Fahrwerk: Einziehbares Dreiradfahrgestell. Großspurige Haupträder an freitragenden Einbeinen nach innen in den Flügel, Bugrad nach hinten in den Rumpfbug hydraulisch einfahrbar.
Triebwerk: Eine BMW 003-Strahlturbine mit 1×800 kp Standschub. Einbau auf dem Rumpfrücken.
Besatzung: Ein Pilot in liegender Stellung im Rumpfbug. Verglaster Rumpfbug mit ebenfalls verglastem Einstieg von oben.
Militärische Ausrüstung: Ohne Bewaffnung. Bombenzuladung bis 1000 kg ($1 \times$ SC = SD 500 oder $1\frac{1}{4}$ SD 1000) in freier Aufhängung unter dem Rumpf. Mit Hilfe von Startraketen und bei einer Verwendung als Stuka konnte die Bombenzuladung auf 1400 kg erhöht werden.

Henschel Hs 132 B-Reihe

Die geplante B-Reihe sah die Verwendung einer leistungsstärkeren Jumo 004-Strahlturbine vor. Bombenzuladung 500 kg, dazu 2×20 mm MG 151/20 im Rumpfbug.

Henschel Hs 132 C-Reihe

Weitere Leistungsverbesserung durch den Einbau einer 1300 kp starken Heinkel He S 011-Strahlturbine. Hiermit sollte die Maschine in der Lage sein, 1000 kg Bomben und 2×20 mm MG 151/20 sowie 2×30 mm MK 108 im Rumpfbug zu tragen.

Henschel Hs 132 D-Reihe

Ableitung aus der Hs 132 A-Reihe als Sturzkampfflugzeug mit neuem Flügel größerer Streckung von 9,1 m Spannweite und 16,00 m² Fläche.

Henschel-Projekte

Infolge der reichen Erfahrungen, die die Henschel-Werke mit Höhenflugzeugen sammeln konnten, konzentrierte sich die Entwicklungstätigkeit auf Flugzeuge mit Druckkabinen. Von den gesamten nachfolgend beschriebenen Projekten erreichte keines das Baustadium.

Hs P/54

Projekt eines Mittelstrecken-Verkehrsflugzeuges mit vollständiger Druckbelüftung der gesamten Kabine einschließlich des Führersitzes. Diese Maschine, für den Nachkriegsluftverkehr zu Anfang des Krieges entworfen, entsprach der jüngsten Konzeption und sollte den höchsten damals möglichen Komfort für den Passagier — geringe Einsteigehöhe durch das Dreiradfahrwerk und Schulterdeckerbauart, beste Flugsicht durch Schulterdeckerbauart und Einzelfenster für jeden Passagier — erbringen.

Typ: Zweimotoriges Verkehrsflugzeug.
Flügel: Freitragender Schulterdecker. Einholmiger Ganzmetallflügel mit durchgehenden Klappen an den Flügelhinterkanten, außen als Querruder, innen als Spalt-Landeklappen.

13. Henschel Hs P 54

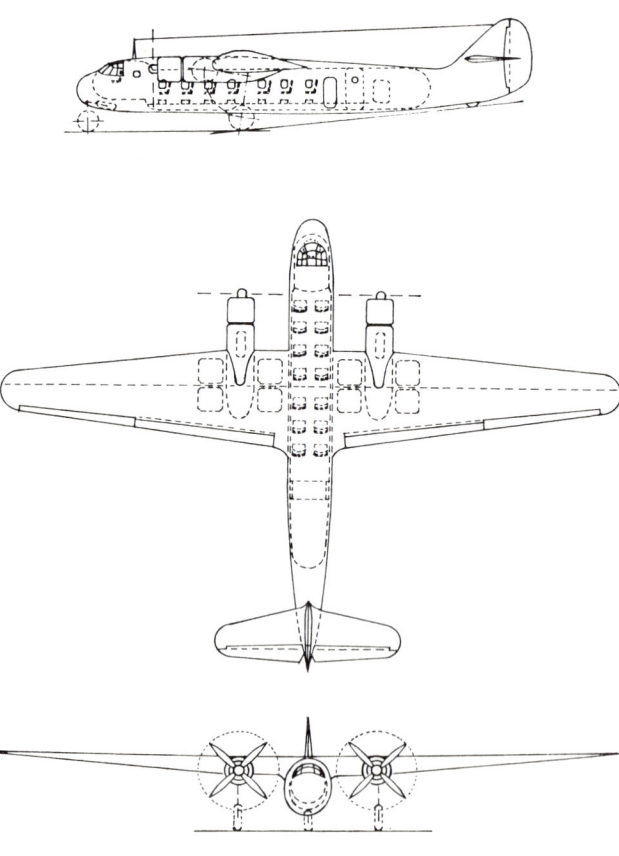

Rumpf: Ganzmetall-Schalenrumpf mit ovalem Querschnitt, fast über die gesamte Länge als Druckkabine ausgebildet.
Leitwerk: Freitragendes Normalleitwerk in Ganzmetall. Ruder gewichtlich ausgeglichen.
Fahrwerk: Einziehbares Dreiradfahrgestell. Haupträder nach vorne in die Motorengondeln, Bugrad bei gleichzeitiger Drehung um 90° nach hinten in den Rumpfbug einfahrbar.
Triebwerk: Zwei luftgekühlte Vierzehnzylinder-Doppelsternmotoren mit Turbo-Ladern der Projektreihe BMW 801 TJ mit einer projektierten Startleistung von 2 × 1750 PS. Vierblatt-Verstell-Luftschrauben mit 4,00 m Durchmesser.
Besatzung: Vier Mann plus vierzehn Passagiere in druckbelüfteter Kabine. Passagiere in zwei Reihen hintereinandersitzend.

Hs P/72

Projektierte Verkleinerung der Hs P/54 mit dem gleichen Aufbau, jedoch mit kreisrundem Rumpf, ebenfalls komplett druckbelüftet und mit 2 × 1750 PS BMW 801 TJ geplant. Spannweite 24,20 m, Länge 17,00 m und Höhe 5,20 m.

14. Henschel Hs P 72

Hs P/75

Nach den Projektunterlagen des Daimler-Benz DB 610 mit 1 × 2200 PS wurde 1941/42 der Entwurf eines Jagdeinsitzers Hs P/75 durchgerechnet. Um eine vorteilhafte Unterbringung des klobigen DB 610, der aus zwei DB 605 zusammengebaut war, zu erreichen, entschloß man sich für ein Muster in Entenbauweise. Bei dieser Bauform ließ sich der auf zwei gegenläufige Druckschrauben arbeitende Motor günstig im Übergang des hinten liegenden Flügels mit dem Rumpf unterbringen. Aufbau des Musters aus Ganzmetall. Zweiteiliger, freitragender Mitteldeckerflügel. Gepfeiltes Höhenleitwerk am Rumpfbug. Seitenleitwerk als Kielflosse unter dem Rumpfheck. Einziehbares Dreiradfahrgestell. Kabine in Rumpfmitte durch aufgesetzte Haube abgedeckt. Als Bewaffnung waren 4 × 30 mm MK 108 im Rumpfbug vorgesehen.

Spannweite 11,30 m, Länge 12,20 m.

15. Henschel Hs P 75

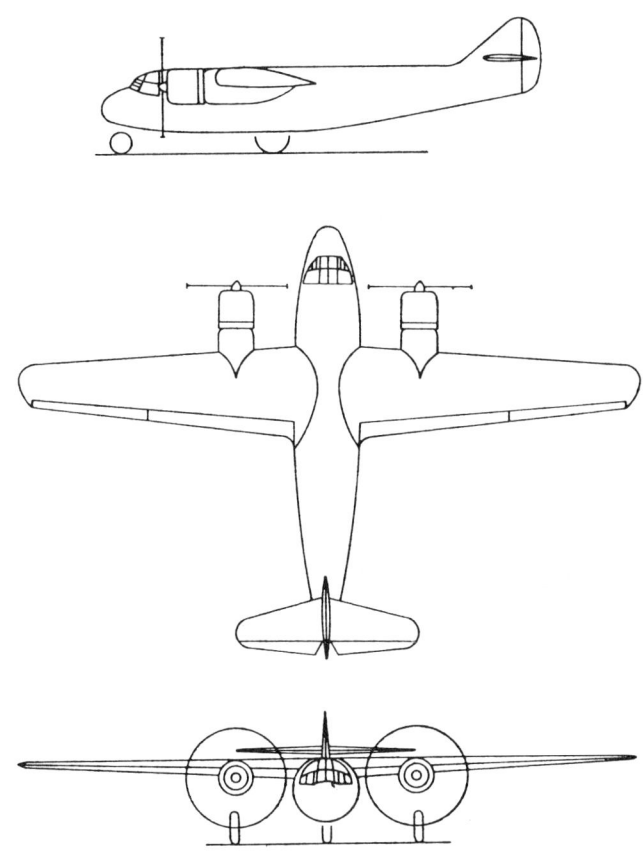

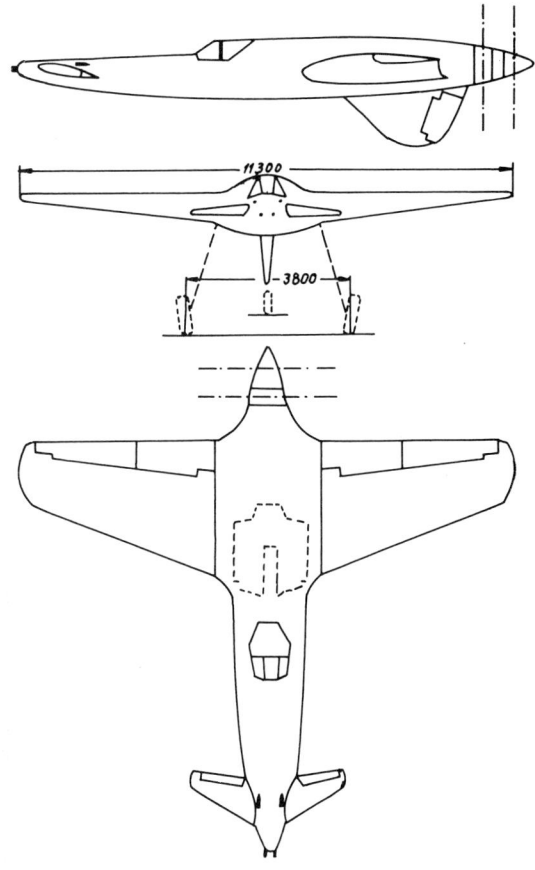

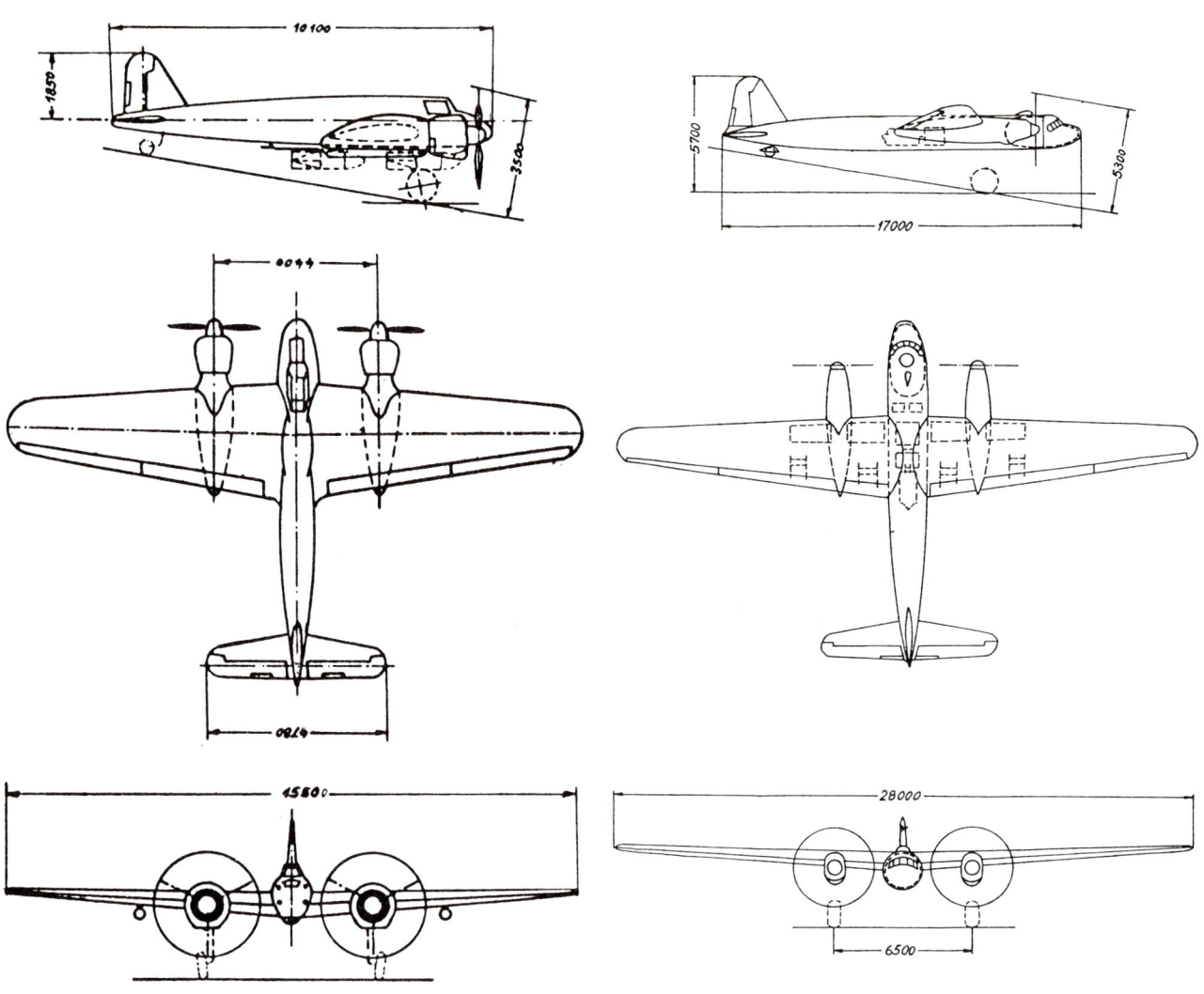

16. Henschel Hs P 76

17. Henschel Hs P 80

Hs P/76

Parallelentwurf zur Hs 129 B mit höherer Bombenkapazität (maximal 1500 kg).

Hs P/80

Dieses Projekt ist eine der nicht verwirklichten Stufen in der Entwicklungsreihe der von Henschel entwickelten Höhenflugzeuge Hs 128 und Hs 130. Ähnlich der Hs 130 ist die P/80 ein Schulterdecker mit Druckkabine, Einziehfahrwerk und Ladermotor. Als Triebwerk dienten zwei Daimler-Benz

DB 603 von je 1750 PS. Als Ladermotor arbeitete ein DB 605. Man hielt eine Gipfelhöhe von 14000 m für erreichbar. Die Spannweite betrug 28,00 m, die Länge 17,00 m, die Höhe 5,30 m. Die Druckkammer konnte eine Besatzung von zwei Mann aufnehmen. Das Projekt wurde zugunsten der Henschel Hs 130 A-0 fallen gelassen.

Hs P/87

Zur gleichen Zeit wurde an einem Schnellbomberprojekt Hs P/87 gearbeitet, welches ebenfalls einen 1 × 2200 PS

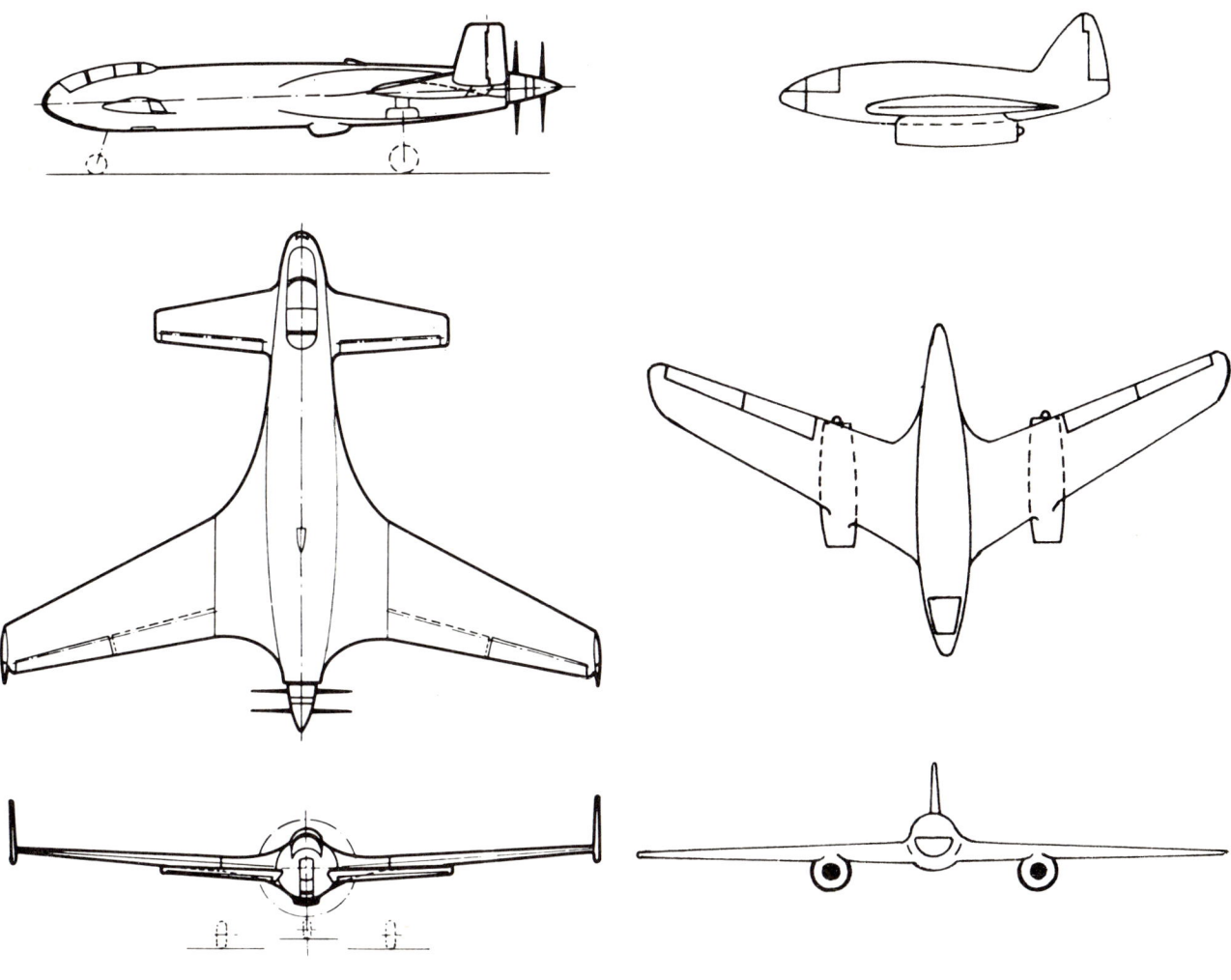

18. Henschel Hs P 87   19. Henschel Hs P 122

DB 610 erhalten sollte. Aus den oben geschilderten Beweg-
gründen wurde auch hier die Entenbauform gewählt. Generell stimmt der Aufbau des Bombers mit dem Jäger überein,
doch wurde hier auf eine Pfeilung des Höhenleitwerkes
verzichtet und der Hauptflügel gepfeilt. Ebenso wurde das
Seitenleitwerk als Endscheiben an die Flügelenden gelegt.
Die Besatzung von drei bis vier Mann besaß ihren Arbeits-
raum im Bug, der eine langgestreckte Abdeckhaube und
Bugverglasung erhalten sollte. Der Bau dieses Musters
unterblieb genauso, wie der des Projektes Hs P/75, weil
keine Erfahrungen über die Flugeigenschaften von Enten-

flugzeugen vorlagen und das Risiko langer Entwicklungszei-
ten und hoher Entwicklungskosten zu groß war.

Hs P/122

Ein weiterer Bomberentwurf, die mit zwei Strahlturbinen
ausgerüstete Hs P/122, kam ebenfalls über das frühe Projektstadium nicht hinaus. Die Maschine war in schwanzloser
Anordnung mit einem kurzen Rumpf, der im Heck ein
normales Seitenleitwerk trug, und im vollkommen verglasten
Bug zwei Mann Besatzung aufnehmen sollte, und mit

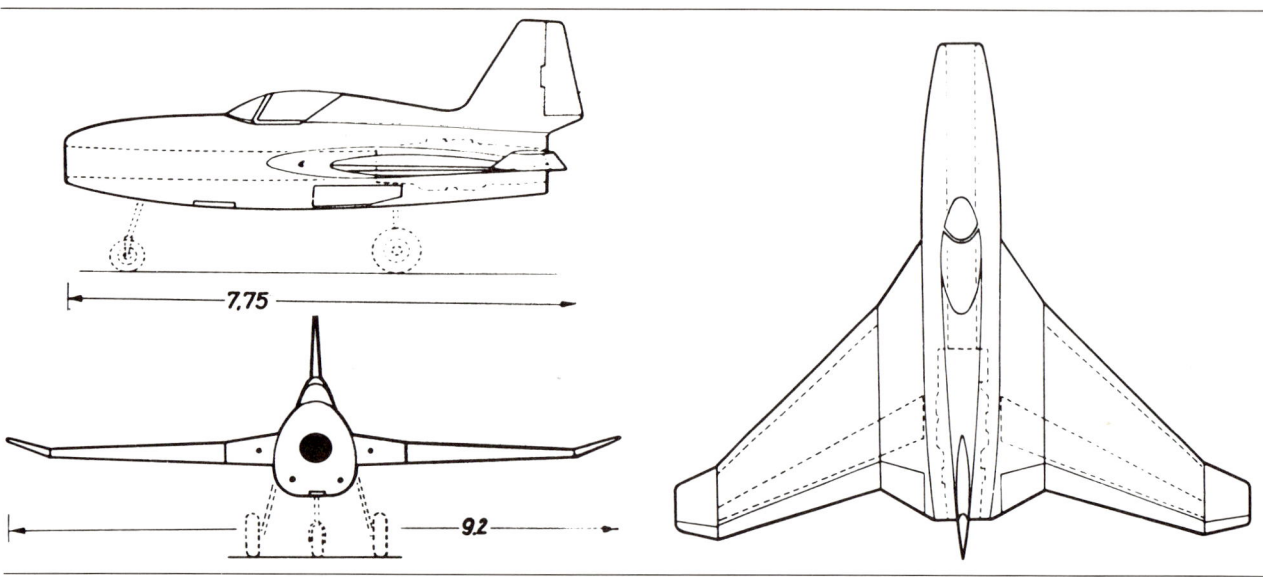

20. Henschel Hs P 135 △

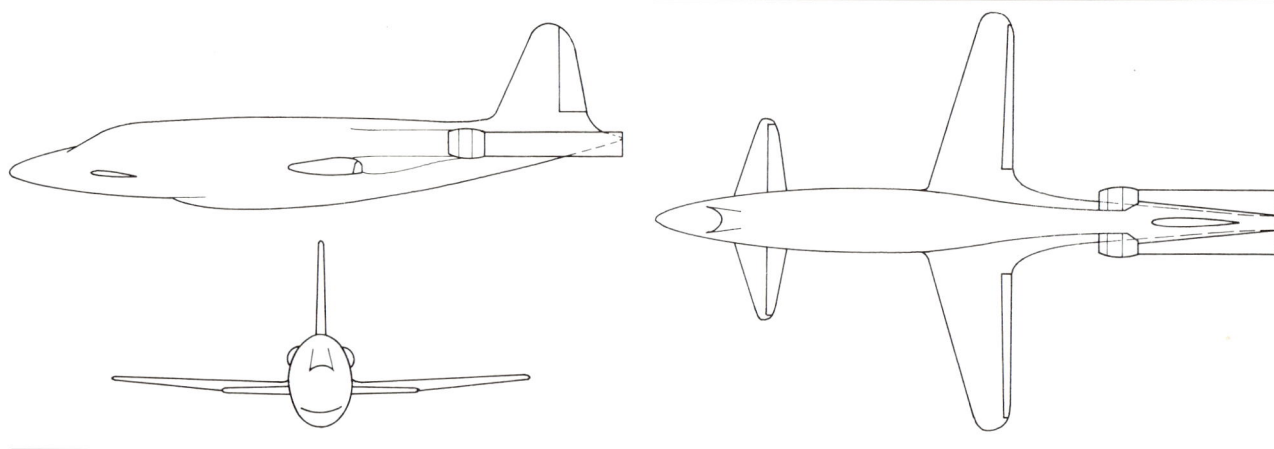

21. Henschel Hs P J. 600/67 △

22. Henschel Hs Transporter-Projekt ▽

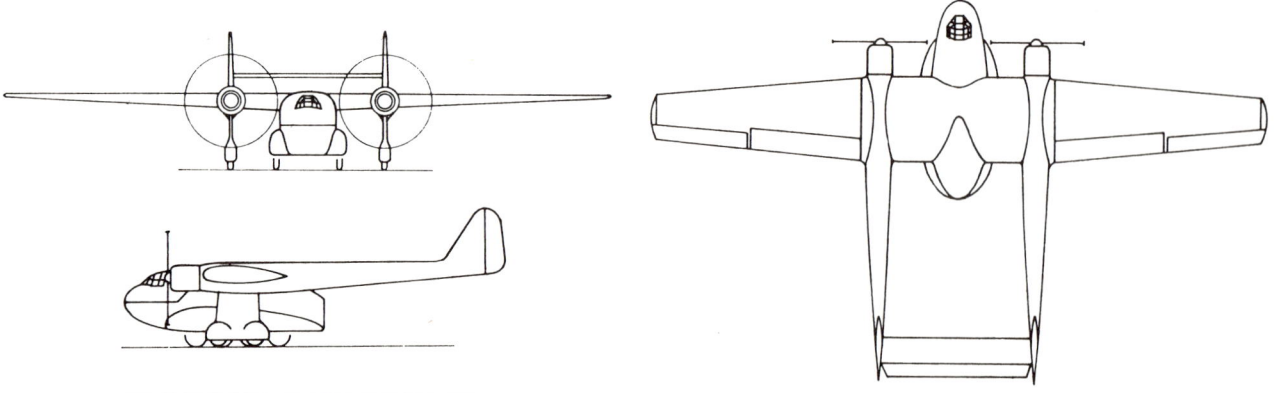

gepfeiltem Tiefeckerflügel ausgelegt. Die beiden Strahltriebwerke sollten in Gondeln unter dem Flügel Platz finden.

Hs P/135

Ende 1944 wurden vom OKL Spezifikationen eines Jagdeinsitzers mit einer He S 011-Strahlturbine herausgegeben, die zu verschiedenen Entwürfen der Firmen Blohm & Voß, Focke-Wulf, Heinkel, Junkers und Messerschmitt führten. Die Firma Henschel erhielt seinerzeit keinen Entwicklungsauftrag, ging aber mit der Entwicklung der Hs P/135 auf privater Initiative an die Ausschreibung heran. Dieser Entwurf, zur Erreichung höherer Fluggeschwindigkeiten durch Verminderung des schädlichen Widerstandes als schwanzlose Konstruktion ausgelegt, wurde besonders deshalb interessant, weil mit dem zusammengesetzten Flügel, der nach außen hin immer geringere Pfeilung aufwies, praktisch schon der Weg des heutigen Sichelflügels beschritten wurde. Der Vorteil dieser Flügelanordnung liegt darin, daß durch die gering gepfeilten Außenflügel das ungünstige Abkippverhalten, was gepfeilten Flügeln zu eigen ist, stark vermindert wird. Gleichzeitig erhält man bei gleichbleibender relativer Dicke des Profils an der Flügelwurzel eine große Profilhöhe, die der Festigkeit und damit dem Gewicht zugute kommt.

Hs PJ/600/67

Bei diesem Projekt handelt es sich um einen Jagdeinsitzer in Entenbauweise mit Staustrahlantrieb. Die Ausbauchung des Rumpfes an der Unterseite läßt darauf schließen, daß es sich um eine Waffenwanne, ähnlich wie bei Ju 88 G und He 219, handelt. Als Triebwerk waren zwei Argus-Staurohre As 044 von je 500 kp Schub vorgesehen. Die Bewaffnung bestand wahrscheinlich aus zwei MG 151/20. Von diesem Projekt wurde nur eine Modellzeichnung angefertigt. Ob dieses noch gebaut und im Windkanal untersucht wurde, ist unbekannt.

Henschel-Transportflugzeug-Projekt

Einen sehr fortschrittlichen Entwurf für einen Doppelrumpf-Transporter reichte die Firma Henschel bereits 1939 dem RLM ein. Ohne Übertreibung kann man behaupten, daß die amerikanischen Fairchild »Packet« und »Packplane« diesem bedeutend früher entstandenen Entwurf nachempfunden sind. Die allgemeine Anlage des Entwurfs entspricht den amerikanischen Maschinen vollständig. Der Henschel-Entwurf ging von vornherein von der Idee des auswechselbaren Lastenbehälters aus, der den Lastenwechsel erheblich verkürzte. Man ging sogar noch weiter, indem man für die Maschine ein »geländegängiges« Fahrwerk, ähnlich dem der Me 323, vorsah. Aus dem dem RLM eingereichten Entwurf sind leider keinerlei Abmessungen zu entnehmen. Aus der allgemeinen Anlage kann man aber schließen, daß die

Spannweite etwa 30 m, die Länge etwa 20 m betragen sollte.

Abmessungen:	Flächeninhalt	140 qm
	Rüstgewicht	8500 kg
	Nutzlast	9500 kg (!)
Errechnete Leistungen:	Höchstgeschwindigkeit	350 km/h
	Landegeschwindigkeit	106 km/h
	Reichweite	1500 km

Horten

Gebrüder Reimar und Walter Horten, Bonn

Zu den Initiatoren der deutschen Nurflügelforschung zählten außer Prof. Lippisch besonders die von ihm wesentlich inspirierten Gebrüder Reimar und Walter Horten. Nach anfänglichem Modellbau begannen sie um 1930 mit der Konstruktion ihres ersten Segelflugzeuges. Diese im elterlichen Haus in Bonn entstandene Ho I erhielt im Rhönwettbewerb 1934 einen Preis für die konstruktive Lösung als Nurflügel. Die gewonnenen Erfahrungen wurden beim Bau der *Ho II,* die im Mai 1935 eingeflogen werden konnte, verwertet. Nach ausgiebiger Erprobung als Segler erhielt sie für Studienzwecke in der Ausführung *Ho II M* einen 80 PS Hirth HM 60 R in Druckanordnung. Drei weitere Ausführungen als Segler entstanden 1936/37. Inzwischen war im Herbst 1936 auch das erste reine Motorflugzeug, die später beschriebene *Ho V,* als Prototyp entstanden, dem 1937 ein zweiter Prototyp folgte. Von dem einsitzigen Leistungssegler *Ho III,* einer Weiterentwicklung der Ho II, kamen 1938 zwei Prototypen heraus, denen sich, vom Erziehungsministerium finanziert, eine erste Serie von 14 Maschinen anschloß. Während der Kriegszeit wurde das Muster, zusammen mit der Ho IV, in einer Möbelfabrik in der Nähe von Dorndorf, in einem Ingenieurbetrieb in Thüringen und auf der Segelflugschule Hornberg weiter gebaut. Gleichzeitig mit der Ho III sollte beim Rhönwettbewerb 1938 ein Segler mit parabolischer Fläche, von der man sich den geringsten induzierten Widerstand versprach, erscheinen. Diese »Parabola« kam jedoch nicht zum Fliegen, weil sie beim Transport zum Flughafen zu Bruch ging. Die Segelflugzeugentwicklung der Gebr. Horten litt unter der nun kommenden Entwicklungsperiode für Motorflugzeuge nie und riß bis Kriegsende nicht ab.

1941 erschien ihre bekannteste Konstruktion, der Hochleistungssegler *Ho IV,* als Prototyp, gebaut in der Königsberger Luftwaffenanstalt. Dieses Muster unterschied sich von den Vorgängern hauptsächlich durch die Verwendung eines weitaus schlankeren Flügels und wurde für lange Zeit als die bestmögliche Form eines Hochleistungssegelflugzeuges erachtet. Von der Ho IV gingen während der Kriegszeit noch eine Anzahl Maschinen in die Fertigung, unter anderen auch als *Ho IV b* mit einem Laminarprofil. 1943/44 folgte in zwei Exemplaren die *Ho VI,* eine vergrößerte Ho IV, die ohne Rücksicht auf Kosten Rekordversuchen dienen sollte (Spannweite 24,20 m, Flügelstreckung 33,60 m, Sinkgeschwindigkeit 0,43 m/s, Gleitzahl 43). Vergleichsflüge mit der Darmstädter D 30 »Cirrus«, die seinerzeit als das beste Segelflugzeug der Welt galt, zeigten im selben Geschwindigkeitsbereich eine günstigere Sinkgeschwindigkeit der Ho VI. Gegen Kriegsende entstanden noch zwei weitere Muster, die, wie auch die Ho VI, bereits früher konstruiert worden waren. Die *Ho XI* war ein Kunstflugsegler mit einer Spannweite von 8,00 m und die *Ho XIV* ein Sportsegler, dessen Konstruktion auf die Olympiaausschreibung für ein Einheitssegelflugzeug der Wettkämpfe 1940 zurückging. Von dem letzten Muster wurden noch zwei Maschinen erstellt. Bereits 1939 war Reimar Horten ein Angebot der Heinkel-Werke unterbreitet worden, als Chefkonstrukteur in der Nurflügelentwicklung dieses Unternehmens tätig zu werden. Dieses Angebot zerschlug sich, weil die Entwicklung unter der ausschließlichen Nennung der Firma Heinkel erfolgen sollte. Ebenso ergebnislos verliefen Verhandlungen mit den Messerschmitt-Werken. Erst 1942, als das RLM, angeregt durch die Arbeiten Northrops in den USA, Interesse an Nurflügelentwicklungen bekam, erhielten die Gebrüder Horten für ein ausgedehntes Entwicklungsprogramm staatliche Untersützung. Umfangreiche Geldmittel wurden angekündigt und die Peschke-Möbelfabriken in Minden für die Bauausführung zur Verfügung gestellt. Das ganze Programm, von Göttingen aus redigiert, unterstand der Luftwaffe und lief unter dem Namen »Luftwaffen-Sonderkommando 9«. Ende 1943 wurde die Unterstützung wieder

gestrichen, so daß die gesamte weitere Entwicklung erneut auf privater Basis erfolgen mußte.

Anschließend folgt das gesamte Motorflugzeug-Entwicklungsprogramm der Gebrüder Horten, das aus finanziellen Gründen meist jedoch im Projektstadium steckenblieb.

Horten Ho V

Auf Anregung und mit der Unterstützung der Dynamit A. G. begannen die Gebrüder Horten 1936 mit der Konstruktion ihres ersten reinen Motorflugzeuges, der Ho V. Im Aufbau wurde das Muster eng an die Ho II als freitragender Nurflügel angelehnt. Durch die Verwendung von geringeren Pfeilungswinkeln und einer geraden Hinterkante am Flügelmittelstück erschien der Flügelumriß einer Parabel angenähert. Die *Ho V V-1,* die im Herbst 1936 in Ostheim fertiggestellt wurde, bestand vollkommen aus Kunststoff. Bei der Steuerung waren die Gebrüder Horten neue Wege gegangen. Zur kombinierten Quer- und Seitensteuerung konnten die gesamten Flügelenden, an einer schiefen Achse drehbar aufgehängt, vor- und rückwärts bewegt sowie im Anstellwinkel verändert werden. Da ungedämpft, führten sie beim ersten Flug des Prototyps zu heftigen Schwingungen, die schließlich den Absturz der Maschine zur Folge hatten. 1937 wurde die *Ho V V-2* in normaler Bauweise und mit der bewährten Steuerung gebaut. Dieser Prototyp besaß, genau wie die V-1, zwei Hirth HM 60 R-Triebwerke.

Typ: Zweimotoriges Versuchsflugzeug.
Flügel: Freitragender Nurflügel. Dreiteiliger, einholmiger Gemischtbau-Flügel. Flügelmittelstück aus Stahlrohr mit Sperrholzbeplankung, Flügelaußenteile in Holz mit verdrehsteifer Sperrholznase,

20. Horten Ho V

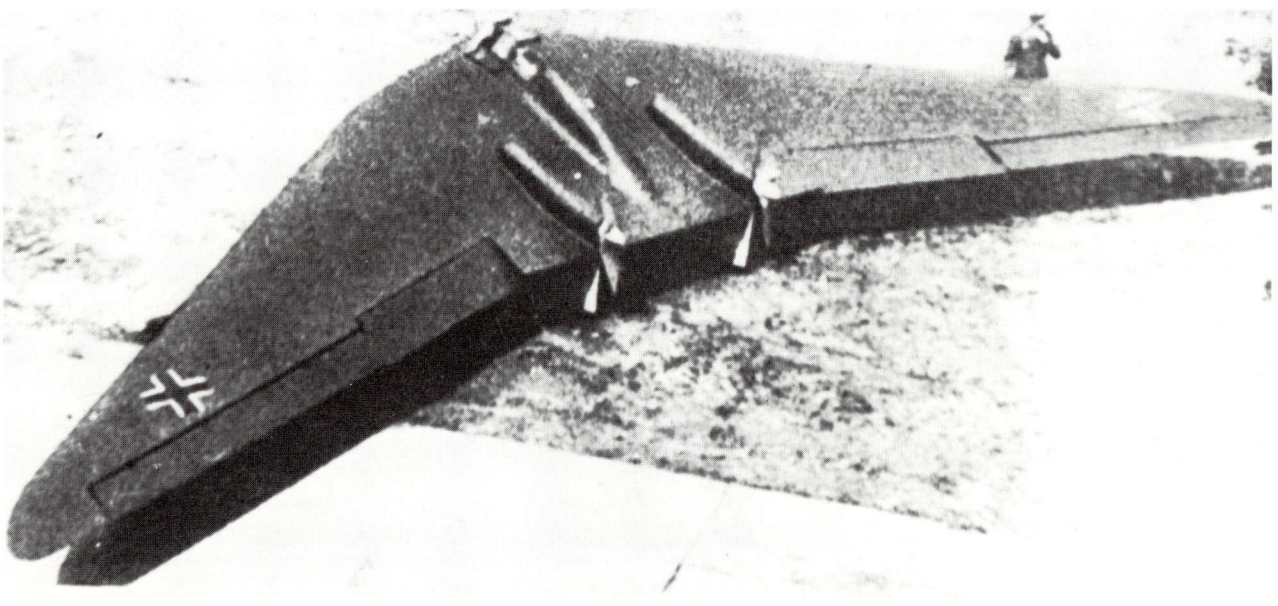

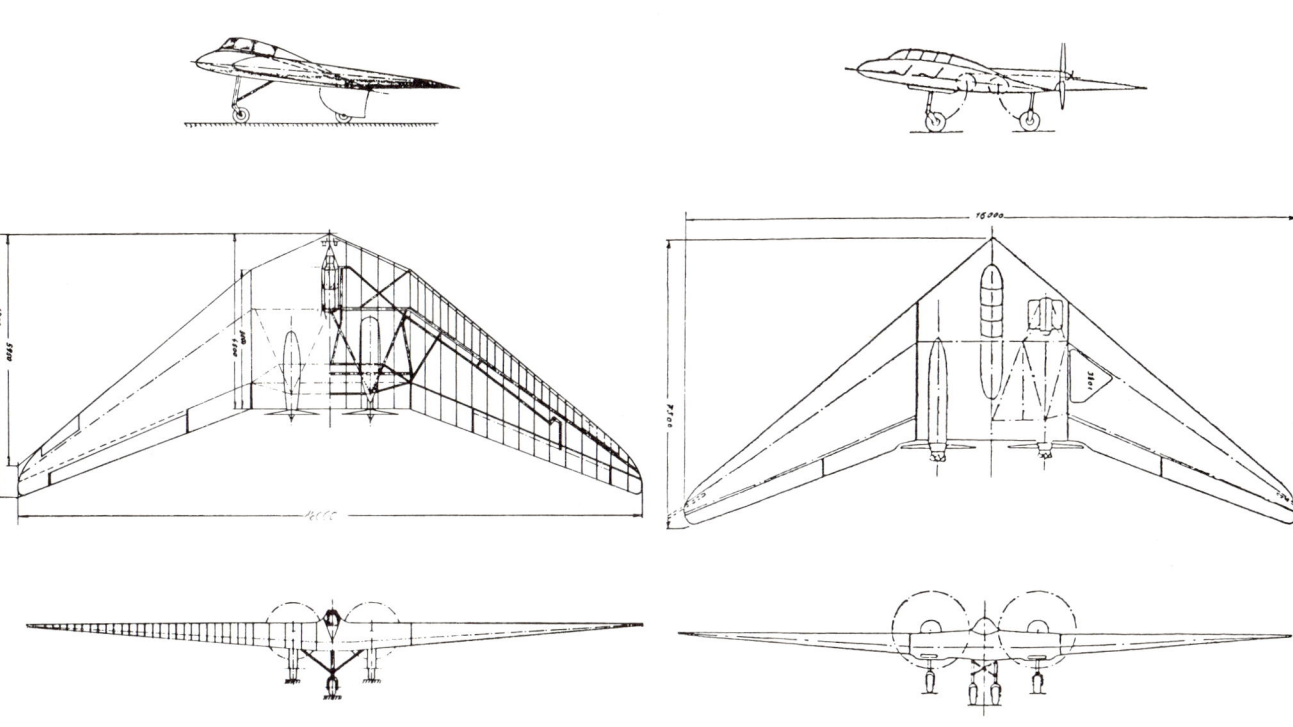

23. Horten Ho V C

24. Horten Ho VII

sonst stoffbespannt. Flügelnase des Mittelteiles vollkommen verglast. Dreiteilige Spreizklappen am Flügelmittelteil.
Leitwerk: Zweiteiliges Klappensystem an der Hinterkante der Außenflügel, differenziert als Höhen- und Querruder wirkend. Innenteile gleichzeitig als Wölbungsklappen absenkbar. Seitensteuerung durch Störklappen an den Flügelenden.
Fahrwerk: Starres Dreiradfahrgestell, mechanisch bremsbar. Unverkleidetes und verstrebtes Bugrad und verkleidete Haupträder.
Triebwerk: Zwei Hirth HM 60 R luftgekühlte hängende Vierzylinder-Reihenmotoren mit 2 × 80 PS Startleistung, versenkt im Flügelmittelteil untergebracht, über Fernwellen zwei Druckschrauben antreibend. Druckschrauben als starre Zweiblatt-Luftschrauben aus Holz mit 1,60 m Durchmesser, gegenläufig rotierend. Kraftstoffkapazität 90 Liter.
Besatzung: Zwei Mann nebeneinander vollkommen versenkt im Flügelmittelstück mit verglastem Bug, nur Kopfabdeckung durch zwei separate Hauben.

Der zweite Prototyp wurde 1941 als Einsitzer umgebaut und 1943 der Versuchsanstalt in Göttingen überlassen. Dort fiel er beim Start in eine Halle und ging restlos zu Bruch.

Horten Ho VII (8-226)

Gleichzeitig mit der staatlichen Unterstützung des Nurflügelprogramms, welches zur Gründung des »Luftwaffen-Son-

derkommandos 9« führte, gab die Luftwaffe eine Anzahl zweisitziger Nurflügel-Übungsflugzeuge in Auftrag. Horten leitete dafür aus der Ho V die ähnlich aufgebaute Ho VII ab. Gegenüber der Ho V war das Mittelstück des dreiteiligen Flügels breiter gehalten und im Bug unverglast. Die zweiköpfige Besatzung saß hintereinander im Mittelteil, durch eine langgestreckte Haube abgedeckt. Ebenfalls im Mittelteil saßen 2 × 240 PS Argus As 10 C luftgekühlte Achtzylinder-Λ-Motoren, die wieder über Fernwellen zweiflügelige Druckschrauben antrieben. Der erste Prototyp *Ho VII V-1*, bereits bei Peschke in Minden gebaut und auf dem Flugplatz Minderheide eingeflogen, besaß noch ein starres Dreiradfahrgestell mit stromlinienförmig verkleidetem Bugrad und Haupträdern mit Hosenbeinverkleidung. Der Ende 1943 fertiggestellte zweite Prototyp *Ho VII V-2* dagegen hatte bereits das für die Serie vorgesehene Einziehfahrgestell. Als Ende 1943 der Unterstützungs-Kontrakt vom RLM gelöst wurde, gingen die beiden Prototypen für die weitere Flugerprobung zu den Skoda-Kauba-Flugzeugwerken auf den Ruzyn-Flugplatz bei Prag. Ein erneuter Serienauftrag über 20 Ho VII wurde noch 1945 ausgeschrieben, als das Muster für die Vorschulung auf die Ho IX (Go 229) als Trainer ausgewählt worden war.

Horten Ho VIII

1944 wurde das Projekt eines Transatlantik-Flugzeuges mit 120 Tonnen Fluggewicht in Angriff genommen, bei dem sämtliche Lasten im Flügel untergebracht werden sollten. Als Antrieb waren vorerst Kolbentriebwerke vorgesehen, die später durch entsprechende Propellerturbinen ersetzt werden konnten. Um Grundlagenwerte über Start- und Landestrecken, Steigleistungen bei verschiedenen Gewichten und Geschwindigkeiten, über die Größe der Steuerfläche, über zu verwendende Hilfsrudergeräte, über den zweckmäßigsten Einbau der Triebwerke im Flügel, über den Fernwellenantrieb, über die günstigste Verteilung der Kraftstoffbehälter und über die wirkungsvollste Kombination der Klappen zu erhalten, wurde noch 1945 mit dem Bau eines fliegenden Modells begonnen.

Ho VIII/1. Fliegendes Modell im Maßstab 1:2 als Verkleinerung des für den Nachkriegsluftverkehr geplanten Ho VIII-Langstrecken-Verkehrsflugzeuges. Der Aufbau des dreiteiligen Flügels erfolgte in der bekannten Horten-Bauweise als Gemischtbau-Ausführung. Die für das Modell erforderliche dreiköpfige Besatzung war in der

Flügelwurzel und unter einer langgestreckten Haube untergebracht. Der Antrieb bestand aus 6 × 240 PS Argus As 10 C luftgekühlten Achtzylinder-V-Motoren, die Druckschrauben über Fernwellen trieben. Auf Anregung des RLM sollte das Modell, mit einem entsprechenden Rumpf ausgerüstet, als Transporter verwendbar sein. Die Gebrüder Horten entwickelten daraufhin einen im Heck schnabelförmig zu öffnenden Kastenrumpf, der, abgesehen von der Aufnahme des Fahrwerkes, nur dem Lasttransport diente. Das starre Hauptfahrwerk bestand aus je zwei hintereinanderliegenden Lufträdern in Verkleidungen der Rumpfseitenwände, das Bugrad war einziehbar. Den Gebrüdern Horten gefiel diese zweckentfremdende Verwendung des Modells nicht, und sie ersetzten den Rumpf in einem zweiten Entwurf *Ho VIII/2* durch eine riesige Venturidüse, die als fliegender Windkanal Messungen bis zu 800 km/h Geschwindigkeit zulassen sollte. Mit diesem Projekt war vorgesehen, genaue Messungen über die Laminarhaltung von Grenzschichten anzustellen. Die Fertigstellung des Modells, das gegen Kriegsende in Göttingen im Bau war, sollte bis Juli 1945 erfolgen.

Bei der vergrößerten Endauslegung als Verkehrsflugzeug war das Flügelmittelstück breiter gehalten und durch eine stärkere Nasenpfeilung auch tiefer, wodurch die für die Aufnahme der Besatzung, der Passagiere und der Triebwerke erforderliche Profilhöhe erzielt werden konnte. Vier der 6 × 3000 PS-Jumo 222-Triebwerke sollten im Mittelteil beherbergt werden, zwei in den Außenflügeln. Sämtliche Luftschrauben waren in Druckanordnung und über Fernwellen getrieben. Einziehbares Dreiradfahrgestell. Als Haupträder sollten je vier hintereinander angeordnete Tandemräder in flossenartige Verdickungen unter dem Mittelflügel eingefahren werden. Das in den Bug des Mittelflügels einschwenkbare Bugrad hatte Zwillingsbereifung.

Horten Ho IX (8-229)

Bereits 1936 hatte der deutsche Aerodynamiker Prof. Busemann bei einer Vorlesung vor der Deutschen Akademie für Luftfahrtforschung auf die Bedeutung des gepfeilten Flügels zur Hinausschiebung der Verdichtungsstöße bei schallnahen Flügen hingewiesen. Ende 1943, als die staatliche Unterstützung der Nurflügelarbeiten versiegten, beschlossen die

25. Horten Ho VIII

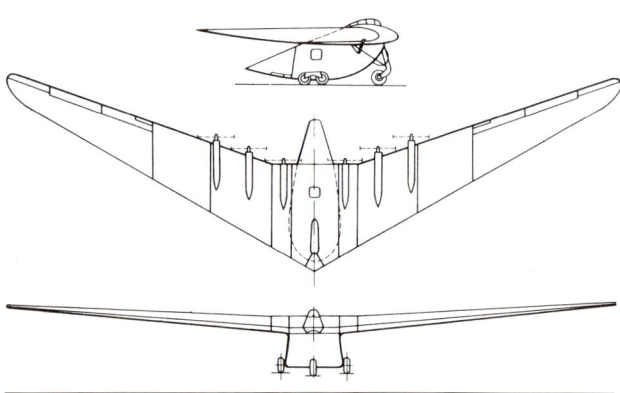

22. Horten Ho IX V-1

Gebrüder Horten, auf privater Basis ihre reichen Erfahrungen im Bau von gepfeilten Flügeln mit dieser Theorie zu verbinden und ein Hochgeschwindigkeitsflugzeug mit Strahlantrieb als Jäger zu konstruieren. Das Muster erhielt die Bezeichnung Ho IX und lehnte sich in der Form als reiner Nurflügel eng an die bisherigen Konstruktionen an. Lediglich im Mittelflügel wurde durch die Hinausziehung der Hinterkante eine größere Flügeltiefe und damit ein höheres Profil erreicht, um die beiden Strahltriebwerke, den Piloten und die Bewaffnung vollkommen innerhalb des Flügels unterbringen zu können. Mit dem Bau des Prototyps wurde noch im gleichen Jahr im ehemaligen Hauptquartier des »Luftwaffen-Sonderkommandos 9« in Göttingen begonnen.

Horten Ho IX A-Reihe

Im halbfertigen Zustand erregte die Ho IX V-1 das Interesse des RLM, das eine beschleunigte Fertigstellung anregte. Anfang 1944 wurde die Zelle fertig, als die für den Einbau vorgesehenen BMW 003-Strahlturbinen noch nicht zur Verfügung standen. Um aber bereits ein Bild über die Flugeigenschaften zu bekommen, ging das Muster als Gleitflugzeug in die Flugerprobung. Hierfür waren die Lufteintrittslöcher für die Strahlturbinen verkleidet und die beiden Haupträder fixiert worden, während aber schon ein Bremsfallschirm Verwendung fand. Gleichzeitig wurden Waffentestversuche bei der Versuchsstelle für Höhenflüge in Oranienburg durchgeführt. Dabei ging die Maschine bei einer Landung zu Bruch. Inzwischen war in Göttingen die *Ho IX V-2* fertiggestellt worden, die zwei Jumo 004-Strahlturbinen und ein voll einziehbares Dreiradfahrgestell besaß. Sie ging im Januar 1945 ebenfalls nach Oranienburg, wo sie eingeflogen wurde. Göring, dem die Maschine im März 1945 vorgeflogen worden war, zeigte sich derart begeistert, daß er die weitere Entwicklung sofort an ein größeres Flugzeugwerk, die Gothaer Waggonfabrik, übergab und eine erste Serie von 20 Stück bestellte. Die Ho IX erhielt die Bezeichnung Go 229, und der speziell für die Serienausführung zugeschnittene Prototyp, die *Go 229 V-3,* die bis auf kleinere

fertigungstechnische Änderungen und die eingebaute Bewaffnung der V-2 entsprach, befand sich bei Kriegsende in den Werkstätten der Gothaer Waggonfabrik kurz vor der Vollendung. Er wurde anschließend nach den USA verschifft.

Typ: Zweistrahliger Nurflügel-Jagdeinsitzer.
Flügel: Freitragender Nurflügel. Dreiteiliger Aufbau. Mittelstück als Gerüst aus geschweißten Stahlrohren, größtenteils sperrholzbeplankt, nur hinter den Turbinenaustritten mit Stahlblech abgedeckt. Außenteile in zweiholmiger Holzbauweise mit durchgehender Sperrholzbeplankung. Flügelspitzen aus Leichtmetall.
Leitwerk: Sämtliche Steuerorgane im Flügel. Außenflügelhinterkante als dreiteilige Klappe ausgebildet. Große Außenteile als kombinierte Quer- und Höhenruder, einteilig. Zweiteilige Innenstücke als Wölbungsklappen. Zwei ausfahrbare Bremsklappen unter dem hinteren Mittelteil. Seitensteuerung durch Störklappen an den

26. Horten Ho IX

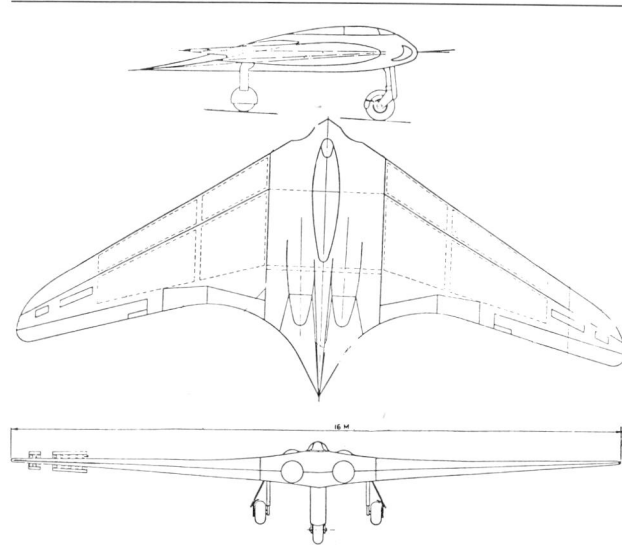

Flügelenden, jeweils aus je einer schmalen und einer breiten Klappe auf der Ober- und Unterseite einer jeden Flügelspitze bestehend. Ausfahren aller Klappen im Langsamflug, eines Klappenteils beim Schnellflug. Bremsfallschirm im Auslaufheck des Flügelmittelteiles.

Fahrwerk: Einziehbares Dreiradfahrgestell. Großes Bugrad (40—50 % der Gesamtlast tragend) nach hinten in den Mittelflügel hinter die Kabine, Haupträder nach innen in den Mittelflügel einfahrbar.

Triebwerk: Zwei Junkers Jumo 004 B-Strahlturbinen mit 2 × 890 kp Standschub, nebeneinander vollkommen versenkt im Flügelmittelstück eingebaut. Lufteinläufe in der Flügelnase beiderseits der Kabine. Strahlaustritte an der Flügeloberseite 1/3 vor der Hinterkante. Kraftstoff in acht Außenflügel-Behältern.

Besatzung: Ein Pilot in nicht druckbelüfteter Kabine in der Nase des Flügelmittelteiles. Spezial-Druckanzug für den Piloten.

Militärische Ausrüstung: 4 × 30 mm MK 108 im Flügelmittelstück außenbords der Triebwerke.

Für weitere Reihen der A-Serie befanden sich bei Kriegsende drei weitere Mustermaschinen in der Entwicklung. Da war einmal die *Go 229 V-4* als zweisitziger Nachtjäger mit einer Bugnase zur Aufnahme einer Radar-Ausrüstung, dann die *Go 229 V-5* und *Go 229 V-6* als Jagdbomber, ebenfalls zweisitzig. Letztere unterschieden sich von der Go 229 V-3 rein äußerlich durch verbreiterte Flügelmittelstücke, die zur Aufnahme einer zusätzlichen Bombenlast von 2000 kg herangezogen werden sollten.

Horten Ho IX B-Reihe
Am 12. März 1945 sprach Göring vor dem Generalstab der Luftwaffe in Karinhall. Hierbei erklärte er auch, daß die

23. Horten Ho IX V-2
(Go 229)
Flächen abgenommen

24. Horten Ho IX
(Go 229 V-2)

Arbeiten der Gebrüder Horten in das neue Abwehrprogramm Hitlers eingeschlossen werden sollten. Die Gebrüder Horten begannen daraufhin mit der Entwicklung verschiedener Hochgeschwindigkeitsflugzeuge, unter anderem auch an einer Weiterentwicklung der Ho IX A als Ho IX B, die ab 1946 serienreif sein sollte. Diese Version unterschied sich grundsätzlich von dem Ausgangsmodell durch die Anordnung der beiden Jumo 004-Strahlturbinen unter dem Flügelmittelstück, eine größere Flügelpfeilung, eine aufgesetzte Kabine für zwei Mann Besatzung hintereinander und durch die erstmalige Verwendung einer Seitenflosse mit einem normalen Seitenruder, die den Auslauf der Kabine bildeten. Diese Version sollte als Jagdbomber eingesetzt werden können und die Bewaffnung und Bombenlast der Go 229 V-5 besitzen.

Horten Ho X

Dieser Entwurf eines leichten Jagdeinsitzers entstand nach der »Volksjäger«-Ausschreibung im Rahmen des Jäger-Notprogramms. Zur Bestimmung der Schwerpunktlagen bei verschiedenen Pfeilstellungen wurden zuerst Modelle der Ho X mit 3,05 m Spannweite gebaut, anschließend daran ein Gleiter in Arbeit genommen, der aber vor Kriegsende nicht mehr fertiggestellt werden konnte. Im Verlauf der weiteren Entwicklung war eine motorisierte Ausführung mit 1 × 240 PS Argus As 10 C geplant und schließlich die Endausführung mit einer He S 011-Strahlturbine, die 1946 fertiggestellt werden sollte. Der Entwurf der Ho X zeichnet sich durch bestechende Einfachheit aus.

Typ: Einstrahliger Nurflügel-Jagdeinsitzer.
Flügel: Freitragender Nurflügel. Dreiteiliger Aufbau. Mittelteil mit stärkerer Pfeilung als geschweißte Stahlrohrkonstruktion mit Sperrholzbeplankung, eingestrakter Aufbau für Kabine und Triebwerk. Außenteile in zweiholmiger Holzbauweise, ebenfalls komplett mit Sperrholz beplankt.
Leitwerk: Kombinierte Quer- und Höhenruder als einteilige Wölbungsklappen in den Außenflügeln. Seitensteuerung durch Widerstandsflächen in den Flügelspitzen. Störklappen unter dem Flügel.
Fahrwerk: Einziehbares Dreiradfahrgestell.
Triebwerk: Eine Heinkel He S 011-Strahlturbine mit 1 × 1300 kp Standschub, auf dem Flügelmittelteil hinter der Kabine liegend. Geteilter Lufteinlauf durch zwei seitliche Hutzen hinter der Kabine.
Besatzung: Ein Pilot in einer Druckkabine im Flügelmittelteil vor dem Triebwerk.
Militärische Ausrüstung: 1 × 30 mm MK 108 (oder MK 213) und 2 × 13 mm MG 131 im Flügelmittelteil.

Horten Ho XII

Widerstandsmessungen an dem Laminarprofil einer erbeuteten North American »Mustang« zeigten äußerst günstige Werte. Das schien den Gebrüdern Horten ein Weg, die Leistungen des Hochleistungsseglers Ho IV weiter zu verbessern. Eine neue Version, die Ho IV b, wurde mit einem

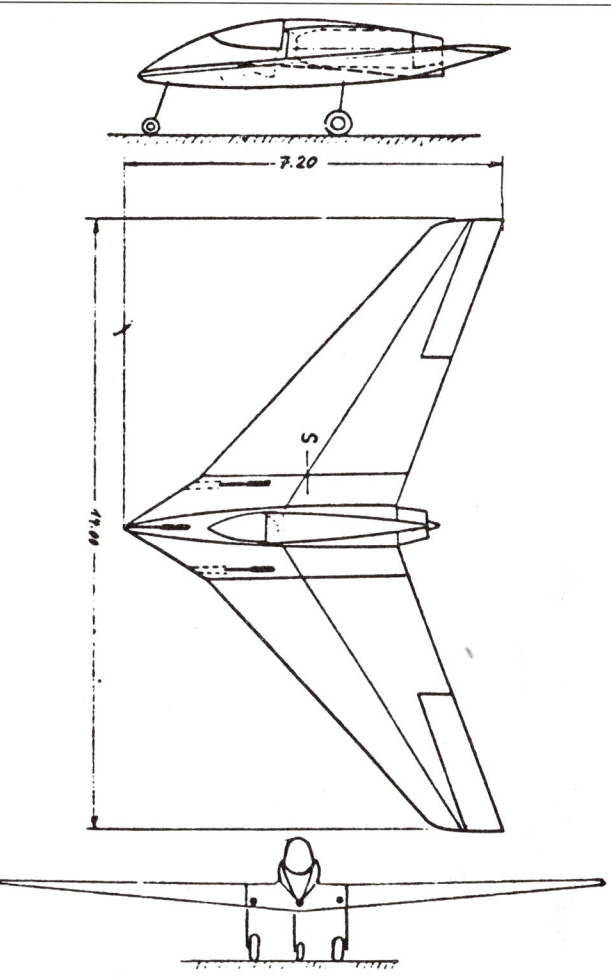

27. Horten Ho X

derartigen Profil ausgerüstet, zeigte aber im Langsamflug so schlechte Eigenschaften, daß die Maschine bei einem Testflug verloreging. Mit diesem Ergebnis gaben sich die Brüder jedoch nicht zufrieden und konstruierten den Leichtmotortrainer Ho XII, ebenfalls mit einem Laminarprofil. Für die Flugversuche wurde zuerst eine Ausführung als Gleiter mit 16,00 m Spannweite, 31,00 m² Flügelfläche und 700 kg Fluggewicht gebaut. Aber auch dieses Versuchsmuster zeigte ähnlich schlechte Leistungen im Langsamflug, so daß die Ho XII wieder aufgegeben wurde.

Horten Ho XIII

1944 wurden von den Gebrüdern Horten Studien über ein Überschallflugzeug begonnen, das in 12 000 m Höhe eine Geschwindigkeit von 1800 km/h erreichen konnte. Das

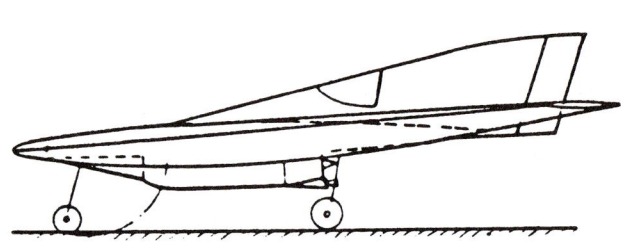

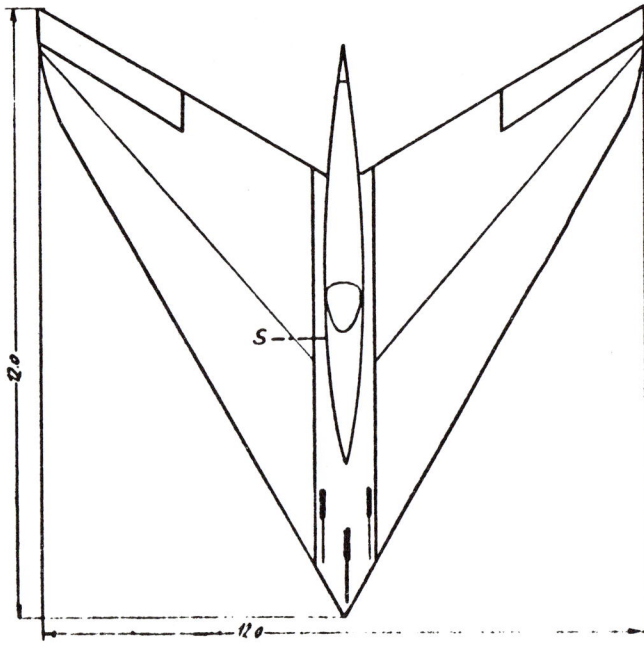

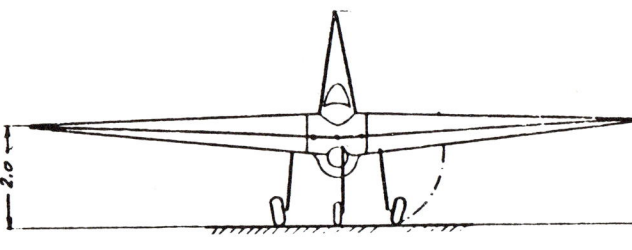

28. Horten Ho XIII B

Objekt erhielt die Projektbezeichnung Ho XIII. Um das gesteckte Ziel, die Flugeigenschaften vor und nach der Durchdringung des Schallbereiches voll zu beherrschen, zu erreichen, wurden umfangreiche theoretische Studien ange-

stellt. Zuerst mußte versucht werden, für das Meistern der sprunghaft auftretenden Veränderung des Auftriebsmittelpunktes von 24 Prozent auf 50 Prozent der Tiefe Mittel und Wege zu finden. Ferner sollten Druckstöße und auftretende Schwingungen des Pfeilflügels vermieden werden. Die Brüder sahen in der Wahl einer extremen Flugzeugform die einzige Möglichkeit, mit diesen Problemen fertig zu werden. Ihr Entwurf sah schließlich eine sehr große Flügelpfeilung mit einem kleinen Seitenverhältnis vor. Die sich dadurch ergebende relativ große Flügeltiefe ermöglichte die Verwendung sehr flacher Profile mit 10 Prozent relativer Dicke an der Wurzel, die zu den Flügelenden auf 8 Prozent abfiel. Weiterhin besaßen die Profile eine Dickenrücklage von 60 Prozent und extrem kleine Nasenradien. Dieser Flügel versprach nach eingehenden Untersuchungen eine Verschiebung der kritischen Machzahl zu äußerst hohen Werten hin. Im Verlauf der weiteren Studienarbeit wurden auch alle Übergänge, die zum Auftreten örtlicher Übergeschwindigkeiten führen konnten, eingehend untersucht. Beim Abschluß der Arbeiten stand fest, daß die Ho XIII mit den zur Verfügung stehenden 1400 kp Schub die geforderten Leistungen bei einer größtmöglichen Reichweite zu erreichen in der Lage sein mußte.

Ho XIII A

Die ersten praktischen Arbeiten begannen mit dem Gleiter Ho XIII A, der Versuchswerte über das Langsamflugverhalten und die Steuerwirkung stark gepfeilter Flügel erbringen sollte. Das Muster wurde im Sommer 1944 fertiggestellt und führte eine Reihe erfolgreicher Testflüge auf den Flugplätzen in Göttingen und Göppingen aus. Im Aufbau bestand es aus zwei Außenflügeln der Ho III, die mit 60° Nasenpfeilung an ein neues Mittelstück angeschlossen wurden. Unter dem Heck des Mittelstückes hing eine Gondel für den Piloten mit einem Zentralrad. Der Landestoß wurde durch eine starre Kufe unter dem Bug des Mittelteiles aufgenommen.

Ho XIII B

Endlösung als Überschalljäger, der den oben geschilderten Flügel besaß. Die Flügelpfeilung betrug wie bei der Ho XIII A 60°, jedoch besaß der Flügel eine größere Tiefe. Auf dem Flügelmittelteil saß eine deltaförmige Seitenflosse, die gleichzeitig dem Piloten als Kabine diente, mit einem normalen Seitenruder. Das Dreiradfahrwerk konnte vollständig in das Flügelmittelteil eingezogen werden. Unter dem Mittelteil saß eine BMW 003 R-Strahlturbinen-Raketen-Kombination mit einem Gesamtschub von 1400 kp, bestehend aus 1000 kp Schub von der Turbine und 400 kp Schub von dem angebauten BMW 109-718-Flüssigkeitsraketenmotor. Eine ausreichende statische Festigkeit und eine entsprechende Schwingungssteifheit wurden trotz eines verhältnismäßig geringen Bauaufwandes erreicht. Die Erhaltung der Schwerpunktlage während des Fluges sollte durch ein beson-

deres Entnahme-Schema bei der Kraftstoff-Förderung erreicht werden. Die Ho XIII B befand sich gegen Kriegsende im Bau und sollte bis Mitte 1946 fliegen.

Horten Ho XVIII

Der Entwurf eines Langstrecken-Schnellbombers für 8000 km Reichweite mit 4000 kg Nutzlast, 800 km/h minimaler Reisegeschwindigkeit, 170 km/h maximaler Landegeschwindigkeit und Höchstrollstrecke beim Start mit Zusatzraketen von 900 m wurde noch 1945 vom RLM ausgeschrieben. Die Gebrüder Horten beteiligten sich außer anderen Firmen der deutschen Luftfahrtindustrie ebenfalls an diesem Projekt und untersuchten eine ganze Reihe in Form und Größe unterschiedlicher Entwürfe. Die endgültige Ausführung trug bereits die Bezeichnung Ho XVIII B-2 und wurde mit Konkurrenzentwürfen von Junkers und Messerschmitt einem neutralen Schiedsgericht der DVL eingereicht und nachgerechnet. Dem Horten-Entwurf mußten die besten Leistungen eingeräumt werden. Der Bau einer Mustermaschine wurde geplant. Sie sollte 1946/47 fertig werden.

Aufbau der Ho XVIII als freitragender Nurflügel mit dreiteiligem Flügel. Flügelmittelteil zur Aufnahme sämtlicher Lasten bestimmt. Je drei Jumo 004 H-Strahlturbinen mit 6 × 1100 kp Standschub zu einer Gondel zusammengefaßt unter dem Flügel. Bombenschacht für 4000 kg Bomben in einer Kielflosse innerhalb des Schwerpunktes. Auf der Oberseite vollsichtverglaste Druckkabine für sechs Mann Besatzung, in eine stark gepfeilte Seitenflosse mit normalem Seitenruder auslaufend. Dreiradfahrwerk ebenfalls in den Mittelflügel einziehbar, zwillingsbereifte Hauptträger nach vorne, Bugrad nach hinten. Ferngesteuerte Abwehrbewaffnung bestehend aus zwei Drehtürmen mit je 2 × 30 mm MK 213 im Bug und im Heck der Seitenflosse, über ein Periskop gesteuert. Flügelaußenteile mit zweiteiligen Wölbungsklappen als kombinierte Quer- und Höhenruder.

29. Horten Ho XVIII

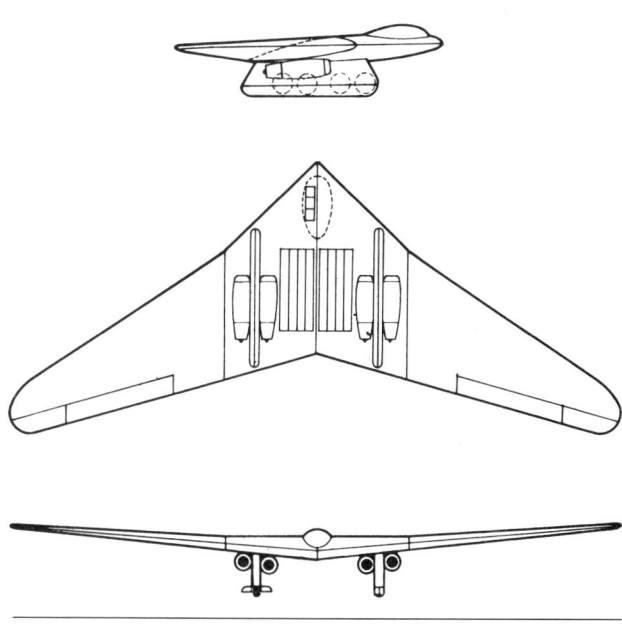

26. Hüffer HB 28/Sh 13 △

27. Hüffer HK 39 (Modell)

48

Hüffer

Flugzeugbau Julius Hüffer, Münster

Julius Hüffer hatte 1920 die Sportflugzeugwerke von
G. Schulze in Burg/Magdeburg übernommen, die aber bald
wieder durch das Bauverbot in Deutschland schließen mußten. Nach der Aufhebung des Bauverbotes durch die Entente
1922 begann er sofort mit der Konstruktion und dem Bau
seines ersten Sporthochdeckers, dem noch bis zur Hüffer
Hb 28 b eine ganze Reihe ähnlicher Typen folgten. Kurz vor
Ausbruch des Zweiten Weltkrieges kam Hüffer mit der
Konstruktion des hochwertigen Reiseflugzeuges *HK 39* heraus, welches jedoch nur das Modellstadium erreichte.

Hüffer HB 28 b

Zweisitziges Sport- und Schulflugzeug. Ursprünglich mit
60 PS-Anzani-Motor, dann mit Siemens Sh 13 a ausgerüstet.
Tragflügel freitragend, mit Leichtmetallstreben zum Rumpf
abgefangen. Flügelenden abnehmbar. Rumpf aus Stahlrohr
mit Leinwandbespannung, vorn vom Motor bis zum Führersitz mit Aluminium verkleidet.

Hüffer HK 39 (Projekt)

Typ: Einmotoriges Reise,- Sport- und Übungsflugzeug.
Flügel: Freitragender Tiefdecker. Dreiteiliger Aufbau mit einem
Mittelstück fest am Rumpf, aus einem sperrholzbeplankten Holzge-
rüst mit teilweiser Stoffbespannung bestehend.
Rumpf: Aufbau als geschweißtes Stahlrohrgerüst, vorne formge-
bend mit Leichtmetallblech verkleidet, hinten stoffbespannt.
Leitwerk: Freitragendes Normalleitwerk. Aufbau aus Holz. Flossen
sperrholzbeplankt, Ruder stoffbespannt.
Fahrwerk: Einziehbares Normalfahrgestell. Hauptträger brems-
bar.
Triebwerk: Ein Hirth HM 515 luftgekühlter hängender Vierzylinder-Reihenmotor mit 1 × 62 PS Startleistung. Starre Zweiblatt-
Luftschraube aus Holz mit 2,00 m Durchmesser. Kraftstoffkapazität 55 Liter, Schmierstoff 3,5 Liter.
Besatzung: Zwei Mann nebeneinander mit Doppelsteuer in geschlossener Kabine.

Hütter

Hütter Hü 211

1944 entstand der Entwurf eines Langstrecken-Fernerkun-
ders, eine Arbeit des bekannten Segelflugzeug-Konstruk-
teurs Dr. Hütter. Hütter stützte sich dabei auf den Entwurf
des heiß umkämpften Nachtjägers Heinkel He 219, dessen
Entwicklungsgeschichte bereits geschildert wurde. Hütter
übernahm Rumpf und Leitwerk der He 219 fast unverändert, er entwickelte lediglich eine vollkommen neue Tragfläche, deren Gesamtanlage sofort die Hand des Segelflugzeug-

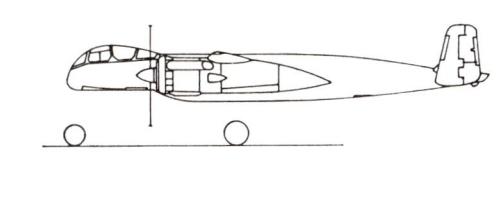

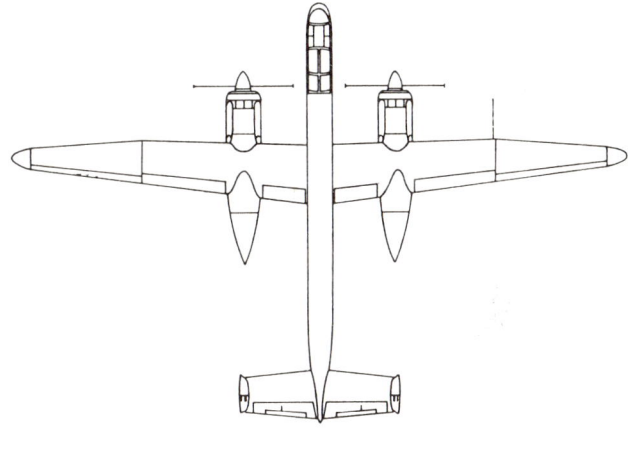

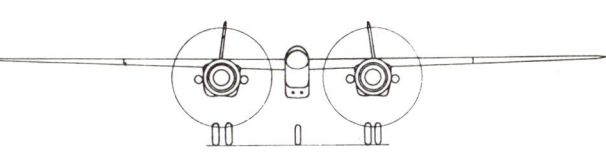

30. Hütter Hü 211

bauers verriet. Die Fläche erhielt ein Laminarprofil und das
sehr hohe Seitenverhältnis 15 : 1. Sie sollte als reine Holzkon-
struktion erstellt werden. Die Wahl des Triebwerks,
2 × Jumo 222 A oder B, trug bereits den Keim der Ablehnung dieses Entwurfs in sich, denn es war wohl jedem
Beteiligten damals klar, daß dieser Motor niemals in Serienfertigung gehen würde.
Als Kraftstoffvorrat waren insgesamt 8670 l vorgesehen, von
denen 3630 l in ungeschützten Flächenbehältern, der Rest in
geschützten Rumpfbehältern untergebracht waren. Dazu
kamen noch 2 × 180 l MW 50 in Flächenbehältern.
Als photographische Ausrüstung standen eine Kamera im
Rumpf und zwei im Heck der Motorengondeln zur Verfügung. Die Bewaffnung bestand aus vier MG 151/20, davon
zwei nach vorn und zwei nach hinten feuernd. Als Landehilfe
war ein Bremsfallschirm im Rumpfheck vorgesehen.
Der Bau zweier Versuchsmaschinen wurde zwar begonnen,
beide Maschinen noch vor der Fertigstellung durch Feindein-

wirkung zerstört. Bei Beginn des Jäger-Notprogramms im Herbst 1944 wurde die Hü 211 gestrichen.

Abmessungen	Spannweite	24,55 m
	Länge	16,50 m
	Flächeninhalt	40 qm
Gewichte	Rüstgewicht	9480 kg
	Fluggewicht	17500 kg
Errechnete Leistungen	Höchstgeschwindigkeit	710 km/h in
		7900 m Höhe
	Landegeschwindigkeit	190 km/h
	Reichweite maximal	8000 km
	Reichweite normal	6100 km

Junkers

Junkers Flugzeug- und Motorenwerke, AG., Dessau

Generaldirektor: Dr. Leo S. Rothe, Vorgänger: Heinrich Koppenberg.
Werke: (Flugzeugbau) Dessau, Aschersleben, Bernburg, Halberstadt, Leopoldshall, Leipzig-Mockau, Breslau sowie unter Kontrolle die Letov-Werke in Prag und Werke in Villacoublay bei Paris.

Prof. Hugo Junkers, geboren 1859 und gestorben 1935 in München, gehörte zu den profiliertesten Flugzeugherstellern der Welt. Schon früh erkannte er die Vorteile des freitragenden dickprofiligen Flügels, der Metallbauweise und die Notwendigkeit, gleichzeitig mit der Zelle auch entsprechende Flugmotoren zu entwickeln. Bereits 1910 erschienen von ihm verschiedene wegweisende Patente. 1914 baute er sich in Aachen einen Windkanal und führte die grundlegenden Messungen an Modellen durch. Im Dessauer Werk, das Gasbadeöfen und Feinblecharbeiten ausführte, entstand 1915 unter Anwendung der Punktschweißung der erste Versuchsflügel in Metall. Als Baustoff wurde Eisenblech von 0,5 mm Stärke verwendet, welches er auf 0,1 mm herunterwalzte und zur Festigkeit profilierte. Das erste komplette Flugzeug war der freitragende Mitteldecker J 1, der am 12. Dezember 1915 als »Blechesel« zum Erstflug startete und noch komplett aus Eisenblech bestand. Mit seinen 170 km/h Höchstgeschwindigkeit war er schneller als alle damaligen Jagdflugzeuge. Mit der J 3 wurde zum ersten Male dünnes Leichtmetall-Wellblech als tragende Außenhaut angewendet. Zu jener Zeit forderte das Heer ein schwer gepanzertes Schlachtflugzeug. Diesen Auftrag erhielt Junkers gegen seinen Willen, weil er angeblich schwer baute. Die daraufhin entstandene J 4, ein halbfreitragender Doppeldecker mit Leichtmetall-Wellblechflügel und -Leitwerk besaß im Rumpfvorderteil eine 4-mm-Stahlblechwanne, welche Motor, Brennstoff, Besatzung und Ausrüstung schützte. 227 Exemplare des Musters wurden abgeliefert. 1917 entstand auf Wunsch des Reiches die Junkers-Fokker-AG (IFA), die noch bis Kriegsende 41 J 9 und 47 J 10 baute. Nach Kriegsende gründete Junkers die Junkers Flugzeugwerk AG, und 1919 erschien der erste große Wurf der Firma, das von

Dipl.-Ing. Reuter entworfene erste richtige Verkehrsflugzeug, die F 13, von dem zehn Jahre später 322 Stück in 24 Staaten aller Erdteile flogen. Die in Deutschland mit Nummer D-1 zugelassene F 13 aus dem Jahre 1919 stand 1940 noch im Dienst. Gleichzeitig sollte aber auch der Gedanke des Großflugzeuges in Angriff genommen werden. 1920 begann der Bau der JG 1, eines Großverkehrsflugzeuges mit vier Motoren und 36,00 m Spannweite, dessen Bauteile 1921 infolge des Verbots des Flugzeugbaues durch die Entente zerstört werden mußten. Damit begann die erste wirtschaftliche Krise, die die Zahl der Betriebsmitglieder von 2000 im Jahre 1918 auf 720 Ende 1920 und schließlich auf 200 Mann absinken ließ. Um den Stamm an Facharbeitern zu halten, wurde eine Ausweichfertigung begonnen, bis sich 1921 die Fesseln etwas lockerten. Unter der konstruktiven Betreuung von Dipl.-Ing. Zindel begann eine neue erfolgreiche Zeit. Weltbekannte Verkehrsflugzeuge wie G 24 und G 31 entstanden, und auch die Fertigung von Kriegsflugzeugen lief in Werken in Rußland und Schweden. 1931 begann eine neue Wirtschaftskrise, in deren Verlauf zuerst das Badeofenwerk abgestoßen wurde und der Verkauf des Flugzeugwerkes kurz bevorstand. Da übernahm das RLM, auch auf Grund der politischen Einstellung Prof. Junkers, die Werke in den Reichsbesitz und setzte Direktor Koppenberg als Leiter ein. Dieser Schritt brachte zwar eine Sanierung des Unternehmens durch staatliche Subventionen mit sich, hatte aber auch sämtliche Nachteile eines Staatsbetriebes im Gefolge. 1937 wurden die bislang getrennt geführten Unternehmen Junkers Flugzeugwerk AG und Junkers Motorenbau GmbH zu den Junkers Flugzeug- und Motorenwerke AG zusammengeschlossen. Bei Kriegsende waren die Junkers-Werke das größte deutsche Luftfahrtunternehmen.

Junkers Ju (W) 33

Die von Dipl.-Ing. Reuter 1919 geschaffene Junkers F 13 bestimmte nicht nur die gesamte Verkehrsflugzeugentwicklung der Folgezeit, sondern wurde darüber hinaus selbst zum erfolgreichsten Verkehrsflugzeug der nächsten zehn Jahre. Nach dem plötzlichen Tod von Reuter übernahm Dipl.-Ing. Ernst Zindel den Posten eines Chefkonstrukteurs bei Junkers und arbeitete auf dem von Reuter aufgezeigten Weg weiter. Er schuf die dreimotorigen Verkehrsflugzeuge G 24 (1925) und G 31 (1926), von denen letztere damals das größte Verkehrsflugzeug überhaupt war und bereits richtige Sessel sowie eine in Raucher- und Nichtraucherabteil geteilte Kabine besaß. Als Spezial-Frachtflugzeug entwickelte er dann 1926 aus der F 13 mit geringen Änderungen die Ju (W) 33. Diese Maschine, die außer für den Frachttransport auch noch für die Schädlingsbekämpfung und für die Luftbildnerei benutzt wurde, fand weltweites Interesse. 1928 wurde sie weltbekannt durch die erste Nordatlantiküberquerung in westlicher Richtung durch Hermann Köhl, von Hünefeld und Fitzmaurice, nachdem schon vorher in Dessau Langstreckenversuche unternommen worden waren. Diese Muster besaßen vier Zusatzbehälter im Rumpf und zusätzliche Flügeltanks. Die Ju (W) 33 konnte auch mit zwei Schwimmern geliefert werden. Die untenstehenden Daten beziehen sich auf die Landausführung.

Typ: Einmotoriges Frachtflugzeug.
Flügel: Freitragender Tiefdecker. Dreiteiliger Ganzmetallflügel, Mittelteil fest am Rumpf. Flügelaufbau aus einem geschweißten Rohrgerüst mit tragender Leichtmetall-Wellblechbeplankung. Flügelanschluß durch Kugelverschraubungen. Normale Querruder.
Rumpf: Ganzmetall-Rumpf, bestehend aus Leichtmetall-Spanten mit tragender Leichtmetall-Wellblechbeplankung. Rumpfquerschnitt angenähert viereckig.
Leitwerk: Freitragendes Normalleitwerk in Ganzmetall mit Wellblechbeplankung. Sämtliche Ruder mit Ausgleichshörnern.
Fahrwerk: Starres Normalfahrgestell. Haupträder an Dreibeinen mit Gummifederung. Sporn als starre Schleifkufe.
Trieberk: Ein Junkers L 5 flüssigkeitsgekühlter Sechszylinder-Reihenmotor mit stehenden Zylindern und 1 × 310 PS Startleistung. Starre Zweiblatt-Holz-Luftschraube.
Besatzung: Zwei Mann nebeneinander mit Doppelsteuer in geschlossener Kabine. Frachtraum mit großer Ladeluke auf dem Rumpfdach.

Mit Zusatztanks konnte zwischen dem 3. und 5. August 1927 eine W 33 unter der Führung von Edzard und Ristics mit 4660,628 km den Strecken-Weltrekord in geschlossener Bahn an sich bringen.

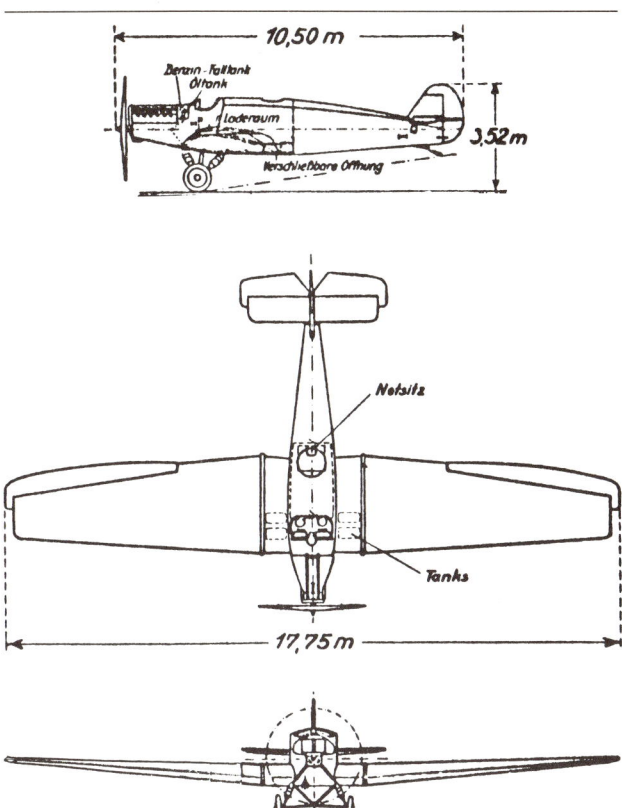

31. Junkers W (Ju) 33 ▷

28. Junkers W 33 L ▽

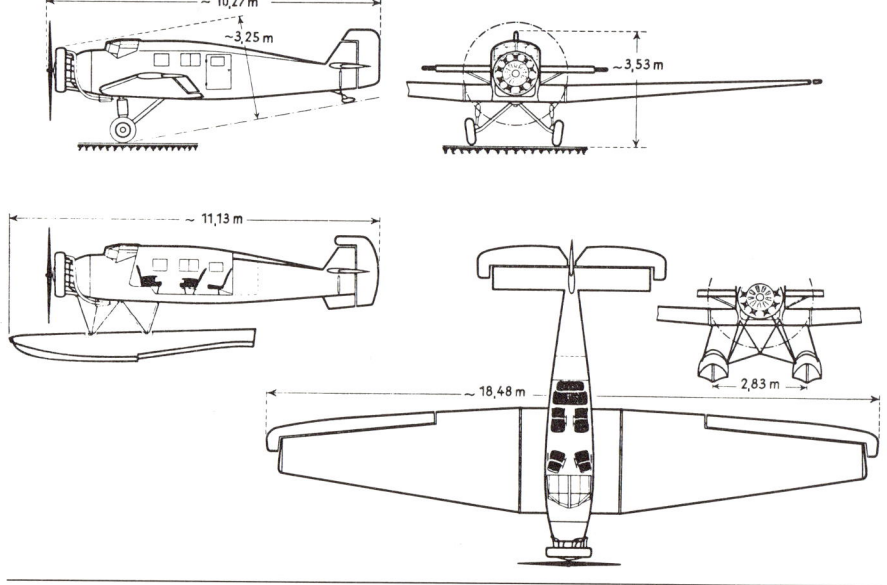

29. Junkers W 34 he △

32. Junkers G (Ju) 34 L u. W.

Junkers Ju (W) 34

1928 folgte als Entwicklung aus der W 33 das kombinierte Personen- und Frachtflugzeug Ju (W) 34, das bis zum Ende des Krieges bei der deutschen Luftwaffe als Navigations- und Blindflugtrainer im Dienste stand.

Typ: Einmotoriges Kleinverkehrs-, Fracht-, Übungs- und Luftbildflugzeug.
Flügel: Freitragender Tiefdecker. Dreiteiliger Ganzmetallflügel, Mittelteil fest am Rumpf. Flügelaufbau aus einem geschweißten Rohrgerüst mit tragender Leichtmetall-Wellblechbeplankung. Flügelanschluß durch Kugelverschraubungen. Normale Querruder mit Ausgleichshörnern.
Rumpf: Ganzmetallrumpf mit angenähert viereckigem Querschnitt. Aufbau aus Leichtmetall-Spanten mit tragender Leichtmetall-Wellblechhaut.
Leitwerk: Freitragendes Normalleitwerk in Ganzmetall mit Wellblechbeplankung. Sämtliche Ruder mit Ausgleichshörnern.
Fahrwerk: Starres Normalfahrgestell. Hydraulisch bremsbare Haupträder an Dreibeinen mit Gummifederung. Sporn als starre Schleifkufe.
Triebwerk: Ein BMW 132 A luftgekühlter Neunzylinder-Sternmotor mit 1 × 660 PS Startleistung und Townend-Ring (Ju W 34 he), oder ein BMW-Bramo 322 luftgekühlter Neunzylinder-Sternmotor mit 1 × 650 PS Startleistung und angenäherter NACA-Verkleidung mit vorneliegendem Auspuff-Sammlerring (Ju W 34 hau). Zweiblatt-Einstell-Luftschraube aus Metall mit 3,10 m Durchmesser. Kraftstoffkapazität 477 Liter.
Besatzung: Zwei Mann nebeneinander mit Doppelsteuer in geschlossenem Führersitz. Kabine für sechs Sitze einrichtbar.

Am 26. Mai 1929 erreichte eine W 34 mit einem Bristol Jupiter-Motor von 420 PS unter der Führung von W. Neuenhofen den absoluten Höhenrekord mit 12 739 m.

Junkers Ju (G) 38

Der technische Weitblick Prof. Junkers, gleichzeitig Großflugzeug und Nurflügelbauweise miteinander zu verbinden, fand sichtbaren Ausdruck in seinem Nurflügel-Patent DRP 253788 aus dem Jahre 1919. Dieses Patent fand seinen

Niederschlag in verschiedenen Großflugzeugprojekten wie »Junkerissime« und J-1000, die infolge der damaligen Einschränkungsbestimmungen für die deutsche Luftfahrt nicht gebaut werden konnten. Im Verlaufe der weiteren Entwicklung entstand dann im Jahre 1929 als Konstruktion von Dipl.-Ing. Zindel die G 38, die den ersten praktischen Schritt zum Nurflügel darstellte. Sie sollte Ausgangsmuster und Wegbereiter des Fernluftverkehrs mit Großflugzeugen werden. Ziel der Entwicklung war, den Flügelinnenraum zur Aufnahme von Lasten und der Triebwerke weitgehend

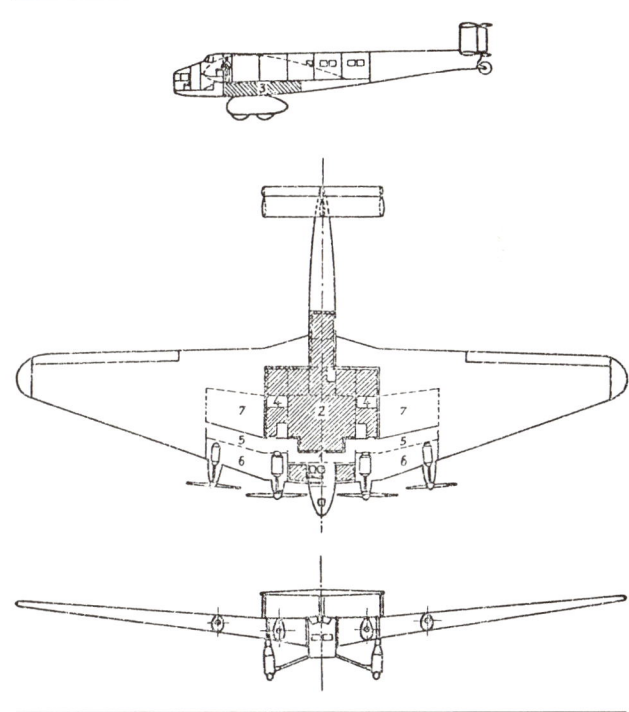

33. Junkers G (Ju) 38 1. Ausführung △

30. Junkers G 38 (D-2000) 1. Ausführung ▽

auszunutzen. Gleichzeitig sollte durch die Unterteilung der Triebwerke in vier Einheiten bei getrennter Bedienung in einem Maschinenstand und Zugänglichkeit während des Fluges der höchste Stand an Betriebssicherheit erzielt werden. Die Junkers G 38, die alle diese Forderungen erfüllte, bedeutete somit zu dieser Zeit eine echte Revolution, die mit der gleichzeitig entstandenen Dornier Do X Deutschlands führende Stellung als Pionier im Großflugzeugbau festigte.

Beim Einbau der Triebwerke in die Tragflächen der G 38 hatte es sich als notwendig erwiesen, die Motoren selbst fast in der Mitte der Tragflächentiefe einzubauen und die Luftschrauben über Fernwellen mit einem zwischengeschalteten Stirnrad-Untersetzungsgetriebe anzutreiben. Der Rumpfquerschnitt war so klein, daß er fast übergangslos in das Tragflächenprofil paßte. Als Triebwerk wurden zwei Junkers L 88 a von je 775 PS als Innenmotoren und zwei Junkers L 8 a von je 325 PS als Außenmotoren eingebaut. Der Kraftstoff war in zwei Tankräumen des Mittelflügels in 28 Einzelbehältern untergebracht. Die Besatzung bestand aus sieben Mann.

Die erste G 38, die die Zulassung D-2000 erhielt, startete am 6. November 1929 unter Führung von Flugkapitän Brauer zum Erstflug. Bei der Erprobung wurde festgestellt, daß die Fahrwerksverkleidung bei Start und Landung hinderlich war. Sie wurde entfernt, und es zeigte sich, daß der durch das unverkleidete Fahrwerk verursachte Geschwindigkeitsverlust nur sehr gering war. Die Instrumentierung der Maschine wurde nach Angaben von Brauer gestaltet.

Die Erprobung zog sich bis zum 26. Mai 1931 hin. Als zweiter Pilot hatte sich Flugkapitän Zimmermann auf der D-2000 eingeflogen. Zu diesem Zeitpunkt befand sich bereits eine

zweite G 38 im Bau, und es zeigte sich, daß die G 38 in kurzer Zeit die Zuneigung der Passagiere erfahren hatte. Bereits nach den ersten Flügen nach London und Paris erfolgte eine außergewöhnliche Nachfrage nach Plätzen in diesem Flugzeug.

Die zweite G 38 wurde als D-2500 zugelassen. Sie unterschied sich von ihrer Vorgängerin erheblich. Durch eine mäßige Erhöhung des aus dem Flügel nach hinten herauswachsenden Rumpfansatzes und Verlängerung des Passagierraums nach hinten sowie durch rationellere Ausnutzung des gesamten Nutzraumes wurden bequemere Sitzräume mit freier Sicht für eine wesentlich größere Zahl von Fluggästen geschaffen. Gleicheitig erhielt die D-2500 noch über die gesamte Hinterkante reichende Junkers-Doppelflügel und Dämpfungsflächen. Als Triebwerke wurden zuerst vier Junkers L 88 von je 800 PS eingebaut, die später durch Schweröl-Diesel-Motoren Jumo 204 von je 750 PS ersetzt wurden. Neben der Besatzung von sieben Mann beförderte die Maschine 34 Passagiere, davon 26 in den Flügel- und Rumpfkabinen und sechs in den Aussichtsräumen an der Flügelvorderkante und zwei im Rumpfbug. Durch die Schwerölmotoren hatte diese G 38 einen Klang, an dem man sie bereits erkennen konnte, bevor sie in Sichtweite kam. Nach 1933 erhielten beide G 38 neue Zulassungen: D-2000 wurde D-AZUR und D-2500 D-APIS. Letztere wurde 1933 auf dem Flughafen Berlin-Tempelhof in Anwesenheit des Reichspräsidenten auf dessen Namen »Generalfeldmarschall von Hindenburg« getauft.

1936 ereignete sich ein bedauerlicher Unfall. Bei der Wartung der D-AZUR war ein Steuerkabel falsch angeschlossen worden. So kam es, daß Flugkapitän Zimmermann ohne eigene Schuld mit der D-AZUR abstürzte. Es gab zwar bei

31. Junkers G 38 GE + GG ex D-2500 ex D-APIS

dem Absturz keine Toten, doch war die Maschine irreparabel. Es blieb nur noch die D-APIS, die Flugkapitän Brauer flog. Sie hatte schon 1937 3 240 Flugstunden hinter sich.

Aus den Großraumflugzeugen, die die Luftwaffe bei Kriegsausbruch beschlagnahmte, wurde die Sonderstaffel beim Kampfgeschwader z. b. V. 172 gebildet, um in dringenden Fällen für Nachschubzwecke eingesetzt zu werden. Nach einigen Kommandos im RLM und bei den Luftflotten 3 und 4 kam der erste Fronteinsatz für Brauer und seine G 38. Als am 9. April 1940 das Unternehmen »Weserübung«, die Besetzung Norwegens und Dänemarks, begann, flog Brauer mit der G 38 laufend Ausrüstung, Verpflegung und Munition nach Oslo-Fornebu.

Dann folgte der Feldzug im Westen. Die G 38 flog pausenlos: Treibstoff für Guderians Panzer, Verpflegung, Munition. Auf dem Rückflug wurden Verwundete mitgenommen.

Als Paris in deutscher Hand war, war die G 38, die jetzt Tarnanstrich und die Kennzeichen GF + GG hatte, ein häufiger Gast in Le Bourget. Aber auch nach Abschluß des Waffenstillstandsvertrages in Compiègne am 22. Juni 1940 war sie häufig zwischen dem Reichsgebiet und Le Bourget unterwegs.

Anfang April 1941 begannen die Vorbereitungen für den Balkanfeldzug. Auch hier wurde wieder die G 38 herangezogen. Es sollten ihre letzten Flüge werden. Sie flog alles, und immer waren Verwundete froh, wenn sie mit ihr schnell in Lazarette in der Heimat kamen. Als das Lande-Unternehmen in Kreta lief, fehlte beim VIII. Fliegerkorps Verpflegung. General von Richthofen befahl Brauer: »Sofort Brot holen!« Die G 38 brummte ab. Wenige Stunden später war sie wieder in Athen-Phaleron: Die Brote waren noch warm!

Doch die Zeit der G 38, eines Flugzeugtyps, der im Grunde genommen eine Fehlentwicklung war, war abgelaufen. Die Idee des Professors Junkers vom Nurflügelflugzeug war durch die Entwicklung der neuen Großraumtransporter ad absurdum geführt worden. Das änderte aber nichts an der Tatsache, daß die beiden G 38 die ersten wirklichen Großraumtransporter der Welt gewesen sind. Ende Mai 1941 überraschten englische Jagdbomber D-APIS auf dem Flughafen Athen-Phaleron und vernichteten sie mit Bomben und Bordwaffen.

Typ: Viermotoriges Großverkehrs-Frachtflugzeug.
Flügel: Freitragender Mitteldecker in Ganzmetall. Aufbau als Rohrgerüst mit Vielholm-Rohrgurten, durchgehend mit tragender und formgebender Leichtmetall-Wellblechhaut beplankt. Flügelmittelteil komplett als Nutzraum ausgebildet, an der Vorderkante als Maschinenräume mit den Triebwerken, dahinter Betriebsgang und anschließend in der Mitte (mit Rumpfanteil) als Fracht- und Passagierraum, außen als Tankräume. Querruder als Junkers-Doppelflügel in den Flügelaußenteilen.
Rumpf: Aufbau aus Leichtmetall-Spanten und tragender Leichtmetall-Wellblechbeplankung.
Leitwerk: Ganzmetall-Kastenleitwerk mit tragender Wellblechbeplankung. Doppeltes, freitragendes Höhenleitwerk, Ruder als Jun-

32. Junkers Ju 46 (D-UHYL) Start vom Schnelldampfer »Bremen«

kers-Doppelflügel. Dreifaches Seitenruder, das Leitwerk zu einem Kasten schließend. Seitenflosse nur über dem Rumpf, äußere Ruder ungedämpft.
Fahrwerk: Starres Normalfahrwerk. Jede Haupteinheit aus zwei hintereinanderliegenden Rädern in einem Pendelrahmen. Federbein zur Flügelunterseite, Verstrebungen zu den unteren Rumpfgurten. Pneumatische Bremsen für alle Haupträder, Spornrad.
Triebwerk: Vier Junkers Jumo (4) 204 flüssigkeitsgekühlte Sechszylinder-Zweitakt-Einreihen-Doppelkolben-Dieselmotoren mit 4 × 750 PS Startleistung. Starre Vierblatt-Luftschrauben aus Holz, angetrieben über Fernwellen direkt. Kraftstoffkapazität 3480 Liter.
Besatzung: 7 Mann und 34 Passagiere, davon 26 Sitze in den Flügel- und Rumpf-Kabinen, sechs in den Aussichtsräumen an der Flügelvorderkante und zwei im Rumpfbug.

Junkers Ju 46

1932 wurde aus der Ju (W) 34 bei gleichem Aufbau ein spezielles Postflugzeug, die Ju 46, entwickelt. In einer Landausführung mit starrem Normalfahrgestell stand sie vorwiegend als Nacht-Postflugzeug im Einsatz. Bekannter wurde die Ausführung mit zwei einstufigen Schwimmern. Die Flugzeuge dieser Version waren katapultfähig und wurden für die Postvorausbeförderung auf den Passagierschiffen »Bremen« und »Europa« mitgeführt. Der Aufbau der Ju 46 entsprach generell dem der W 34. Besatzung zwei Mann. Antrieb durch 1 × 660 PS BMW 132 E mit Townend-Ring und Zweiblatt-Einstell-Luftschraube. Die in der Tabelle angegebenen Daten betreffen die Ausführung mit zwei Schwimmern.

55

33. Junkers K 47/A 48 (D-2284) △

34. Junkers K 47/A 48 ◁

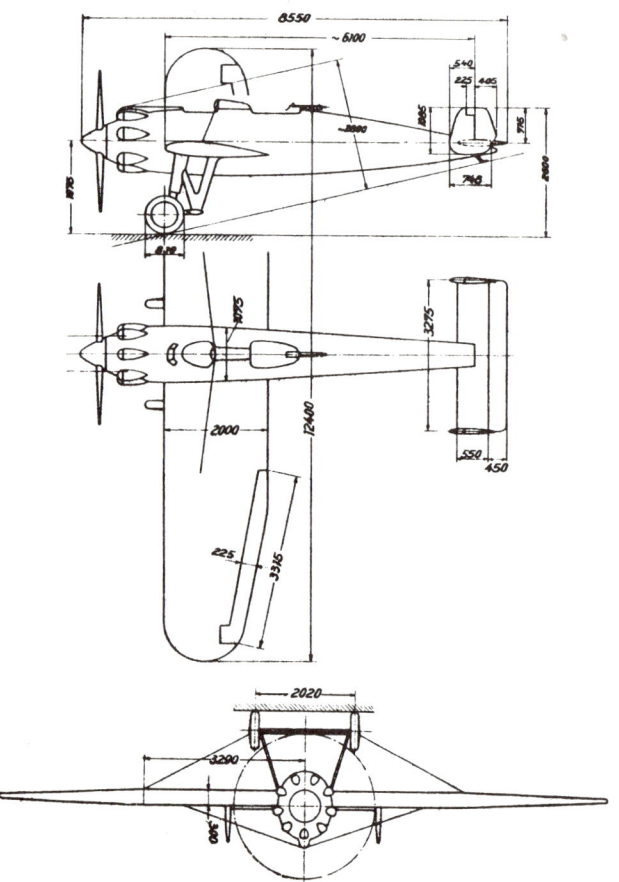

Junkers Ju (K) 47 (A 48)

Um den Anschluß an den Militärflugzeugbau des Auslandes trotz des Bauverbotes in Deutschland nicht zu verlieren, wurden von den Junkers-Werken zwischen 1922 und 1933 verschiedene Muster für ausländische Luftwaffen entwickelt. Zu diesem Zweck gründete Prof. Junkers das Flugzeugwerk in Moskau-Fili, das heute noch existiert, und in Schweden die A. B. Flygindustry in Malmö und Linhamm, die alle Flugzeuge bauten, die den Begriffsbestimmungen für Deutschland widersprachen. Hier entstand 1928 auch als Konstruktion von Dipl.-Ing. Plauth der Jagdzweisitzer K 47 mit einem 1 × 480 PS-Bristol-Jupiter-Sternmotor. Dieses Muster war mit seiner Höchstgeschwindigkeit von 285 km/h nicht nur allen ausländischen Jagdflugzeugen überlegen, sondern besaß zu den beiden starren MG ein bewegliches MG in einer Wiegenlafette und war damit das erste Jagdflugzeug, welches eine Rückendeckung besaß. Der robuste Tiefdecker, dessen Flügel zu den kräftigen Fahrgestellbeinen hin verstrebt war, wies, des freien Schußfeldes nach hinten wegen, ein doppeltes Seitenleitwerk auf. Die Bombenaufhängungen befanden sich an den Fahrwerk-Flächen-Streben. Diese Endscheiben-Leitwerke waren die einzigen Flächen des Flugzeuges, die eine Wellblechbeplankung besaßen, alles andere war glattblechbeplankt. Damit leitete das Muster zum ersten Mal seit der J 2 aus dem Jahre 1916 wieder die Glattblechbauweise bei Junkers ein, nachdem alle Muster der Zwischenzeit mit Leichtmetall-Wellblech beplankt worden waren.

56

Die fünf Maschinen, die 1927/28 gebaut wurden, hat man abwechselnd als K 47 oder A 48 bezeichnet. Die ersten Sturzbombenwurfversuche sind mit D-2284 durchgeführt worden und bildeten die Grundlage der Ju 87-Entwicklung.

Junkers Ju 49

1927/28 wurde mit der Konstruktion eines Versuchs-Höhenflugzeuges und der Entwicklung einer Druckkammer für die zwei Mann Besatzung begonnen. Diese Ju 49 (D-UBAZ) machte 1931 ihren Erstflug, aber im gleichen Jahr auch noch den ersten Versuchsaufstieg. In den folgenden Jahren wurden schrittweise die Probleme von Höhenkammer und Höhentriebwerk untersucht und gelöst. 1933 konnte bereits eine Höhe von 9300 m erreicht werden, zwei Jahre später schon 12 500 m. Die größte von der Ju 49 erflogene Höhe betrug 13 000 m. Das Muster war so durchkonstruiert, daß es einfach zu fliegen war und beim Höhenanstieg den Piloten nicht belastete. Die Druckkabine, der Körperform der beiden Insassen angepaßt und durch eine separate Haube mit Bullaugen abgedeckt, ließ sich als komplette Einheit aus der Zelle lösen. Das Junkers L 88 a-Triebwerk war speziell für das Muster umgeändert, besaß luftdicht verschlossene Magnete, besondere Zündkerzen mit Schutz für die verminderte Isolierfähigkeit der Luft in großen Höhen, einen Spezialvergaser für kleine Drehzahlen und ein zweistufiges Junkers-Schleudergebläse mit einzeln regelbaren Stufen. Vor dem Eintritt in den Motor wurde die durch die Verdichtung stark erhitzte Luft in einem Ladeluftkühler gekühlt. Der Wasserkühler arbeitete mit einem Überdruck von 0,7 atü.

Typ: Einmotoriges Höhen-Versuchsflugzeug.
Flügel: Freitragender Tiefdecker. Zweiteiliger Ganzmetallflügel. Aufbau als Rohrkonstruktion, formgebend mit tragender Leichtmetall-Wellblechhaut beplankt. Normale Querruder.
Rumpf: Ganzmetallaufbau aus Leichtmetallspanten und tragender Wellblechbeplankung.
Leitwerk: Freitragendes Normalleitwerk in Ganzmetall mit tragender Wellblechbeplankung. Sämtliche Ruder mit Hornausgleich.
Fahrwerk: Starres Normalfahrwerk. Hauptträger an langen Federbeinen unter dem Rumpf, durch Strebensystem zum Rumpf hin abgestützt. Schleifsporn.
Triebwerk: Ein als Höhentriebwerk umgebauter Junkers L 88 a flüssigkeitsgekühlter Zwölfzylinder-V-Motor mit Zweistufengebläse und 1 × 800 PS Startleistung. Starre Vierblatt-Luftschraube großen Durchmessers. Ladeluftkühler.
Besatzung: 2 Mann hintereinander in separater Druckkabine, doppelwandig und geheizt.

Junkers Ju (A) 50 »Junior«

Als zweisitziges Sportflugzeug erschien 1929 die A 50 als einziges Leichtflugzeug der Junkers-Werke. Der freitragende Tiefdecker verfolgte mit seinem Aufbau als komplett mit Wellblech beplankte Ganzmetallmaschine die bis dahin gültige Junkers-Linie. Diese Bauweise machte die Maschine jedoch so robust, daß noch heute einige Maschinen im Dienst stehen. Freitragender Tiefdecker mit ovalem Rumpfquerschnitt, starrem Normalfahrgestell, freitragendem Normalleitwerk und zwei hintereinanderliegenden offenen Sitzen. Der Originalantrieb bestand aus einem Armstrong Siddeley »Genet« luftgekühlten Fünfzylinder-Sternmotor mit 1 × 88 PS Startleistung, unverkleidet, mit starrer Zweiblatt-Holz-Luftschraube, oder aus einem Siemens Sh 13 mit ebenfalls 1 × 88 PS.

35. Junkers A 50 »Junior« △

35. Junkers A 50 L ▽   36. Junkers K 51 (Mitsubishi Ki 20)

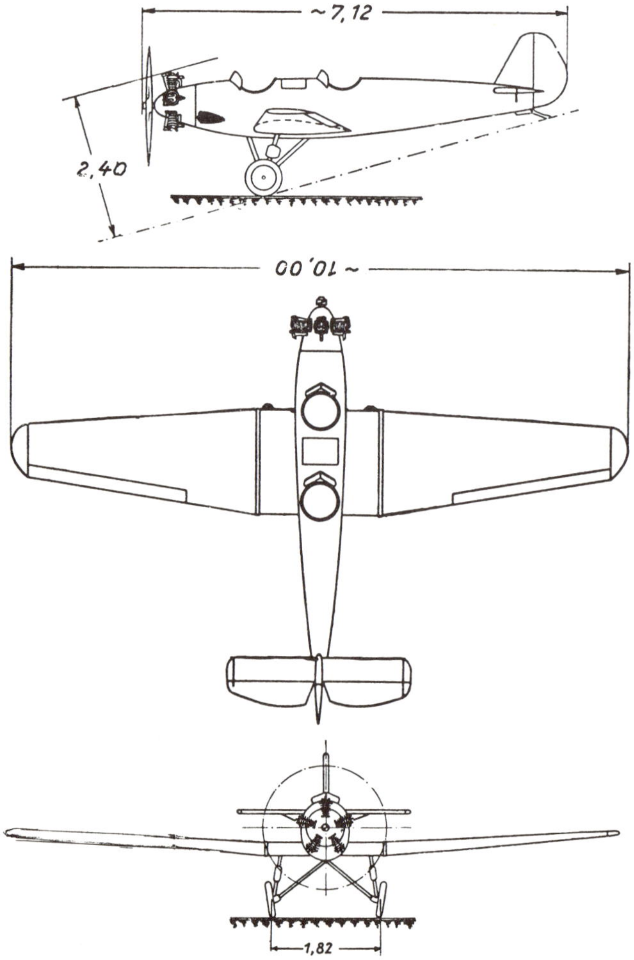

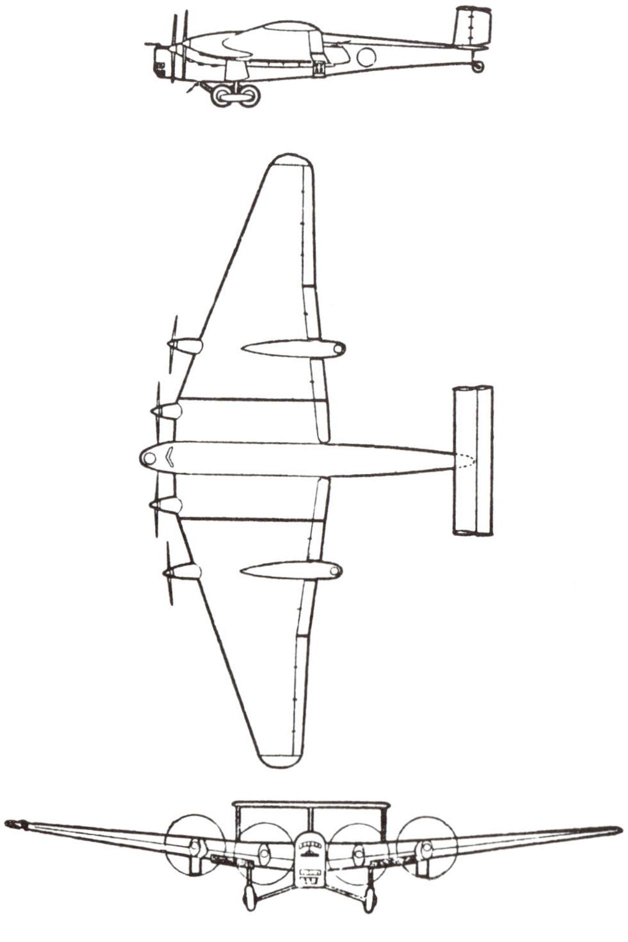

36. Junkers K 51 (Nachbau Mitsubishi Ki 20)

Die Maschine wurde besonders durch die Flüge von Marga von Etzdorf und des Japaners Asihara bekannt.

Junkers Ju (K) 51

Bei Junkers war es bereits 1933 üblich, von den meisten Typen neben einer Zivilausführung auch eine Militärversion zu bauen. Z. B. wurde die Verkehrsmaschine G 24 auch als Bomber R 42 gebaut. So hatte Junkers auch aus der G 38 einen schweren Bomber K 51 entwickelt. In Japan hatte man die Junkers S 36/K 37 bei Kawasaki und Mitsubishi als Ki 1 und Ki 2 in Lizenz gebaut. Die Maschinen hatten sich bewährt, und so kaufte Mitsubishi auch die Lizenz zum Nachbau der K 51. Es wurden sechs Flugzeuge als Mitsubishi Ki 20 gebaut und erst als Bomber, später als Transporter eingesetzt. Auch die Junkers L 88-Motoren wurden in Japan gebaut. Die Besatzung der Ki 20 bestand aus acht Mann. Die Maschine konnte eine maximale Bombenlast von 5000 kg tragen. Als Abwehrbewaffnung waren eingebaut: eine 2 cm-Kanone auf Drehlafette im Rumpfbug, je ein 7,7 mm-MG in Waffenwannen unter dem Hinterflügel und je ein 7,7 mm-MG im offenen MG-Stand auf dem Hinterflügel. Die letzte dieser Maschinen soll noch 1943 geflogen sein.

Junkers Ju 52

Das steigende Frachtaufkommen Ende der zwanziger Jahre bewog Junkers, eine größere Frachtausführung aus der W 33/34 abzuleiten. Dipl.-Ing. Ernst Zindel nahm 1930 daraufhin die Ju 52 in Angriff, für die eine Beförderung von 2000 kg zahlende Nutzlast über eine Entfernung von 800 km gefordert wurde.

Junkers Ju 52/1 m-Reihe

Im Prinzip wurde das Muster als eine stark vergrößerte W 33 ausgelegt. Aus wirtschaftlichen Gründen wollte man an der Einmotorigkeit festhalten. Die Beschaffung eines geeigneten Triebwerkes in der 1000 PS-Klasse bereitete jedoch erhebliche Schwierigkeiten, so daß schließlich ein 1 × 725 PS BMW VII eingebaut werden mußte. Mit diesem Triebwerk beförderte die Maschine 2000 kg Nutzlast über 1500 km Reichweite, eine Leistung, die von keiner sonstigen Frachtmaschine dieser Zeit erreicht wurde. Diese Leistung bewog Kanada zu einer Bestellung. Die nach Kanada gelieferte Ausführung besaß als Antrieb einen 1 × 800 PS Armstrong-Siddeley »Leopard«-Doppelsternmotor. Im konstruktiven Aufbau entsprach die Ju 52/1 m bereits der später beschriebenen Ju 52/3 m. Der Frachtraum besaß die Abmessungen

37. Junkers Ju 25 be (Erstausführung Ju 52)

6,35 × 1,65 × 1,90 m. Er war durch eine Ladeluke von 1,70 × 1,30 m an der linken Rumpfseite, durch eine von 1,70 × 0,90 m in der Decke und eine kleinere von 0,90 × 0,50 m im Rumpfboden zugänglich.

Ju 52 be Frachtflugzeug mit BMW VIIaU, Werknr. 4001, D-1974, später D-UZYP. Erstflug 13. 10. 1930, auch in Version ce, ca, ba, da, de, do und mit Daimler-Benz DB 600 geflogen.

Ju 52 bi Werknr. 4002, Frachtflugzeug mit Armstrong-Siddeley »Leopard«. D-2133, später D-USUS, auch als Ju 52 ci, di und mit BMW 132 K.

Ju 52 ce Werknr. 4003 mit BMW VIIaU, D-USON. Werknr. 4004, Frachtflugzeug mit BMW VIIaU, Frachtflugzeug D-2317, dann Torpedoversuche als SE-ADM, später Schleppzielflugzeug D-UBES.

Ju 52 cai Fracht-, später Schleppflugzeug mit BMW IX U, Werknr. 4005, D-2356. Mai 1933 nach Unfall ausgebrannt.

Ju 52 cao Frachtflugzeug mit Rolls-Royce »Buzzard«, Werknr. 4006, CF-ARM.

Ju 52 ce Werknr. 4007, D-UHYF, Schleppzielflugzeug. Werknr. 4008 — 4012, Umbau zu Ju 52-3m.

Junkers Ju 52/3 m-Reihe
Der sich stetig ausweitende Personenluftverkehr im innerdeutschen Netz rechtfertigte Anfang der dreißiger Jahre eine vergrößerte Ausführung der G 24- und G 31-Verkehrsflug-

zeuge. Da aus Gründen der Sicherheit an der dreimotorigen Bauart festgehalten werden sollte, auf der anderen Seite der Erfolg der einmotorigen Ju 52 auf der Hand lag, verzichtete Dipl.-Ing. Zindel auf einen völlig neuen Entwurf und konstruierte die Ju 52/1 m auf drei Motore um. Die erste Mustermaschine mit unverkleidetem Mitteltriebwerk ging 1932 in die Erprobung. Beim ersten öffentlichen Erscheinen anläßlich des Internationalen Alpenfluges 1932 wurde sie im Wettbewerb der Verkehrsflugzeuge Sieger. Im deutschen Luftverkehr bewährten sich die anschließenden Serienmaschinen hervorragend und wurden tragendes Element der Deutschen Lufthansa. Die Ju 52/3 m galt bald als die Verkörperung des unbedingt sicheren und zuverlässigen Verkehrsflugzeuges. In 25 Ländern wurde das Muster von 30 Verkehrsgesellschaften geflogen. Die Fertigung — später ausschließlich als Transporter für die deutsche Luftwaffe — lief bis 1944. Nach dem Kriege wurde das Muster in Colombes, wo während des Krieges ein von Junkers kontrollierter Ausweichbetrieb für die Fertigung eröffnet worden war, für die französischen Kolonialstreitkräfte weitergebaut. Außer Exportversionen, z. B. mit italienischen Piaggio-Motoren und NACA-Verkleidungen, oder Versuchsausführungen (mit drei Jumo 205-Dieselmotoren oder mit geänderten Motorenverkleidungen wie NACA-Hauben und Ringverkleidungen mit Spreizklappen) existierten folgende Standardausführungen:

Typ: Dreimotoriges Verkehrs- oder Frachtflugzeug.
Flügel: Freitragender Tiefdecker. Kurzes Flügelmittelteil fest am

60

Rumpf. Anschluß der beiden Außenteile über Rohrverschlüsse. Aufbau der Ganzmetall-Außenteile mit einem aufgelösten Holm aus 8 Leichtmetallrohren, die diagonal untereinander ausgekreuzt sind. Formgebende und tragende Beplankung aus Leichtmetall-Wellblech, versteift durch Pfetten. Über die gesamte Hinterkante der Außenflügel verlaufen die Junkers Doppelflügel, zweiteilig innen als Landehilfe, außen mit Hornausgleich aus Querruder.

Rumpf: Ganzmetallrumpf mit nahezu rechteckigem Querschnitt, aufgebaut aus 4 Längsgurten, Spantsegmenten und tragender Leichtmetall-Wellblechbeplankung.

Leitwerk: Abgestrebtes Normalleitwerk. Durchgehende Höhenflosse, zu den Rumpfseiten hin durch je einen kurzen I-Stiel abgefangen, Anstellwinkel im Fluge verstellbar. Alle Ruder mit Hornausgleich. Aufbau aller Flächen aus Leichtmetall mit tragender Wellblechbeplankung.

Fahrwerk: Starres Normalfahrgestell, pneumatisch bremsbare Haupträder an kräftigen ölpneumatischen Dreibein-Federstreben, verkleidet oder unverkleidet. Spornrad.

Triebwerk: Drei BMW 132 A luftgekühlte Neunzylinder-Sternmotoren mit 3 × 660 PS Startleistung. Außenmotoren mit NACA-Haube, Mittelmotor mit Townend-Ring. Junkers Zweiblatt-Einstell-Luftschrauben aus Metall mit 2,90 m Durchmesser. Kraftstoffkapazität 2450 Liter.

Besatzung: 3 Mann in geschlossener Führerkabine, Pilot und Copilot nebeneinander mit Doppelsteuer, Funker dahinter/dazwischen auf Klappstuhl. Passagierkabine für 17 Sitze maximal in 2 Sitzreihen mit dazwischenliegendem Gang, Toilette.

Ju 52-3m be	Werknr. 4008 und 4009, Pratt & Whitney »Hornet« als Verkehrsflugzeuge an Lloyd Aereo Boliviano geliefert und dort als Militärtransporter im Gran Chaco-Krieg verwendet. Werknr. 4010, 1011 und 4012 als Schwimmerflugzeuge an Kolumbianische Luftwaffe geliefert. Mil. Nr. 621, 622 und 623.
Ju 52-3m ba	Reiseflugzeug mit 1 × Hispano-Suiza 12 Mb und 2 × 12 Nb. Werknr. 4016, CV-FAI.
Ju 52-3m ce	Werknr. 4013, D-2201, erste von Grund auf als dreimotorige Ju 52 gebaute Maschine mit Pratt & Whitney »Hornet«. Ähnlich Werknr. 4014, OH-ALK, 4015, D-2202, 4017, SE-ADR und 4019 D-2468.
Ju 52-3m fe	Verkehrsflugzeug, 1933 mit drei BMW »Hornet« ab Werknr. 4020. Verbesserte Ausführung mit verkleidetem Fahrwerk und Seitenmotoren mit NACA-Hauben.
Ju 52-3m f1e	D-3012, Schulflugzeug für DVS 1934.
Ju 52-3m ge	Verkehrsflugzeug mit drei BMW »Hornet«, später BMW 132 A/E. Bei Lufthansa und im Ausland im Luftverkehr eingesetzt. Schulung von Reichswehrpiloten auf Reichsbahn-Frachtstrecke Berlin—Königsberg.
Ju 52-3m g1e und g2e	Verkehrsflugzeug für Lufthansa mit BMW 132 A/E und BMW 132 A-3.
Ju 52-3m geX	Verkehrsflugzeug wie g2e mit Sonderausstattung.
Ju 52-3m 1	Verkehrsflugzeug für Schweden mit Pratt & Whitney »Hornet« S1eG.
Ju 52-3m g	Verkehrsflugzeug für British Airways mit Pratt & Whitney »Wasp« S3H1-G und Argentinien.
Ju 52-3m g	Verkehrsflugzeug für Italien mit Piaggio PXR-Motoren.
Ju 52-3m g	Verkehrsflugzeug für Polen mit Bristol »Pegasus VI«.
Ju 52-3m ho	Verkehrsflugzeug mit Jumo 205 C, nur Werknr. 4045, D-AJYR, und Werknr. 4055, D-AQAR, für Lufthansa.

37. Junkers Ju 52-3m ce

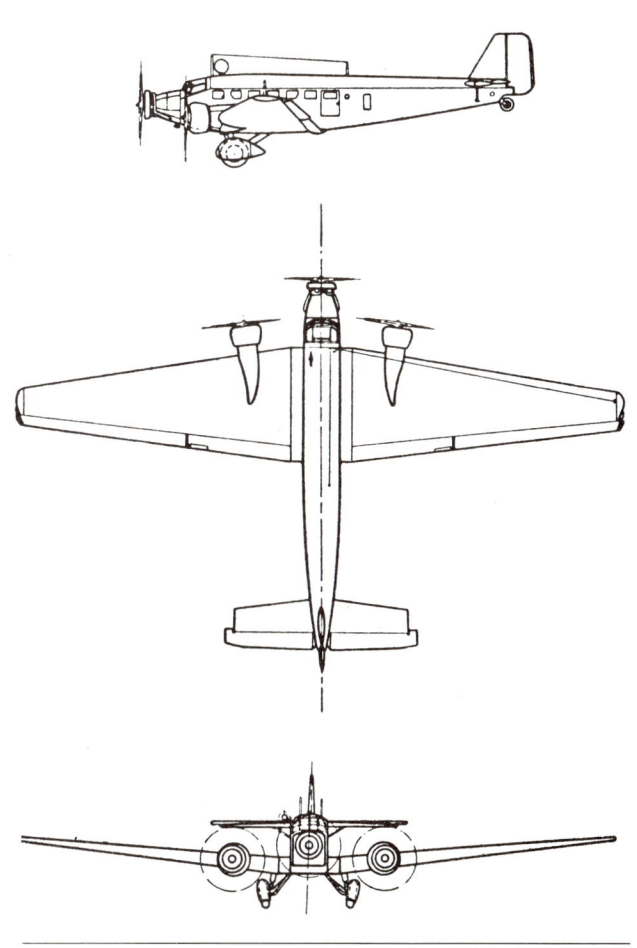

39. Junkers Ju 52-3m g3e △

40. Junkers Ju 52-3m g5e (See) ▽

41. Junkers Ju 52-3m g4e Sanitätsflugzeug mit Bewaffnung ▽

42. Junkers Ju 52-3m g7e der KGr zbV 500 (Versorgung Demjansk) △

Ju 52-3m reo	Verkehrsflugzeug mit BMW 132 Da/Dc für Lufthansa.
Ju 52-3m Sa3	Reise- und Schulflugzeug mit BMW 132 A-3 für Reichswehrfliegerausbildung.
Ju 52-3m te	Verkehrsflugzeug mit BMW 132 G/L. Schnellste und bestentwickelte aller Zivil-Versionen.
Ju 52-3m-12	Verkehrsflugzeug mit BMW 132 L, an Finnland geliefert.
Ju 52-3m Z/Z1	Verkehrsflugzeug für Lufthansa mit BMW 132 Z-3 und verbesserter Kabinenausstattung.
Ju 52-3m g3e	Behelfsbomber für Luftwaffe mit BMW 132 A. Ab 1938 Rück-Umrüstung zum Transporter g4e.
Ju 52-3m g4e	Transporter mit BMW 132 A. Verstärkter Fußboden. Große Ladeluken und rechter Rumpfseite und Kabinendach. Verstärktes Fahrwerk. Musterflugzeug bei Weserflug in Lemwerder gebaut. Einige Maschinen an Lufthansa, drei an die Schweiz.
Ju 52-3m g5e	Transporter mit BMW 132 T, Fahrwerk gegen Schwimmer verschiedener Größe austauschbar. Teilweise mit »Schleppsporn 6000« für Lastensegler-Schlepp ausgerüstet. Verstärkte Bewaffnung. Serienbau ab 1941.
Ju 52-3m g6e	Transporter ähnlich g5e, aber nur Fahrwerk oder Schneekufen.
Ju 52-3m g7e	Land- und See-Transportflugzeug mit BMW 132 T. Längere Ladeklappe, Seitenfenster verringert. Siemens-Kurssteuerung K4ü.
Ju 52-3m g8e	Transporter ähnlich g6e, aber zusätzlich Kurssteuerung K4ü.

38. Junkers Ju 52-3m/g5e ▽

43. Junkers Ju(K) 53 △

39. Junkers Ju 60 ▽

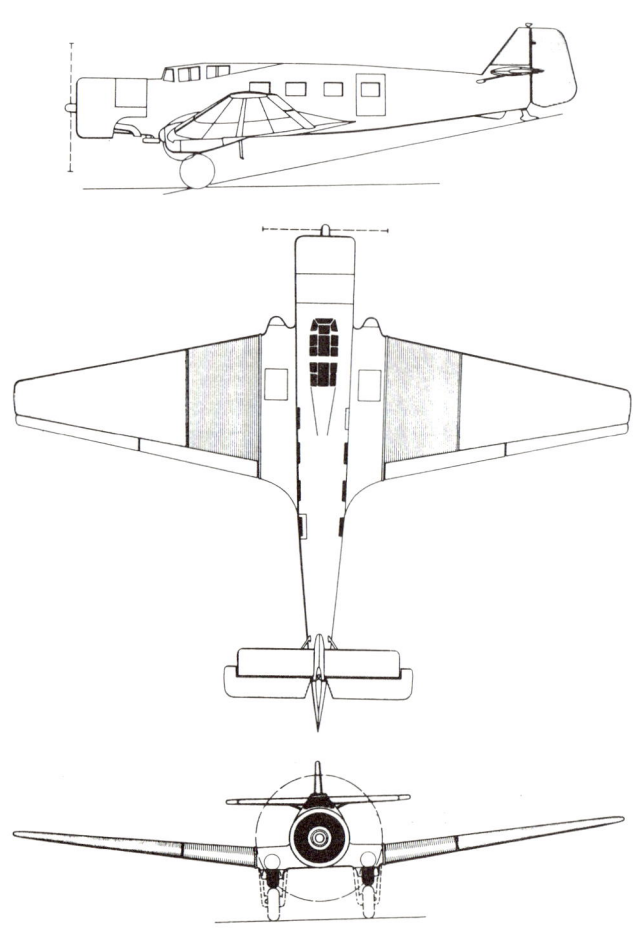

Ju 52-3m g9e	Transporter ähnlich g6e, aber BMW 132 Z und andere Ausrüstung.
Ju 52-3m g10e	Land- und See-Transportflugzeug. BMW 132 T. Serienbau bei Weserflug und Amiot.
Ju 52-3m g12e	ähnlich g10e, aber nur kleine Serie mit BMW 132 L.
Ju 52-3m g14e	ähnlich g8e, aber verstärkte Panzerung.
Ju 52-3m MS	Umbau einiger Ju 52-3m g4e-g6e zu Minensuchflugzeugen.
Ju 52-3m	Nachbau in Spanien und Frankreich nach 1945.

Junkers Ju (K) 53

Ebenfalls in Schweden entstand 1926 aus dem zweisitzigen Postflugzeug A 35 der zweisitzige Aufklärer K 53. Freitragender Tiefdecker in Ganzmetall, komplett mit Wellblech beplankt. Starres Normalfahrgestell. Antrieb durch Junkers L 5 flüssigkeitsgekühlten Sechszylinder-Reihenmotor mit stehenden Zylindern und 1 × 310 PS Startleistung. Zwei offene Sitze hintereinander. Bewaffnung: zwei starre MG und ein bewegliches MG auf einem Drehkranz für den Beobachter.
Vor 1938 Lieferung an österreichische Fliegertruppe.

Junkers Ju 60

Im Spätherbst 1932 kamen aus den USA die ersten Meldungen über das Schnell-, Post- und Verkehrsflugzeug Lockheed »Orion« mit Einziehfahrwerk, welches mit einem 420 PS-»Wasp«-Motor die überragende Geschwindigkeit von 280 km/h erreichte. Die Lufthansa gab daraufhin bei Junkers die Entwicklung eines ähnlichen Musters in Auftrag. Diese Entwicklung wurde forciert und der Auftrag auf Heinkel ausgedehnt, als im Mai 1933 die erste »Orion« auf den europäischen Strecken auftauchte. Die bei Junkers geschaf-

44. Junkers Ju 60

fene Ju 60 besaß gegenüber der Konkurrenzentwicklung He 70 nur ein teilweise nach vorne einziehbares Fahrgestell und erreichte, infolge der Gesamtdurchbildung und des verwendeten Sternmotors, nur eine Geschwindigkeit von 280 km/h gegenüber den 377 km/h der He 70. Da dazu die Flugeigenschaften beim Landen durch die breiten Abdeckbleche des Fahrgestelles, die als riesige Bremsklappen wirkten, nicht überzeugten, wurde das Muster zugunsten der He 70 gestrichen und zur Ju 160 weiterentwickelt.

Typ: Einmotoriges Schnell-Verkehrs- und -Postflugzeug.
Flügel: Freitragender Tiefdecker. Dreiteiliger Aufbau mit starker Pfeilform an der Vorderkante und gerader Hinterkante. Mittelstück fest am Rumpf. Außenteile mit zusammengesetzem Aufbau. Vorderteile als zweiholmige Ganzmetall-Schalen mit Glattblechbeplankung auf der Oberseite. Angesetzte Unterteile als flache Wellblech-Schalen. Ebenfalls angesetzte Flügelhinterteile als geschweißte Stahlrohrgerippe mit Stoffbespannung. Über die gesamte Hinterkante reichende zweiteilige Junkers-Doppelflügel.
Rumpf: Ganzmetall-Schalenrumpf mit Glattblechbeplankung und ovalem Querschnitt.
Leitwerk: Abgestrebtes Normalleitwerk. Seitenflosse fest am Rumpf, Höhenflosse hochgesetzt und durch je einen V-Stiel zum Rumpf hin verstrebt. Aufbau in Ganzmetall.
Fahrwerk: Einziehbares Nomalfahrgestell, mechanisch betätigt. Hauptträder nach vorne in Verdickungen der Flügelvorderkante einfahrbar, im eingezogenen Zustand halb herausragend. Starrer Schleifsporn.
Triebwerk: Ein von BMW in Lizenz gebauter Pratt & Whitney »Hornet« luftgekühlter Neunzylinder-Sternmotor mit 1 × 525 PS Startleistung. Junkers-Hamilton-Zweiblatt-Verstell-Luftschraube aus Metall.
Besatzung: 2 Mann nebeneinander, Kabine für 6 Passagiere, anschließend Postraum.

Junkers Ju (EF) 61

Um die mit der Ju 49 bei Höhenflügen gewonnenen Erfahrungen für militärische Zwecke auszuwerten, erteilte das RLM dem Junkers-Konstruktionsbüro unter der Leitung von Prof. Wagner den Auftrag, ein zweimotoriges Höhen-

40. Junkers Ju EF 61

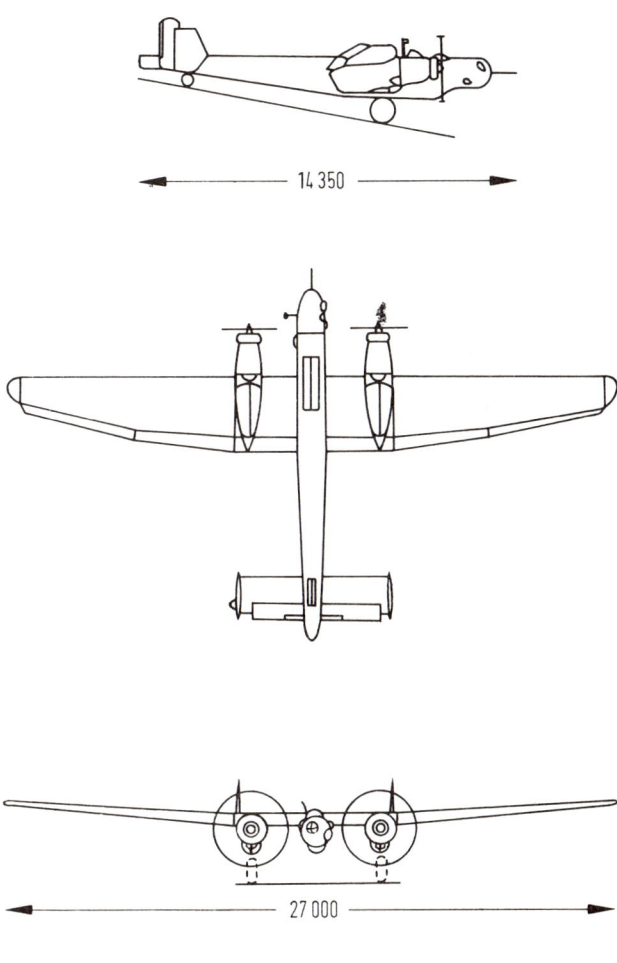

versuchsflugzeug zu entwickeln. Da es sich um eine reine Versuchskonstruktion handelte, erhielt das Muster die Bezeichnung EF 61 (Entwicklungsflugzeug 61). Da keine ausgesprochenen Höhentriebwerke zur Verfügung standen, wurden nach den Erfahrungen, die mit dem L 88 der Ju 49 gemacht worden waren, zwei DB 600 entsprechend umgebaut. Der Kühlung der Ladeluft ohne einen wesentlich erhöhten Widerstand schenkte man besondere Beachtung. Es wurden für das gesamte Kühlsystem Düsenkühler entwickelt, die auf den Vorderseiten der Triebwerke angebracht wurden und durch entsprechende Ringverkleidungen mit diesen eine Einheit bildeten. 1936 konnte die *Ju EF 61 V-1* eingeflogen werden. Da die Entwicklung der geforderten Vollsicht-Bugkuppel noch nicht abgeschlossen war, besaß diese Mustermaschine noch eine der Ju 49 ähnliche Druckkabine mit schmalen Fensterhöhlen, die dem Piloten nur eine beschränkte Sicht nach vorne, unten und zur Seite gaben. Mit ihr lief die vorläufige Erprobung, bis das Muster im September 1937 durch einen Absturz zerstört wurde. Einen Monat später ging die *Ju EF 61 V-2* in die Flugerprobung. Sie besaß die durchsichtige Bugnase aus einem Reilit genannten Kunststoff der IG-Farben-Film-Fabrik Wolfen. Um ihr Beschlagen von innen oder Vereisen von außen zu verhindern, war sie mit Rippen und einer zweiten Kuppel versehen, durch die vom Auspuff abgezweigte Warmluft strömte. Doch bevor Höhenuntersuchungen mit der Kuppel gemacht werden konnten, stürzte das Muster im Dezember 1937 ebenfalls ab. Daraufhin wurden die gesamten Arbeiten an der EF 61 eingestellt.

Typ: Zweimotoriges Höhen-Versuchsflugzeug.
Flügel: Freitragender Schulterdecker. Dreiteiliger Ganzmetallflügel. Rechteckiges Mittelstück fest am Rumpf mit zweiteiligen Spreizklappen, trapezförmige Außenteile mit Schlitzquerrudern und Spreizklappen zwischen Querruder und Mittelflügel. Flügelaufbau als Schale aus Leichtmetall-Wellblech. Verlauf der tiefen Rillen entgegen der Junkers-Bauweise in Richtung der Spannweite. Glatte Oberfläche durch aufgeklebte Stoffbespannung.
Rumpf: Aufbau als Schale aus Leichtmetall-Spanten mit tragender Leichtmetall-Wellblechbeplankung. Glatte Oberfläche durch aufgeklebte Stoffbespannung.

Leitwerk: Freitragendes Ganzmetall-Leitwerk. Doppeltes Seitenleitwerk als Endscheiben. Seitenruder mit Ausgleichshörnern.
Fahrwerk: Einziehbares Normalfahrgestell. Haupträder an Gabelbeinen nach hinten in die Motorengondeln. Spornrad in den Rumpf einfahrbar.
Triebwerk: Zwei speziell als Höhentriebwerk umgebaute Daimler-Benz DB 600 flüssigkeitsgekühlte Zwölfzylinder-Λ-Motoren mit 2 × 950 PS Startleistung. Vierblatt-Verstell-Luftschrauben.
Besatzung: 2 Mann in einer Druckkabine, die den Rumpfbug formt.

Junkers Ju 85

Für den 1936 bei Junkers in die Entwicklung gegangenen unbewaffneten Schnellbomber Ju 88 wurde bereits 1937 eine Abwehrbewaffnung nach hinten verlangt. Da aber die Ju 88 infolge ihrer Auslegung mit einem Zentral-Seitenleitwerk ausgerüstet war, welches kein genügend freies Schußfeld nach hinten bot, wurde unter Beibehaltung von 90 Prozent der Ju 88-Bauteile ein neuer Entwurf mit einem doppelten Seitenleitwerk als Ju 85 ausgearbeitet.

Ju 85 A
Als Ausgangsmuster diente die Ju 88 V-3. In der Ausführung Ju 85 A erhielt sie ohne jede andere Änderung nur einen B-Stand mit 1 × 7,9 mm MG 15 und das doppelte Seitenleitwerk. Es kam jedoch nur bis zum Attrappenbau, da die Abwehrbewaffnung als zu schwach empfunden wurde.

Ju 85 B
Daraufhin machte das Muster eine weitere Wandlung durch, indem das gesamte Rumpfvorderteil gegen einen sphärisch verglasten Vollsicht-Kampfkopf ähnlich dem in der späteren Ju 188 ausgetauscht wurde. In diesem Kampfkopf war eine Abwehrbewaffnung von 4 × 7,9 mm MG 15 untergebracht bei einer gleichzeitigen Erhöhung der Besatzung von drei auf vier Mann. Gleichzeitig fand in diesem Muster schon das Einbeinfahrwerk der Ju 88 V-6 Verwendung. Aber auch diese Version ging 1939 nur bis zum Attrappenbau, weil dem Zentralleitwerk des geringeren Luftwiderstandes wegen der Vorzug gegeben wurde.

46. Junkers Ju 85
Modell im Windkanal

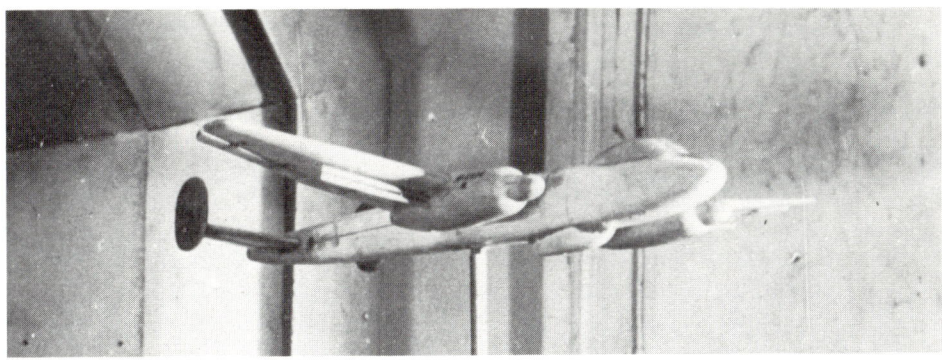

Junkers Ju 86

Nach der gleichen Lufthansa-Ausschreibung über ein zweimotoriges Schnellverkehrsflugzeug für zehn Passagiere, die,
1934 definiert, auch zur Heinkel He 111 führte, entwickelte
Dipl.-Ing. Zindel bei Junkers die Ju 86. Auch sie war ein
freitragender Tiefdecker mit Einziehfahrwerk, jedoch im
Gegensatz zur He 111 mit einem doppelten Seitenleitwerk
ausgestattet, was, infolge der Schußfreiheit nach hinten, das
RLM bald bewog, das Muster als Bomber umbauen zu
lassen.

Ju 86 V-1, W. Nr. 4901, 2 SAM 22B, je 550 PS, 300 km/h.
    V-2,   erst SAM 22B, März 1935 Umbau auf 2 Jumo
          205 C, Bomber.
    V-3,   und V-4, Musterflugzeuge für C-Serie (Lufthan-
          sa).
    V-5,   Bomber, D-AHOE, Musterflugzeug für A-
          Serie, Jumo 205.
    A-1,   Bomber wie V 5, zuerst bei KG 152 »Hinden-
          burg« eingeführt, Höchstgeschwindigkeit 280
          km/h, 750 kg Bomben.

Triebwerk: Zwei Junkers Jumo 205 flüssigkeitsgekühlte Sechszylin-
der-Zweitakt-Einreihen-Doppelkolben-Dieselmotoren mit 2×600
PS Startleistung. Dreiblatt-Verstell-Luftschrauben aus Metall mit
3,30 m Durchmesser. Kraftstoffkapazität 1500 Liter.
Besatzung: 4 Mann, bestehend aus Pilot, Bombenschütze/A-Stand-
Schütze im Bug sowie Funker/B-Stand-Schütze und C-Stand-
Schütze in Besatzungsraum hinter dem Bombenschacht.
Militärische Ausrüstung: $1 \times 7,9$ mm MG 15 als A-Stand in
Kuppellafette im Bug, $1 \times 7,9$ mm MG 15 beweglich in halboffenem
B-Stand und $1 \times 7,9$ mm MG 15 in ausfahrbarem C-Stand unter dem
Rumpf. Bombenschacht für Lasten bis 1000 kg.

    V-6,   Musterflugzeug für D-Serie, vergrößerte Reich-
          weite, 1000 kg Bomben.
    D-0 und
    D-1,   Bomber wie V-6, Rumpfsteiß.
    V-8, $2 \times$ Pratt & Whitney »Hornet S1EG«, je 760 PS,
          Verkehrsflugzeug.
    V-9,   (D-ADAA) wie D-1 aber BMW 132F, 2×650
          PS.

41. Junkers Ju 85 B ▽

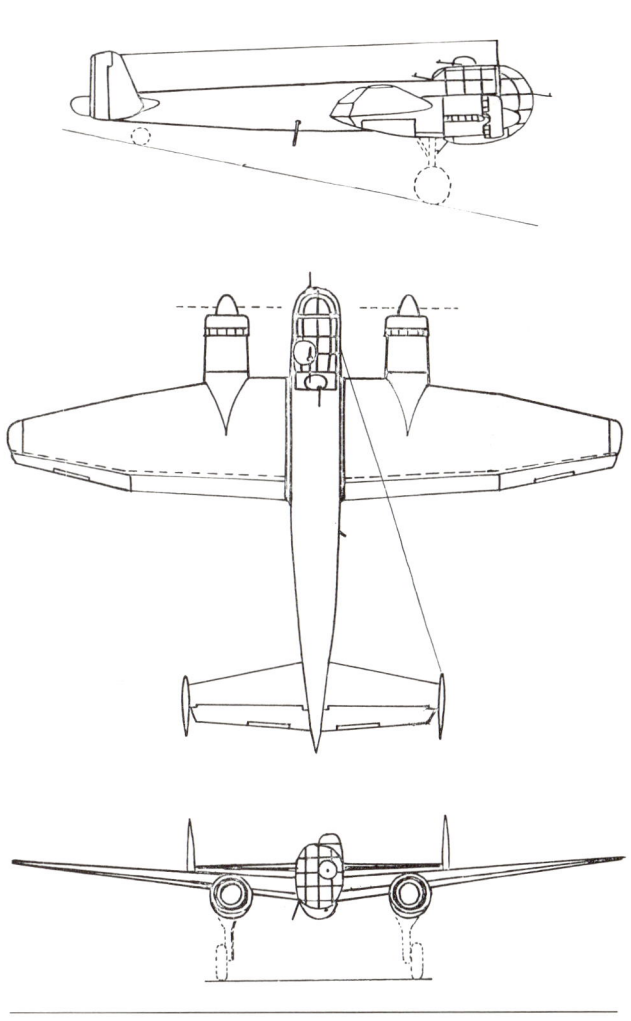

47. Junkers
Ju 86 V-2

48. Junkers Ju 86 V-5 △

49. Junkers Ju 86 C-1 ▽

50. Junkers Ju 86 Z-7 △   51. Junkers Ju 86 D-1 ▽

69

52. Junkers Ju 86 E-2 Fliegerschule Pocking △

53. Junkers Ju 86 G-1 ▽

E-1, wie V-9, Luftwaffe.
E-2, wie E-1, aber BMW 132N, 2 × 665 PS,
      V/max. = 380 km/h.
V-10 Musterflugzeug für G-Serie.
G-1, wie E-2, aber Vollsichtkanzel, vergrößerte
      Reichweite (650 km) aber nur 400 kg Bomben.
K-1, wie E-2, aber mit Original »Hornet«. Für
      Schweden.
F-1, Serienausführung der V-8, Lufthansa.

Erste Verkehrsflugzeug-Ausführung. Um das Fliegen siche-
rer und wirtschaftlicher zu gestalten, wurden für das Muster
Dieselmotoren vorgesehen, die die Brandgefahr auf ein
Minimum reduzierten und den Kraftstoffverbrauch stark
herabsetzten. Der Einbau der Dieselmotoren geschah auf
Empfehlung der Lufthansa, die die bisherige Dieselmotor-
Entwicklung äußerst tatkräftig gefördert hatte. Auf Initiative von Dr. Stüssel der DLH wurde bereits 1931 der Jumo 204
in eine Focke-Wulf »Möwe« als Versuchsträger übernommen. Die Ergebnisse ermutigten die Lufthansa, in Zusam-
menarbeit mit Junkers den Jumo 205 zu entwickeln, der in
der Ju 86 Verwendung finden sollte. Insgesamt 12 Maschinen
der Ju 86 A mit den Dieseltriebwerken wurden an die
Lufthansa abgeliefert und bewährten sich im normalen
Verkehrsflugbetrieb ausgezeichnet.

Typ: Zweimotoriges Mittelstrecken-Verkehrsflugzeug.
Flügel: Freitragender Tiefdecker. Dreiteiliger, zweiholmiger Ganzmetallflügel. Mittelteil als Flügelstummel fest am Rumpf. Motoren
in den beiden Außenflügeln. Über die gesamte Hinterkante der
Außenflügel reichende Junkers-Doppelflügel, außen als Querruder,
innen als zweiteilige Landehilfen. Über den gesamten Flügel gehende
Glattblechbeplankung.
Rumpf: Ganzmetall-Schalenrumpf mit ovalem Querschnitt, durchgehend mit Glattblech beplankt.
Leitwerk: Durch V-Stiele zum Rumpf hin abgefangene Höhenflosse,
auf einer Kielflosse über dem Rumpf liegend. Doppeltes Seitenleitwerk als Endscheiben. Aufbau aus Metall, Flossen glattblech-
beplankt, Ruder stoffbespannt. Ruder gewichtlich und aerodynamisch ausgeglichen.
Fahrwerk: Hydraulisch einziehbares Normalfahrgestell. Mit
Öldruckbremsen ausgestattete Haupträder nach außen in den Flügel
einfahrbar. Starres Spornrad.
Triebwerk: Zwei Junkers Jumo 205 flüssigkeitsgekühlte Zweitakt-
Einreihen-Doppelkolben-Dieselmotoren mit 2 × 600 PS Startleistung. Dreiblatt-Verstell-Luftschrauben aus Metall mit 3,30 m
Durchmesser. Kraftstoffkapazität 1500 Liter.
Besatzung: 3 Mann, bestehend aus Pilot, Copilot und Funker in
geschlossener Kabine mit Doppelsteuer, dahinter Passagierkabine
für 10 Fluggäste, je 5 in einer Reihe hintereinander.

Z-7, Verkehrsflugzeug für Südafrika, während des
      Krieges zu Bombern umgebaut und gegen Ita-
      lien in Abessinien verwendet.

Junkers Ju 86 P-Reihe
Da die Ju 86 bereits 1939 nicht mehr als Normalbomber
eingesetzt werden konnte, wurden noch im gleichen Jahr bei

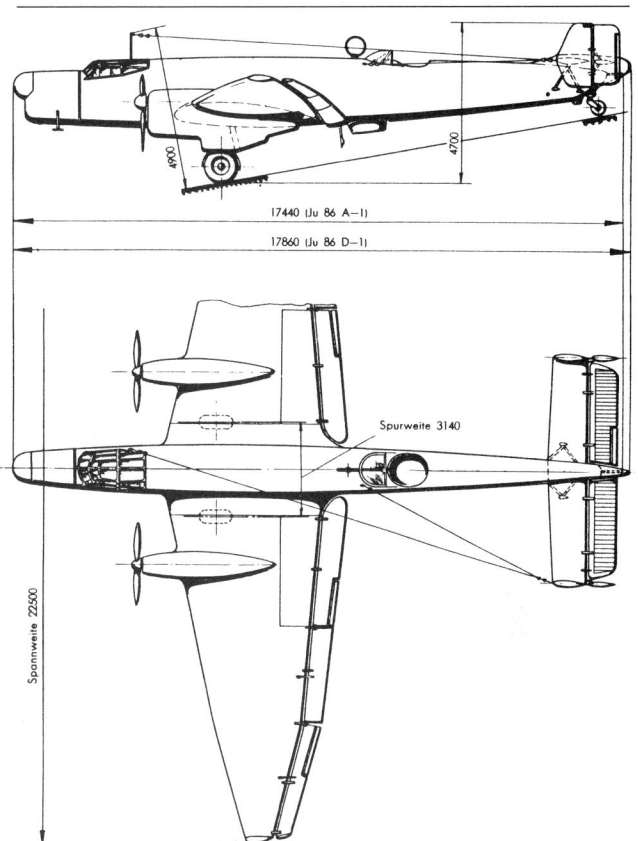

42. Junkers Ju 86 A-1/D-1 △   43. Junkers Ju 86 R ▽

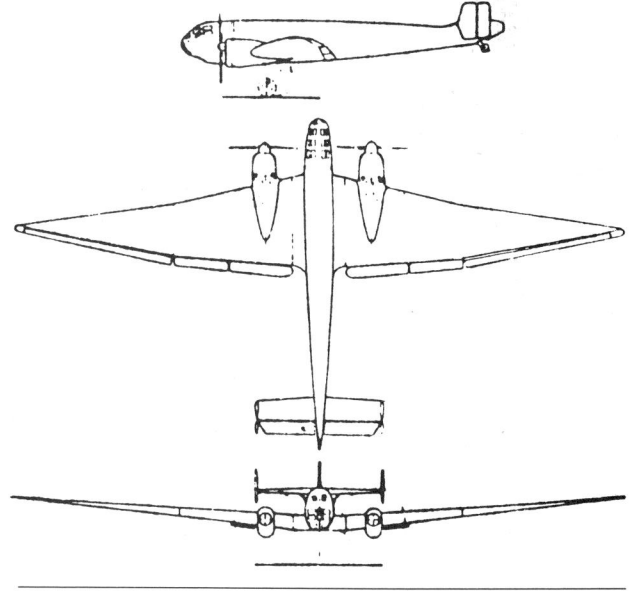

55. Junkers Ju 86 R-1 ▽

Junkers Überlegungen angestellt, das Muster als Höhenflugzeug umzubauen, und zwar einmal als Aufklärer und einmal als Störbomber. Das erste V-Muster dieser Reihe, welches im Herbst 1939 von Seibert und Heintz erprobt wurde, war eine umgebaute Ju 86 G. Es wies gegenüber der Originalkonstruktion folgende Änderungen auf: Austausch der Rumpfnase gegen eine Druckkammer für zwei Mann Besatzung, Austausch der beiden BMW 132 Dc gegen Jumo 207 A-1 Diesel-Höhenmotoren (Umbau des Jumo 205 C mit zusätzlichem Lader) mit zusätzlichen Kühlern unter den Außenflügeln und Änderung der Zelle durch Fortfall der MG-Stände und des Bombenschachtes. Die Erprobung verlief so zufriedenstellend, daß der weitere Umbau von etwa 40 weiteren Ju 86 G in Angriff genommen wurde. Diese Maschinen der P-Reihe unterschieden sich von dem Prototyp durch einen in der Spannweite von 22,50 m auf 25,60 m durch Hinzufügung von spitzen Flügelendteilen vergrößerten Flügel. Sie wurden 1940 mit ihrer Gipfelhöhe von 12 000 m erfolgreich über England eingesetzt, waren aber bereits kurze Zeit später durch speziell umgebaute Höhen-Spitfire gefährdet und mußten aus dem Einsatz gezogen werden, weil die Triebwerke bei Notleistung wieder überhitzt wurden. Dagegen waren die bereits 1940 (!) über russischem Gebiet eingesetzten Maschinen äußerst erfolgreich, da sie die Voraussetzungen für die Ausschaltung aller Einheiten der Roten Luftflotte beim Angriff auf die UdSSR 1941 geschaffen hatten.

Ju 86PV-1, D-AUHB, Musterflugzeug für P-1-Serie.
    P-1,   Höhenbomber.
    P-2,   Höhenaufklärer, zusammen 30 Maschinen aus Ju 86 G umgebaut.

Triebwerk: Zwei Junkers Jumo 207 A-1 flüssigkeitsgekühlte Sechszylinder-Zweitakt-Einreihen-Doppelkolben-Dieselmotoren mit Abgas-Turbolader und Spülluftkühler. 2 × 880 PS Startleistung. Dreiblatt-Verstell-Luftschrauben aus Metall. Kraftstoffkapazität 1900 kg.
Besatzung: 2 Mann in Druckkabine im Rumpfbug.
Militärische Ausrüstung: Normal ohne Bewaffnung, später teilweise mit 1 × 7,9 mm MG 17 starr im Heck ausgerüstet. Bombenzuladung maximal bis 1000 kg als Außenlast (4 × 250 kg oder 16 × 50 kg).

Ju 86 P-2
Ausführung als Höhen-Aufklärer. Sie entsprach vollkommen der P-1 bis auf die fehlenden Bombengehänge. Dafür waren im Rumpf drei Reihenbildgeräte untergebracht.

Junkers Ju 86 R-Reihe
Um die Gipfelhöhe weiter zu erhöhen, wurde in der R-Reihe außer leichten aerodynamischen Verbesserungen die Spannweite auf 32,00 m vergrößert und der Einbau leistungsstärkerer Jumo 207 B-3 vorgenommen.

Ju 86 R-1
Version als Höhenaufklärer mit 2 × Rb 75/30 Reihenbild-

geräten im Rumpf, sonst, bis auf die Triebwerke und den obigen Änderungen analog der Ju 86 P-2.

Triebwerk: Zwei Junkers Jumo 207 B-3 flüssigkeitsgekühlte Sechszylinder-Zweitakt-Einreihen-Doppelkolben-Dieselmotoren mit Abgas-Turbolader und Spülluftkühler. 2 × 950 PS Startleistung. Vierblatt-Verstell-Luftschrauben aus Metall. Kraftstoffkapazität 1900 kg.

Ju 86 R-2
Abwandlung der R-1 als Höhenbomber mit 1000 kg Bombenzuladung als Außenlast (wie Ju 86 P-1).

Ju 86 R-3
Um die Gipfelhöhe, die bei den ersten Versionen der R-Reihe bei 15 000 m lag, auf 17 000 m zu erhöhen, wurde die Ju 86 R-3 mit einer HZ-Anlage projektiert. Außer den beiden Jumo 207-Triebwerken sollte ein zusätzlicher DB 605 als Lader-Motor im Rumpf untergebracht werden. Zu einer Bauausführung kam es nicht.

Junkers Ju 87

Zu den Unzulänglichkeiten der provisorischen aber intensiven Rüstungsbestrebungen in der ersten Hälfte der dreißiger Jahre gehörte das Fehlen eines brauchbaren Zielgerätes für den Horizontalabwurf von Bomben. Frühzeitig hatten deshalb Männer des Technischen Amtes im RLM die Sturzflugidee aufgegriffen und praktische Versuche durchgeführt. Als jedoch Wolfram von Richthofen die Entwicklungsabteilung des Technischen Amtes übernahm, brach er diese Versuche sofort ab, weil seiner Meinung nach ein Sturzflug unter 2000 m Höhe der starken Bodenabwehr wegen nicht möglich sein sollte. Die ersten Übungsabwürfe aus dem inzwischen zusammengestellten Horizontalbomber-Geschwader zeigten eine unwahrscheinlich weite Streuung, so daß sich nur noch einige wenige Ingenieure des RLM weiterhin mit dem Sturzkampfbomber beschäftigten. Eifriger Befürworter war der bekannte Kunstflieger Ernst Udet, der seinen Kriegskameraden und damaligen Reichsminister der Luftfahrt Hermann Göring auf die entsprechenden Arbeiten in den USA aufmerksam machte und als ziviler Ratgeber die Bedeutung des Sturzangriffes bis unter 1000 m Höhe und die dadurch erreichbare Zielgenauigkeit für die neue Luftwaffe eindeutig zu schildern wußte. Auf Veranlassung Görings kaufte Udet in den USA zwei starkmotorige Curtiss-Sturzkampfflugzeuge SB 2 C-3, die er in Tempelhof im Sturzflug vorführte. Auf Wunsch Görings wurde der Sturzflug in Rechlin auch technischen Luftwaffenoffizieren überzeugend demonstriert, aber von Richthofen beharrte auf seinem Standpunkt gegen den Sturzkampfbomber. Demgegenüber blieb Udet bei seiner Idee und stellte sich den sturzflugbegeisterten Anhängern des RLM als Pilot zur Verfügung. Probeabwürfe, geflogen mit einem sturzflugfähigen Übungseinsitzer Focke-Wulf »Stößer«, erbrachten eine Treffsicherheit von

56. Junkers Ju 87 Attrappe △

57. Junkers Ju 87 V-1 △

58. Junkers Ju 87 V-4 ▽

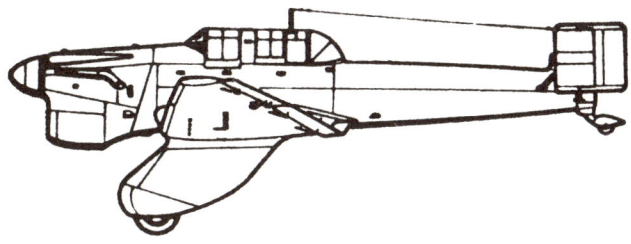

44. Junkers Ju 87 V-1

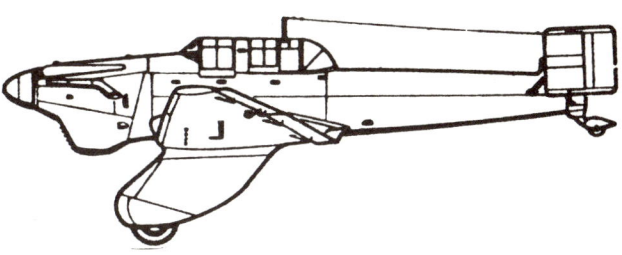

45. Junkers Ju 87 V-1 mit geändertem Kühler

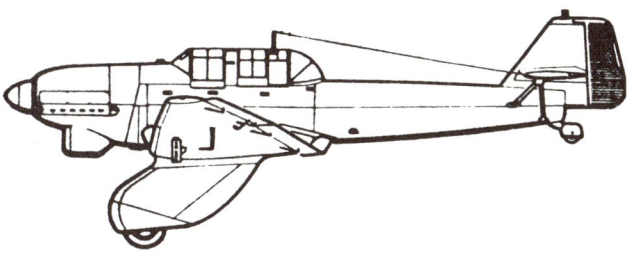

46. Junkers Ju 87 V-2

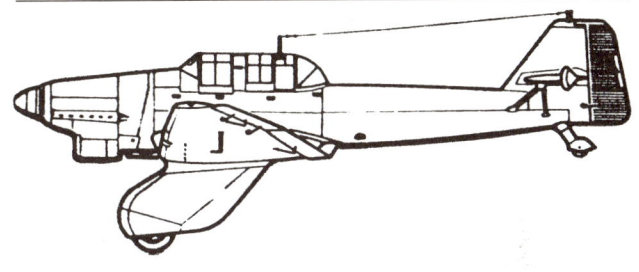

47. Junkers Ju 87 V-3

über 40 Prozent. Dank für den Erfolg waren scharfe Zurechtweisungen von der Entwicklungsabteilung in Berlin. Diese Kurzsichtigkeit und das Drängen Görings, der Udets Namen für einen »Reichsposten« haben wollte, führten schließlich dazu, daß Udet im Rang eines Oberst am 10. Juni 1936 als Chef des Technischen Amtes in den Staatsdienst trat. Seine erste Amtshandlung bestand darin, den »Stößer« in Rechlin Wever und den Offizieren des Generalstabes vorzuführen. Kurze Zeit später hatte er einen Entwicklungsauftrag für die Schaffung eines Sturzkampfbombers durchgesetzt, und ein entsprechender Auftrag, der größte der bis zu dieser Zeit erfolgte, ging noch 1936 an die Firmen Arado, Blohm & Voß, Heinkel und Junkers. Während Arado in der Ar 81 einen robusten Doppeldecker und Heinkel in der He 118 einen schnittigen Eindecker mit Einziehfahrwerk entwickelte, schuf Dipl.-Ing. Pohlmann bei Junkers in der Ju 87 einen robusten Knickflügel-Eindecker mit starrem Fahrwerk, der der von Vogt bei Blohm & Voß entwickelten Ha 137 stark ähnelte. Das Vergleichsfliegen der vier Muster fand in Rechlin statt. Bei ihm schieden die Ar 81 wegen ihrer Doppeldecker-Bauart und die Ha 137 durch ihre Einsitzigkeit zuerst aus. Beim anschließenden Finale zwischen He 118 und Ju 87 blieb letztere schließlich Sieger und ging in die Fertigung. Pohlmann hatte beim Entwurf der Ju 87 auf die Erfahrungen mit der Ju (K) 47 aufgebaut, und der Prototyp *Ju 87 V-1* besaß wie diese noch ein doppeltes Seitenleitwerk, um ein freies Schußfeld nach hinten zu bekommen. Charak-

teristisch waren weiterhin für die Maschine der dicke Knickflügel mit den robusten Hosenbein-Fahrwerken und die langgestreckte stark verglaste Abdeckhaube für die beiden hintereinanderliegenden Sitze. 1935 entstand mit der V-1 die *Ju 87 V-2,* ebenfalls mit einem 600 PS-Rolls Royce »Kestrel«-Motor und mit doppeltem Leitwerk, jedoch mit wesentlich vergrößertem und nach vorne zum Bug hin gerücktem Kühler. Diese Muster besaßen starre Zweiblatt-Luftschrauben aus Holz. Die *Ju 87 V-3* dagegen besaß den Jumo 210 mit einer VDM-Dreiblatt-Verstell-Laufschraube und ein einfaches Seitenleitwerk, ähnlich dem der Ju 160. Dieses besaß auch noch die *Ju 87 V-4,* obwohl sie sonst bereits vollkommen dem Serienmuster Ju 87 A entsprach. 1937 ging die erste Version in Serie. In verschiedenen Versionen wurde das Muster bis 1944 gebaut und erlangte, besonders in der ersten Zeit des Zweiten Weltkrieges, eine legendäre Berühmtheit als »Stuka«. Die moralische Wirkung des Sturzangriffes wurde unterstützt durch eine eingebaute Motorsirene, die, von Udet erfunden, bald den Namen »Jericho-Trompete« besaß. Als Kuriosum sei bemerkt, daß Wolfram von Richthofen, der in der Stukafrage absolut negativ eingetellt war, später als Führer des fast ausschließlich aus »Stukas« zusammengesetzten VIII. Fliegerkorps berühmt wurde und für die erzielten Erfolge höchste Auszeichnungen erhielt. Die Produktionsziffer der Ju 87 zwischen 1939 und 1944 betrug 4881 Stück, davon 1939 = 143, 1940 = 603, 1941 = 500, 1942 = 960, 1943 = 1672 und 1944 = 1012 Stück.

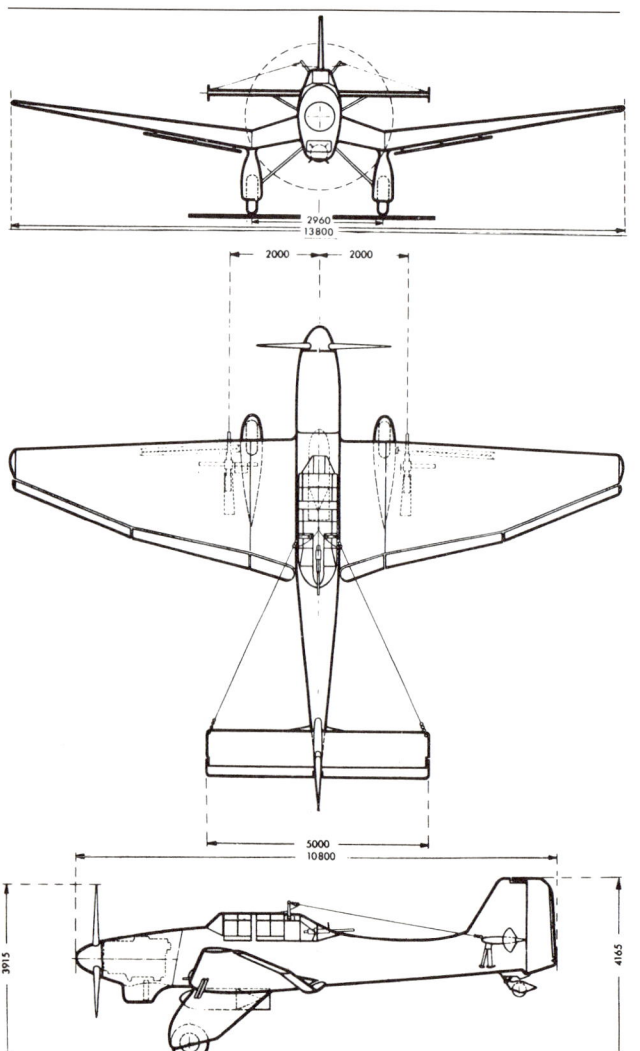

59. Junkers Ju 87 A-1 (D-ICBS) 1. Maschine von Weserflug △

48. Junkers Ju 87 A-1 ◁

Junkers Ju 87 A-Reihe

Die Ju 87 A besaß den generellen Aufbau der V-Muster, in denen inzwischen verschiedene Motorenmuster erprobt worden waren, jedoch ein Normalleitwerk. Die Hosenbeinverkleidungen wurden ebenfalls vom Prototyp übernommen. Fertigungsbeginn 1937.

Ju 87 A-1

Serienausführung mit 1 × 640 PS Jumo 210 C. Als Bewaffnung waren 2 × 7,9 mm MG 17 starr im Flügelknick und 1 × 7,9 mm MG 15 beweglich im B-Stand am Heck der Sitzabdeckung eingebaut. Eine 500-kg-Bombe konnte frei unter dem Rumpf hängend mitgeführt werden. Die Aufhängung erfolgte in einem Gerüst, das beim Sturzangriff ausgeschwenkt wurde, um die Bombe aus dem Propellerkreis zu bringen. Einsatz im Spanischen Bürgerkrieg.

Junkers Ju 87 B-Reihe

1938 erschien das Muster mit einem wesentlich stärkeren Triebwerk mit Strahldüsen am Auspuff und einem verkleideten Einbeinfahrgestell. Das Muster, welches bis 1940 in der Serienfertigung stand, besaß vorzügliche Eigenschaften im Sturz- und Zielanflug durch die Sturzflugbremsen, die die Geschwindigkeit im Sturzflug mit etwa 500 km/h in für Besatzung und Zelle erträglichen Grenzen hielten.

Ju 87 B-1

Standard-Serienausführung mit 1 × 1210 PS Jumo 211 Da. Bewaffnung wie Ju 87 A-1. Zu der 250-kg-Bombe unter dem Rumpf konnten 4 × 25-kg-Bomben unter dem Außenflügel mitgeführt werden.

Ju 87 B-2

Ähnlich der Ju 87 B-1, jedoch mit leicht veränderter Ausrüstung.

60. Junkers
Ju 87 B-1
W. Nr. 29

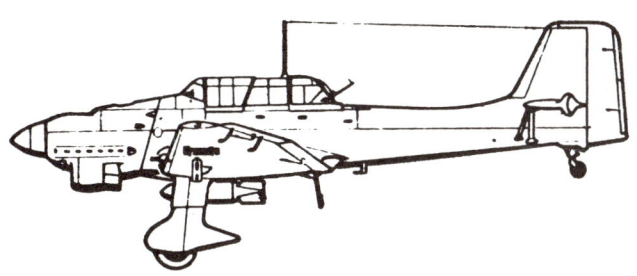

49. Junkers Ju 87 B-1

50. Junkers Ju 87 B-2/U 4

51. Junkers Ju B-2

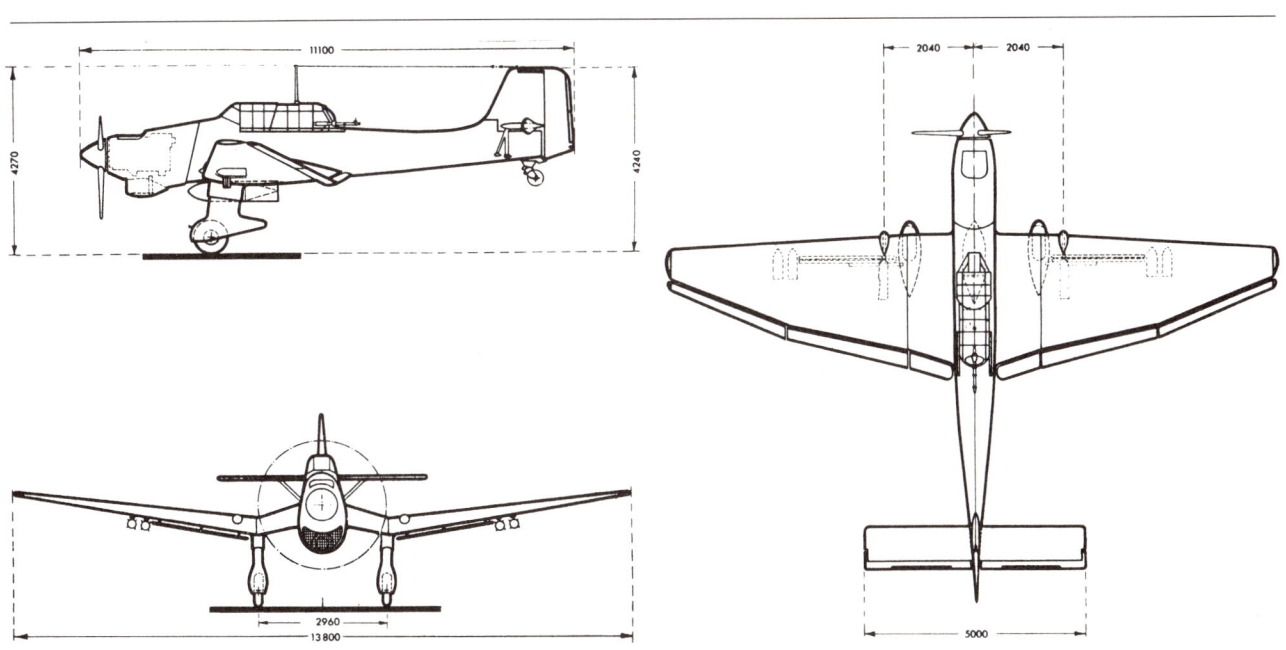

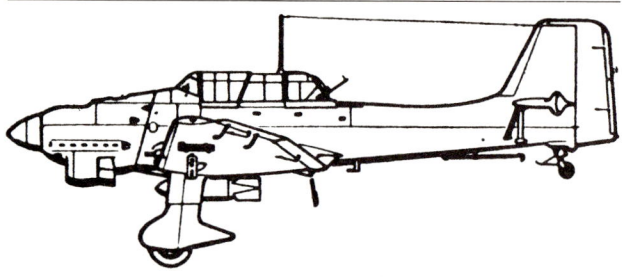

52. Junkers Ju 87 C-0

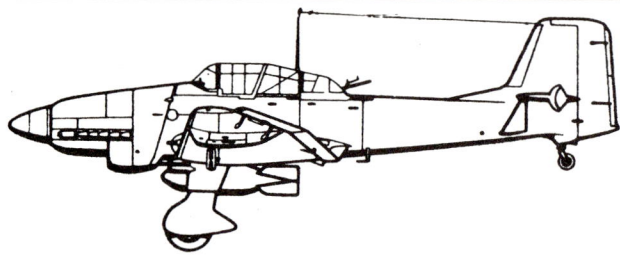

53. Junkers Ju 87 D-3

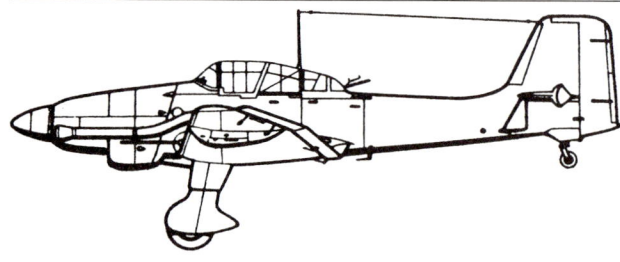

54. Junkers Ju 87 D-5

Junkers Ju 87 C-Reihe

Für den Flugzeugträger »Graf Zeppelin«, der sich vor dem Kriege im Bau befand, aber nie fertiggestellt wurde, wurde in der Ju 87 C eine spezielle Abwandlung des Musters für den Trägereinsatz entwickelt.

Ju 87 C-1

Geplante Ausführung für den Trägereinsatz. Abwandlung der Ju 87 B-1 mit dem gleichen Triebwerk und der gleichen Bewaffnung, jedoch mit Landehaken unter dem Rumpfheck und abwerfbarem Fahrgestell bei Notwasserungen. Der gesamte Aufbau war für den Katapultstart verstärkt. Die Entwicklung wurde kurz nach Kriegsbeginn abgebrochen. Umbau einer B-1 in C-1 Mitte 1941 abgebrochen.

Junkers Ju 87 D-Reihe

1940 erschien als Weiterentwicklung der Ju 87 B die D-Reihe, von der die meisten Maschinen gebaut wurden. Sie unterschied sich bereits wesentlich von der B-Ausführung. Abgesehen von der Verwendung des leistungsstärkeren Jumo

211 J fiel bei der Ju 87 D der große Bauchkühler weg und wurde durch zwei Kühler unter dem Flügelmittelstück ersetzt. Unter der Motorhaube verblieb lediglich der Ölkühler. Weiterhin wurde die Führersitz-Abdeckhaube vollkommen umkonstruiert und tropfenförmig gestaltet, die Panzerung verstärkt und Rumpfgehänge für eine Bombe bis zu 1800 kg vorgesehen. Anfänglich noch für Sturzangriffe verwendet, mußten die Muster der D-Reihe später immer mehr für die direkte Bodenunterstützung als Tag- und Nacht-Schlachtflugzeug eingesetzt werden.

Ju 87 D-1

Fortschrittliche Weiterentwicklung der Ju 87 B-2 mit den oben angeführten Verbesserungen und einer vergrößerten Reichweite.

Typ: Einmotoriges Sturzkampf- und Schlachtflugzeug.
Flügel: Freitragender Knickflügel-Tiefdecker. Dreiteiliger zweiholmiger Ganzmetallflügel mit Glattblechbeplankung. Mittelstück mit starker negativer V-Form fest am Rumpf, Außenteile mit positiver V-Form angelenkt. Junkers-Doppelflügel über die gesamte Hinterkante, außen als Querruder, innen als Landehilfen wirkend. Unter dem Flügel hängende Sturzflugbremsen in Höhe des Vorderholmes im Außenflügel.
Rumpf: Glattblechbeplankter Ganzmetallrumpf mit ovalem Querschnitt, aus zwei Halbschalen gebildet.
Leitwerk: Abgestrebtes Normalleitwerk, Höhenflosse durch I-Stiele zum Rumpf hin abgefangen. Über die gesamten Ruderhinterkanten reichende Trimmklappen. Aufbau aller Flächen aus Ganzmetall.
Fahrwerk: Starres Normalfahrgestell. Haupträder an ölpneumatischen, freitragenden Federbeinen und stromlinienförmig verkleidet; jeweils am Flügelknick angelenkt. Spornrad.
Triebwerk: Ein Junkers Jumo 211 J flüssigkeitsgekühlter Zwölfzylinder-∧-Motor mit 1 × 1300 PS Startleistung. Junkers-Dreiblatt-Verstell-Luftschraube aus Holz. Kraftstofftanks im Flügel.
Besatzung: 2 Mann hintereinander Rücken an Rücken unter Vollsicht-Abdeck-Schiebehaube.
Militärische Ausrüstung: 2 × 7,9 mm MG 17 starr in den Flügelknicks, 1 × MG 81 Z (2 × 7,9 mm) beweglich im B-Stand. Gehänge unter dem Rumpf für 1 × 1800 kg, 1 × 1000 kg, 1 × 500 kg oder 1 × 250-kg-Bombe. Flügelgehänge für 2 × 500 kg, 2 × 250 kg oder 4 × 50-kg-Bomben unter den Außenflügeln.

Ju 87 D-1

W. Nr. 2292, Versuchsausführung als Torpedobomber.

Ju 87 D-2

Analog der Ju 87 D-1, jedoch mit Schleppvorrichtung für Lastensegler.

Ju 87 D-3

Analog der Ju 87 D-1, jedoch mit verstärkter Panzerung.

Ju 87 D-4

Weiterentwicklung der D-3 mit abwerfbaren Waffenbehältern unter dem Flügel für den Schlachtfliegereinsatz in Rußland. Jeder der beiden Waffenbehälter besaß 6 × 7,9 mm MG 81.

Ju 87 D-5

Weiterentwicklung der D-3 mit von 13,80 auf 15,00 m vergrößerter Spannweite, größerer Sturzfluggeschwindigkeit

61. Junkers Ju 87 C-0 mit beigeklappten Tragflächen △   62. Junkers Ju 87 D-1 ▽

63. Junkers Ju 87 D-5 △

64. Junkers Ju 87 D-7 W. Nr. 142891 Prag-Letnany 1945 ▽

80

und abwerfbarem Fahrgestell, um Überschläge bei Notlandungen zu verhindern.

Ju 87 D-7
Abwandlung der Ju 87 D-1 mit den größeren Flügeln der D-5 und verstärkter Flügelbewaffnung. Die beiden MG 17 wurden bei dieser Version durch 2 × 20 mm MG 151/20 ersetzt.

Ju 87 D-8
Abwandlung der Ju 87 D-3 mit den größeren Flügeln der D-5 und der verstärkten Flügelbewaffnung der D-7.

Junkers Ju 87 G-Reihe
Da die im Verlauf des Krieges immer stärker werdende Bodenabwehr Sturzangriffe nur noch selten zuließ, wurde die Ju 87 immer mehr für den Schlachtfliegereinsatz herangezogen. Speziell für die Panzerbekämpfung im direkten Beschuß entstand aus der D-Reihe die Ju 87 G mit 2 × 37 mm Fla-Kanonen in Behältern unter dem Flügel. Infolge ihrer Aufgabenstellung besaß diese Version keine Sturzflugbremsen mehr. Die Fronterprobung wurde von Oberst Rudel durchgeführt.

Junkers Ju 87 H-Reihe
Umbauten von Maschinen der D-Reihe mit Doppelsteuer für Schulzwecke.

Junkers Ju 87 R-Reihe
Abgeänderte Maschinen der B-Reihe mit Zusatzbehältern unter dem Flügel anstelle der Bomben für Reichweitenver-

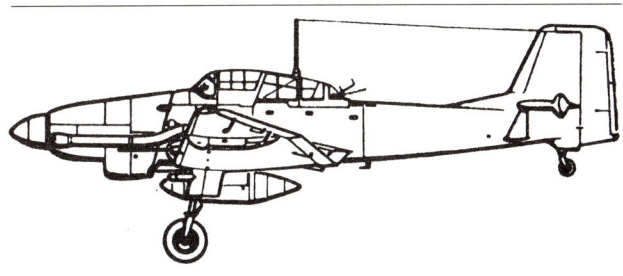

55. Junkers Ju 87 D-7

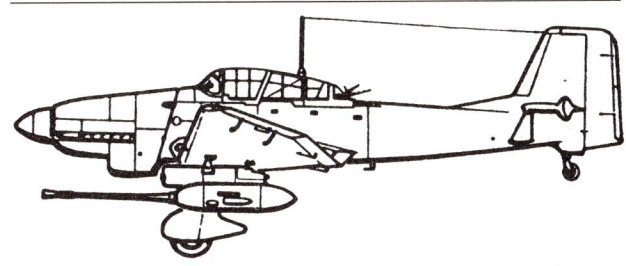

56. Junkers Ju 87 G-1

57. Junkers Ju 87 H-2 ▷

65. Junkers Ju 87 G-1 ▽

66. Junkers Ju 87 B-2/U4 △

67. Junkers Ju 87 D-3 mit Agentenbehälter ▽

größerung. Austausch der Normalbehälter gegen solche aus flüssigkeitsfestem Stoff. Die Maschinen wurden vorzugsweise im Mittelmeerraum eingesetzt.

Junkers Ju 88

Anfang 1935 erließ das RLM eine Ausschreibung für einen Schnellbomber mit drei Mann Besatzung, Bewaffnung nur ein MG 15, Bombenlast 700–800 kg, Startstrecke 700 m, Landestrecke 400 m, Steigfähigkeit 7000 m in 25 Minuten, Kurzwellenfunkgerät, 1300 km Reichweite, Höhenatmungsanlage, Sprechfunkanlage, Spezialnavigationsausrüstung, UKW-Landehilfe, Enteisungsanlage, elektrische Scheibenbeheizung und leichter Behälterschutz. Unter Leitung des Chefkonstrukteurs Zindel wurden zwei junge aus Amerika gekommene Ingenieure, W. H. Evers und Alfred Gassner, an diese Aufgabe angesetzt. Es sollten gleich zwei Versionen entwickelt werden: Ju 85 und Ju 88. Die Konstruktionsarbeit begann am 15. Januar 1936. Im Mai 1936 begann der Bau der Ju 88 V-1. Am 21. Dezember 1936 startete Flugkapitän Kindermann mit diesem Flugzeug, D-AQEN, zum Erstflug. Die Maschine stürzte bereits bei einem der ersten Probeflüge ab. Am 10. April 1937 startete Ju 88 V-2 D-ASAZ zum ersten Mal. Die Maschine erreichte spielend 460 km/h, die Ju 88 V-3 kam bereits auf 504 km/h, kurzfristig sogar auf 520 km/h. Im RLM begann man aber bereits mit Änderungswünschen, die während der ganzen Entwicklung nicht aufhören sollten. Die Ju 88 V-4 hatte bereits eine Kabine, die an die spätere Serienausführung erinnerte, war aber wesentlich langsamer als V-3. Zur gleichen Zeit entstand eine weitere unbewaffnete Version, die *Ju 88 V-5,* D-ATYU die, mit unverglastem Rumpfbug, flacher Führerraumabdeckung und zwei Jumo 211 B-Motoren mit Kraftstoff-Einspritzung und automatischer Regelung Rekordzwecken dienen sollte. Dieses Muster, welches am 13. April 1938 zum ersten Male geflogen war, konnte dann 1939 auch folgende von der FAI anerkannte Geschwindigkeitsrekorde für sich buchen: am 19. März 1939 517,004 km/h über 1000 km, am 30. Juni 1939 500,786 km/h über 2000 km, beide mit 2000 kg Nutzlast. Inzwischen war Ende 1937 eine erweiterte Aufgabenstellung für das Muster vom RLM ausgearbeitet worden. Diese umfaßte folgende Punkte: Sturzflugfähigkeit durch größere Festigkeit und die Anbringung von Sturzflugbremsen. Wahlweise Herrichtung für größte Reichweite oder größte Last, Bewaffnung nach hinten unten durch Liegewanne, Sichtkuppel im Rumpfbug mit ebenen Scheiben und Platz für vier Mann Besatzung. Diese Entwicklung wurde besonders von Udet vorangetrieben, und das erste Baumuster, welches vollkommen dieser erweiterten Aufgabenstellung entsprach, die *Ju 88 V-6,* flog bereits am 18. Juni 1938. Im grundsätzlichen Aufbau war die V-6, bis auf die Vierblatt-Luftschrauben, der späteren Ju 88 A-1 gleich. Ihre Bombenlast betrug 1000 kg, die im Sturzflug abgeworfen werden konnte. Darin sah Udet, in Unkenntnis über die sich entwickelnde strategi-

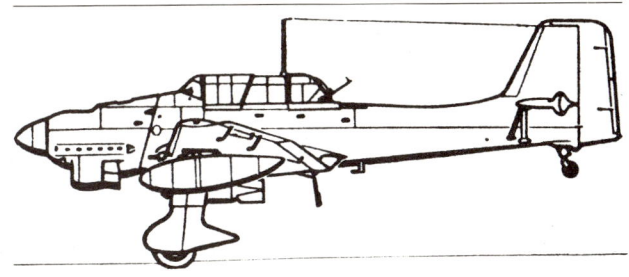

58. Junkers Ju 87 R-1 △   59. Junkers Ju 87 D-1 ▽

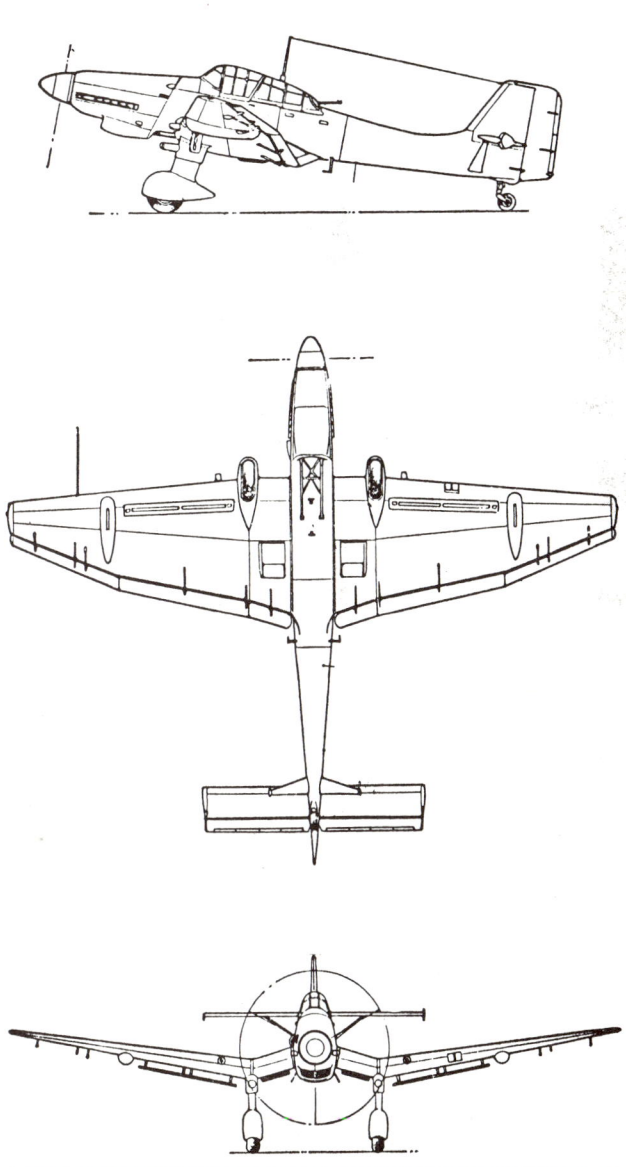

68. Junkers Ju 88
V-1 D-AQEN

69. Junkers Ju 88 V-3 ▽

sche Konzeption, die Fernbomber forderte, eine Chance, die von Hitler geforderte Bomberflotte zahlenmäßig zu erstellen. Unterstützt wurde er in seinen Bestrebungen, die Ju 88 zum alleinigen Standardbomber der Luftwaffe zu machen, von dem damaligen Generaldirektor der Junkers-Werke, Heinrich Koppenberg. Als Göring im Herbst 1938 den Großserienauftrag auf die Ju 88 vergab, bahnte sich bereits die Tragödie an, die zum völligen Versagen der strategischen Bomberoperationen führen sollte. Zu jener Zeit befand sich die Ju 88 noch im Entwicklungsstadium, und statt der großen Bomberflotte konnten bis Ende 1939 erst 69 Maschinen ausgeliefert werden. Als dann die Großserie der Ju 88 schließlich anlief, erforderte die Kriegslage dringend strategische Fernbomber. Die Ju 88 war als mittlerer Bomber ein großer Wurf und bewährte sich überall, wo sie als taktisches Kampfflugzeug eingesetzt wurde. Ihr Versagen als strategischer Bomber kann nicht auf konstruktive Mängel zurückgeführt werden, weil sie für einen derartigen Einsatz von vornherein nicht vorgesehen war. Trotzdem wurde sie bis zum Kriegsende in großen Mengen hergestellt und für die verschiedensten Verwendungszwecke eingesetzt. Der Prototyp für eine Ausführung als Zerstörer, die *Ju 88 V-7,* war am 27. September 1938 zum Erstflug gestartet. Drei weitere Prototypen folgten noch, am 3. Oktober 1938 die *Ju 88 V-8,* am 31. Oktober 1938 die *Ju 88 V-9* und am 3. Februar 1939 die *Ju 88 V-10.* 1939 wurde Prof. Hertel, den Heinkel wegen seiner dauernden Änderungen abgelehnt hatte, zum Leiter der Technischen Entwicklung bei Junkers berufen und Zindel ihm unterstellt. Die Ju 88 erfuhr im Laufe ihrer Bauzeit über 3000 Änderungen! Insgesamt wurden zwischen 1939 und 1945 15 000 Ju 88 gefertigt, davon 1939 = 69 Stück (Bomber), 1940 = 2208 Stück (1816 Bomber, 62 Jäger, 330 Aufklärer), 1941 = 2780 Stück (2146 Bomber, 66 Jäger, 568 Aufklärer), 1942 = 3094 Stück (2270 Bomber, 257 Jäger, 567 Aufklärer), 1943 = 3260 Stück (2160 Bomber, 706 Jäger, 394 Aufklärer), 1944 = 3234 Stück (661 Bomber, 2518 Jäger, 3 Schlachtflugzeuge, 52 Aufklärer) und 1945 = 355 Stück (Jäger).

70. Junkers Ju 88 V-5 D-ATYU

JUNKERS- JU 88

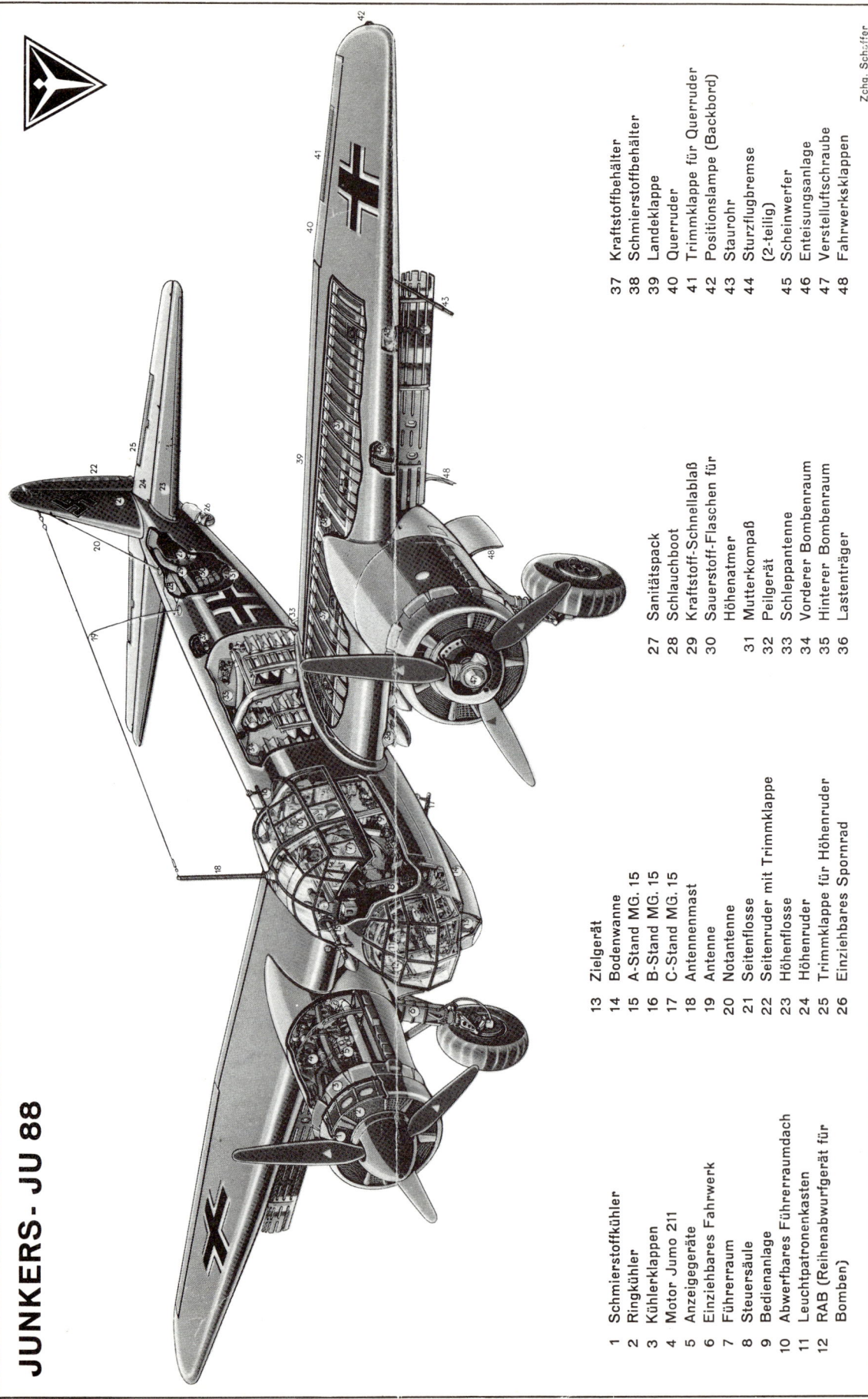

1 Schmierstoffkühler
2 Ringkühler
3 Kühlerklappen
4 Motor Jumo 211
5 Anzeigegeräte
6 Einziehbares Fahrwerk
7 Führerraum
8 Steuersäule
9 Bedienanlage
10 Abwerfbares Führerraumdach
11 Leuchtpatronenkasten
12 RAB (Reihenabwurfgerät für
   Bomben)

13 Zielgerät
14 Bodenwanne
15 A-Stand MG. 15
16 B-Stand MG. 15
17 C-Stand MG. 15
18 Antennenmast
19 Antenne
20 Notantenne
21 Seitenflosse
22 Seitenruder mit Trimmklappe
23 Höhenflosse
24 Höhenruder
25 Trimmklappe für Höhenruder
26 Einziehbares Spornrad

27 Sanitätspack
28 Schlauchboot
29 Kraftstoff-Schnellablaß
30 Sauerstoff-Flaschen für
   Höhenatmer
31 Mutterkompaß
32 Peilgerät
33 Schleppantenne
34 Vorderer Bombenraum
35 Hinterer Bombenraum
36 Lastenträger

37 Kraftstoffbehälter
38 Schmierstoffbehälter
39 Landeklappe
40 Querruder
41 Trimmklappe für Querruder
42 Positionslampe (Backbord)
43 Staurohr
44 Sturzflugbremse
   (2-teilig)
45 Scheinwerfer
46 Enteisungsanlage
47 Verstellluftschraube
48 Fahrwerksklappen

Zchg. Schäffer

60. Schnittzeichnung Ju 88 A

71. Junkers
Ju 88 A-0

Junkers Ju 88 A-Reihe

Weiterentwicklung der Ju 88 V-6, D-ASCY, als Einsatz-Serienflugzeug. Der Aufbau der V-6 wurde vollkommen übernommen, einschließlich der bei der V-6 erstmals angewandten Einbein-Federstreben des Hauptfahrgestelles. Die Bewaffnung erfuhr eine Verstärkung. Ebenfalls wurden die Vierblatt-Luftschrauben durch dreiblättrige ersetzt und der vordere der beiden Bombenschächte im Rumpf fallengelassen. Dafür fanden vier Bombengehänge unter dem Mittelflügel Platz. Die ursprüngliche elektrische Fahrwerksbetätigung wurde durch eine hydraulische ersetzt.

V-8, WL + 008, Musterflugzeug für A-1-Serie.
V-9, WL + 009, desgleichen.

Ju 88 A-0

Vorserienmuster, analog der anschließenden A-1.

Ju 88 A-1

Erste Serienausführung 1939, Antrieb durch 2 × 1200 PS Jumo 211 B-1. Einsatz als Horizontal- und Sturzbomber mit 4 Mann Besatzung und 2500 kg Bombenzuladung. Bewaffnung bestehend aus 4 × 7,9 mm MG 15. Die Spannweite dieser Version betrug noch 18,37 m.

Ju 88 A-2

Abwandlung der Ju 88 A-1 mit Spezialausrüstung für Katapultstart.

Ju 88 A-3

Version der A-1 als Trainer mit Doppelsteuer und entsprechender Intrumentierung.

Ju 88 A-4

Großserienausführung als Horizontal- und Sturzbomber mit auf 20,08 m vergrößerter Spannweite, verstärkter Bewaffnung, erhöhter Bombenlast, leistungsfähigeren Triebwerken und verstärktem Fahrwerk.

Typ: Zweimotoriger mittlerer Horizontal- und Sturzflugbomber.
Flügel: Freitragender Tiefdecker. Zweiholmiger Ganzmetallflügel. Gesamte Flügelhinterkante als Klappen ausgebildet, außen als Querruder, innen als Landehilfen. Gitterförmige Sturzflugbremsen in Höhe des Vorderholmes außerhalb der Motorengondeln unter den Außenflügeln. Warmluft-Flügelenteisung.
Rumpf: Ganzmetall-Schalenrumpf mit ovalem Querschnitt. Bug als planverglaste Vollsichtkanzel, vollverglaste Führerraumabdeckung dahinter auf dem Rumpf aufgesetzt. Nach rechts verschobene Liegewanne unter dem Rumpfbug.
Leitwerk: Freitragendes Normalleitwerk. Aufbau aus Ganzmetall, Flossen blechbeplankt, Ruder stoffbespannt. Trimmklappen in allen Rudern. Aufblasbare Gumminase zur Enteisung der Höhenflosse.
Fahrwerk: Einziehbares Normalfahrgestell, hydraulisch betätigt. Hydraulisch bremsbare Hauptträger an freitragenden Ölfeder-Einbeinen, bei gleichzeitiger Drehung der Räder um 90° nach hinten in die Motorengondeln einziehbar. Spornrad nach hinten in das Rumpfheck einfahrbar.
Triebwerk: Zwei Junkers Jumo 211 J flüssigkeitsgekühlte Zwölfzylinder-Λ-Motoren mit 2 × 1410 PS Startleistung. Flüssigkeits- und Ölkühlelemente enthaltende Ringkühler. Dreiblatt-VDM- oder Junkers-Verstell-Luftschrauben aus Metall. Kraftstoffkapazität 2900 Liter in 5 Tanks, je zwischen den beiden Holmen liegend. 2 × 415 Liter in Flügeltanks außerhalb und 2 × 425 Liter in Flügeltanks innerhalb der Motorengondeln sowie 1 × 1220 Liter im Rumpftank. Ein weiterer Tank mit 680 Liter Inhalt konnte im Bombenschacht eingebaut werden.

87

72. Junkers Ju 88 A-4 △   73. Junkers Ju 88 A-5 des KG 1 ▽

Besatzung: 4 Mann, bestehend aus Pilot an der linken Seite unter der Abdeckung, daneben tiefer der Bombenschütze. Oberer Heckschütze hinter Pilot, Funker hinter Bombenschütze, aber noch tiefer angeordnet.

Bewaffnung: 1 × 7,9 mm MG 81 in der Frontscheibe, vom Piloten bedient, 1 × 13 mm MG 131 im Bug, vom Bombenschützen bedient (A-Stand), 2 × 7,9 mm MG 81 in Linsenlafetten der hinteren Führersitzabdeckung (B-Stand) und 1 × MG 81 Z = 2 × 7,9 mm im rückwärtigen Teil der Bodenwanne, durch den Funker betätigt (C-Stand). Diese Bodenlafette Bola 39 wurde Ende 1941 durch die gepanzerte Bola 81 Z ersetzt. Bombenzuladung bis 3000 kg. Vier Bombengehänge unter dem Mittelflügel für 2 × 1000 kg oder 4 × 500 kg oder 2 × 1000 und 2 × 250/500 kg. Dazu 10 × 50 kg im Rumpfbombenschacht.

Ju 88 A-5
Version mit 2 × 1200 PS Jumo 211 G. Größere Spannweite und vergrößerte Bombenladung der A-4, sonst jedoch der Ju 88 A-1 entsprechend. Diese Version konnte zum Tragen einer Ballonabschervorrichtung (siehe A-6) herangezogen werden. Trotz höherer Baureihen-Nr. Vorläufer der A-4.

Ju 88 A-6
Abwandlung aus der A-5 mit Ballonabschervorrichtung. Diese Spezialversion flog Bomberverbänden bei Angriffen gegen sperrballongeschützte Ziele voraus. Vor den Motoren und der Kanzel zog sich von Flügelspitze bis Flügelspitze ein pfeilförmig geformter Ballonabweiser aus kräftigem Profilrohr. Die auf den vorgebauten Ballonabweiser treffenden Ballonseile rutschten bis zu den Flügelspitzen ab und wurden dort zerschnitten. Das gesamte Gewicht der Anlage betrug 322 kg und erforderte als Gegengewicht einen zusätzlichen Ballasteinbau von 59 kg im Heck. Weiterhin hatte die Anlage 30 km/h Verlust an Geschwindigkeit zur Folge, was zum Einsatzstop der Maschinen nach wenigen Monaten führte. Später Umbau zum See-Aufklärer mit FuG 200 »Hohentwiel«, keine Bodenwanne.

Ju 88 A-7
Schulflugzeug aus A-4 abgeleitet, Jumo 211 H.

Ju 88 A-8
ähnlich A-4, aber mit »Kuto-Nase« als Ballonseilabschneidevorrichtung. Jumo 211 H.

Ju 88 A-9
Tropenausführung der Ju 88 A-1. Für den Einsatz in der Wüste bestand die zusätzliche Spezialausrüstung aus Wasserbehältern, Sonnenblenden, Schrotgewehren und Schlafsäcken.

Ju 88 A-10
Tropenausführung der Ju 88 A-5.

Ju 88 A-11
Tropenausführung der Ju 88 A-4.

Ju 88 A-12
Übungsflugzeug mit Doppelsteuer, Serienumbau aus der A-4. Kabine verbreitert. Keine Bodenwanne.

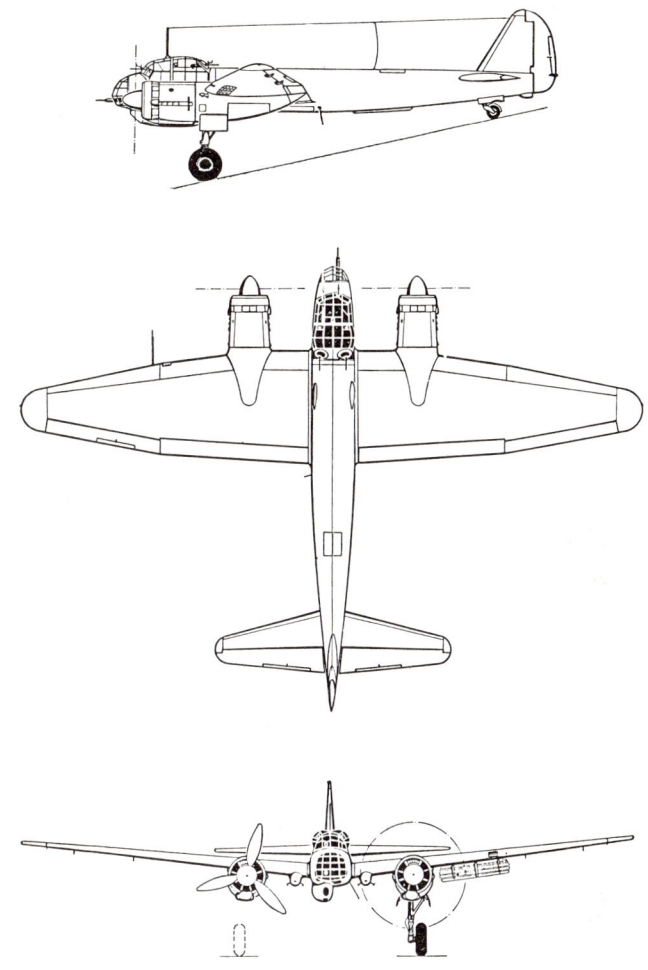

61. Junkers Ju 88 A-4

Ju 88 A-13
Ableitung als Schlachtflugzeug aus der Ju 88 A-4. Ohne Sturzflugbremsen, jedoch mit verstärkter Panzerung. Spezial Splitterbomben-Anlage. Diese Version konnte mit zwei Behältern WB 81, sogenannten »Gießkannen«, unter den inneren Bombengehängen des Mittelflügels ausgerüstet werden. Diese Behälter enthielten je 4 × 7,9 mm MG 81, starr nach vorne unten schießend, und vier weitere, starr nach hinten unten feuernd.

Ju 88 A-14
Bomber für Schiffsbekämpfung, ohne Sturzflugbremsen, stärkere Panzerung. Zusatz-MG/FF im Rumpfbug, Jumo 211 J.

74. Junkers Ju 88 A-15 △   ▽ 75. Junkers Ju 88 B-0

76. Junkers Ju 88 C-1 (Bugwaffen in normaler A-1-Kanzel) ▽

62. Junkers
Ju 88 B-3

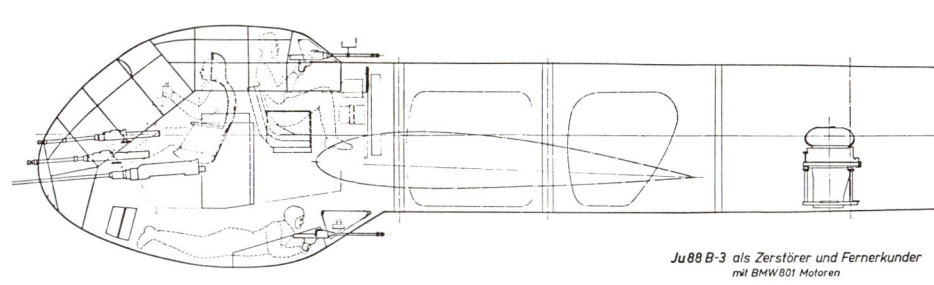

Ju88 B-3 als Zerstörer und Fernerkunder mit BMW 801 Motoren

63. Junkers
Ju 88 C-4

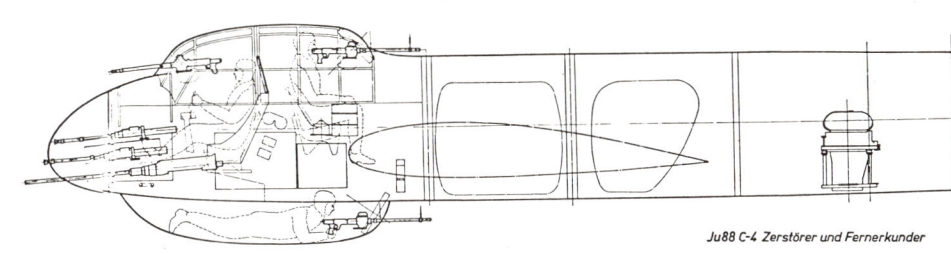

Ju88 C-4 Zerstörer und Fernerkunder

Ju 88 A-15
Bomber mit Holz-Bombenwanne, 3000-kg-Bomben, drei Mann, 2 MG 15.

Ju 88 A-16
Schulflugzeug. Umbau aus A-14.

Ju 88 A-17
Torpedoflugzeug ohne Bodenwanne, drei Mann, Umbau aus A-14.

Ju 88 V 27
D-AWLN, Musterflugzeug für B-Serie.

Ju 88 B-0
Nur zehn Flugzeuge als Fernerkunder gebaut, Kabine ähnlich Ju 188. Vier Mann, 3 MG 81 Z.

Ju 88 V 25
Musterflugzeug für B-3 (Zerstörer) nur eine gebaut.

Ju 88 B-3
Zerstörer mit zwei BMW 801, starrer Einbau von 1 MG 151 und drei MG 17 in Vollsichtkanzel. B-Stand MG 81 Z, C-Stand MG 81 Z. Mitnahme von Rb 50/30 oder 20/30 für Erkundungszwecke möglich.

Junkers Ju 88 C-Reihe
Aus der Ju 88 V-7 abgeleitete Reihe von schweren Jägern mit blechverkleidetem, schwer bewaffnetem Rumpfbug und drei Mann Besatzung; sie wurde im Verlauf des Krieges in steigender Stückzahl gebaut. Ursprünglich als Ju 88 Z bezeichnet (Z = Zerstörer).

Ju 88 C-1
Spannweite 18,37 m. Bewaffnung: 2 × 20 mm MG FF und 2 × 7,9 mm MG 17 starr im Rumpfbug, 1 × 7,9 mm MG 15 beweglich im B-Stand und 1 × MG 15 beweglich im Heck der Bodenwanne. Eine Serie entfiel zugunsten der C-2.

Ju 88 C-2
Umwandlung von Ju 88 A-1-Bombern zu Jagdbombern. Einbau einer Glattblechnase mit einer starren Bewaffnung von 1 × 20 mm MG FF und 3 × 7,9 mm MG 17. Bewegliche Bewaffnung wie C-1. 500 kg an Splitterbomben konnten mitgeführt werden. Der Antrieb bestand aus 2 × 1200 PS Jumo 211 B-1. 1940 wurden 62 Maschinen umgebaut und teilweise auch bei der Nachtjagd eingesetzt.

Ju 88 C-3
Abwandlung der Ju 88 C-2 mit 2 × 1600 PS BMW 801 A. Sonstiger Aufbau und Bewaffnung wie C-2. Nur als Versuchsreihe gebaut.

Ju 88 C-4
Erste Großserienausführung der Jägerversion, aus der Ju 88 A-5 mit der auf 20,08 m vergrößerten Spannweite, aber ebenfalls mit 2 × 1200 PS Jumo 211 B-1. Bugbewaffnung wie C-3, jedoch ohne Bombengehänge. Die bewegliche Bewaffnung bestand bei der Tagausführung wie bei der A-4 aus 2 × 7,9 mm MG 81 im B-Stand und 1 × MG 81 Z im Heck der Bodenwanne. Bei der Nachtjagdausführung wurde das MG 81 Z durch zwei starr nach vorne schießende MG 17 in der Bodenwanne ersetzt. Für den Einsatz als Schlachtflugzeug konnten zusätzlich unter dem Mittelflügel zwei WB-81

91

64. Junkers
Ju 88 C-5

79. Junkers Ju 88 D-1
der 4.(F)14 ▷

77. Junkers Ju 88
C-6b mit FuG 202
und FuG 227 ◁

78. Junkers Ju 88 Z-19
(W.Nr. 373)
mit zusätzlichem
MG 151/20

Waffenbehälter mit je 6 × 7,9 mm MG 81 mitgeführt werden.

Ju 88 C-5

Nur in Versuchsserie gebaute Abwandlung der C-4 mit 2 × 1600 PS BMW 801 A. Die starre Bugbewaffnung bestand aus 1 × 20 mm MG 151/20 und 3 × 7,9 mm MG 17, die Abwehrbewaffnung entsprach der der C-4. Bei dieser Version war jedoch die Bodenwanne fallengelassen worden und durch einen flachen Waffenbehälter mit starr nach vorne schießenden 2 × 7,9 mm MG 17 unter der Rumpfmitte ersetzt. Besatzung nur zwei Mann.

Ju 88 C-6

Hauptserienversion entsprechend Ju 88 A-4 aus dem Jahre 1942 mit 2 × 1410 PS Jumo 211 J. Die Standardbewaffnung bestand aus 1 × 20 mm MG FF und 3 × 7,9 mm MG 17 starr im Bug sowie im B-Stand zwei bewegliche MG 81. Es existierten zwei Versionen, die sich durch die zusätzliche Bewaffnung unterschieden. Die *Ju 88 C-6a* diente der Tagjagd und besaß in der Bodenwanne, beweglich nach hinten schießend, ein MG 81 Z. Bei der Nachtjagdausführung mit der Bezeichnung *Ju 88 C-6b* entfiel diese Abwehrbewaffnung und wurde durch zwei weitere, starr nach vorne schießende 20 mm MG FF in der Bodenwanne ersetzt. Spätere Ausführungen der C-6b erhielten auf dem Rumpf hinter der Kanzel zwei ferngesteuerte 2 × 20 mm MG 151/20, schräg nach vorne oben schießend als »schräge Musik« zusätzlich.

Ju 88 C-7

Version der C-6 als Zerstörer mit der gleichen Bewaffnung wie die C-6a. In der Ausführung *Ju 88 C-7a* waren im Bombenraum Gehänge für 500 kg Splitterbomben vorgesehen. Die zweite Ausführung *Ju 88 C-7b* unterschied sich von ihr nur durch zusätzliche Gehänge für eine Gesamtlast von 1600 kg unter dem Mittelflügel. Ohne Bombengehänge diente die *Ju 88 C-7c* mit 2 × 1600 PS BMW 801 A als schwerer Jäger mit der Bewaffnung der C-6b, jedoch ohne »schräge Musik«, allerdings mit den beiden sonst in der Bodenwanne befindlichen 2 × MG FF in einem abwerfbaren »Waffentropfen« unter dem Bug.

Ju 88 Z-19

W. Nr. 373, Musterflugzeug für C-2- und C-4-Serie, versuchsweise mit zwei MG 151 und drei MG 17 starr ausgerüstet.

Junkers Ju 88 D-Reihe

Entwicklung aus der A-Reihe als strategische Fernaufklärer mit zusätzlichem Kraftstoff im Bombenraum und einer Kameraausrüstung im Rumpf hinter dem Bombenschacht. Zwei abwerfbare Zusatzbehälter unter dem Mittelflügel mit 2 × 900 Liter Inhalt konnten zusätzlich mitgeführt werden. Zwischen 1940 und 1944 wurden insgesamt 1911 Maschinen dieser Baureihe gefertigt.

Ju 88 D-1

Strategischer Langstrecken-Aufklärer, aus der Ju 88 A-4 entwickelt. Ohne Sturzflugbremsen. Die heizbare Kameraausrüstung im Rumpf hinter dem als Kraftstofftank benutzten Bombenschacht bestand aus einer Rb 20/30 sowie wahlweise einer Rb 50/30 oder Rb 75/30. Antrieb, Besatzung und Bewaffnung wie A-4.

80. Junkers Ju 88 G-1 der 7./NJG 1 W. Nr. 712273 landete am 13. 7. 1944 in Woodbridge, Essex

Ju 88 D-2
Fernerkunder entsprechend A-5, Werknr. 05 wurde Muster-flugzeug für alle D-Serien.

Ju 88 D-3
Ähnlich D-1, aber Tropenausrüstung.

Ju 88 D-4
Ähnlich D-2, aber Tropenausrüstung.

Ju 88 D-5
Ähnlich D-1, aber Jumo 211 G oder J, VDM-Schrauben statt Junkers VS-11. Ausrüstung wie D-1, teilweise wie D-3, Reichweite 3100 km.

Ju 88 E
Wurde Ju 188 E.

Ju 88 F
Wurde Ju 188 F.

Ju 88 G-1
Musterflugzeug Ju 88 V 35, ähnlich C 6, aber ohne Bodenwanne; dafür flache Waffenwanne mit 4 MG 151/20, Bug 2 MG 151/20, B-Stand 1 MG 131, BMW 801 D, FuG 220 »Lichtenstein« SN 2.

Ju 88 G-2
Nur Projekt.

Ju 88 G-3
Nur Projekt.

Ju 88 G-4
Ähnlich G-1, aber FuG 227 »Flensburg«.

Ju 88 G-5
Nur Projekt.

Ju 88 G-6
Nachtjäger ähnlich G-1, aber Jumo 213 A, Schrägbewaffnung 2 MG 151/20, Funkausrüstung laufend verbessert, u. a. FuG 218 V/R.

Ju 88 G-7
Nachtjäger ähnlich G-6, erste Maschinen noch mit A-4-Flügel, später Flächen der Ju 188. Funkausrüstung nochmals verbessert, FuG 228 »Lichtenstein« SN 3, FuG 240/1 Berlin 1, FuG 217 R.

Ju 88 H-1
Langstreckenfernerkunder, Umbau aus D-1, Rumpflänge 17,88 m; nur zehn Maschinen gebaut, Reichweite 4680 km.

Ju 88 H-2
Langstreckenzerstörer: ursprünglich als G-10 projektiert, dann Umbau aus G-1. Auftrag 20 Maschinen, zweifelhaft ob gebaut.

Ju 88 J
Wurde Ju 388 J.

Ju 88 K
Wurde Ju 388 K.

Ju 88 L
Wurde Ju 388 L.

Ju 88 M
Nur Projekt.

Junkers Ju 88 N-Reihe
Aus dieser Reihe wurde nur eine Maschine als Umbau der Ju 88 C-4 für Versuchszwecke als Bodenunterstützungsflug-zeug gebaut. Unter der Bezeichnung *Ju 88 Nbwe* besaß sie unter dem Rumpf eine große Zentralwanne, die einen

81. Junkers Ju 88 G-6 der 7./NJG 5 mit FuG 218 »Neptun« △

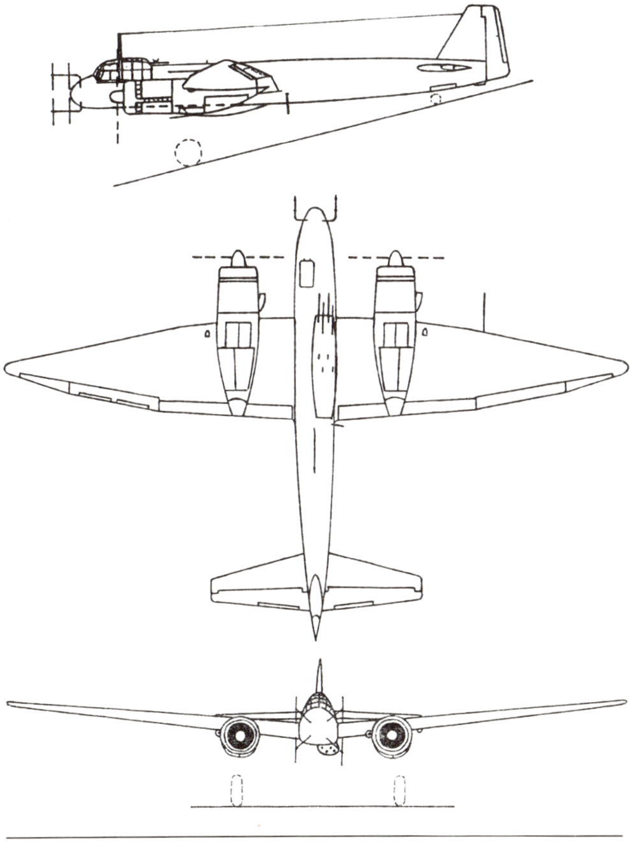

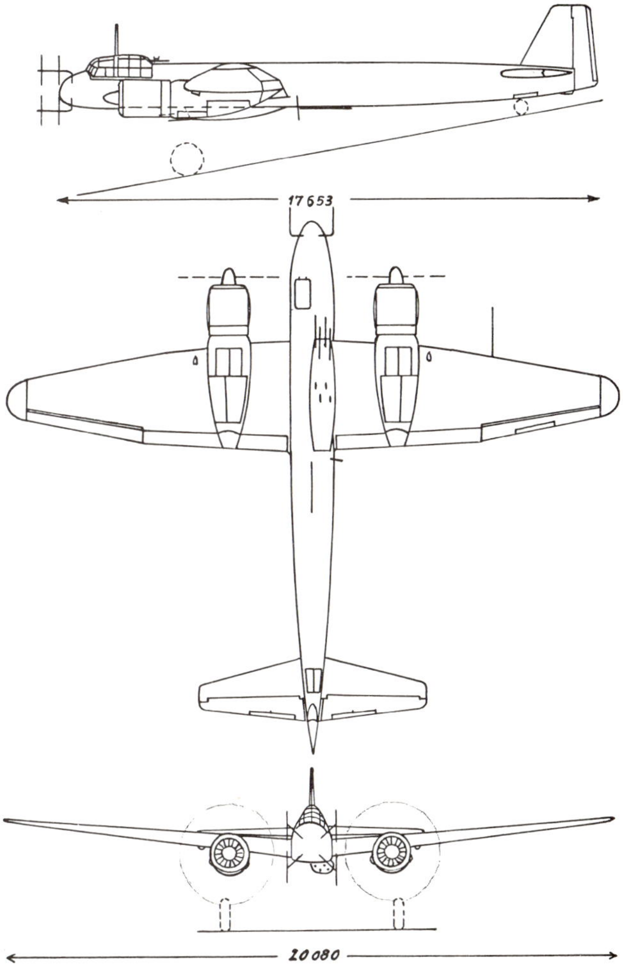

17 653

10 080

65. Junkers Ju 88 G-7 △

66. Junkers Ju 88 H-2 ▷

82. Junkers Ju 88 P-1,
1. Versuchsausführung
mit 7,5-cm-Pak

83. Junkers Ju 88 P-2
mit 2 × 3,7 cm Flak 18 ▽ ▽

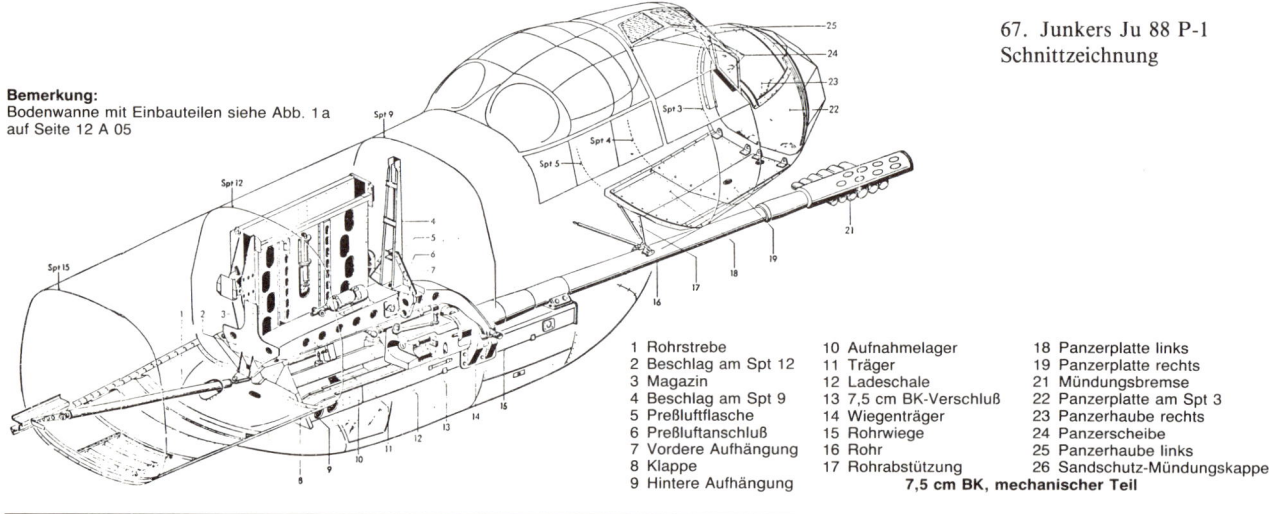

67. Junkers Ju 88 P-1
Schnittzeichnung

Bemerkung:
Bodenwanne mit Einbauteilen siehe Abb. 1a
auf Seite 12 A 05

1 Rohrstrebe	10 Aufnahmelager	18 Panzerplatte links
2 Beschlag am Spt 12	11 Träger	19 Panzerplatte rechts
3 Magazin	12 Ladeschale	21 Mündungsbremse
4 Beschlag am Spt 9	13 7,5 cm BK-Verschluß	22 Panzerplatte am Spt 3
5 Preßluftflasche	14 Wiegenträger	23 Panzerhaube rechts
6 Preßluftanschluß	15 Rohrwiege	24 Panzerscheibe
7 Vordere Aufhängung	16 Rohr	25 Panzerhaube links
8 Klappe	17 Rohrabstützung	26 Sandschutz-Mündungskappe
9 Hintere Aufhängung		

7,5 cm BK, mechanischer Teil

96

84. Junkers Ju 88 P-2
Umbau als Nachtjäger
mit FuG 202 und 2 MK 103

Flammenwerfer aufnahm. Antrieb durch 2 × 1500 PS Jumo 211 N. Besatzung drei Mann. Bewaffnung 2 × 7,9 mm MG 81.

Ju 88 P-Reihe
Da 1942 schnellfeuernde Bordkanonen mit größerem Kaliber und panzerbrechenden Brisanzgranaten, die zur Bekämpfung der stark gepanzerten feindlichen Bomberverbände dringend gefordert wurden, erst in der Entwicklung standen, wurde als Notlösung der Einbau von Flak- und Panzerkanonen versucht. Bei der Ju 88 erfolgte der Einbau in die nur in ganz wenigen Exemplaren gebaute P-Reihe. Als Prototyp mit der Bezeichnung *Ju 88 P V-1* diente eine normale Maschine aus der Ju 88 A-4-Serie, der eine 75-mm-Pak 40-Panzerkanone in eine große Wanne unter dem Rumpf eingebaut wurde. Der relative Erfolg nach Schießversuchen rechtfertigte die Durchkonstruktion zum Serienmuster.

Ju 88 P-1
Serienmäßiger Umbau von Ju 88 A-4 nach den Erfahrungen mit der P V-1. Diese Version unterschied sich vom Prototyp durch die Verwendung einer soliden Bugnase. Die 75-mm-Pak wurde in einer absprengbaren Wanne unter dem Rumpf untergebracht, die solche Abmessungen besaß, daß am Heck als C-Stand noch ein bewegliches MG 81 Z (2 × 7,9 mm) eingebaut werden konnte. Die weitere Bewaffnung bestand aus einem MG 81 in der Frontscheibe der Führerraumabdeckung und einem MG 131 im B-Stand. Die verwendete Pak 40 besaß eine verbesserte, überdimensionierte Rückstoßbremse und konnte in einem kleinen Winkel auf-

und abwärts bewegt werden. Die kleine Anzahl gebauter Ju 88 P-1 wurde zuerst als Tagjäger gegen amerikanische Bomberverbände eingesetzt, bewährte sich jedoch nicht. Es stellte sich heraus, daß die Abgase der Mündungsbremse der PAK 40 auf die Propellerblätter trafen und diese zu Schwingungen brachten. Antrieb durch 2 × 1410 PS Jumo 211 J in Panzerwannen. Besatzung vier Mann.

Ju 88 P-2
Aus den bei der P-1 geschilderten Gründen wurde eine neue Version mit zwei kleineren Kanonen aufgelegt. Bei gleichem Aufbau wie die P-2, jedoch mit 2 × 1200 PS Jumo 211 G, besaß die Ju 88 P-2 in der absprengbaren Wanne nebeneinander versetzt 2 × 37 mm BK 3,7 (Flak 38), die wesentlich bessere Erfolge zeigten. Aber auch diese Version, für Tag- und Nachtjagd eingesetzt, lehnten die Frontverbände ab, weil sie zu langsam war. Einsatz 1942/43. Umbau aus Ju 88 A-4 in Merseburg. Zehn Maschinen gebaut.

Ju 88 P-3
Analog der P-3 und, wie diese, nur in wenigen Exemplaren aus der A-4-Zelle abgeleitet, jedoch mit 2 × 1200 PS Jumo 211 H.
Zumindest eine Ju 88 P wurde zum Nachtjäger umgebaut und mit FuG 212 »Lichtenstein« C-1 ausgerüstet. Starre Bewaffnung 2 MK 103.

Ju 88 P-4
Als weitere Ableitung aus der P-1 kam Ende 1944 die Ju 88 P-4 zum Einsatz, die auch motorenmäßig dem Vorgängermuster entsprach, aber anstatt der 75-mm-Kanone eine

85. Junkers Ju 88 R-2 der 10./NJG 3, landete am 9. 5. 1943 in Dyce (Aberdeen) △

68. Junkers Ju 88 R-1 R-2

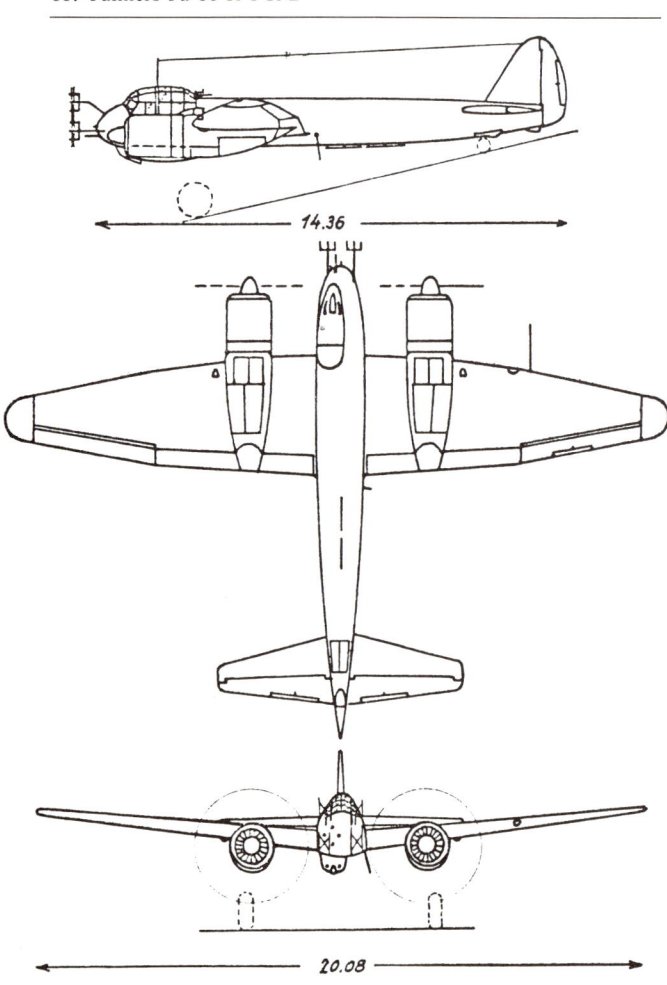

14.36

20.08

50-mm-BK 5 (KWK 39 = Kampfwagenkanone 1939) besaß. Etwa 30 Maschinen wurden in Merseburg aus Ju 88 A-4 umgebaut und der Tagjagd überwiesen. Da das Muster für diesen Zweck jedoch zu langsam war, übergab man es anschließend der Nachtjagd. Aber auch hier wurde es abgelehnt, weil zu schwerfällig und ohne Funkmeßausrüstung.

Junkers Ju 88 R-Reihe
Da die Maschinen der C-Reihe im fortgeschrittenen Stadium des Krieges den Anforderungen der Nachtjagd nicht mehr genügten, wurde aus der Ju 88 C-6 eine neue Nachtjagdvariante, die Ju 88 R entwickelt. Bei grundsätzlich gleichem Aufbau unterschied sie sich durch die Verwendung von BMW 801 und einer Radaranlage.

Ju 88 R-1
Ausführung mit 2 × 1600 PS BMW 801 A und »Lichtenstein« C 1 im Bug. Sonstiger Aufbau und Besatzung wie Ju 88 C-6.

Ju 88 R-2
Verbesserte Ausführung mit 2 × 1700 PS BMW 801 D und modernisierter Funkmeßeinrichtung, sonst gleich der R-1.

Junkers Ju 88 S-Reihe
Ab dem Sommer 1943 wurden die Maschinen der A-Reihe für einen Einsatz als Bomber ohne Jagdschutz zu langsam für den europäischen Kriegsschauplatz. Um zu besseren Flugleistungen zu kommen, begann man, ausgehend von der Ju 88 A-4, eine aerodynamisch verbesserte und leistungsfähigere Version zu entwickeln. Diese Muster der S-Reihe unterschieden sich rein äußerlich von der A-4 durch einen neuen, sphärisch verglasten Rumpfbug (ähnlich der ersten V-Muster), durch den Fortfall der Bodenwanne sowie durch

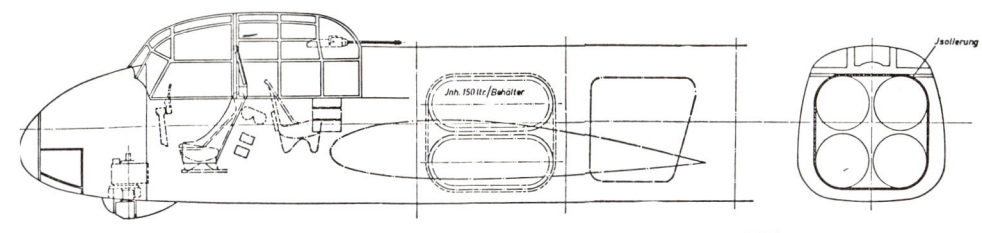

69. Junkers Ju 88 S-1

Ju 88 S-1 Schnellbomber mit BMW 801

den Verzicht auf die Bewaffnung in der Frontscheibe der Führerraumabdeckung.

Ju 88 S-0
Antrieb durch 2 × 1700 PS BMW 801 D. Vorserienmuster.

Ju 88 S-1
Aus der S-0 entwickeltes Serienmuster, angetrieben durch 2 × 1700 PS BMW 801 G mit GM-1 Zusatzleistungsaggregat. Gegenüber der A-Reihe wieder mit vorderem Bombenraum für 2 × 1000-kg-Bomben. Hinterer Bombenraum als Tank für GM-1. Besatzung drei Mann. Bewaffnung ausschließlich aus 1 × 13 mm MG 131 im B-Stand. Keine Enteisungsanlage für Leitwerk.

Ju 88 S-2
Langstrecken-Bomberausführung der S-1 mit 2 × 2000 PS BMW 801 TJ. Wanne unter dem Rumpf als Bombenraum, Rumpfbombenräume als Zusatz-Kraftstoffbehälter hergerichtet. Sonstiger Aufbau gleich der S-1. Zusätzliche Abwehrbewaffnung durch 2 × MG 81 im Heck der Bombenwanne.

Ju 88 S-3
Abwandlung der S-1 mit 2 × 1750 PS Jumo 213 E-1, sonst der S-1 vollkommen analog.

Junkers Ju 88 T-Reihe
Abwandlung der S-Reihe als Photo-Aufklärer.

Ju 88 T-1
Photo-Aufklärer-Version der Ju 88 S-1, ebenfalls mit 2 × 1700 PS BMW 801 G ausgerüstet.

Ju 88 T-3
Photo-Aufklärer-Version der Ju 88 S-3 mit 2 × 1750 PS Jumo 213 E-1. Sie sollte im Herbst 1944 bei Henschel in Serie gehen, wurde aber zugunsten der Me 410 abgesetzt.

Junkers Ju 89

Bereits 1933 verlangte der Chef des Luftkommando-Amtes, Walther Wever, den Aufbau einer strategischen Bomberflotte, die aus viermotorigen Bombern bestehen sollte. Er folgte damit den Ideen des italienischen Generals Douhet, der schweren Bomberflotten die kriegsentscheidende Rolle zuschrieb. Derartig schwere Flugzeuge hatten in Deutschland bisher nur Dornier und Junkers gebaut. So erhielten diese beiden Firmen den Auftrag zum Bau von je zwei Versuchsmustern.

Im Oktober 1933 hatte die Entwicklungsgruppe des Technischen Amtes C II den Auftrag erhalten, die Aufgabenstellung für derartige Flugzeuge festzulegen. Offiziell wurde dies erst im Flugzeugentwicklungsprogramm des nunmehr existierenden Reichsluftfahrtministeriums Abt. C II vom 1. Oktober 1936 festgelegt. Die Forderungen der Entwicklungsgruppe waren der Flugzeugindustrie, in diesem Fall Dornier und Junkers, bereits im November 1933 übermittelt worden. Die Fertigstellung der erforderlichen Attrappen sollte bei Dornier bis August 1934, bei Junkers bis Februar 1936 erfolgen. Von der Do 19 sollten ursprünglich drei Versuchsmuster und eine Null-Serie von neun Flugzeugen gebaut werden. Tatsächlich wurden aber nur zwei Versuchsmuster mit den Werknummern 701 und 702 gebaut. Bei Junkers wurden zwei Musterflugzeuge Ju 89 V 1, Werknr. 4911 und V 2, Werknr. 4912, gemäß Baubeschreibung 290236 und 150536 bestellt. Auch hier sollte eine Nullserie von neun Flugzeugen folgen. Ju 89 V 1 sollte gemäß Programm vom 1. Oktober 1936 im Februar 1937 flugklar in Dessau stehen, Ju 89 V 2 am 15. April 1937.

Beide Maschinen befanden sich noch im Bau, als General Wever am 3. Juni 1936 mit einer He 70 bei Dresden-Neustadt tödlich verunglückte. Wevers Nachfolger, General Kesselring, hatte sich mit Luftkriegstheorien so gut wie gar nicht beschäftigt. Er forderte jetzt mittlere Bomber, die schnellstens in großen Stückzahlen gefertigt werden sollten. Er ging wahrscheinlich von der Erwägung aus, daß die Entwicklung

86. Junkers Ju 88 T-1 der 2. (F) 123

eines neuen viermotorigen Bombers zu lange dauerte. Dazu kam auch noch die Frage des Treibstoffverbrauchs.

Es ist nach dem Kriege von Luftwaffenangehörigen behauptet worden, die Do 19 und Ju 89 hätten nach Aussage des ehemaligen Generalfeldmarschalls Milch nur eine Geschwindigkeit von 290 km/h entwickelt. Dem stehen die Angaben der Hersteller entgegen: Do 19 – 380 km/h, Ju 89 – 386 km/h. Marschgeschwindigkeit bei beiden 312 bzw. 310 km/h. Dazu kam die Forderung der Luftwaffe bzw. des Generalluftzeugmeisters Udet nach Sturzflugfähigkeit der Bomber. Diese war nicht unberechtigt, denn die Treffsicherheit der deutschen Bomber im Horizontalangriff war unbefriedigend. Ju 89 V-1, D-AFIT, startete im Dezember 1936 mit vier Jumo 211 A zum Erstflug. Während der Erprobung wurden einige Änderungen notwendig. Unter anderem mußte das Seitenleitwerk vergrößert werden.

Anfang 1937 wurde die Ju 89 V-2, D-ALAT, fertig, die mit DB 600 A ausgerüstet war. Eine dritte Ju 89 befand sich im Anfangsstadium der Fertigung. Schon im November 1936 zeigte sich jedoch, daß bei der Luftwaffe das Interesse an der Ju 89 schwand. Zindel erhielt die Genehmigung, Bauteile der Ju 89 V-3 zur Konstruktion eines Großverkehrsflugzeuges zu verwenden. So wurde aus der Ju 89 V, Werknr. 4913, die Ju 90 V-1, D-AALU.

Die Erprobung der beiden ersten Prototypen lief inzwischen weiter. Es zeigte sich, daß die Ju 89 dem damaligen Leistungsstand entsprach. Beim Einbau stärkerer Triebwerke, die ein Jahr später zur Verfügung standen, wäre noch eine Leistungssteigerung möglich gewesen. Ein Vergleich mit der gleichaltrigen Boeing 299 (B-17) zeigt, daß diese leistungsmäßig gar nicht so sehr überlegen war. Trotzdem wurde auf Befehl Görings am 29. April 1937 das Programm Ju 89 / Do 19 gestrichen. Statt die vorhandenen Prototypen durch Einbau geeigneter Triebwerke einsatzfähig und serienreif zu machen, begann man mit der Entwicklung eines neuen schweren Bombers, von dem man Sturzflugfähigkeit verlangte, was beim derzeitigen Stande der Technik praktisch unmöglich war.

87. Junkers Ju 89 V-1

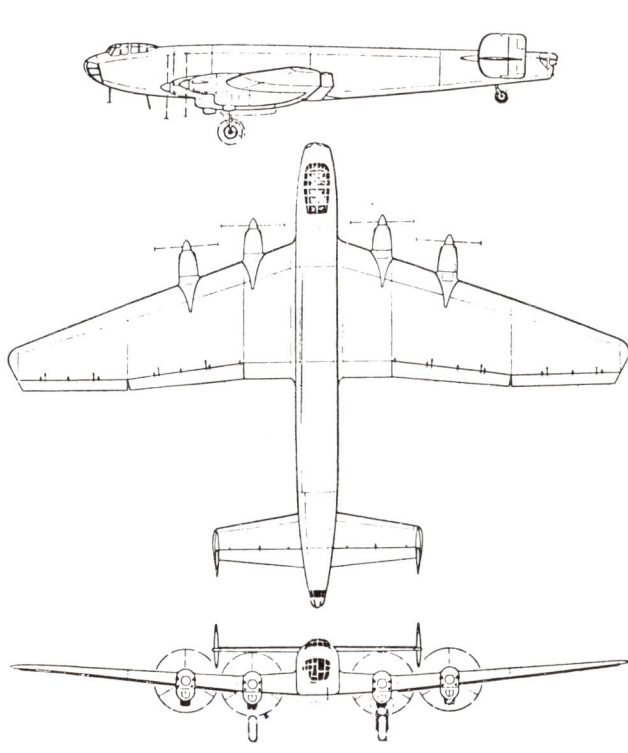

70. Junkers Ju 89

Die beiden Ju 89 wurden bei Junkers zu verschiedenen Erprobungszwecken verwendet, insbesondere für die Vorbereitung des Ju 90-Programms. Daß die Maschinen leistungsfähig waren, wird durch die Tatsache bewiesen, daß Ju 89 V-2 am 4. und 8. Juni 1938 zwei Weltrekorde aufstellen konnte. Die Maschine erreichte mit einer Nutzlast von 5000 kg eine Höhe von 9312 m und mit 10 000 kg 7242 m. Diese Rekorde wurden von der damaligen Propaganda der Ju 90

V 1 zugeschrieben, die bereits am 6. Februar abgestürzt war.

Nach Kriegsausbruch wurden die beiden Ju 89 als Behelfstransporter der Kampfgruppe z.b.V. 105 überstellt und nahmen wie die G 38 an der Besetzung Norwegens teil. Anscheinend sind beide Maschinen bei diesem Einsatz verloren gegangen, denn über ihr weiteres Schicksal war nichts zu ermitteln.

Junkers Ju 90

Wie dem Flugzeugentwicklungsprogramm vom 1. Oktober 1936 zu entnehmen ist, hat die Entwicklungsgruppe im damaligen Reichskommissariat für Luftfahrt bereits im Oktober 1933, also gleichzeitig mit der Ju 89, den Auftrag zur Aufgabenstellung für ein Verkehrsflugzeug der deutschen Lufthansa gemäß dem Protokoll der Junkers-Flugzeugwerke Nr. 8921 erhalten. Dieses erste Versuchsmuster Ju 90 V 1 sollte die Werknr. 4913 erhalten. Die Forderung der Entwicklungsgruppe wurde im November 1933 an Junkers gegeben und der Termin zur Fertigstellung der Attrappe für Juni 1936 festgelegt. Die Maschine sollte dann im Juni 1937 in Dessau flugklar stehen. Die Erprobung sollte durch die Lufthansa erfolgen. Für eine zweite Versuchs-Maschine Ju 90 V 2 wurde der Auftrag an Junkers im Februar 1936 erteilt. Dieses Flugzeug sollte die Werknummer 4914 erhalten. Die Flugklarmeldung sollte bis September 1937 erfolgen. Eine Null-Serie von fünf Ju 90 sollte folgen. Dabei wurde bereits die militärische Einsatzmöglichkeit in Betracht gezogen, denn die Nullserie wurde als DLH-Verkehrs- und als Transportflugzeug bezeichnet. Als Beginn der Auslieferung der Nullserie rechnete man mit Januar 1937. Für Ju 90 V 1 und V 2 und die Nullserie waren als Triebwerke je vier Daimler-Benz DB 600 C geplant. Tatsächlich ist nur die Ju 90 V 1, D-AALU, mit DB 600 A ausgerüstet worden. Alle anderen Ju 90 sind fast nur mit luftgekühlten Sternmotoren geflogen. Die Ju 90 V 1 absolvierte ihren Erstflug am 28. August 1937.

Die Ju 90 V 1 stürzte am 6. 2. 1938 bei Flatterversuchen ab. Die folgenden Ju 90 einer sogenannten »Kleinserie« mußten

88. Junkers Ju 90 V-1 D-AALU »Der Große Dessauer« △   89. Junkers Ju 90 W.Nr. 006, D-ASND »Mecklenburg« wurde BG + GX ▽

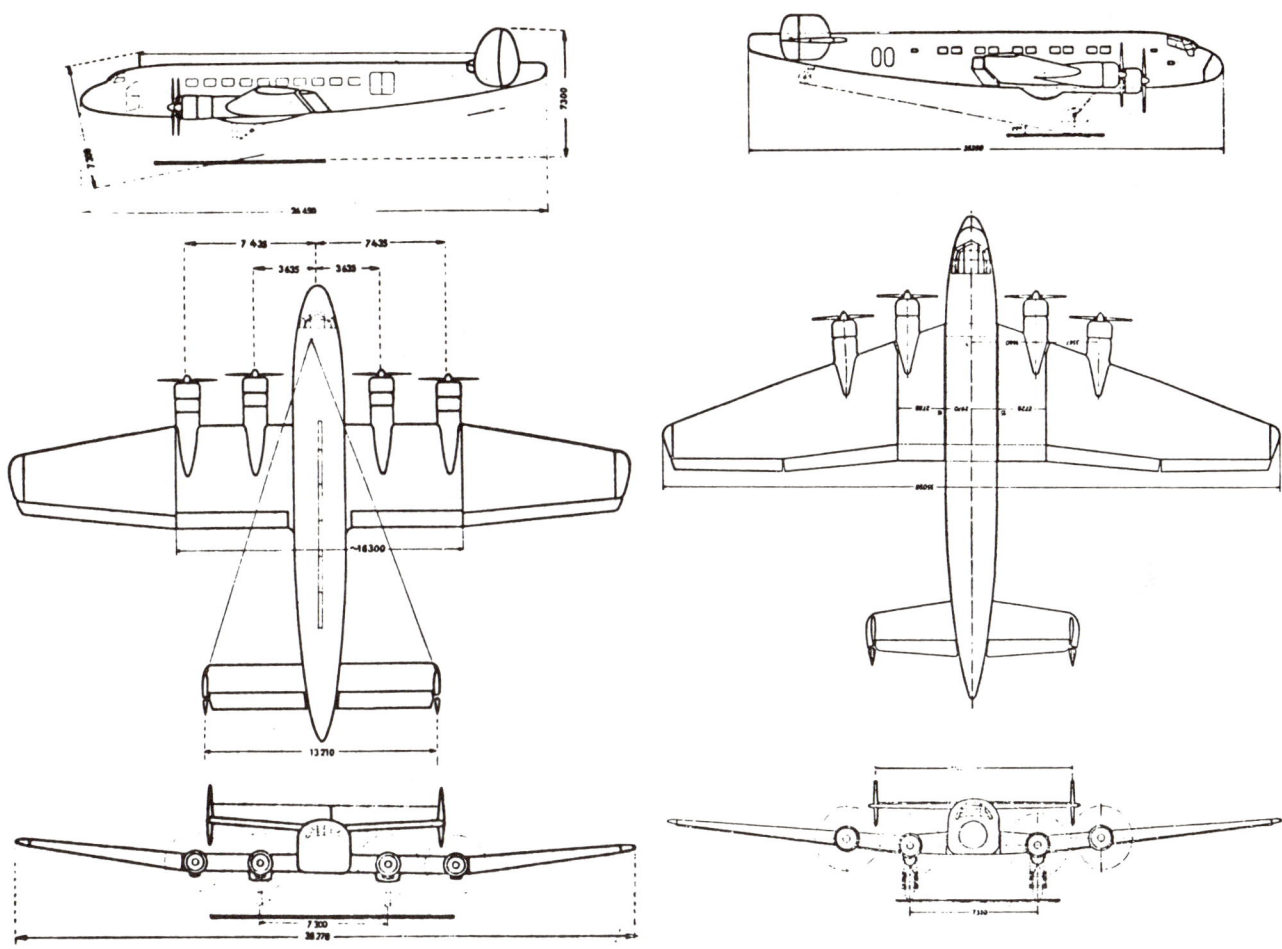

71. Junkers Ju 90 V-5

72. Junkers Ju 90

mit dem für ein Flugzeug dieser Größenordnung zu schwachen BMW 132 ausgerüstet werden.

Das erste Flugzeug dieser Ausführung war Ju 90 V 2, Werknr. 4914, D-AIVI »Preußen«. Die Lufthansa schickte die Maschine zur Streckenerprobung unter Führung von zwei ihrer besten Piloten nach Afrika. Durch Ausfall von zwei Triebwerken auf einer Seite stürzte die Maschine in Bathurst im November 1938 ab. Mit ihr starben neben anderen die Flugkapitäne Blankenburg und Untucht. Am 25. Juli 1938 war Ju 90 V 3, Werknr. 4915 D-AURE, für die Lufthansa zugelassen worden, nachdem sie bereits am 19. Juli von Flugkapitän Untucht in Berlin-Tempelhof öffentlich vorgeflogen worden war. Obwohl es sich bei diesem Flugzeug um ein Flugzeug der Lufthansa handelte, wurde sie bei dieser nicht in der Flottenliste geführt. Die folgenden Versuchsmuster V 4 bis V 8, Werknr. 4916 bis 4920, bereiteten bereits den Einsatz der Ju 90 als Militärflugzeug und die Weiterentwick-

lung zur Ju 290 vor. Ju 90 V 4, Werknr. 4916, ging zwar zuerst als D-ADLH »Schwabenland«, später »Sachsen«, an die Lufthansa, ging dann aber als KH + XA an die Luftwaffe und wurde versuchsweise mit Jumo 211 F ausgerüstet. Sie erhielt bereits eine Plexi-Kuppel im Rumpfheck als Vorversuch für einen Heckstand. Ju 90 V 5, Werknr. 4917, kann bereits als Vorversuch für die Ju 290 angesehen werden. Sie erhielt als erste Ju 90 BMW 801-Triebwerke und wie ihre Folgetypen bis V 8 ein elliptisches Seitenleitwerk. Ju 90 V 6, Werknr. 4918, war V 5 sehr ähnlich, hatte als Triebwerk aber BMW 139, einen Motor, der zugunsten des BMW 801 aufgegeben wurde. V 5 erhielt die Luftwaffenkennzeichen KH + XB und V 6 KH + XC. Der Rumpf der Ju 90 V 6 wurde später zum Bau der Ju 290 V 1 verwendet. Die folgenden V 7, Werknr. 4919, GF + GH und V 8, Werknr. 4920, D-AQJA, später DJ + YE bildeten dann die Ausgangsmuster für den Bau der Ju 290. Eine besondere

Serienausführungsbezeichnung gab es nicht. Die zehn, statt ursprünglich fünf Maschinen für den Luftverkehr wurden als »Kleinserie« bezeichnet. Zwei davon sollten an die South African Airways mit den Kennzeichen ZS-ANG und ZS-ANH geliefert werden. Die Lieferung ist nie erfolgt. Es handelte sich um die Werknr. 90/0004 und 0005, die als Triebwerke dem Pratt & Whitney Twin Wasp SC-G erhalten sollten. Tatsächlich sind aber diese Triebwerke zum Teil anders verwendet worden. Lt. Junkers-Akten sind Werknr. 0002 und 0004 mit den amerikanischen Triebwerken bis Januar 1940 erprobt worden. Nach dem Ergebnisbericht des Junkers-Kobü-Entwurf vom 26. Januar 1940 lagen die Leistungen der mit Twin Wasp ausgerüsteten Ju 90 doch erheblich höher als bei der BMW 132 H-Version:

	Ju 90 BMW	Ju 90 Twin Wasp
Höchstgeschwindigkeit	350 km/h	365 km/h
Reisegeschwindigkeit	320 km/h	340 km/h
Gipfelhöhe 4-motorig	5500 m	6600 m
Gipfelhöhe 3-motorig	3000 m	4600 m

Werknr. 90/0001 der Kleinserie ging an die Lufthansa und wurde am 19. Juni 1940 als D-ABDG »Württemberg« zugelassen. Später übernahm die Luftwaffe dieses Flugzeug als GF + GB. Es ging am 12. Dezember 1943 im Einsatz verloren. Werknr. 90/0003 wurde als D-ADFJ »Baden« am 17. Mai 1939 für die Lufthansa zugelassen. Werknr. 90/0005 wurde umgebaut. Nr. 90/0006 wurde am 27. Juni 1939 für die Lufthansa als D-ASND »Mecklenburg« zugelassen und flog dann als BG + GX für die Luftwaffe, bis sie 1943 im Einsatz verloren ging. Werknr. 90/0007 wurde am 22. Dezember 1919 bei der Lufthansa als D-AFHG »Oldenburg« zugelassen und ging dann als BG + GY an die Luftwaffe und dort 1943 verloren. Werknr. 90/0008 wurde am 28. Februar 1940 für die Lufthansa als D-ATDC »Hessen« zugelassen und ging dann bei der Luftwaffe als BG + GZ 1943 verloren. Die folgende 90/0009 wurde am 30. März 1940 bei der Lufthansa als D-AJHB »Thüringen« zugelassen und ging als BJ + OV an die Luftwaffe. Sie stürzte am 13. Januar 1943 über Pitomnik (Stalingrad) ab. Die kürzeste Lebenszeit hatte die letzte Ju 90 Werknr. 90/0010. Sie wurde im Frühjahr 1940 als D-AVMF bei der Lufthansa zugelassen. Sie wurde im Rahmen der Besetzung Dänemarks und Norwegens im April 1940 als Transporter eingesetzt und stürzte bereits am 12. April 1940 beim Start in Hamburg-Fuhlsbüttel ab und brannte aus. Die folgenden Angaben betreffen die mit BMW 132 H ausgerüsteten Ju 90:

Typ: Viermotoriges Großverkehrsflugzeug.
Flügel: Freitragender Tiefdecker. Fünfteiliger Vielholm-Ganzmetall-Aufbau mit tragender Glattblechbeplankung. Mittelteil fest am Rumpf mit durchlaufender Spreizklappe, zweiteilig. Innere Motoren an den Flügelzwischenstücken, äußere an den Außenteilen. Abnehmbare Flügelnase mit Warmluft-Enteisung. Über die gesamte Hinterkante der Zwischen- und Außenteile reichende Junkers-Doppelflügel, im Zwischenteil als Landehilfen, im Außenteil als Querruder mit Trimmkante wirkend.
Rumpf: Ganzmetall-Schalenrumpf mit ovalem Querschnitt und Glattblechbeplankung.
Leitwerk: Freitragende Höhenflosse, außerhalb der Seitenflossen als Trimmhörner ausgebildet. Höhenruder als zweiteiliger Junkers-Doppelflügel. Doppeltes Seitenleitwerk als Endscheiben. Seitenruder mit Ausgleichshorn. Aufbau in Ganzmetall, mit Ausnahme von geringen Teilen der Seitenruder, die Wellblechbeplankung aufweisen, glattblechbeplankt.
Fahrwerk: Einziehbares Normalfahrgestell. Haupträder in Gabelbeinen nach hinten in die Motorengondeln, Spornrad in den Rumpf einfahrbar.
Triebwerk: Vier BMW 132 H luftgekühlte Neunzylinder-Sternmotoren mit je 750 PS Startleistung. Als Einheitstriebwerke ausgebildet und in 30 Minuten auswechselbar. Dreiblatt-Verstell-Luftschrauben mit Gleichdrehzahlzähler aus Metall mit 3,50 m Durchmesser. Kraftstoffkapazität 4400 Liter.
Besatzung: 4 Mann, bestehend aus Pilot und Copilot nebeneinander mit Doppelsteuer, Funker hinter Pilot und Steward. Die Passagierkabine faßt 40 Sitze.

Junkers Ju 160

1934 erschien als Weiterentwicklung der Ju 60 die verbesserte Ju 160 mit geändertem Fahrgestell, anderem Flügelaufbau und stärkerem Triebwerk. Bei dieser Ausführung konnte die Höchstgeschwindigkeit auf 335 km/h gebracht werden. Es wurden einige Maschinen für die Schnellverkehrs-Strecken der Lufthansa gebaut, eine Versuchsmaschine mit Bewaffnung, entsprechend der He 70f, auch als schneller Fernerkunder.

Typ: Einmotoriges Schnell-Verkehrs- und -Postflugzeug.
Flügel: Freitragender Tiefdecker. Flügelumriß wie Ju 60. Aufbau in dreiteiliger zweiholmiger Schalenbauweise, komplett mit Glattblech beplankt. Mittelteil fest am Rumpf. Über die gesamte Hinterkante reichende zweiteilige Junkers-Doppelflügel mit automatischer Sturzflugsicherung.
Rumpf: Ganzmetall-Schalenrumpf mit Glattblechbeplankung und ovalem Querschnitt.
Leitwerk: Analog Ju 60.
Fahrwerk: Einziehbares Normalfahrgestell, mechanisch betätigt. Haupträder nach innen in die Flügel einfahrbar und komplett durch Klappen abgedeckt. Starres verkleidetes Spornrad.
Triebwerk: Ein BMW 132 E luftgekühlter Neunzylinder-Sternmotor mit 1 × 660 PS Startleistung. Wie Ju 60 NACA-Haube. Junkers-Hamilton Zweiblatt-Verstell-Luftschraube aus Metall mit 2,90 m Durchmesser. Kraftstoffkapazität 540 Liter.
Besatzung: 2 Mann nebeneinander, Kabine für 6 Passagiere, anschließend Postraum.

Junkers Ju 186

Weiterentwicklung der Ju 86 P mit vier Jumo 208-Dieselmotoren von 4 × 950 PS mit festem Fahrgestell als Erprobungsträger für Höhenausrüstungen. Bereits im Projektstadium abgesetzt.

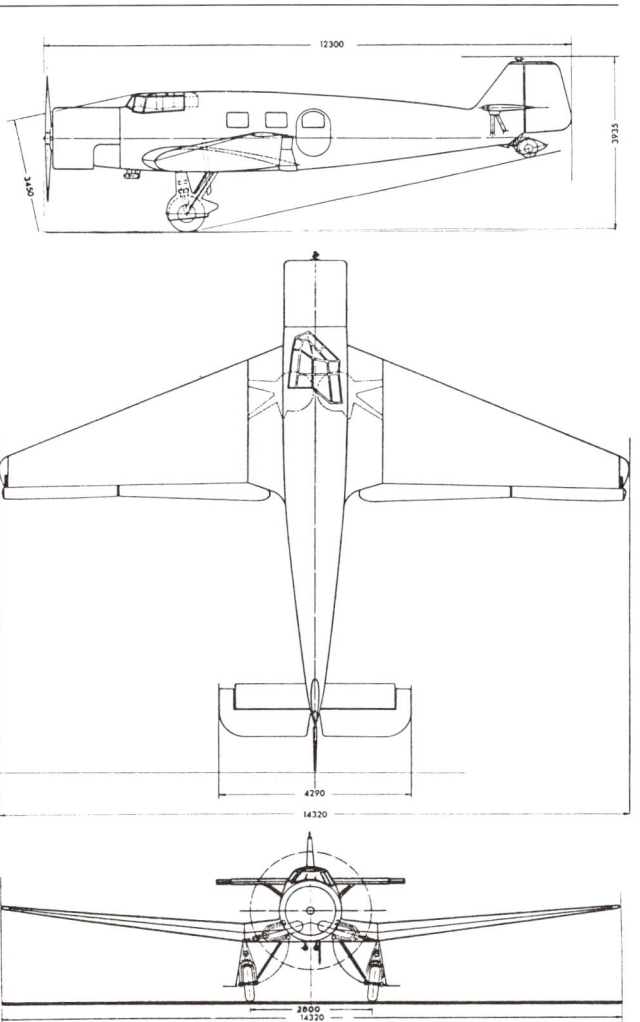

90. Junkers Ju 160 V-1 D-UNOR »Luchs« △

73. Junkers Ju 160 ◁

Junkers Ju 187

Die durch die Beanspruchung beim Sturzflug bedingte robuste Bauweise der Ju 87 mit einem Verzicht auf jedwede aerodynamische Feinheit ließ die Flugleistungen des Musters im Normaleinsatz hinter denen anderer Baumuster zurückstehen. Als die im Verlauf des Krieges immer stärker werdende Bodenabwehr steile Sturzangriffe kaum noch zuließ, entschloß man sich bei Junkers zu einer verfeinerten Ausführung der Ju 87 mit verbesserten Flugleistungen, die ihre Ziele mit großer Geschwindigkeit im Bahnneigungsflug angreifen sollte. Dieses Projekt erhielt die Bezeichnung Ju 187. Dieses Muster übernahm den generellen Aufbau der Ju 87 als freitragender Knickflügel-Tiefdecker, besaß jedoch wesentliche aerodynamische Verbesserungen. Der Flügelknick war weniger stark ausgeprägt und der Rumpf bei einer flüssigeren Linie länger, das Normalleitwerk förmlich verändert und freitragend, die Junkers-Doppelflügel durch normale Klappen ersetzt und das Normalfahrgestell vollständig einziehbar. Die Haupträder drehten dabei um 90° und legten sich nach hinten unter den Flügelknick, das Spornrad verschwand, durch Klappen abgedeckt, im Rumpfheck. Die Besatzung von zwei Mann saß, wie bei der Ju 87, unter einer langen Abdeckhaube, allerdings in einer Druckkabine. Als Triebwerk war ein Jumo 213 mit 1 × 1750 PS Startleistung vorgesehen. Die Bewaffnung bestand aus 1 × 20 mm MG 151/20 und 1 × 13 mm MG 131 in einem ferngesteuerten Drehturm als B-Stand hinter der Kabine. Bombenzuladung 700 kg, davon 1 × 500-kg-Bombe unter dem Rumpf und je 2 × 50-kg-Bomben rechts und links der Hauptfahrgestellwülste unter dem Flügel. Das Projekt wurde nach der Erstellung einer Attrappe fallengelassen.

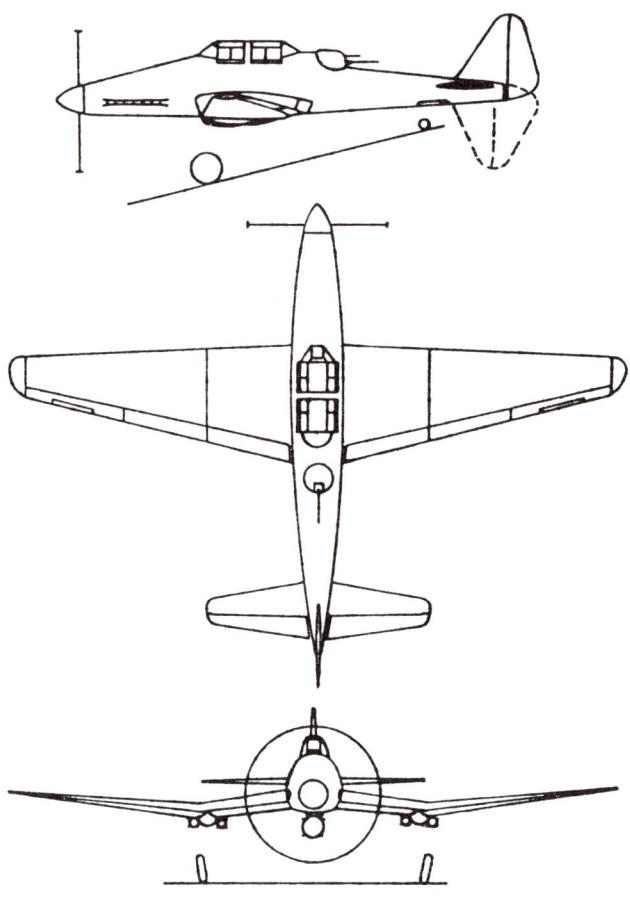

74. Junkers Ju 187

91. Junkers Ju 187 Modell im Windkanal

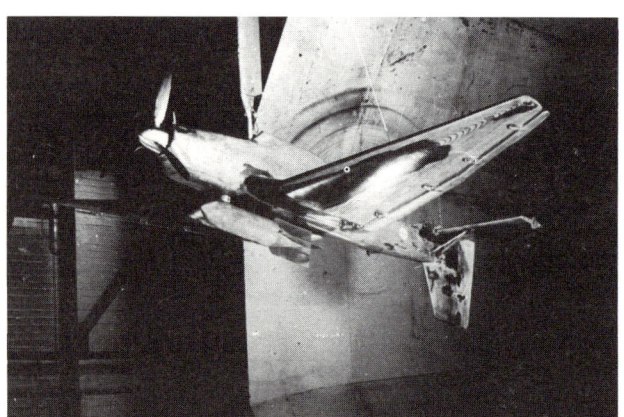

Junkers Ju 188

Nach den Kriegserfahrungen wurde die Ju 88 A-4 vollkommen überarbeitet und führte zum Entwurf der Ju 188. Diese unterschied sich von der Ju 88 durch einen sphärisch verglasten Vollsicht-Kampfkopf, der aus dem der Ju 88 B und E entwickelt war und der Besatzung wesentlich mehr Bewegungsfreiheit gab. Weiterhin war die Spannweite durch Hinzufügung von spitzen Endteilen vergrößert und das Seitenleitwerk ähnlich wie bei der Ju 88 G im Umriß verändert worden. Durch stärkere Triebwerke konnte das Fluggewicht und die Bombenzuladung erhöht werden. Zwischen dem Anlaufen der Serienproduktion im Jahre 1942 und dem Auslauf 1945 wurden insgesamt 1036 Maschinen des Musters Ju 188 gefertigt, davon 466 als Bomber und 570 als Aufklärer. Auf die einzelnen Jahre verteilt variiert die Produktion folgendermaßen: 1942 = 165 Stück (Bomber), 1943 = 406 Stück (301 Bomber, 105 Aufklärer), 1944 = 432 Stück (Aufklärer) und 1945 = 33 Stück (ebenfalls Aufklärer).

Ausgangsmuster für die Ju 188 waren die bereits bei Ju 88 B erwähnte Ju 88 V-27 und eine zweite Versuchsmaschine Ju 88 V-30/1. Beide besaßen aber noch Ju 88-Flächen und -Leitwerke. Erst 1941 entstand dann die Ju 88 V-44, NF + KQ, mit der endgültigen Form der Ju 188, die dann auch zur Ju 188 V-1 wurde. Ihr folgte die Ju 188 V-2, Werknr. 260151. Ju 88 V-44 mußte noch mit Jumo 211 J geflogen werden, da der vorgesehene Jumo 213 noch nicht serienreif war. Später wurden sowohl V-1 als auch V-2 mit BMW 801 D-2. ausgerüstet. Die Folge war, daß die ersten Serien Ju 188 E und F mit diesem Triebwerk ausgerüstet wurden. Es wurden 165 E-1 und 105 F-1 gebaut. Die Ju 188 A mit Jumo 213 kam erst 1943 zum Tragen.

Ju 188 A-1
Wurde nicht gebaut.

Ju 188 A-2
Serienbau bei Junkers und ATG ab Sommer 1943.

Typ: Zweimotoriger mittlerer Horizontal- und Sturzflugbomber.
Flügel: Freitragender Tiefdecker. Zweimotoriger Ganzmetallflügel. Gesamte Hinterkante als Klappen ausgebildet, außen als zweigeteilte Querruder mit je zwei Trimmklappen in den Innenteilen, innen als Landeklappen. Gitterförmige Sturzflugbremsen in den Außenflügeln unter dem Vorderholm. Warmluft-Flügelnasenenteisung.
Rumpf: Ganzmetall-Schalenrumpf mit ovalem Querschnitt. Rumpfbug komplett als vollsichtverglaster Kampfkopf.
Leitwerk: Freitragendes Normalleitwerk in Ganzmetall mit blechbeplankten Flossen, Ruder stoffbespannt. Trimmklappen in allen Rudern, beim Seitenruder über die gesamte Hinterkante reichend.
Fahrwerk: Einziehbares Normalfahrgestell analog dem der Ju 88 A-4.
Triebwerk: Zwei Junkers Jumo 213 A flüssigkeitsgekühlte Achtzylinder-∧-Motoren mit 2 × 1750 PS Startleistung. Ringkühler-Verkleidung. Dreiblatt-Verstell-Luftschrauben.

92. Junkers Ju 88 V-44, Musterflugzeug für Ju 188-Serie △   93. Junkers Ju 188 A-3 mit zwei LT F5b und FuG »Rostock« ▽

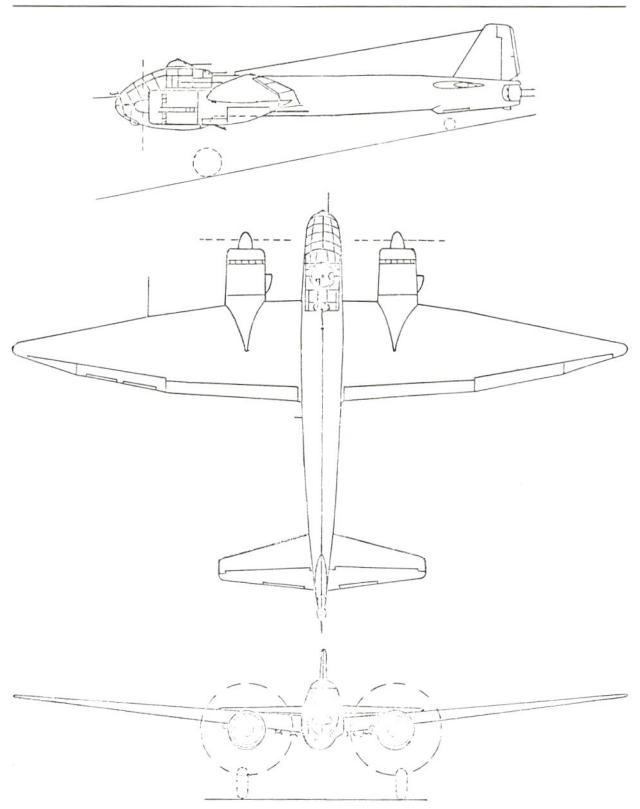

75. Junkers Ju 188 C-1

76. Junkers Ju 188 D-1

Besatzung: 4 Mann als Arbeitseinheit im Kampfkopf. Anordnung wie bei der Ju 88 A-4.

Bewaffnung: 1 × 20 mm 151/20 handbetätigt im Bug als A-Stand, 1 × 20 mm MG 151/20 in kraftgesteuertem Drehturm auf der Kanzeloberseite als B-1-Stand, 1 × 13 mm MG 131 handbetätigt dahinter als B-2-Stand und 1 × 13 mm MG 131 oder 2 × 7,9 mm MG 81 Z handbetätigt im C-Stand. Bombenzuladung 3000 kg. Bombenraum für Innenlasten wie bei der Ju 88 A-4, nur hinten. Vier Bombengehänge für Außenlasten unter dem Mittelflügel.

Ju 188 A-3

Torpedobomber ähnlich A-2. Versuchsweise mit Torpedobomber L 10 ausgerüstet.

Ju 188 C

Nur Versuchsmuster C-01 für manuell und ferngesteuerten Heckstand.

Ju 188 D-1

Fernerkunder ähnlich A-2, keine Lastenträger. 2 bis 3 Reihenbildner im Rumpf.

Ju 188 D-2

Ähnlich D-1, aber zusätzlich FuG 200 »Hohentwiel«.

Ju 188 E-1

Erste Serienausführung mit BMW 801 MA, später D-2, sonst wie A-2. Auslieferung ab Frühjahr 1942.

Ju 188 F-1

Fernaufklärerversion aus E-1.

Ju 188 F-2

Ähnlich Ju 188 F-1, aber BMW 801 G-2.

Junkers Ju 188 G-Reihe

Projektierte Version mit unter dem Rumpf angebauter Bombenwanne zur Vergrößerung der Innenlasten. Um Platz für weitere Bombenlast zu bekommen, sollten die Rumpf-Kraftstoffbehälter verkleinert werden. Ansonsten entsprach das Muster im Aufbau der Ju 188 C-1, jedoch mit geänderter Bewaffnung: Fortfall des B-2-Standes und 4 × 13 mm MG 131 im fernbetätigten Heckstand. Die errechnete Geschwindigkeit betrug 538 km/h in 6200 m Höhe, die Reichweite bei einer Bombenzuladung von 1500 kg 3130 km.

94. Junkers Ju 188 E-1 △

95. Junkers Ju 188 F-1 der 4. (F) 14 ▽

Junkers Ju 188 H-Reihe

Projektierter Aufklärer mit dem geänderten Rumpfheck und dem fernbetätigten Drehturm der Ju 188 C, sonst aber vollkommen der Ju 188 D entsprechend. Es wurden 525 km/h Höchstgeschwindigkeit in 6200 m Höhe und 3130 km Reichweite bei einer Reisegeschwindigkeit von 400 km/h erwartet.

Junkers Ju 188 J-Reihe

Wesentlich weiterentwickelter Höhen-Zerstörer, später in Ju 388 J umbenannt.

Junkers Ju 188 K-Reihe

Wesentlich weiterentwickelter Höhen-Bomber, später in Ju 388 K umbenannt.

Junkers Ju 188 L-Reihe

Wesentlich weiterentwickelter Höhen-Fernaufklärer, später in Ju 388 L umbenannt.

Ju 188 M
Nur Projekt, N, O, P, Q nicht geplant.

Ju 188 R-0
Nachtjäger, nur drei gebaut, BMW 801 G-2. R-01 und R-02 mit vier MG 151/20, R-03 mit zwei MK 103.

Ju 188 S-1
Schnellbomber ähnlich A-2, nur wenige Maschinen gebaut.

Ju 188 S-1/U 1
Panzerjäger mit 5-cm-Pak 38 L/60, nur einzelne Maschinen 1944 gebaut.

Ju 188 T-1
Schneller Fernerkunder ähnlich S-1, nur einzelne Maschinen 1944 gebaut.

Junkers Ju 248

Der von Prof. Lippisch entwickelte Messerschmitt Me 163 Raketenjäger befand sich in Augsburg als Me 163 D in der Entwicklung. Diese Version, mit dem Walter HWK 109 – 509 C-Raketentriebwerk mit einer Reiseflugbrennkammer ausgerüstet, sollte für die Vergrößerung der Flugdauer eine erhöhte Kraftstoffzuladung und ein einziehbares Fahrgestell erhalten. In den ersten Stadien der Konstruktionsarbeit übergab Messerschmitt diese Version wegen Arbeitsüberlastung an die Entwicklungsabteilung der Junkers-Werke unter der Leitung von Prof. Hertel. Hier wurde das Muster in der Prototypform als *Ju 248 V-1* fertiggestellt. Ende August begannen die Probeflüge ohne Triebwerk im Schlepp einer Ju 188. Im Spätherbst wurde die Konstruktion zur Weiterentwicklung wieder an Messerschmitt zurückgegeben und erhielt hier die endgültige Bezeichnung Me 263 (siehe dort).

Junkers Ju 252

Bereits 1938 lag bei Junkers ein Projekt vor, aus der Ju 52 ein modernes Verkehrsflugzeug zu entwickeln, das aber nicht mehr die für die Ju 52 charakteristische Wellblechhaut haben sollte. Es entstand der Entwurf EF 77 (EF = Entwurfs-Flugzeug), ein sehr kompakter Tiefdecker mit drei BMW 132-Motoren, kreisrundem Rumpfquerschnitt und Tragflächen gleichbleibender Tiefe. Es wurde ein Windkanalmodell gebaut und in Dessau intensiv getestet.
Das RLM lehnte das Projekt EF 77 aber ab. Hauptgrund war die Tragfläche, die zwar produktionsmäßig auf Grund der gleichbleibenden Tiefe sehr günstig war, aber strömungstechnisch nicht befriedigte. Das RLM empfahl Junkers ein neues Modell zu entwickeln. Auch ein größeres Projekt, für den Transatlantikverkehr geplant, mit drei Doppelmotoren von je 1500 PS, EF 021, verfiel der Ablehnung. Im Juli 1939 nahm man bei Junkers von neuem das Projekt eines Ju-52-Ersatzes in Angriff. Man war aber vorsichtig und setzte sich nicht nur mit dem Technischen Amt in RLM, sondern auch mit der Lufthansa in Verbindung, bei der ja das Flugzeug geflogen werden sollte. So entstand ein neuer Entwurf, der mit dem EF 77 nur noch in bezug auf den Rumpf Ähnlichkeit hatte. Dieser Typ, der nun unter der Bezeichnung Ju 252 lief, wurde ebenfalls als Windkanalmodell hergestellt und intensiv getestet. Bei gleichbleibender Passagierzahl (21) war die Maschine erheblich größer: Spannweite 28,50 m gegenüber 24,25 m bei EF 77, Länge 24,18 m gegenüber 21 m. Als Triebwerk waren drei Jumo 211 F von 1350 PS vorgesehen. Aber auch der Schwerölmotor Jumo 207 B (1000 PS) und der BMW 800 (1200 PS) standen zur Diskussion. Der BMW 800 wurde zugunsten des BMW 139, dem Vorläufer des BMW 801, aufgegeben. Die Maschine sollte eine druckfeste Kabine erhalten, die das Erreichen einer Gipfelhöhe von 8400 m ermöglichen sollte. Der Kriegsausbruch 1939 unterbrach diese Entwicklung. Erst nach dem siegreichen Verlauf des Westfeldzuges, als man noch an ein schnelles Ende des Krieges glaubte, erhielt Junkers den Auftrag, die Entwicklung fortzusetzen.
Jetzt stellte aber die Lufthansa neue Forderungen. Die Ju 252 sollte jetzt entweder 25 Passagiere der I. Klasse oder 32 der Touristenklasse tragen. Also mußte der Entwurf noch einmal überarbeitet werden. Die Maschine wurde weiter vergrößert. Spannweite nunmehr 34,09 m, Länge 25,10 m. Der Führerraum wurde mit aerodynamisch günstig geformten Doppelscheiben verglast. Auch die Kabine erhielt dreieckige Doppelglasscheiben. Neu war die bereits erwähnte Trapo-Klappe im Rumpfboden. Diese befand sich noch bei der Ju 90 V-7 in Erprobung. In dieser revidierten Form wurde der Entwurf Ju 252 nunmehr dem RLM vorgelegt und von diesem in Übereinstimmung mit der Lufthansa gebilligt. Es wurde ein Auftrag auf drei Musterflugzeuge erteilt, die in Dessau gebaut wurden. Die Teilefertigung erfolgte zum Teil im Zweigwerk Schönebeck, zum Teil in Bernburg. Hier war ein

96. Junkers Ju 252 V-1 D-ADCC

Teil der Hallen des Fliegerhorstes an Junkers vermietet worden. Hier fand hauptsächlich die Endmontage der ersten Ju 88-Serien statt. Der Baubeginn der Ju 252 V-1 war im Juni 1940. Sechzehn Monate später, im Oktober 1941, rollte die Maschine aus der Halle und startete zum Erstflug. Die Werkserprobung zog sich bis zum Sommer 1942 hin. Ju 252 V-2 und V-3 wurden nach ihrer Fertigstellung mit in das Erprobungsprogramm hereingenommen. Eine der Maschinen erhielt zeitweise schräg nach oben gekantete Flügelrandkappen zur Verbesserung der Strömung, die in diesem Bereich unbefriedigend war.

Als letzte der drei Musterflugzeuge verließ Ju 252 V-3 Anfang Juni die Werft Dessau. Dies war die Maschine, die der Autor im Bau besichtigen konnte.

Die veränderte Kriegslage verhinderte, daß die Maschinen an die Lufthansa ausgeliefert wurden. Stattdessen wurde eine

97. Junkers Ju 252 auf Schwimmern (Modell)

Vorserie von 12 Ju 252 A-0 als militärische Transporter für die Luftwaffe bestellt. Erste Maschine dieser Vorserie wurde Ju 252 V-4. Sie erhielt als erste eine Bewaffnung in Gestalt einer EDL 131 (Elektrisch betätigte Dreh-Lafette mit MG 131). Jetzt traten die ersten Probleme auf: Die Abdichtung der EDL 131 und der Kabine. Eine befriedigende Lösung wurde nicht gefunden. Der Druckausgleich der Kabine konnte nur durch ein zusätzliches Gebläse erreicht werden. Diese Schwierigkeiten fielen aber nicht so sehr ins Gewicht, da die Luftwaffe die Ju 252 deswegen nur in niedrigeren Höhen flog. An der Ju 252 V-4 hatte Junkers verschiedene Änderungen an Flügel, Querruder und Leitwerk durchgeführt, die sich bei der Erprobung von V-1 bis V-3 als notwendig erwiesen hatten. Die Erprobung der V-4 bei der Luftwaffen-Erprobungsstelle Rechlin verlief befriedigend. Anschließend wurde die Maschine für Spezialtransporte eingesetzt. So flog sie unter anderem Daimler-Benz DB 606-Triebwerke für die He 177 des KG 40 nach Bordeaux-Mérignac, da sich diese Triebwerke als besonders störanfällig gezeigt hatten. Vereinzelt flog sie auch Nachschub für das Afrikakorps.

1942 lieferte Junkers dann noch elf Ju 252 ab. Es waren Ju 252 V-5 bis V-15, die offiziell als Ju 252 A-1 bezeichnet wurden, obwohl zu diesem Zeitpunkt bereits feststand, daß ein Serienbau nicht stattfinden würde. Ju 252 V-5 wurde am 2. Januar 1943 der Luft-Transport-Staffel (LTS) 290 zugeteilt, die aus sieben Ju 90, zwei Ju 290 und einer Fw 200 B

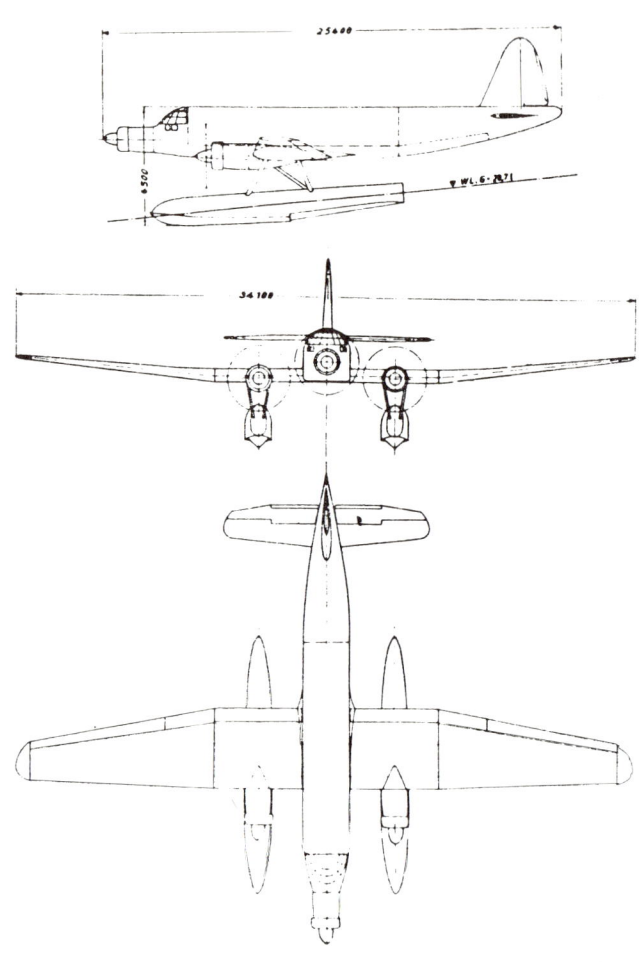

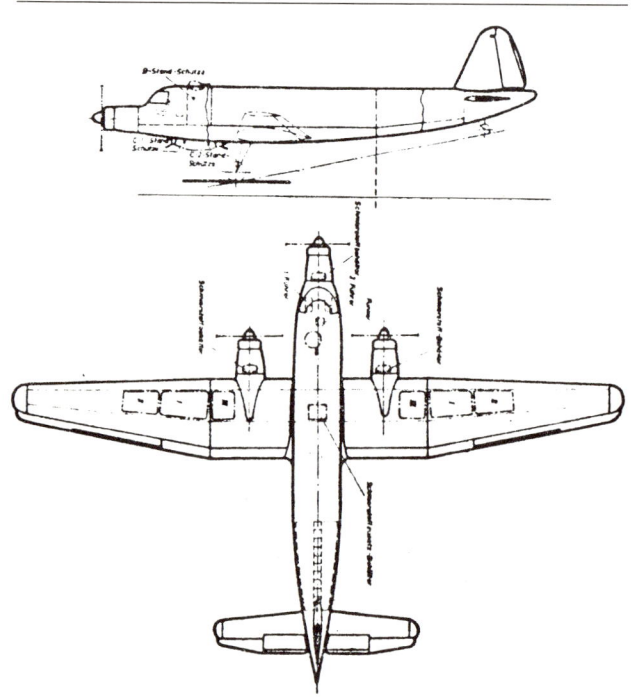

78. Junkers Ju 252 W △

77. Junkers Ju 252 ◁

79. Junkers Mistel 5 (He 162 + Ju 268) ▽

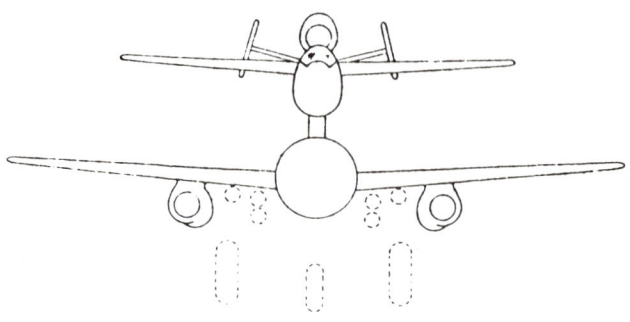

bestand. Diese erhielt, da sie ja zum Fronteinsatz kam, neben dem MG 131, das die Ju 252 V-4 hatte, noch eine Zusatzbewaffnung von zwei MG 15, die auf jeder Seite in das letzte Fenster des Rumpfes eingebaut wurden. Bereits im Mai 1943 schied Ju 252 V-5 aus der LTS 290 aus. Diese wurde nun in Transportstaffel 5 umbenannt. Über das Schicksal der einzelnen Ju 252 ist nur wenig bekannt geworden. Zwei Ju 252 flogen ab Februar 1944 beim KG 200. Diese hatten vorher Agenteneinsätze nach Nordafrika durchgeführt. Die Ju 252 V-6 wurde im Rahmen der Erprobung Ju 188 E von einer solchen am 3. Mai 1944 gerammt und schwer beschädigt. Die Ju 188 E so schwer, daß sich eine Reparatur nicht lohnte. Da diese elf Ju 252 immer noch als Versuchsmuster registriert waren, wurden sie in den Bestandslisten der Verbände, bei denen sie flogen, nicht geführt, trotzdem sie, meist einzeln fliegend, an allen Fronten im Einsatz waren. Die Erfahrungsberichte der Luftwaffe wurden bei Junkers intensiv ausgewertet und führten zur Projektierung verschiedener Weiterentwicklungen. So wurde unter anderem auch eine Schwimmer-Ausführung geplant, die aber nie realisiert wurde. Auch die Verwendung anderer Triebwerke und erweiterter Bewaffnung wurde projektiert. Zur Ausführung kam es nicht mehr.

Typ: Dreimotoriges Mittelstrecken-Verkehrsflugzeug.
Flügel: Dreiteiliger, zweiholmiger Ganzmetallflügel mit Glattblechbeplankung. Rechteckiges Mittelstück mit durchlaufenden Landeklappen. Trapezförmige Außenteile mit zweiteiligen Klappen über die gesamte Hinterkante, als Differential-Querruder wirkend.
Rumpf: Ganzmetall-Schalenrumpf mit Glattblechbeplankung und angenähert viereckigem Querschnitt. Einbau einer Druckkabine war geplant.
Leitwerk: Freitragendes Normalleitwerk in Ganzmetall mit Glattblechbeplankung. Zweiteilige Höhenruder großer Tiefe.
Fahrwerk: Einziehbares Normalfahrgestell, hydraulisch betätigt. Zwillingsbereifte Haupträder nach hinten in Motorengondeln, Spornrad ebenfalls nach hinten in den Rumpf einfahrbar. Räder an Ölfederbeinen.
Triebwerk: Drei Junkers Jumo 211 J flüssigkeitsgekühlte Zwölfzylinder-V-Motoren mit 3 × 1300 PS Startleistung. Ringkühlerverkleidung. Dreiblatt-Verstell-Luftschrauben aus Metall. Kraftstoffkapazität 11 675 Liter in Flügeltanks.
Besatzung: 3 Mann in geschlossenem und stark verglastem Führersitz. Hauptkabine faßt 25, maximal 32 Passagiere.

Junkers Ju 268

Als »Mistel«-Schlepp wurde das Verfahren bezeichnet, einen unbemannten Bomber mit einem daraufgesetzten Jagdflugzeug zu verbinden. Anstelle des Besatzungsraumes erhielt der Bomber einen Sprengkopf. Das ganze Gespann wurde von dem im Jäger befindlichen Piloten gesteuert, der auch die Triebwerke des Bombers überwachen konnte. Nach der Einleitung des Zielanfluges löste sich der Jäger von dem Bomber, der nun zur fliegenden Bombe wurde. Dieses Gespann, durchweg aus umgebauten Ju 88 und Me 109 oder Fw 190 bestehend, wurde erfolgreich gegen große Schiffsein-

heiten und stark befestigte Bodenziele eingesetzt. Diese Erfolge bewogen die Junkers-Entwicklungsabteilung zur Konstruktion spezieller Gespanne, deren Aufwand verringert und deren Leistungen erhöht worden waren. Als »Mistel 5« erreichte die Kombination aus einem He 162-Strahljäger und einem Spezial-Unterteil die Projektstufe. Das als Bombe gedachte Unterteil trug die Bezeichnung Ju 268 und war ein freitragender Mitteldecker in Holzbauweise mit einfachstem Aufbau. Ein normaler Sprengkopf mit Voreilzünder, wie er für die Mistel-Ju 88 bisher verwendet worden war, bildete den Bug. Das Seitenleitwerk bestand aus zwei Endscheiben. Für den Start war ein abwerfbares Dreiradfahrgestell vorgesehen. Der Antrieb sollte aus zwei BMW 003- oder Jumo 004-Strahlturbinen unter dem Flügel bestehen. Zu einer Bauausführung kam es nicht mehr.

Junkers Ju 286

Projektierte Entwicklung eines sechsmotorigen Höhenbombers aus den Erfahrungen mit den Höhenflugzeug-Baureihen der Ju 86. 6 × 950 PS Jumo 208-Dieselmotoren.
Bei diesen beiden Projekten handelt es sich praktisch um Vergrößerungen nach dem Baukastenprinzip, analog der Entwicklung Ju 290/390.

Junkers Ju 287

Als Ende 1942 die ersten Strahlturbinen zur Verfügung standen, forderte das RLM die Entwicklung eines mehrstrahligen Düsenbombers, dessen Geschwindigkeit weit über der der seinerzeitigen Jagdflugzeuge liegen sollte. Zur gleichen Zeit waren zahlreiche Versuche der DVL und anderer deutscher Forschungsinstitute abgeschlossen worden, die sich mit Geschwindigkeiten im schallnahen Bereich beschäftigen. Nach diesen Untersuchungen ließen sich mit einem positiv gepfeilten Flügel von etwa 35° Pfeilung die Verdichtungsstöße in einen höheren Geschwindigkeitsbereich verschieben, er wies also unter sonst gleichen Bedingungen eine höhere kritische Machzahl auf als ein Geradeflügel. Zur gleichen Zeit liefen bei Junkers Versuche mit einem nach vorne, also negativ gepfeilten Flügel, von dem die gleichen Eigenschaften erwartet wurden. Als die unter Leitung von Prof. Hertel stehende Konstruktionsgruppe Anfang 1943 an die Konstruktion des Düsenbombers Ju 287 heranging, wurde dieser negativ gepfeilte Flügel eingeplant. Zahlreiche Windkanalversuche und Rechnungen gingen der Entwicklung des Flügels voraus, für den schließlich die günstigste negative Pfeilung von 20° ermittelt wurde. Dabei wurde eine erhebliche Erhöhung der kritischen Machzahl bis Mach 0,85 erreicht. Gleichzeitig zeigte sich die Richtigkeit der Theorie, daß der nach vorne gepfeilte Flügel bessere Langsamflugeigenschaften als der nach hinten gepfeilte aufwies, weil er sehr große Anstellwinkel vertragen und damit ein Höchstmaß an Auftrieb erreichen konnte. Da die voraufeilenden Flügelspitzen immer von ungestörter Luft umströmt wurden,

98. Junkers Ju 287 V-1 RS + RA △

80. Junkers Ju 287 mit 6 Jumo 004 ◁

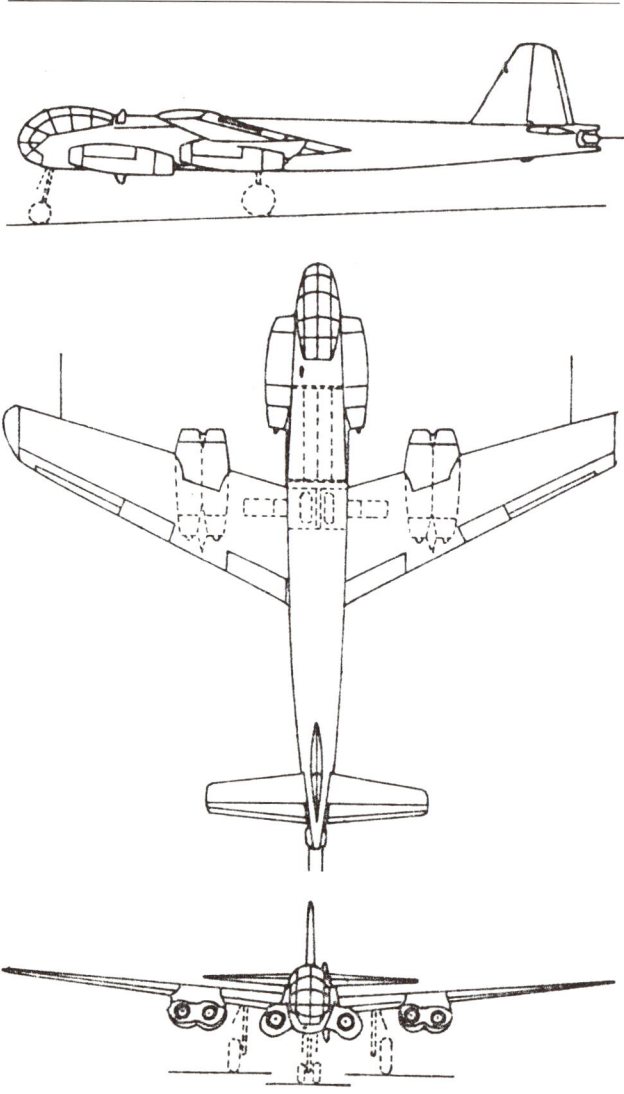

konnte die auftriebsvermindernde und widerstandserhöhende Schränkung entfallen, ganz im Gegensatz zum positiv gepfeilten Flügel, bei dem die bei großen Anstellwinkeln abreißende Grenzschicht von der Flügelwurzel zu den Spitzen abwandert und somit die Abkippneigung erhöht und die Steuerbarkeit vermindert (später durch sogenannte Grenzschichtzäune verhindert). Damit bot der negativ gepfeilte Flügel im Hochgeschwindigkeitsbereich auch noch Interferenz-Vorteile, weil die von der Flügelwurzel ausgehenden Verdichtungsstöße die vorauseilenden Flügelspitzen nicht mehr erreichen konnten. (Alle diese Vorteile des negativ gepfeilten Flügels sind auch heute noch berechtigt, jedoch traten im Verlauf der weiteren Untersuchungen erhebliche Nachteile zutage, die von einer weiteren Verwendung negativ gepfeilter Flügel bisher abrieten. Das kleinere Übel ist die fehlende Richtungsstabilität. Hier können durch ein entsprechend bemessenes Seitenleitwerk die negativen Schiebegiermomente des Flügels ausgeglichen werden. Weitaus ernster ist die Deformierung des Flügels bei Luftkraftbelastungen, die infolge der geometrischen Verhältnisse eine Anstellwinkelerhöhung an den Flügelspitzen zur Folge hat. Diese Verlagerung des Auftriebs ist mit einer Verschlechterung der Längsstabilität verbunden, die bei höheren Geschwindigkeiten bis zur Instabilität führt.) Der endgültige Flügel für die Ju 287 wurde Ende 1943 fertiggestellt. Um mit dem Flügel ohne Verzögerung in die Flugerprobung gehen zu können, entstand in der *Ju 287 V-1* ein improvisierter Erprobungsträger. Als Rumpf wurde der einer He 177 A-3 verwendet. Das normale Leitwerk der Ju 388 und für das starre Dreiradfahrgestell als Bugrad zwei normale Bugräder des amerikanischen B-24 »Liberator«-Bombers nebeneinander. Sämtliche Radeinheiten waren stromlinienförmig verkleidet. Für die Erprobung waren zwei Mann Besatzung vorgesehen. Anfang 1944 ging die Mustermaschine zur Flugerprobung nach dem Flugplatz Brandis bei Leipzig und wurde dort von Flugkapitän Holzbauer eingeflogen. Nach dem 16. Start erfolgte die

Überführung zur Luftwaffenerprobungsstelle Rechlin. Hier erhielten die Flügel und ein Teil des Rumpfes Wollfäden zur Strömungsuntersuchung. Die Registrierung der Versuche erfolgte durch eine Kamera, die in einem stromlinienförmigen Gehäuse auf dem Rumpf vor der Seitenflosse saß. Aus Geheimhaltungsgründen wurde die Anzahl der Flüge auf ein Mindestmaß reduziert, trotzdem aber konnte die Maschine bereits im April 1944 von einer »Mosquito« photographiert werden. Sie fiel mit der noch nicht erprobten *Ju 287 V-2,* die einen ähnlichen Aufbau besaß, 1945 in die Hände der sowjetischen Truppen.

Typ: Vierstrahliger Düsenbomber-Erprobungsträger.
Flügel: Freitragender Mitteldecker. Zweiteiliger Ganzmetallflügel mit 25° negativer Pfeilform. Zweiholmiger Aufbau mit Glattblechbeplankung. Zweiteilige Differenz-Querruder in den Außenteilen, innen einteilige Wölbungsklappen. Fester Schlitz in der Flügelvorderkante an der Wurzel.
Rumpf: Ganzmetall-Schalenrumpf mit angenähert viereckigem Querschnitt, größtenteils aus Bauteilen der He 177 erstellt. Vollsichtverglaster Rumpfbug von der He 177 A-3.
Leitwerk: Freitragendes Normalleitwerk in Ganzmetall, komplett von der Junkers Ju 388 übernommen.
Fahrwerk: Starres Dreiradfahrwerk. Haupträder an Federstreben unter dem Flügel, zum Außenflügel hin abgestrebt. Zwei nebeneinanderliegende Bugräder an je einem Federbein, von erbeuteten Convair B-24 »Liberator« übernommen. Alle Räder mit stromlinienförmigen Verkleidungen. Zusätzliches starres Spornrad unter dem Heck.
Triebwerk: Vier Junkers Jumo 004 B-1-Strahlturbinen mit 4 × 900 kp Standschub, je zwei an den Seitenwänden des Rumpfbuges und unter dem Mittelflügel aufgehängt. Zusätzlich vier Walter HWK 109-502-Flüssigkeitsraketen-Triebwerke als Starthilfe, abwerfbar, je eins unter jeder Strahlturbine.
Besatzung: 2 Mann in der Vollsicht-Bugkanzel.

Die Arbeiten an der Ju 287 V-1 mußten gegen Ende 1944 eingestellt werden, damit die gesamten Kapazitäten der Jägerproduktion zugeführt werden konnten. Anfang 1945 wurde die Sperre wieder aufgehoben und die Produktion des Serienmusters angeordnet. Inzwischen waren in der Attrappenabteilung die endgültigen Besatzungsräume als Druckkabine für drei Mann Besatzung mit vollständiger Ausrüstung erstellt worden. Ebenso hatten umfangreiche Windkanalversuche über die Anordnung der Triebwerke stattgefunden. Ursprünglich waren als Antrieb für die Serienausführung zwei Jumo 012-Strahlturbinen mit je 2900 kp Schub unter dem Flügel vorgesehen. Da diese Triebwerke aber erst im Anfang der Entwicklung standen, wurde eine Umrüstung auf vier Heinkel He S 011-Strahlturbinen mit je 1300 kp Schub projektiert. Bei dieser Anordnung sollten die Triebwerke wie bei der Ju 287 V-1 aufgehängt werden. Aber auch die Heinkel-Turbinen standen bei der Inangriffnahme der Serienausführung noch nicht in ausreichender Menge zur Verfügung, so daß schließlich auf sechs BMW 003 zurückgegriffen werden mußte. Für diese Triebwerke war eine Triangel-Anordnung – je drei Triebwerke zu einer Einheit

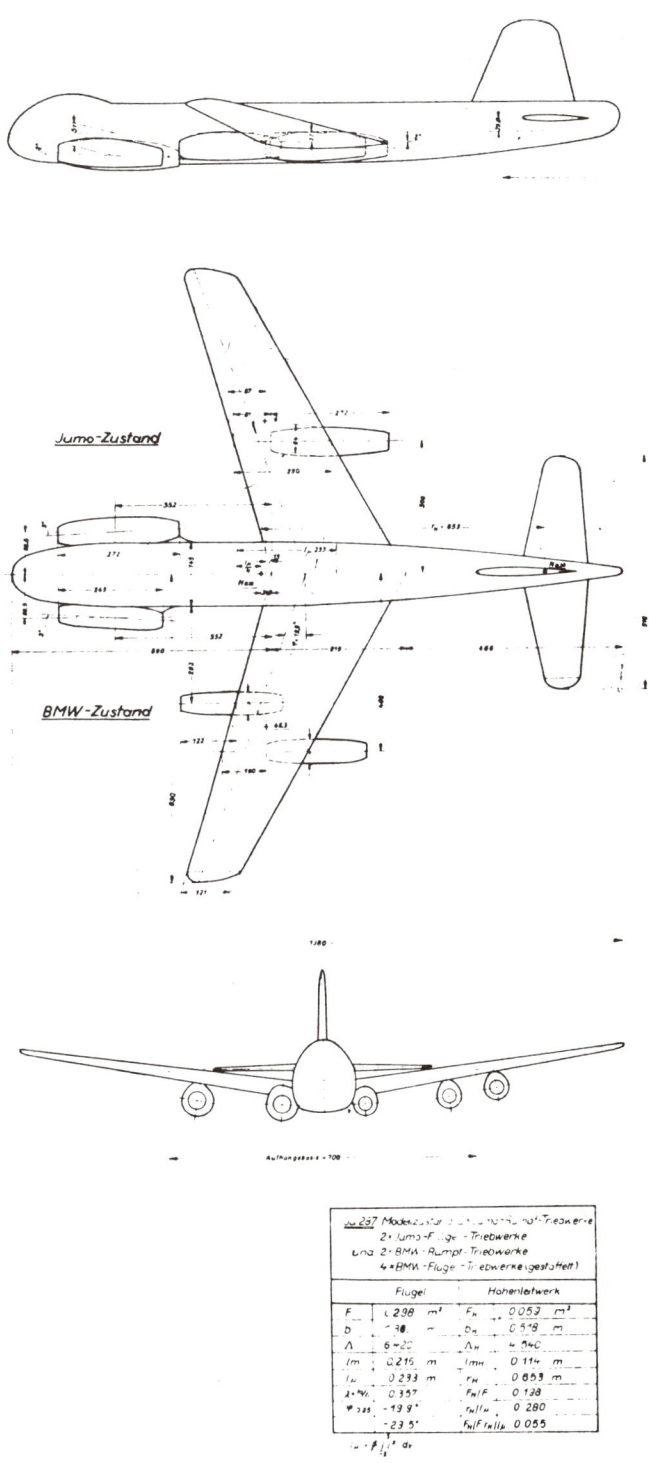

81. Junkers Ju 287 mit BMW- oder Jumo-Triebwerken

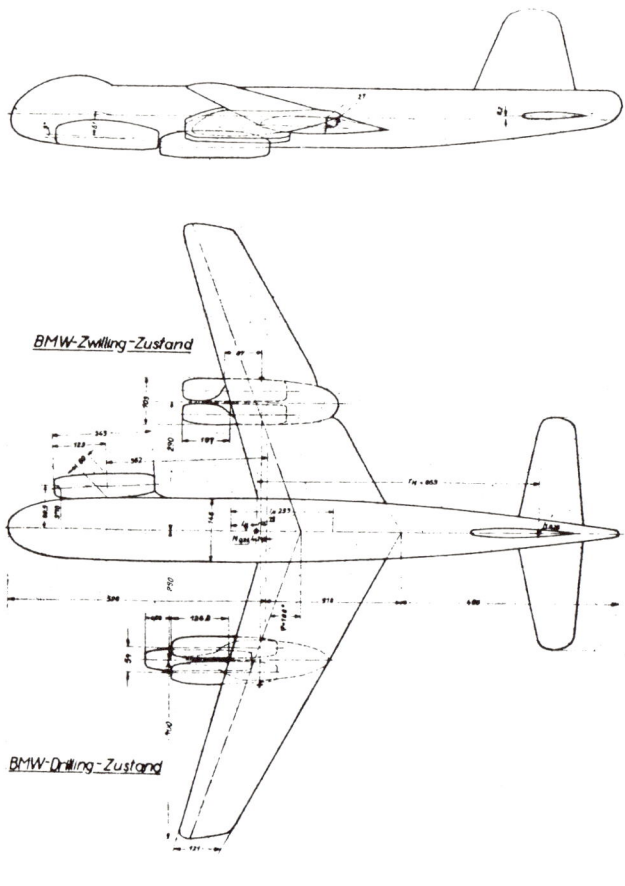

BMW-Zwilling-Zustand

BMW-Drilling-Zustand

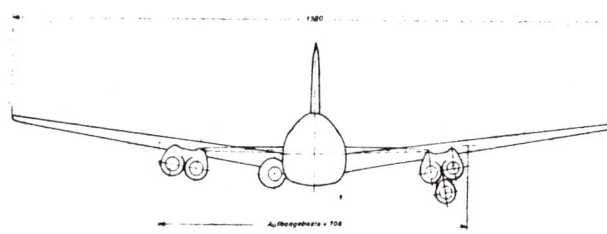

Ju 287 Modellzustand 2×BMW-R-Triebwerke 2×BMW-Flügel-Zwilling-Triebwerke und 2×BMW-Flügel-Drilling-Triebwerke			
Flügel		Höhenleitwerk	
F	0,298 m²	F_H	0,085 m²
b	1,300 m	b_H	0,578 m
Λ	6,20	Λ_H	4,540
l_m	0,215 m	$l_{m\,H}$	0,114 m
l_a	0,233 m	$l_{i\,H}$	0,053 m
2·v₀·	0,157	F_Q/F	0,198
$V_{außen}$	-19,5°	$l_m/l_{m\,H}$	0,280
V_{innen}	-25,5°	F_Q/F_{max}	0,055

82. Junkers Ju 287 mit BMW-Triebwerken

116

zusammengefaßt und unter den Flügel gehängt – ins Auge gefaßt worden. Diese Triangel-Anordnung ergab aber im Prüfstand derartige Flügelschwingungen, daß sie wieder fallengelassen wurde, zumal sie aus wartungstechnischen Gründen ebenfalls nicht befriedigte. Für den dritten Prototyp, die dem Serienmuster entsprechende *Ju 287 V-3,* wurden deshalb je zwei Triebwerke unter dem Flügel und je ein Triebwerk an den Seitenwänden des Rumpfbuges angeordnet. Von diesem Baumuster waren Bauteile bei Kriegsende fertiggestellt, die auch den Sowjets in die Hände fielen.

Typ: Sechsstrahliger Düsenbomber.

Flügel: Freitragender Mitteldecker. Negativ gepfeilter Ganzmetallflügel mit 25° Pfeilung. Aufbau wie bei Ju 287 V-1.

Rumpf: Ganzmetall-Schalenrumpf mit angenähert rechteckigem Querschnitt. Bug als Vollsicht-Druckkabine ausgebildet.

Leitwerk: Freitragendes Normalleitwerk in Ganzmetall. Sämtliche Ruder mit über die ganze Hinterkante reichenden Trimmklappen.

Fahrwerk: Einziehbares Dreiradfahrgestell. Haupträder unter dem Flügel angelenkt und nach innen unter den Rumpf einfahrbar. Die Räder führen dabei eine Drehung um 45° aus und liegen im Rumpf senkrecht stehend nebeneinander. Zwillingsbereiftes Bugrad nach hinten unter den Rumpfbug einziehbar.

Triebwerk: Sechs BMW 003 B-Strahlturbinen mit 6 × 800 kp Standschub, Einbau je zwei paarweise unter dem Flügel und je eine an den Seitenwänden des Rumpfbuges.

Besatzung: 3 Mann in einer Druckkabine.

Militärische Ausrüstung: Abwehrbewaffnung bestehend aus einem ferngesteuerten Heckstand mit 2 × 13 mm MG 131 (FHL 131 Z). Die Steuerung erfolgt durch den in der Druckkabine sitzenden Heckschützen über Periskopvisiere. Maximale Bombenzuladung 4500 kg in einem Bombenschacht unter dem Rumpfvorderteil.

Junkers Ju 288

In das Entwicklungsprogramm für einen »Bomber B«, das 1939 vom Technischen Amt des RLM ausgeschrieben wurde, um ab 1943 leistungsfähige Mittelstreckenbomber als Ersatz für Ju 88 und Do 217 zu erhalten, wurde neben Arado, Dornier und Focke-Wulf auch Junkers eingeschaltet. Unter Prof. Hertel wurde nach den Ausschreibungsbedingungen, 600 km/h Höchstgeschwindigkeit, 3600 km Reichweite bei 2000 kg Nutzlast und 6000 kg Höchstnutzlast, sofort mit den Projektarbeiten unter der Typenbezeichnung 288 begonnen. Da zur Zeit der Ausschreibung drei deutsche Flugmotoren mit über 2000 PS Startleistung – BMW 802, DB 604 und Jumo 222 – ebenfalls auf der Entwicklungsliste standen, fanden sie bei der Projektbearbeitung Berücksichtigung. Für die Ju 288 wurde zusätzlich noch das ebenfalls in der Entwicklung befindliche Dieseltriebwerk Jumo 223, welches 2500 PS erreichen sollte, untersucht. Da 1939 aber der Jumo 222 bereits auf dem Prüfstand lief und in spätestens zwei Jahren die Serienreife erwartet wurde, legte sich die gesamte »Bomber B«-Entwicklung auf die Verwendung dieses Motors fest. Bei Junkers wurde die Konstruktion mit großem Elan vorangetrieben, und man erhoffte sich eine Serienreife der Ju 288 bereits ab Januar 1942 und einen anschließenden monatlichen Ausstoß von 80 Maschinen.

Junkers Ju 288 A-Reihe

Die projektierte Auslegung der Ju 288 mit einfachem Seitenleitwerk wurde zugunsten eines doppelten Seitenleitwerkes fallengelassen. Ansonsten aber ging die konstruktive Auswertung auf der Projektbasis vor sich. Damit wurde die Ju 288 ein in den Abmessungen relativ kleines Flugzeug, um den Materialaufwand gering und die Beschußempfindlichkeit klein zu halten. Für die Jumo 222-Triebwerke entwickelte man eine aerodynamisch günstige Verkleidung mit kreisförmigem Querschnitt und geringstem Durchmesser, deren eingestraakte Propellernabe für den Kühlluftdurchtritt hohl gehalten wurde. Zur Erhöhung der Schwimmfähigkeit waren die Triebwerksanschlüsse als absprengbare Schnelltrennstellen ausgebildet. Vollsichtverglaste Druckkabine für die dreiköpfige Besatzung als Rumpfbug.

Ju 288 V 1	W.Nr. 2880001	D-AACS		2.3.41 verbrannt
Ju 288 V 2	W.Nr. 2880002	D-ABWP	= BG + GR	Bruchlandung 2.3.41 + 22.6.42
Ju 288 V 3	W.Nr. 2880003	D-ACTF	= BG + GS	Bruchlandung 1942
Ju 288 V 4	W.Nr. 2880004	D-ADFR	= BG + GT	1. Ju 288 mit Bewaffnung
Ju 288 V 5	W.Nr. 2880005		= BG + GU	1. Ju 288 mit Jumo 222
Ju 288 V 6	W.Nr. 2880006	D-AFDN	= BG + GV	
Ju 288 V 7	W.Nr. 2880007		= BG + GW	
Ju 288 V 8	W.Nr. 2880008		= RD + MU	
Ju 288 V 9	W.Nr. 2880009		= VE + QP	
Ju 288 V 10	W.Nr. 2880010		= DF + CP	

99. Junkers Ju 288 V-1 △

100. Junkers Ju 288 V-2 D-ABWP ▽

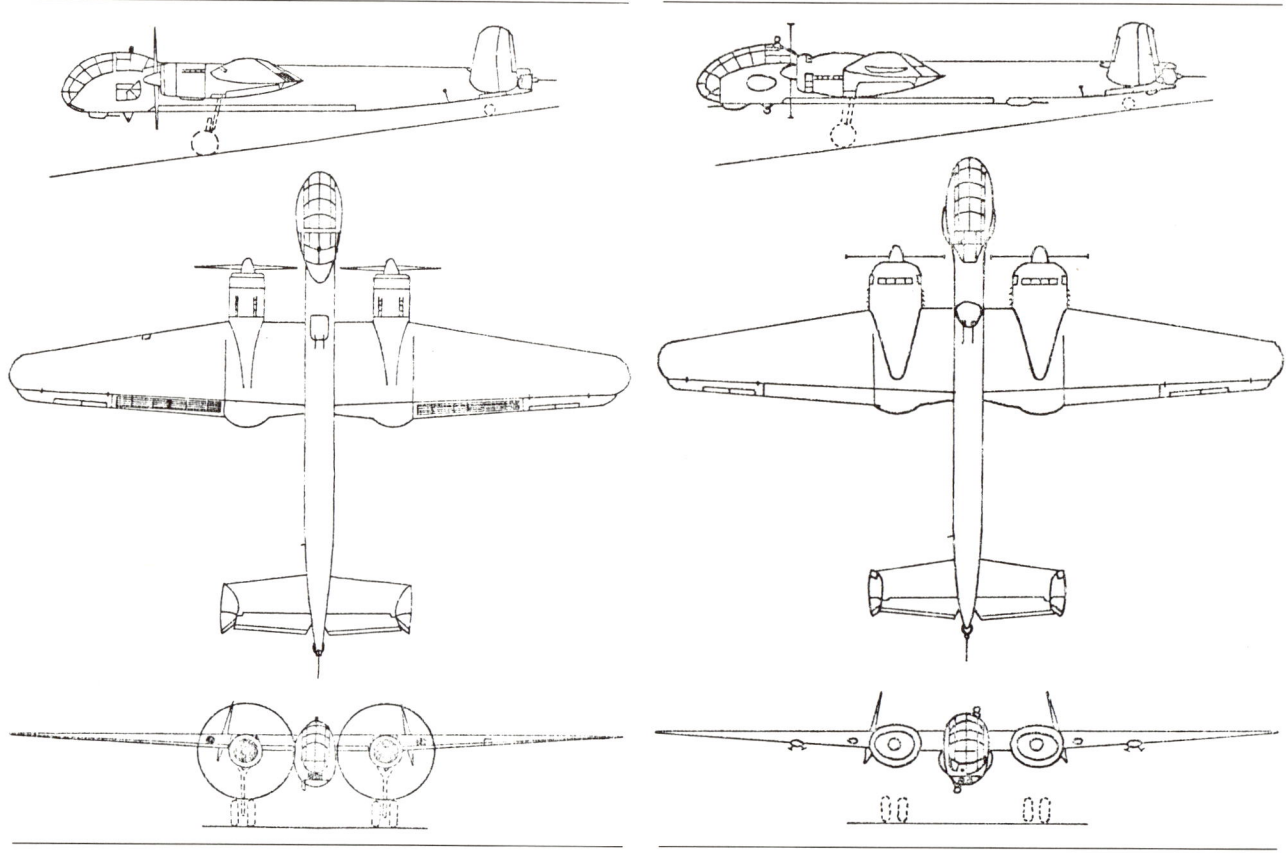

83. Junkers Ju 288 B

84. Junkers Ju 288 C

Ju 288 V 11	W.Nr. 2880011	D-ANXN	= DF + CQ	1. Ju 288 mit DB 606
Ju 288 V 12	W.Nr. 2880012		= DF + CR	
Ju 288 V 13	W.Nr. 2880013		= DF + CS	Totalbruch 16.5.43 Tornitz
Ju 288 V 14	W.Nr. 2880014		= DF + CT	
Ju 288 V 101			= BG + GX	
Ju 288 V 102	W.Nr. 2880102		= BG + BY	
Ju 288 V 103			= DE + ZZ	
Ju 288 V 104				
Ju 288 V 105				
Ju 288 V 106			= BS + CA	
Ju 288 V 107			= BS + CB	Fahrwerksbruch Juli 1943
Ju 288 V 108			= BS + CC	Totalbruch Ende 1943

Junkers Ju 288 B-Reihe

Die Ausführung der Ju 288 in der ursprünglich vorgeschlagenen Form, die oben beschriebene A-Reihe erwies sich für die weitere Sicht doch als zu klein. Deshalb war bereits 1940

die weitere Sicht doch als zu klein. Deshalb war bereits 1940 mit der Vergrößerung des Musters als Ju 288 B begonnen worden. Bei völlig neuer Durchkonstruktion erhielt diese Version weiterspannende Flügel, einen längeren Rumpf und eine verbreiterte Druckkabine für vier Mann Besatzung. Der erste Prototyp, der diesen Änderungen entsprach, war die *Ju 288 V-9* mit Jumo 222 A/B. Er besaß bereits eine Abwehrbewaffnung, jedoch noch keinen ferngesteuerten Heckstand, der erstmals in die sonst der V-9 analogen Mustermaschine *Ju 288 V-11* eingebaut wurde. Die weiteren Prototypen, die *Ju 288 V-12, Ju 288 V-13* und *Ju 288 V-14,* entsprachen vollkommen der V-11 und sollten die endgültigen Vorläufer der B-Serie sein.

Ju 288 B

Geplante Serienausführung, die nicht in die Fertigung gehen konnte, weil es infolge Mangels hochwertiger Werkstoffe nicht zum Serienbau des für den Einbau vorgesehenen Jumo 222 kam.

101. Junkers Ju 288 V-9 VE + QP △   102. Junkers Ju 288 V-14 DF + CT ▽

Typ: Zweimotoriger Mittelstreckenbomber.
Flügel: Freitragender Schulterdecker. Aufbau wie Ju 288 A, jedoch mit vergrößerter Spannweite.
Rumpf: Verlängerter Rumpf der Ju 288 A mit dem gleichen kleinen Querschnitt, jedoch mit vergrößerter und breiterer Druckkabine als Bug.
Leitwerk: Freitragendes Höhen- und doppeltes Seitenleitwerk als Endscheiben. Aufbau in Ganzmetall. Seitenleitwerk leicht geneigt angelenkt. Trimmklappen gegenüber Ju 288 A auch in den Seitenrudern.
Fahrwerk: Komplett von der Ju 288 A übernommen.
Besatzung: 4 Mann in vollsichtverglaster Druckkabine.
Militärische Ausrüstung: 2 × 13 mm MG 131 in fernbetätigtem Drehturm (FDL 131 Z) auf der Rumpfoberseite hinter der Kabine als B-Stand, 2 × 13 mm MG 131 in fernbetätigtem Drehturm (FDL 131 Z) unter dem Bug als A/C-Stand und über Periskopvisier gesteuerter

Heckstand mit 2 × 13 mm MG 131 (FHL 131 Z). Bombenzuladung wie bei Ju 288 A.

Junkers Ju 288 C-Reihe
Als 1942 bekannt wurde, daß der Jumo 222 aus technischen Gründen nicht in die Reihenfertigung gehen konnte, wurde der Einbau von Ausweichtriebwerken DB 610 in die normale B-Zelle vorgenommen. Eine Reihe von Versuchsflugzeugen, die *Ju 288 V-101 – V-108* erbrachten zwar die Brauchbarkeit der Lösung, zeigten aber, daß die Triebwerke für das Muster zu schwer waren. Dem Vorteil der geringfügig erhöhten Geschwindigkeit stand der große Nachteil einer verringerten Reichweite gegenüber. Trotzdem sollte die Maschine, stärker bewaffnet als die Ju 288 B, in die Serienfertigung gehen.

119

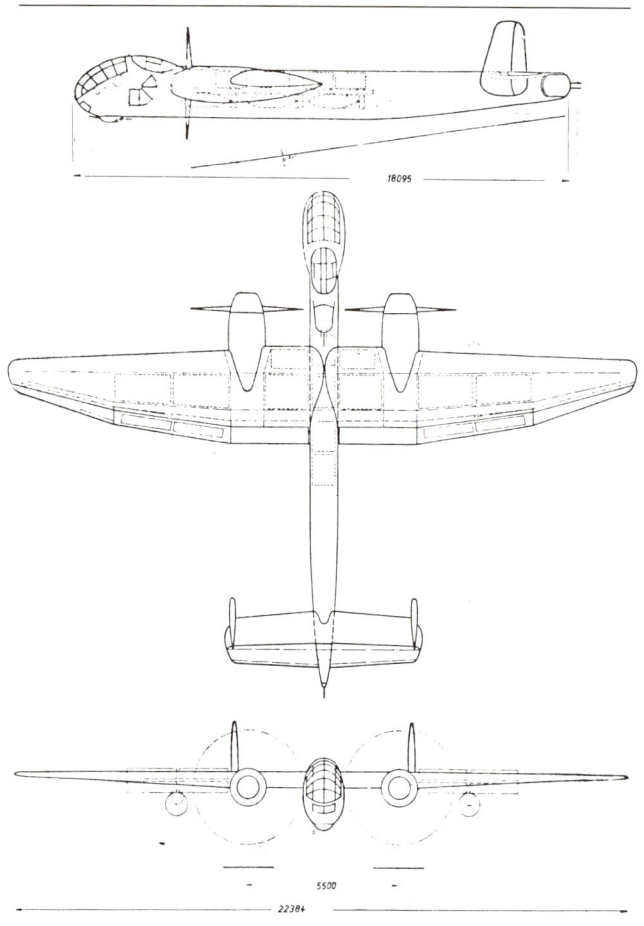

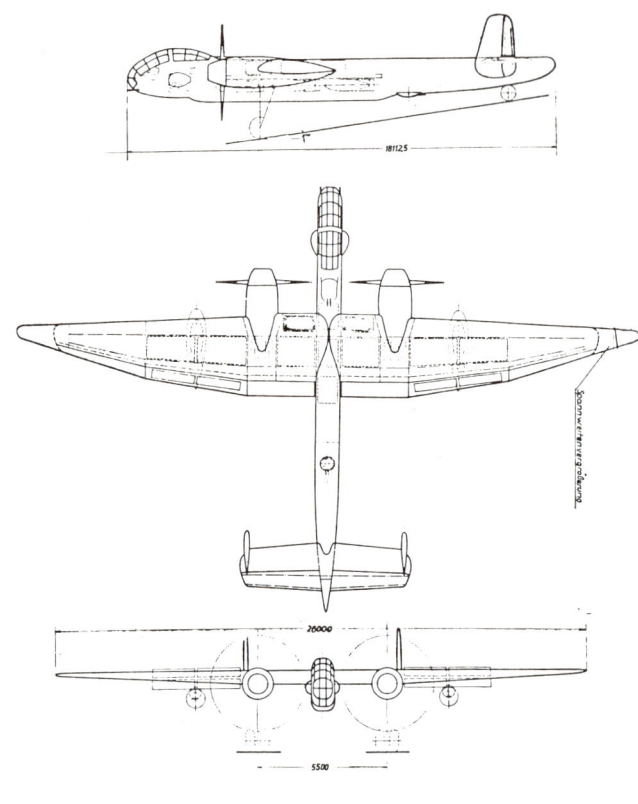

86. Junkers Ju 288 Höhenbomber △

85. Junkers Ju 288 Geplante Serienausführung ◁

87. Junkers Ju 288 mit rückstoßfreier 28-cm-Kanone ▽

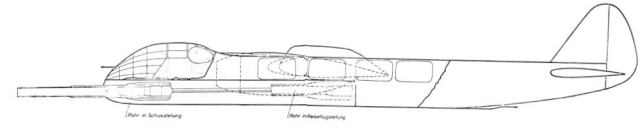

Ju 288 C-0

Vorserienmuster in der Ausführung mit DB 610 A/B. Da bei den Triebwerken jedoch die gleichen Schwierigkeiten wie in der Heinkel He 177 auftraten, wurden nur vier Maschinen fertiggestellt und die Serie aufgegeben. Zelle wie Ju 288 B, jedoch ohne Sturzflugbremsen. Im Rumpf wurden seitliche Sichttropfen, ähnlich wie in der Ju 288 A, vorgesehen.

Triebwerk: Zwei Daimler Benz DB 610 flüssigkeitsgekühlte Doppelmotoren (je zwei Zwölfzylinder DB 605 gekuppelt) mit 2 × 2950 PS Startleistung. VDM-Vierblatt-Verstell-Luftschrauben. Kraftstoffkapazität 5200 Liter, Anordnung wie bei Ju 288 B.
Besatzung: 4 Mann in vollsichtverglaster Druckkabine.
Militärische Ausrüstung: 2 × 13 mm MG 131 in fernbetätigtem Drehturm (FDL 131 Z) unter dem Rumpfbug als A-Stand, 2 × 13 mm MG 131 in fernbetätigtem Drehturm (FDL 131 Z) auf der Rumpfoberseite hinter der Kabine als B-Stand, 2 × 13 mm MG 131 als ferngesteuerter Drehturm (FDL 131 Z) unter dem Rumpf hinter dem Bombenschacht als C-Stand, und über Periskopvisier gesteuerter Heckstand mit 2 × 13 mm MG 131 (FHL 131 Z). Bombenzuladung wie bei Ju 288 A.

Junkers Ju 288 D-Reihe
Weiterentwickelte Ju 288 C mit dem gleichen Aufbau und den gleichen Triebwerken, jedoch anstelle des fernbetätigten Heckstandes FHL 131 Z mit 2 × MG 131 mit einem manuell besetzten Heckstand (HL 131 V). Dieser nur als Attrappe gebaute Heckstand war mit einer Druckkabine ausgerüstet und erhöhte die Besatzung auf fünf Mann. Seine Armierung bestand aus 4 × 13 mm MG 131.

Junkers Ju 288 E-Reihe
Nicht gebaut.

120

Junkers Ju 288 G-Reihe

Projektierte Version mit 1 × 35,5 cm-Kanone im Bombenraum, die beim Einsatz gegen Schiffsziele durch den Bug ausgefahren werden sollte.

Typ: Zweimotoriger Mittelstreckenbomber.
Flügel: Freitragender Schulterdecker. Dreiteiliger, zweiholmiger Ganzmetallflügel mit rechteckigem Mittelstück. Gesamte Flügelhinterkante als Klappen ausgebildet, an jedem Flügelhalbteil dreiteilig, außen als Querruder, innen als Wölbungsklappen. Nach oben und unten ausfahrbare Sturzflugbremsen im Klappen-Mittelteil. Warmluft-Enteisung für die Flügelnase.
Rumpf: Ganzmetall-Schalenrumpf mit angenähert rechteckigem Querschnitt. Rumpfbug komplett als vollsichtverglaste Druckkabine ausgebildet.
Leitwerk: Freitragendes Höhen- und doppeltes Seitenleitwerk. Aufbau in Ganzmetall. Seitenflossen vor die Höhenflossen gesetzt, Höhenflossen leicht über die Seitenflossen hinausragend. Trimmklappen über die volle Höhenruderbreite.
Fahrwerk: Einziehbares Normalfahrgestell. Zwillingsbereifte Haupträder an freitragenden Einbeinen mit Knickstreben. Knickstreben werden beim Einziehen um 180° nach hinten geklappt, um die Gesamtlänge der nach hinten in die Motorengondeln einziehbaren Einheit zu verkürzen. In das Rumpfheck einziehbares Spornrad.

Besatzung: 3 Mann in vollsichtverglaster, schmaler Druckkabine, bestehend aus Pilot in der Mitte, Funker/Abwehrschütze hinten oben dahinter mit Blick nach achtern, Abwehrschütze hinten unten, ebenfalls mit Blick nach hinten, darunter. Letzterer besitzt zusätzlich zwei gewölbte Sichtscheiben in den Rumpfseitenwänden.
Militärische Ausrüstung: 2 × 13 mm MG 131 in fernbetätigtem Drehturm als B-Stand auf der Rumpfoberseite direkt hinter der Kabine (FDL 131 Z), 2 × 13 mm MG 131 in fernbetätigtem Drehturm (FDL 131 Z) an der Rumpfunterseite hinter dem Bombenschacht als C-Stand, 2 × 7,9 mm MG 17 starr im Rumpfbug. Bombenzuladung maximal 4000 kg in langem Rumpfbombenschacht. Zwei Gehänge für Außenlasten unter dem Außenflügel.

Junkers Ju 290

Ausgangsmuster für die Entwicklung der Ju 290 waren die drei V-Muster der Ju 90 V-6, V-7 und V-8. Davon wurde zumindest die Ju 90 V-7 GF + GH, bei der E-Stelle Rechlin als Ju 290 V-3 im Bericht über die Lastenabwurfversuche im Oktober 1941 bezeichnet. Man kann also mit Fug und Recht die Ju 90 V-8, DJ + YE, als Ju 290 V-2 bezeichnen. Dagegen wurde die echte Ju 290 V-1 als Neubau gefertigt, allerdings unter Verwendung des Rumpfes der Ju 90 V-6, KH + XC, der zu diesem Zweck verlängert wurde. Der Bau der Ju 290 V-1 begann erst im Herbst 1941, während Ju 90 V-7 und V-8

103. Junkers Ju 290 V-1, BD + TX, Umbau aus Ju 90 V-6, M-Nr. 4918 △

104. Junkers Ju 290 V-3, GF + GH ex Ju 90 V-7, D-ADFJ, W.Nr. 0003, ab 1942 mit Bewaffnung wie Ju 290 A-1 ▽

105. Junkers Ju 290 A-1, W.Nr. 0152 SB + QB △

106. Junkers Ju 290 A-5, KR + LA ▽

bereits 1940 ihre Erprobung abgeschlossen hatten. Während V-7 hauptsächlich für Transportaufgaben entworfen wurde, war V-8 von vornherein für Fernaufklärung und Bombenwurf. Die Ju 90 V-8 wurde bereits 1940 als neuer »Fernbomber der Luftwaffe Ju 90 S« von der NS-Propaganda der Öffentlichkeit präsentiert. Die Ju 90 V-7 wurde einem umfangreichen Erprobungsprogramm unterzogen, in dessen Verlauf auch Transportflüge nach Nordafrika und in die Sowjetunion durchgeführt wurden. Unter anderem wurden folgende Aufgaben erfolgreich durchgeführt:
Schlepp des Großraumseglers Me 321
Fallschirmabwurf von kompletten Triebwerken
Fallschimabwürfe von Lasten mit 1000 und 2000 kg
Verladung von Panzerspähwagen Sd.Kfz.222
Verladung von Schützenpanzerwagen Sd.Kfz.250
Einbau einer Gleitrutsche für Fallschirmjäger.

Der Einsatz der V-7 als Transporter war schon daraus zu ersehen, daß sie ursprünglich keine Bewaffnung hatte. Ganz anders die Ju 90 V-8 (Ju 290 V-2). Sie verfügte bereits über die für die Ju 290 charakteristische Bodenwanne kurz hinter dem Bug, einen MG-Drehturm auf dem Rumpfrücken und einen Heckstand. Sie verfügte aber über dieselbe Transport-Klappe im Rumpfboden wie V-7. Beide Flugzeuge entsprachen bereits weitgehend der Ju 290, hatten aber noch das elliptische Seitenleitwerk der Ju 90 V-5 und V-6. Ju 90 V 7 erhielt nach Bereitstellung für einen Sondereinsatz Oktober 1941 die gleiche Bewaffnung wie V 8.
Ju 290 V-1 BD + TX wurde im Juli 1942 in Merseburg fertiggestellt und startete unter Führung von Flugkapitän Pancherz am 16. Juli 1942 zum Erstflug.
Nach Abschluß der Erprobung von Ju 290 V-1 wurde die Durchführung des Großraumflugzeugprogramms der Firma

Junkers dem Flugkapitän und Major (E) Otto Brauer übertragen. Brauer war zu dieser Zeit wahrscheinlich der erfahrendste Flugzeugführer für Großflugzeuge. Er hatte die G 38 im Frieden und bis zum Balkanfeldzug geflogen, Ju 90 noch nach Kreta und wurde nun Leiter der Bauaufsicht und Erprobungspilot der Bauaufsicht des Generalluftzeugmeisters bzw. des Chefs der Technischen Luftrüstung bei den Junkers Flugzeug- und Motorenwerken.

Äußerer Hauptunterschied zwischen den beiden Ju 90 V-7 und V-8 und der neuen Ju 290 V-1 war das wesentlich größere eckige Seitenleitwerk. Sie wurde von der Luftwaffe übernommen und trotz ihrer kurzen Einsatzzeit bereits bei der Luftversorgung von Stalingrad eingesetzt. Am 13. Januar 1943 versuchte Flugkapitän Haenig Verwundete aus dem Kessel zu fliegen. Beim Start erhielt die Maschine Artilleriebeschuß. Haenig versuchte die Maschine hochzureißen. Dabei gerieten die Bahren und Betten, die nicht richtig festgezurrt waren, ins Rutschen und die Maschine stürzte rückwärts ab.

Der Großreihenbau der Ju 290 sollte in der Tschechoslowakei im Werk III der Firma Letov in Prag-Ruzyn durchgeführt werden. Es erfolgte aber nur der Bau von Großbauteilen. Die Endmontage blieb in Deutschland. Eine wesentliche Neuerung im Aufbau des Flügels der Ju 290 war die Verwendung von Duralumin-Preßprofilen als Holmgurte für die Flügelhauptträger anstelle von Rohren bei der Ju 90, welche eine stärkere Konzentration des Gurtquerschnitts in der äußersten Querschnittsphase der Träger und damit eine bessere Materialausnutzung ermöglichte. Die Höhen- und Seitenruder wurden mit sogenanntem Innenausgleich und damit verbessertem Schutz gegen Vereisung ausgebildet. Flügel und Leitwerke wurden mit der bei Junkers entwickelten Warmluft-Innenenteisung ausgerüstet. Die Konstruktion der Ju 290 wurde zu einem großen Teil im Prager Konstruktionsbüro von Junkers unter Leitung von Dipl.-Ing. Kraft durchgeführt, einem früheren Mitarbeiter der Firma Rohrbach.

Das einzige Flugzeug einer Vorserie Ju 290 A-0 startete im Oktober 1942 zum Erstflug (W.Nr. 290/0150).

107. Junkers Ju 290 A-7 (Umbau aus A-4), W.Nr. 0196, PI + PS wurde A3-HB △

88. Junkers Ju 290 A ▽

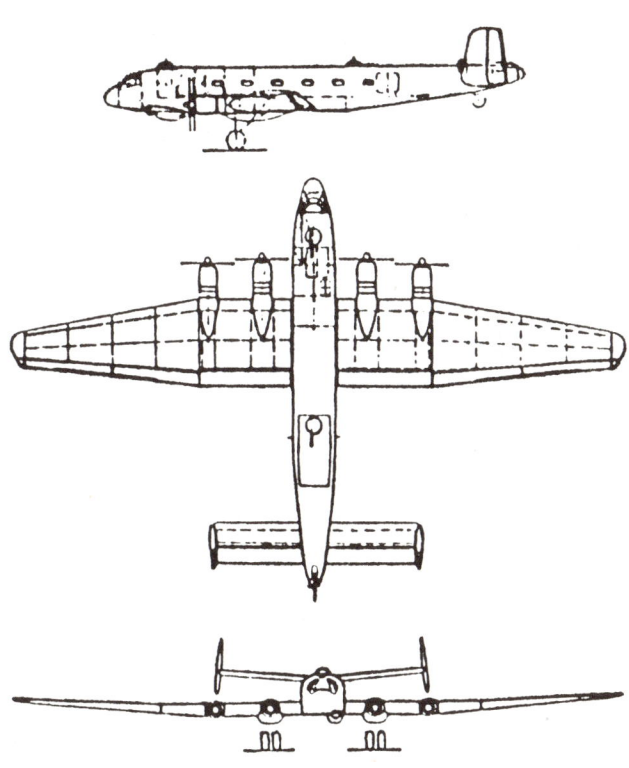

Anfang 1943 waren die wenigen ersten Ju 290 nur bei der Lufttransportstaffel (LTS) 290 und der 14./TG 4 eingesetzt, die aber zu diesem Zeitpunkt hauptsächlich mit Ju 52, Ju 90, Piaggio P. 108 ausgerüstet war.

Bereits im Dezember 1942 hatte die Auslieferung der ersten Serie Ju 290 A-1 begonnen, zu der die Werknummern 290/0151 bis 0156 gehörten. 0151 wurde bereits im Dezember 1942 bei Stalingrad beschädigt, konnte aber wieder repariert werden, ging aber im März 1943 endgültig verloren. Ihre Kennung war SB + QA gewesen. 0152, SB + QB, kam als J4 + AF zur 14./TG 4, jetzt als Transportstaffel 5 bezeichnet. Sie stürzte 1943 bei Sidi Ahmed in Tunesien ab. 0153, SB + QC, kam als T9 + FK im März 1943 zur 1./Versorgungsstaffel OKL an die Ostfront und ging im September 1943 verloren. 0154, SB + QD, ging als J4 + AH zur LTS 290 und stürzte dann im März 1943 in Tunesien ab. W.Nr. 29/0155 verblieb bei Letov und wurde dort einer intensiven Wetterfestigkeitsprüfung und Festigkeitsprüfung bis zum Bruch unterzogen. Die letzte Maschine dieser Serie 290/0156, SB + QF, ging ebenfalls 1943 verloren. Es hatte sich gezeigt, daß die Abwehrbewaffnung, 1 MG 131 und 2 – 3 MG 81 oder MG 131 zu schwach war. Dagegen verfügten die Ju 290 A-1 über eine gute Funkausrüstung, bestehend aus FuG 10 mit TZG 10, FuG 16Z, FuG 25 a, Peil G 6 mit APZ 6 und FuBl 1. Den fünf Ju 290 A-1 folgten acht Ju 290 A-3. Zu ihr gehörten die W.Nr. 290/0157 – 0164 mit den Kennzeichen SB + QG bis SB + QN. Aufgrund der mit W.Nr. 0157 in Rechlin durchgeführten Erprobung mit BMW 801 A-Triebwerken, die im November 1943 abgeschlossen wurde, wurde die Ju 290 A-3 mit dem stärkeren BMW 801 D ausgerüstet. Die Maschine hatte eine Besatzung von sieben Mann, hatte als reiner Fernaufklärer keine Transportausrüstung, Führersitze, Triebwerke und die Waffenstände waren gepanzert. Zwecks Ablösung während der Einsätze befanden sich vier Ruhesessel in der Maschine. Die Funkausrüstung bestand aus: FuBl 2H, FuG 101, FuG 200 und FuG 216. Alle Maschinen gingen an die Fernaufklärungsgruppe (FAG) 5, die bereits am 15. Dezember 1943 einen ausführlichen Erfahrungsbericht über ihre Einsätze gegen die alliierten Geleitzüge im Atlantik vom 15. November bis 15. Dezember 1943 einreichte. Die Gruppe war mit der Ju 290 zufrieden, forderte jedoch eine verstärkte Abwurfbewaffnung, durch Einbau einer Funklenkanlage »Kehl« FuG 203 für den Einsatz von »Fritz X« und Hs 293. Die Eindringtiefe der Ju 290 wurde bemängelt und darauf hingewiesen, daß auch die geplante Ju 290 B keine Besserung bringen würde. Man forderte auf, gleich die Ju 390 zu bauen.

Im Januar 1944 wurden in Rechlin drei Ju 290 A-3 mit den Kennzeichen 9V + GK, 9V + DK und 9V + EH zu einem »Kommando Japan« zusammengezogen, das unter Führung von Hptm. Braun einen solchen Fernflug durchführen sollte. Er wurde nie durchgeführt. Die Bewaffnung der A-3 bestand aus vier MG 151/20 und zwei MG 31.

Die folgende Serie Ju 290 A-4 sollte ursprünglich aus fünf Maschinen bestehen. Jedoch wurde die W.Nr. 0156 dann zur Ju 290 A-7 umgebaut. Es verblieben die W.Nr. 0166 – 0169 mit den Kennzeichen PI + PT, PI + PU, PI + PV und PI + PW. Sie unterschieden sich von der A-3 hauptsächlich durch die um zwei MG 131 verstärkte Bewaffnung. Der A-4 ähnlich war die A-5, die mit einem ETC 2000 ausgerüstet war. Die erste Maschine dieser Serie startete im November 1943 zum Erstflug. Zur Serie A-5 gehörten die W.Nr. 0170 bis 0180 mit den Kennzeichen KR + LA bis KR + LK. Hiervon sollte KR + LA auch am »Kommando Japan« teilnehmen. Ein Probeflug unter Hptm. Braun fand am 20. Februar 1944 statt. Eine Anzahl dieser Maschinen ging an die I./KG 200, und wurde dort für verschiedene streng geheime »Sonderunternehmungen« eingesetzt. Dazu gehörten unter andrem die Maschinen mit den Kennzeichen A3 + AB, A3 + PB, A3 + CB und A3 + HB. Die letztere flog am 27. November 1944 von der Insel Rhodos unter Führung von Hptm. Braun nach Mossul. Derartige Sonderunternehmungen wurden mit den Ju 290 des KG 200 nach dem Nahen Osten, nach Persien und der UdSSR unternommen. Eine der Maschinen des »Kommandos Japan«, W.Nr. 0162, SB + QL wurde als 9V + GK von einer britischen Mosquito über dem Atlantik abgeschossen. Einige Ju 290 wurden in der Schlußphase des Krieges von der Luftwaffe an die Lufthansa abgegeben, die diese auf ihren bis zuletzt betriebenen Spanienstrecken einsetzte. Hiervon war die Ju 290, W.Nr. 0178, mit den zivilen Kennzeichen D-AITR die letzte, die unter Führung von Flugkapitän Sluzalek am 6. Mai 1945 Barcelona, allerdings mit Fahrwerksschaden, erreichte. Sie wurde 1945 von der spanischen Luftwaffe ohne Kennzeichen und später mit dem Kennzeichen 74 o 23 noch bis 1952 geflogen.

Eine weitere Ju 290 kam noch später nach Spanien. Sie gehörte allerdings zu der letzten noch fertig gebauten Ausführung der Ju 290, der A-7. Zu dieser Serie gehören die W.Nr. 0165, 0181 und 0185 bis 0196. Diese Ausführung verfügte über eine Bewaffnung von sechs MG 151/20 und zwei MG 131. Der Einbau des FuG 203 »Kehl« und Ausrüstung mit »Fritz X« und Hs 293 war vorgesehen, ist wahrscheinlich aber nicht mehr durchgeführt worden. Von dieser Serie wurde W.Nr. 0184, KR + LO, zum Umbau auf Ju 290 B vorbereitet. W.Nr. 0186, KR + LQ = A3 + OB wurde für »Sonderunternehmungen« des KG 200 eingesetzt. Am 30. April 1945 forderte die Führungsabteilung I/Ic der Luftwaffe in einer Aktennotiz die Bereitstellung einer Ju 290 des KG 200 »zur Überbringung einer Delegation nach Spanien«, Bemerkung des unterzeichnenden Majors i. G.: »Von einem Umspritzen des Flugzeuges sowie irgendeiner Tarnung ist abzusehen. Besatzung fliegt in Uniform wie zum Feindflug.« W.Nr. 0181 KR + LL machte am 1. April 1944 Bruch. Sehr bekannt wurde W.Nr. 0165, PI + PS, die von Hptm. Braun 1945 mit amerikanischen Kennzeichen FE 3400 nach USA geflogen wurde. Dazu erhielt sie auf dem Rumpf noch die Aufschrift »Alles kaputt«. Eine Ju 290 A-3 W.Nr. 0161, SB + QK, die bei der FAG 5 mit den Kennzeichen 9V + GK geflogen war, wurde 1946 in Farnborough mit den Kennzeichen »AIR MIN 57« ausgestellt. Von einer geplanten Serie Ju 290 A-8 befand sich 1945 in Prag-Ruzyn die Werknr.

108. Junkers Ju 322 Modell

290/0212 im Bau. Insgesamt sind etwa 47 oder 48 Ju 290 gebaut worden, die bei folgenden Verbänden eingesetzt worden sind: Transportstaffel 5 (J4 + . . .), FAG 5 (9V + . . .), KG 200 (A3 + . . .), TG 4 (G6 + . . .) und Versuchsverband (OKL (T9 + . . .).

Nach Kriegsende befanden sich bei Letov noch einige unvollendete Ju 290. Aus der bereits erwähnten W.Nr. 0212 und Teilen einer Ju 290 B wurde dann bei Letov ein Verkehrsflugzeug Letov L.290 »Orel (Adler)« gebaut. Nach 43 Flugstunden Erprobung wurde das Flugzeug abgestellt und Mitte der fünfziger Jahre verschrottet.

Seit Mai 1944 arbeitete man in Dessau am Entwurf einer Ju 290 B, bei der gegenüber der A-7 der Heckstand mit MG 131 fortfallen und dafür ein neuer Heckstand mit Zwillings-MG 151 eingebaut werden sollte. Die Berechnung der durch die Änderungen entstehenden Gewichte basierte auf einem vom Junkers-Konstruktionsbüro Prag auf 28 470 kg berechneten Ausgangsgewicht. Bei Durchrechnung aller Veränderungen ergab sich zum Schluß, daß das Abfluggewicht, das bei der A-7 45 400 kg betragen hatte, bei der Ju 290 B auf 50 620 kg steigen würde. Man hoffte mit der B-Version die Gipfelhöhe der A-7 erheblich verbessern zu können. Die für den Umbau vorgesehene W.Nr. 0184 befand sich 1945 bei Kriegsende noch mitten in den Umbauarbeiten. Außer dieser Maschine standen noch die W.Nr. 0182 und 0183 bei Letov unvollendet.

Junkers Ju 322 »Mammut«

Im Herbst 1940 wurde das »Unternehmen Seelöwe«, die Landung deutscher Truppen an der südenglischen Küste, abgeblasen. Ein wesentlicher Beweggrund für diese wichtige strategische Entscheidung war die Erkenntnis, daß keinerlei Transportmittel zur Verfügung standen, um einen Brückenkopf aus der Luft mit schweren Waffen zu versorgen. Noch im gleichen Jahr wurde unter dem Decknamen »Warschau« ein Entwicklungsauftrag für Großlastensegler an die Firmen Messerschmitt und Junkers vergeben. Gefordert war, daß diese Lastensegler schwerste Waffen, wie den Panzer IV, ein Sturmgeschütz oder eine 8,8 cm Flak einschließlich Zugmaschine, Bedienungspersonal und Munition befördern konnten. Weiterhin wurde der einmalige Einsatz gegen England zugrunde gelegt.

Entwurf Prof. Hertel. Entwickelt aus Projekt EF 94. Während sich bei EF 94 drei MG-Stände beiderseits des verdickten Flächenmittelstücks in der Nähe der Tragflächenhinterkante und auf dem Rumpfansatz befanden, waren bei der Ju 322 zwei MG-Stände in Kanzeln vor der Tragflächenvorderkante. Drei weitere MG-Stände wie bei EF 94 waren vorgesehen, aber bei der Ju 322 V-1 noch nicht eingebaut. Als Schleppflugzeug diente die Ju 90 V-7.

Innerhalb weniger Monate entstanden in der Me 321 und der Ju 322 gigantische Konstruktionen, für deren Erprobung Anfang 1941 im Rahmen des XI. Fliegerkorps zwei Sonderkommandos der Luftwaffe aufgestellt wurden. Davon übernahm das Sonderkommando Merseburg im April 1941 den Prototyp des Ju 322 »Mammut«. Der »Mammut« war eine freitragende Konstruktion in Holzbauweise mit der ungeheuerlichen Spannweite von 82,35 m. Im Aufbau war er mit seinem tiefen Flügel mit großer Profilhöhe, dem kleinen Kastenrumpf als kurzem Leitwerkträger und dem großen Leitwerk der alten Junkers G 38 angeglichen. In den Frachträumen des Flügels und des Rumpfes fanden 140 voll ausgerüstete Soldaten oder 16 000 kg Fracht Platz. Die

109. Junkers Ju 352 V-1

Beladung erfolgte von vorn durch die abgenommene Nase des Flügelmittelstückes, die mit drei Vollsichtkanzeln mit je 1 × 7,9 mm MG 15 bestückt war. Der Führerraum mit zwei nebeneinanderliegenden Sitzen befand sich außerhalb der Nutzlasträume auf dem linken Flügel. Die Steuerung erfolgte über Servo-Geräte, die Bedienung der Landeklappen und des Bremsdornes elektrisch über Akku-Strom. Für die Landung waren vier breite Kufen, je zwei neben- und hintereinander, vorgesehen. Für den Start wurde ein vierachsiger abwerfbarer Wagen mit 32 Rädern entwickelt, der sich nach dem Ausklinken automatisch abbremsen sollte. Sein großes Gewicht von 8000 kg sollte den »Mammut« beim Erreichen einer bestimmten Geschwindigkeit abheben lassen, ohne daß der Wagen mitgerissen wurde oder sprang. Beim ersten Start, für den als einzig mögliche Schleppmaschine eine Ju 90 mit amerikanischen Triebwerken zur Verfügung stand, wurde der Wagen doch mithochgerissen und zerschellte anschließend. Die *Ju 322 V-1* aber pendelte beim Schlepp so stark um die Hochachse, daß sie ausklinken mußte. Trotz der Vergrößerung des Seitenleitwerkes befriedigte sie flugeigenschaftsmäßig auch bei weiteren Starts nicht. Anfang Mai 1941 wurde sie zugunsten der Me 321 »Gigant« fallengelassen und der Serienbau, der vor der Erprobung bereits angelaufen war, wieder gestoppt.

Junkers Ju 352

Der immer stärker werdende Mangel an Aluminium führte dazu, daß man bei Junkers eine Ju 252 in Gemischtbauweise projektierte. Die Verschiedenheit der Bauweise beweist, daß trotz äußerer Ähnlichkeit die so entstehende Ju 352 mit der Ju 252 nichts gemein hatte. Nicht ein Bauteil der Ju 252 konnte bei der Ju 352 verwendet werden. Eine Ausnahme bildete die Trapoklappe im Rumpfende. Der Rumpf war eine geschweißte Stahlrohrkonstruktion, die durch geformte Holzteile verkleidet wurde. Der Raum zwischen Führerraum, Endkappe und oberhalb des Lastraumbodens war

89. Junkers Ju 352 A-1

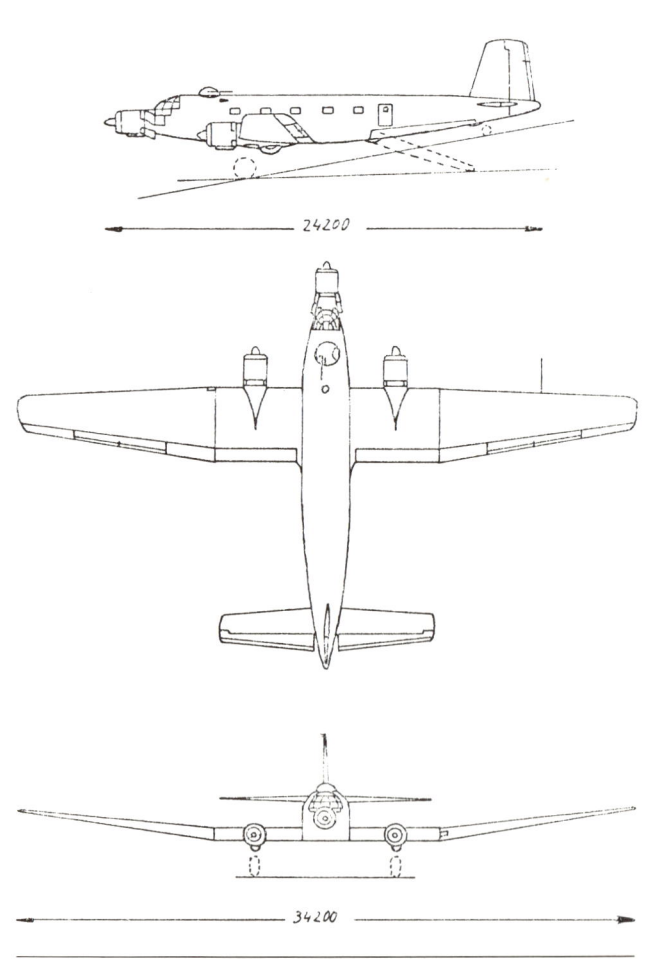

110. Junkers Ju 388 L-0

stoffbespannt. Nur Führerraum, Rumpfendkappe, Motor-gondeln, Trapoklappe, vier Tankdeckel an der Flügelober-seite und die Flächenvorderkanten bestanden noch aus Aluminiumlegierungen. Die Tragflächen bestanden aus Holz. Als Triebwerk mußte der BMW-Bramo 323 R-2 mit einer Startleistung von 1200 PS und einer Dauerleistung von 680 PS verwendet werden, da die Fertigung des Jumo 211 F und J nicht einmal für He 111 und Ju 88 ausreichte. Das Fahrwerk, das bei der Ju 252 aus kleineren Doppelrädern bestand, erhielt bei der Ju 352 größere Einzelräder. Wegen der durch Luftangriffe eingeschränkten Lieferkapazität von Junkers Dessau und Bernburg, mußte der Bau der Ju 352 nach Fritzlar verlegt werden.

Auf Wunsch des RLM hatte man bei der Tankanlage weniger auf große Reichweite als auf hohe Nutzlast Wert gelegt. So kam es, daß bei der Ju 352 die Reichweite um 900 km geringer war als bei der Ju 252. Es stellte sich dann aber heraus, daß die Nutzlast bei der Ju 352 trotzdem noch um 1250 kg niedriger war als bei der Ju 252. Der Prototyp Ju 352 V-1 startete in Fritzlar am 1. Oktober 1943. Das Technische Amt hatte bereits den Serienauftrag erteilt, so daß der Serienbau sofort aufgenommen werden konnte. Auch der zweite Prototyp Ju 352 V-2 flog wie V-1 noch ohne Bewaffnung. Bei den weiteren Maschinen wurde als Abwehrbewaffnung ein Drehturm HD 151/2 mit zwei MG 151/20 auf hydraulischem Drehkranz eingebaut. Die Erprobung der ersten beiden Prototypen in Rechlin verlief befriedigend. Als erste Einheit erhielt im Juli 1944 das KG 200 die ersten beiden Ju 352 A-0. Die folgenden Maschinen kamen nur in vereinzelten Fällen zum Fronteinsatz.

Das KG 200 wurde erst am 20. Februar 1944 aufgestellt. Am 29. Februar 1944 stand die I. Gruppe einsatzbereit. Schon die Zusammensetzung der Flugzeugtypen der I., später auch der II. Gruppe zeigten, daß dieser Verband für Spezialaufgaben vorgesehen war. Neben He 111 H-20, Do 217 E-4 flogen italienische SM 75, tschechische B-71, französische LéO 246,

LéO 451 und amerikanische B-17. Dazu gesellten sich nun die beiden Ju 352 und mehrere Ju 290.

Obwohl die Ju 352 rohstoffmäßig nicht von der angespannten Lage betroffen war, unterlag sie trotzdem dem Bauverbot für mehrmotorige Flugzeuge im Herbst 1944. Bis zum Beginn des Baustopps hatte Junkers 44 Ju 352 V, A-0 und A-1 fertiggestellt. Dreißig Maschinen hatte die Großraum-Transportgruppe der Luftflotte Reich erhalten. Die gegnerische Luftüberlegenheit verhinderte größere Einsätze. Es kam nur zu Einzeleinsätzen in der Dämmerung und bei Nacht. Im März wurden die Transportverbände langsam aufgelöst und die Maschinen abgestellt, wo sie bald alliierten Tieffliegerangriffen zum Opfer fielen. Am 25. April 1945 existierten noch 23 einsatzfähige Ju 352!

Eine Ju 352 wurde dann 1946 auf der Luftkriegsbeuteschau in Farnborough ausgestellt. Eine Ju 252 konnte der Autor noch im Herbst 1945 auf dem Flugplatz Staaken dicht an der Bahnlinie Berlin – Hamburg beobachten.

Junkers Ju 388

Weiterentwicklung der Ju 188 als Höhenflugzeug. Von dem Vorgängermuster wurden Tragfläche und Höhen-Leitwerk komplett übernommen. Eine Geschwindigkeitserhöhung konnte durch den vollkommen umkonstruierten Rumpfbug mit verbesserter aerodynamischer Durchbildung erreicht werden. Weitere Standard-Unterschiede gegenüber den Mustern der Ju 188-Reihe: Verwendung von Höhenmotoren mit Vierblatt-Luftschrauben, Einbau einer Druckkabine mit Klimaanlage, Bordheizgerät für Höhenflossenenteisung und ungeschützter Kraftstoffzusatzbehälter mit 500 Liter Fassungsvermögen und Schnellablaß im linken Flügelaußenteil. Die Versionen Ju 388 K und L besaßen einen Vollsicht-Kampfkopf, die Version Ju 388 J einen soliden Bug mit aufgesetzter Führerraumabdeckung. Alle in der Fertigung gewesenen Muster wurden von BMW 801 TJ Höhentriebwerken mit Abgasturbolader angetrieben. Der Einbau von

111. Junkers Ju 388 V-2, Musterflugzeug für J-Serie △

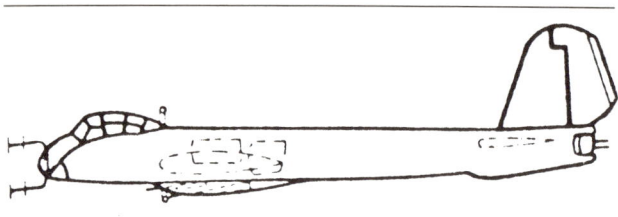

90. Junkers Ju 388 J-1 ◁

Jumo 213, Jumo 222 A/B und E/F war vorgesehen. 103 Maschinen verließen das Band in Bernburg, 143 = 3, 1944 = 87 und 1945 = 12 Stück.

Ausgangsmuster war eine Ju 188 F-1, Kennzeichen DW + YY, die eine Höhenkammer erhielt und mit BMW 801 TJ ausgerüstet wurde. Die Bewaffnung bestand aus einem Waffentropfen WT 81 Z unter dem Rumpf. Die Erprobung fiel so befriedigend aus, daß noch weitere zehn Maschinen in Merseburg zu Ju 88 L-0 umgebaut wurden.

Musterflugzeug für die geplante J-Serie wurde Ju 388 V-2, für die K-Serie Ju 388 V-3.

Junkers Ju 388 J-Reihe

Version als Höhen-Nachtjäger, die ab 1944 bis zum Kriegsende gebaut wurde und hauptsächlich zur Bekämpfung von »Mosquito«-Bombern zum Einsatz kam.

Ju 388 J-1

In kleinerer Stückzahl 1944 gebaute Version mit einer Bewaffnung von 2 × 30 mm MK 103 und 2 × 20 mm MG 151/20 in einer Waffenwanne unter der linken Rumpfunterseite. Besatzung drei Mann.

Typ: Zweimotoriger Höhen-Nachtjäger.
Flügel: Freitragender Tiefdecker in Ganzmetallbauweise, komplett von der Ju 188 übernommen, jedoch ohne Sturzflugbremsen, aber mit ungeschütztem Zusatztank im linken Außenflügel. Aufbau siehe bei Ju 188 A-1.

Rumpf: Ganzmetall-Schalenrumpf mit ovalem Querschnitt und kleinem Durchmesser. Rumpfbug mit solider Nase für die Aufnahme der Radar-Antenne, dahinter Druckkabine: Verdicktes Heck für Heckstand. Abdeckklappen aus Holz.

Leitwerk: Freitragendes Normalleitwerk, im Aufbau ähnlich dem der Ju 188 C-1, jedoch mit Warmluftenteisung für die Höhenflossennase. Die Warmluft wird in Kärcher-Öfen erzeugt.

Fahrwerk: Einziehbares Normalfahrgestell entsprechend dem der Ju 88 A-4. Die Hydraulikanlage, gleichzeitig für Landeklappen und Waffen benötigt, arbeitet unter einem erhöhten Betriebsdruck von etwa 60 atü. Hierzu mußte ein besonderer Kühler eingebaut werden.

Triebwerk: Zwei BMW 801 TJ luftgekühlte Vierzehnzylinder-Doppelsternmotoren mit Abgasturboladern und 2 × 2000 PS Startleistung. Vierflügelige VDM-Verstell-Luftschrauben von 3,70 m Durchmesser.

Besatzung: 3 Mann in Druckkabine.

Militärische Ausrüstung: Lichtenstein SN 2 Funkmeßanlage mit Hirschgeweihantenne im Bug. Bewaffnung bestehend aus 2 × 30 mm MK 103 und 2 × 20 mm MG 151/20 in Waffenwanne unter der linken Rumpfunterseite, starr nach vorne schießend. Durch Periskop ferngesteuerter Heckstand mit 2 × 13 mm MG 131 (FHL 131 Z).

Es wurden nur noch Ju 388 V-4 und V-5 als Ju 388 J gebaut. Die Versionen J-2 und J-3 nicht mehr.

Ju 388 J-3

Verbesserte J-2 mit zusätzlichen 2 × 20 mm MG 151/20 als »schräge Musik« auf dem Rumpfrücken. Nur noch Ver-

112. Junkers Ju 388 K-1

suchsausführung 1945, zu einem Serienanlauf kam es nicht
mehr.

Junkers Ju 388 K-Reihe
Abwandlung der J-Reihe als Höhenbomber mit einem als
Vollsicht-Druckkabine ausgebildeten Rumpfbug für drei
Mann Besatzung.

Ju 388 K-0
Vorserie. Umbau von 10 Ju 188 E-1 in Merseburg. Unter-
schied gegenüber K-1: Heck und Leitwerk wie 188 E-1, keine
Heckbewaffnung!

Ju 388 K-1
Serienausführung mit 2 × 2000 PS BMW 801 TJ. Ähnlich
der Ju 88 S-2 und der Ju 188 G war zur Vergrößerung des
Bombenraumes eine große Wanne unter dem Rumpf angebracht. Abwehrbewaffnung durch fernbetätigten Heckstand
mit 2 × 13 mm MG 131. Als Mustereinbau wurde die
Verwendung eines druckdichten B-Standes mit 1 × 13 mm
MG 131 auf der Steuerbordseite des Kanzelauslaufes versucht; nur vier Stück gebaut.

Junkers Ju 388 L-Reihe

Ju 388 L-0
Zehn Stück Umbau aus Ju 188 F-1. Kein Heckstand.

Ju 388 L-1
Ähnlich K-1, Reihenbildgeräte in Holzwanne, kleine Serie.

Ju 388 M-1
Geplanter Torpedobomber für Einsatz. Torpedogleiter L 10
und L 11.

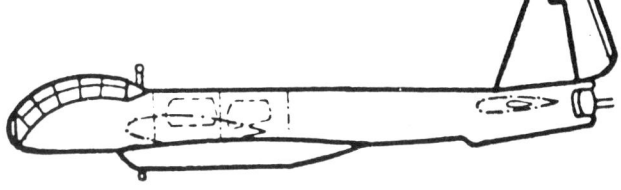

91. Junkers Ju 388 K-1

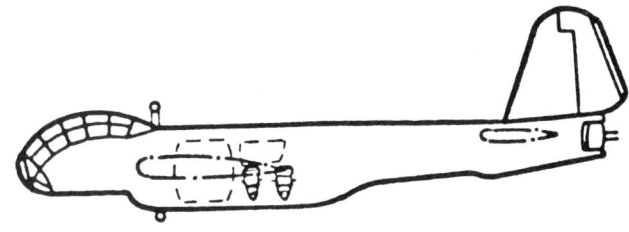

92. Junkers Ju 388 L-1 △
113. Junkers Ju 388 L-1 b ▽

129

Junkers Ju 390

Bereits 1942 beteiligte sich Junkers an einem Wettbewerb, den das Technische Amt (GL/C) für einen Langstreckenbomber ausschrieb, der in der Lage sein sollte, Ziele in USA, vornehmlich New York, anzugreifen. An diesem Wettbewerb beteiligte sich Heinkel mit der He 274 und 277, Messerschmitt mit der Me 264 und Tank mit der Ta 400 und den Projekten 0310224.30 und 0310225.

Junkers wählte den einfachsten Weg: eine nach dem Baukastenprinzip vergrößerte, sechsmotorige Ju 290, die Ju 390. Da diese Lösung den kleinsten Aufwand an Fertigungsmitteln und Vorrichtungen erforderte, wurde Junkers mit dem Bau von zwei Musterflugzeugen beauftragt. Da zum Bau der beiden Maschinen größtenteils Elemente der Ju 90 und 290 verwendet werden konnten, erfolgte der Erstflug der Ju 390 V-1 bereits am 21. Oktober 1943. An ihr waren nicht nur die Luftwaffe, sondern auch die Lufthansa, wo man bereits an einen Nachkriegs-Transatlantikluftverkehr glaubte, und später auch Japan, interessiert, da man mit diesem Flugzeug die Westküste der USA von Japan aus hätte angreifen können und die japanischen Entwürfe für derartige Flugzeuge noch im Projektstadium waren.

Flugkapitän Hans Pancherz, der die Ju 390 V-1, GH + UK, als erster geflogen hat, hielt nach dem Kriege in Dänemark einen Vortrag über seine Tätigkeit im Kriege. Dabei erklärte er, daß die Ju 390 V-1, die er geflogen habe, die einzige Ju 390 gewesen sei. Dies war ein Irrtum, denn dem Flugbuch des Oberleutnants Eisermann von der Erprobungsstelle Rechlin ist zu entnehmen, daß dieser die Ju 390 V-2, noch ohne Kennzeichen von Rechlin nach Lärz geflogen hat. Der Flug fand am 3. Februar 1945 statt. Flüge mit der Ju 390 nach Japan, die oft berichtet wurden, haben nie stattgefunden. Für das sogenannte »Kommando Japan«, das auch nicht durchgeführt wurde, wurden nur Ju 290 bereitgestellt.

Die Lufthansa hatte vergebens gehofft, daß das 1940/41 entstandene Junkers-Projekt EF 100 realisiert wurde. Diese Maschine war für drei Reichweiten ausgelegt: 4000, 6000 und 9000 Kilometer. Diese enormen Reichweiten bei einer Nutzlast von bis zu 100 Fluggästen sollte mit Hilfe von sechs Dieselmotoren Jumo 223 von je 2500 PS erreicht werden. Dieses Projekt blieb aber im Windkanalmodell-Stadium stecken. So erschien die Ju 390 eine Ersatzlösung anzubieten. Es wurde sogar ein Schaumodell mit den Kennzeichen D-AZIL gebaut. Dabei blieb es. Das Modell stand nach dem Kriege im Flughafen Frankfurt in der Abflughalle.

94. Junkers Ju 390 B ▷

93. Junkers Ju 390 V-1 ▽

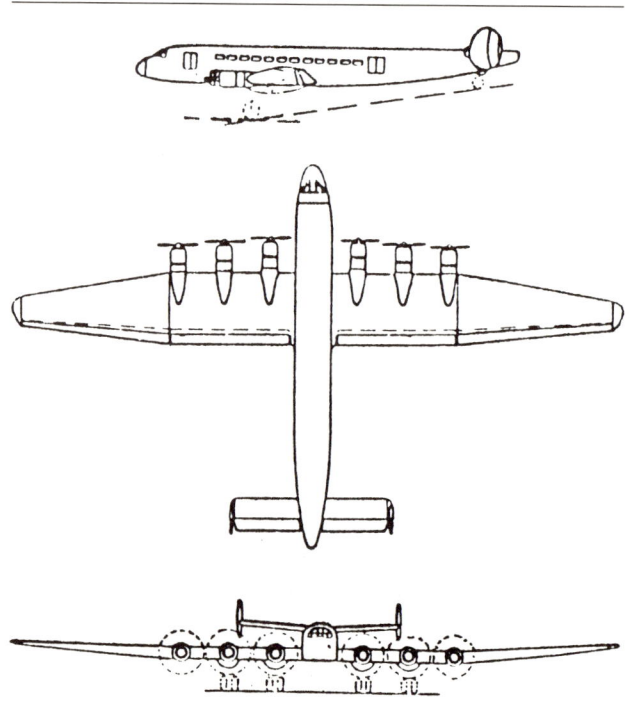

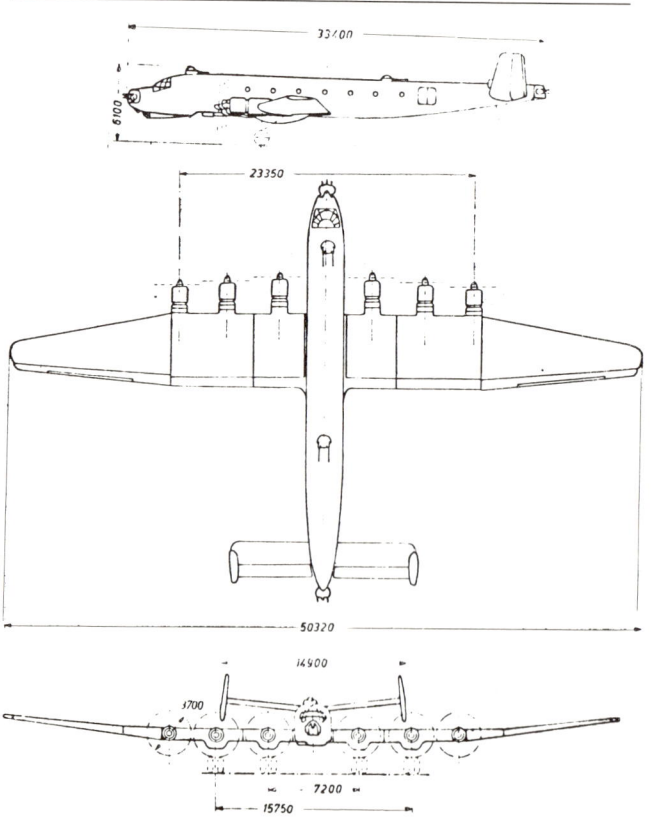

114. Junkers Ju 390 V-1 GH + UK △

115. Junkers Ju 390 Modell der geplanten Lufthansa-Ausführung ▽

Aber auch das Projekt des Nachbaus der Ju 390 in Japan konnte nicht verwirklicht werden, trotzdem die Japaner größten Wert darauf legten. Die Lizenzverhandlungen waren zwar im Januar 1945 abgeschlossen und Junkers hatte alle Pläne und Bauvorschriften fertig zur Übergabe an die Japaner. Das Kriegsende in Europa machte aber alles unmöglich.

Ju 390 A-0
Geplante Vorserie als Langstrecken-Verkehrsflugzeug für fünf Mann Besatzung und 48 Passagiere.

Ju 390 A-1
Ausführung als Transporter für die Luftwaffe mit einer Beladeklappe unter dem Rumpfheck.

Junkers Ju 390 B-Reihe
Gleich der Praxis bei der Ju 290 wurde auch bei der Ju 390 eine anschließende Verwendung als Langstreckenaufklärer vorgesehen. Als Ausgangsmuster wurde hier die Ju 290 B gewählt, ebenfalls mit einer Bewaffnung von 6 × MG 151/20 und 8 × MG 131. Sechs zusätzliche Kraftstoffbehälter sollten im Rumpf untergebracht werden.

95. Junkers Ju 488 V-1

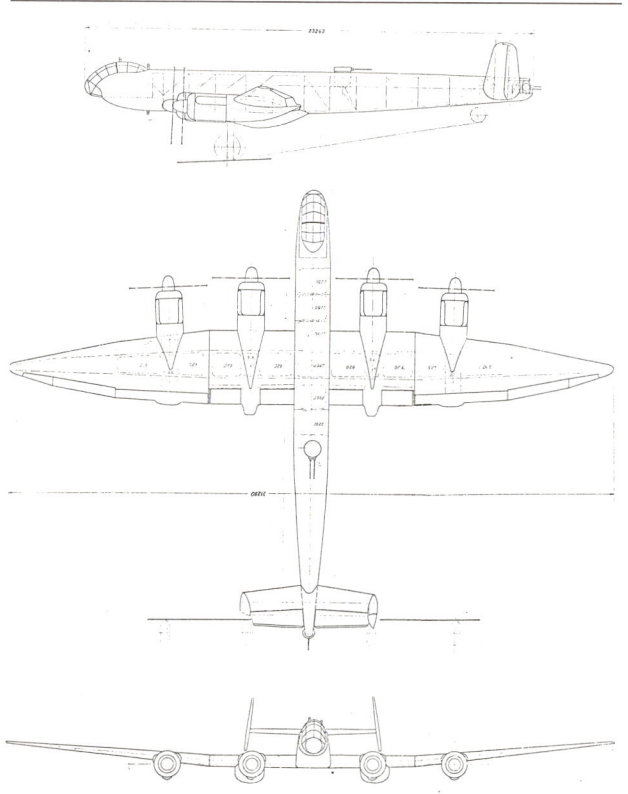

Junkers Ju 390 C-Reihe
Abwandlung der Ju 390 B als Langstreckenbomber. Rumpf-Kraftstoffbehälter auf vier reduziert und Gehänge für Henschel-Gleitbomben vorgesehen.

Junkers Ju 488
Um schnell und mit einem Minimum an Aufwand, Konstruktionsarbeit, Material und Arbeitszeit zu einem viermotorigen Höhenbomber zu kommen, wurden bei Junkers ausgedehnte Untersuchungen über die Verwendung von Einzelteilen der Ju 88, Ju 188, Ju 288 und Ju 388 zu einem solchen Großprojekt angestellt, die schließlich 1944 in der Ju 488 ihren Niederschlag fanden. Zwei Versuchsmuster dieses Viermotorigen, die *Ju 488 V-1* und *Ju 488 V-2* standen gegen Kriegsende in Toulouse kurz vor der Fertigstellung, wurden dann aber durch einen Bombenangriff zerstört. Während die V-1 noch keine Bewaffnung trug, sollte die V-2 bereits mit der Abwehrbewaffnung ausgestattet werden und damit der nachfolgend beschriebenen Ju 488 A-1 entsprechen.
Vier Maschinen befanden sich bei Latécoère noch im Bau, wurden aber nicht mehr fertiggestellt.

Ju 488 A-1
Geplante Serienausführung mit Abwehrbewaffnung im Heck.

Typ: Viermotoriger Höhen-Bomber.
Flügel: Freitragender Mitteldecker. Vierteiliger, zweiholmiger Ganzmetallflügel. Außenteile mit Motoranschlüssen komplett von der Ju 388 übernommen, mit zweigeteilten Querrudern und einteiliger Landeklappe. Rechteckige Mittelteile zwischen Rumpf und Außenflügel mit Anschlüssen für die Innenmotoren neu konstruiert. Hinterkante als Landeklappe.
Rumpf: Zusammengesetzter Ganzmetallaufbau. Vorderteil mit Druckkabine von der Ju 388 K-1 mit dem Ansatz der Bombenwanne. Hinterteil aus dem verdickten Heck der Ju 188 C-1 für den Einbau des Heckstandes abgeleitet. Zwischenrumpfteil mit langem, abgedecktem Bombenschacht als Neukonstruktion.
Leitwerk: Freitragendes Höhenleitwerk mit doppeltem Seitenleitwerk als Endscheiben in Ganzmetall, komplett von der Ju 288 C-1 übernommen.
Fahrwerk: Einziehbares Normalfahrgestell. Unter jeder Motorengondel ein Hauptrad der Ju 188. Spornrad ebenfalls von der Ju 188.
Triebwerk: Vier BMW 801 TJ luftgekühlte Vierzehnzylinder-Doppelsternmotoren mit Abgasturboladern und 4 × 2000 PS Startleistung. Vierblatt-Luftschrauben (Einheitstriebwerke der Ju 388). Kraftstoffkapazität 4090 Liter.
Besatzung: 3 Mann in vollsichtverglaster Druckkabine der Ju 388.
Militärische Ausrüstung: Abwehrbewaffnung von 2 × 13 mm MG 131 in fernbetätigtem Heckstand (FHL 131 Z). Bombenzuladung nur als Innenlast.

Junkers Ju 635
Die Heinkel-Werke, die für den Tandemmotorjäger Dornier DO 335 die Nachtjägerversionen Do 335 B-4 und B-8 mit einer vergrößerten Fläche geschaffen hatten, erhielten nach

ihren Erfolgen mit der aus zwei He 111 zusammengesetzten He 111 Z den Auftrag, auch zwei der großflächigen Do 335 zu einem Langstreckenaufklärer mit einem neuen, Kraftstoff fassenden Mittelstück zu einer Zwillingsmaschine zu vereinen. Diese Arbeit lief unter der Projektbezeichnung He P. 1075 und wurde nach ihrem Abschluß Dornier zur Verwirklichung übergeben. Diese Do 635 wurde im fortgeschrittenen Konstruktionsstadium Junkers übermittelt, die ausgedehnte Windkanaluntersuchungen anstellten und das Muster zur Ju 635 weiterentwickelten. Gegenüber der Originalkonstruktion erhielt der Junkers-Entwurf wesentlich geräumigere Rümpfe mit Druckkabinen für die drei Mann Besatzung und zusätzliche Kraftstoffbehälter. Auch die anderen Teile wurden im Detail überarbeitet und besonders für eine rationelle Reihenfertigung zugeschnitten, sowie das Fahrwerk wesentlich vereinfacht. Trotz des wesentlich veränderten Aussehens gegenüber der Originalkonstruktion konnten doch noch die meisten Großbauteile der Do 335 in der Konstruktion Verwendung finden. Das Muster wurde noch vor Baubeginn infolge des anlaufenden Jäger-Notprogrammes von der Fertigungsliste gestrichen.

Typ: Viermotoriger Langstreckenaufklärer.
Flügel: Freitragender Tiefdecker. Dreiteiliger Ganzmetallflügel. Außenteile leicht abgeändert von der Do 335 B übernommen. Mittelstück mit rechteckigem Umriß als Neukonstruktion, weitgehend zur Aufnahme von Kraftstoff herangezogen.
Rumpf: Doppelrumpfanordnung. Ganzmetall-Schalenrümpfe als Neukonstruktion, jedoch unter Verwendung von Bauteilen der Do 335.
Leitwerk: Für jeden Rumpf ein freitragendes Ganzmetall-Leitwerk in Kreuzform, mit konstruktiven Abweichungen von der Do 335 übernommen.
Fahrwerk: Einziehbares Vierradfahrwerk, bestehend aus je einem Bug- und Hauptrad unter jedem Rumpf, nach hinten einfahrbar.
Triebwerk: Vier Daimler-Benz DB 603 E flüssigkeitsgekühlte Zwölfzylinder-∧-Motoren mit 4 × 1750 PS Startleistung, MW 50 Wasser-Methanol-Einspritzanlage. Zwei Triebwerke mit Zugschrauben und Ringkühlerverkleidung in den beiden Rumpfspitzen. Zwei Triebwerke in den Rumpfmitten mit Bauchkühler unter dem Heck, Druckschrauben hinter dem Leitwerk treibend. Kraftstoffkapazität einschließlich der als Standardausrüstung mitgeführten zwei abwerfbaren Zusatzbehältern unter den Außenflügeln 18 000 Liter.
Besatzung: 3 Mann, bestehend aus Pilot und Funker in einer Druckkabine im linken Rumpf, Bordmechaniker mit einer Hilfssteueranlage in einer Druckkabine im rechten Rumpf.
Militärische Ausrüstung: Keine Bewaffnung. Bildgeräteausrüstung in den Mittelrümpfen.

Junkers-Projekte

Im Gegensatz zu den anderen Firmen der deutschen Luftfahrtindustrie, bei denen Projekte durchwegs den Index P erhielten, wurden die Junkers-Projekte als Entwicklungsflugzeug mit dem Index EF bezeichnet. Für die laufende Strahltriebwerksentwicklung wurde eine Reihe von Entwürfen ausgearbeitet, um zu einer optimalen Zelle zu kommen, die den veränderten Anforderungen des Strahlantriebes

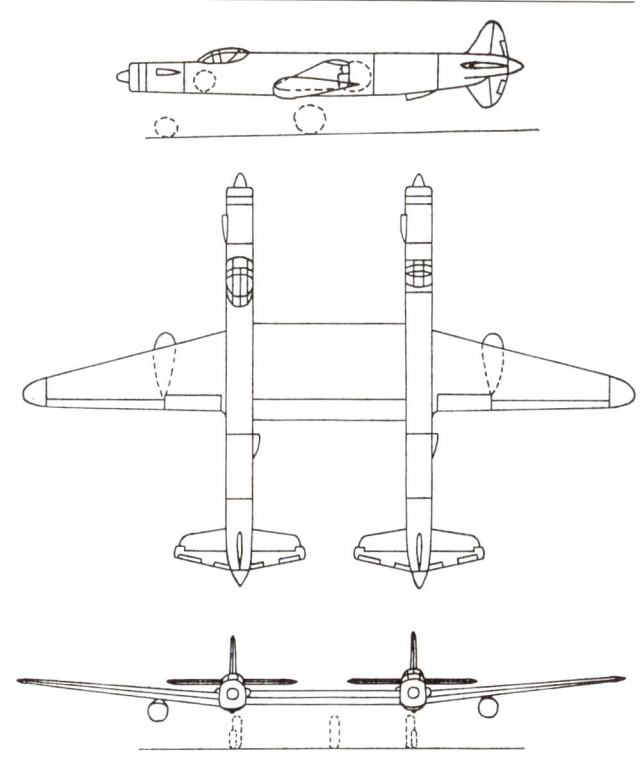

96. Junkers Ju 8-635

gerecht wurde. Keines der nachfolgend beschriebenen Projekte kam bis zur Bauausführung. Da der Antrieb der Strahlturbinen eine wesentliche Geschwindigkeitserhöhung versprach, verliefen die ersten Arbeiten in Richtung auf ein Höchstgeschwindigkeits-Rekordflugzeug. Der entsprechende Entwurf trug die Bezeichnung **Junkers Rekord-EF** und war als freitragender Tiefdecker mit einem Normalleitwerk ausgelegt. Zwei Strahlturbinen hingen, weit vorgebaut, an Konsolen unter dem Flügel, der normale Querruder und unter dem Rumpf durchlaufende kurze zweiteilige Spreizklappen besaß. Der Pilot saß in Rumpfmitte unter einer aufgesetzten Haube. Kraftstoff befand sich in zwei Tanks im Rumpfbug und hinter dem Sitz. Einziehbares Normalfahrgestell mit nach vorne in den Rumpf einklappbaren Haupträdern und ebenfalls nach vorne in das Rumpfheck einfahrbarem Schleifsporn. Die **Junkers EF 08** war der Entwurf für einen vierstrahligen Bomber. Freitragender Schulterdecker mit freitragendem Normalleitwerk und einziehbarem Normalfahrgestell, Hauträder in den Rumpf einziehbar. In der als Bug ausgebildeten Druckkabine saßen zwei Mann Besatzung Rücken an Rücken, von denen der hintere die beiden ferngesteuerten Drehtürme auf Rumpfober- und -unterseite

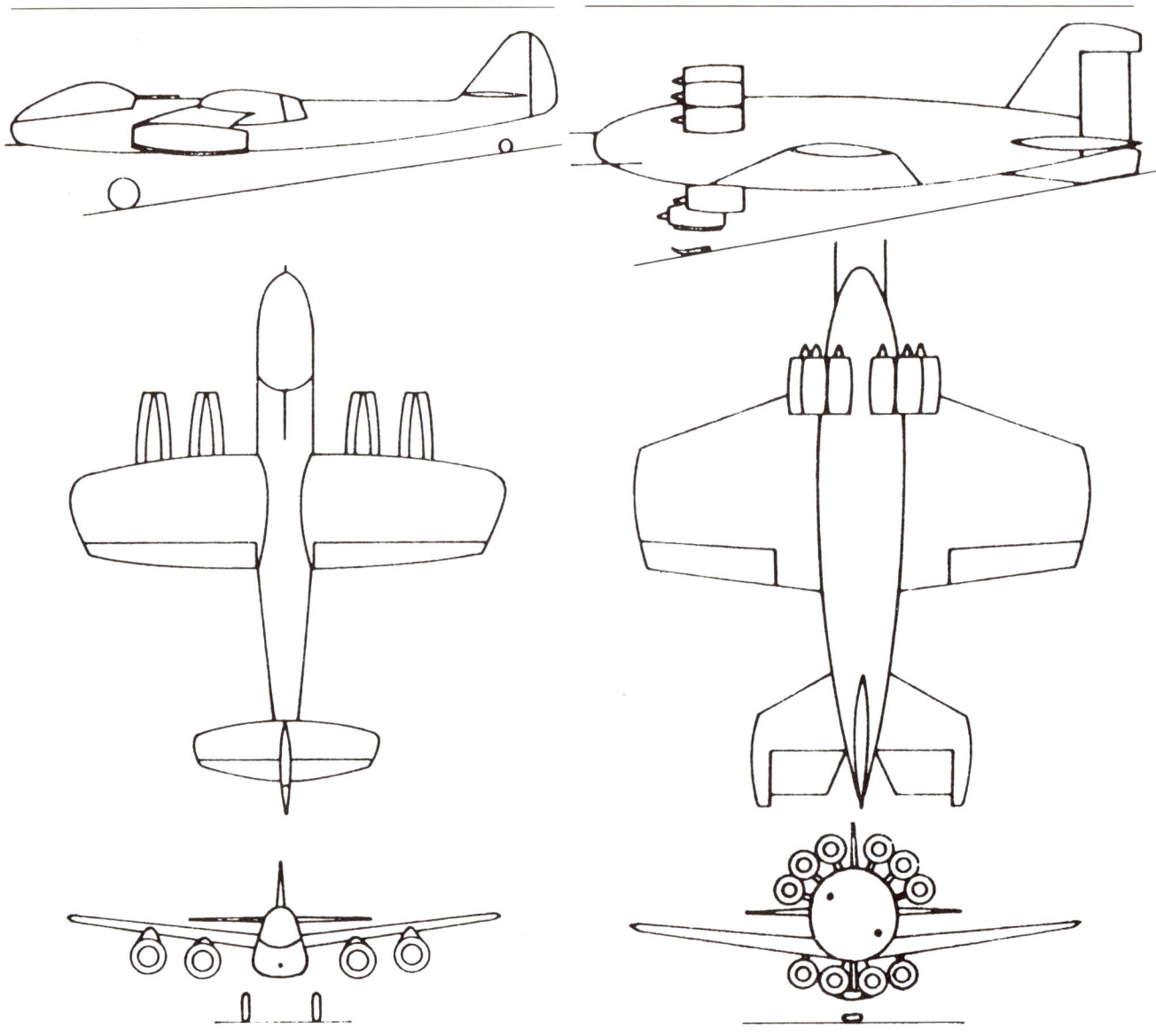

97. Junkers Ju EF 008

98. Junkers Ju EF 009

mit je 1 × 20 mm MG 151/20 bediente. Die vier Strahlturbinen hingen in Einzelaufhängung an Konsolen unter dem Tragflügel kurzer Spannweite. Ein ungewöhnlicher Entwurf war der Jagdeinsitzer **Junkers EF 09.** Der freitragende Tiefdecker mit kurzen Flächen großer Tiefe besaß ebenfalls ein freitragendes Normalleitwerk mit als Kufe ausgebildeter Kielflosse. Im Bug des Rumpfes waren versetzt 2 × 30 mm MK 108-Kanonen untergebracht, dahinter befand sich der Pilot in liegender Stellung. Der Antrieb bestand aus 10

Schubrohren, die ringförmig an kleinen Konsolen um den Rumpfbug in Höhe der Flügelvorderkante saßen. Ebenfalls unter dem Rumpfbug saß noch eine einziehbare Zentralkufe für die Landung. Der Start sollte an einer Lafette erfolgen. Ein weiterer Objektschutzjäger-Entwurf entstand in der **Junkers EF 011,** die im Aufbau etwa dem Rekordflugzeug entsprach, jedoch unter dem Rumpf einen weit vorstehenden Behälter besaß, in den das zentrale Laufrad hochgezogen wurde und an dessen Seiten zwei Walter-Raketen saßen. Die

134

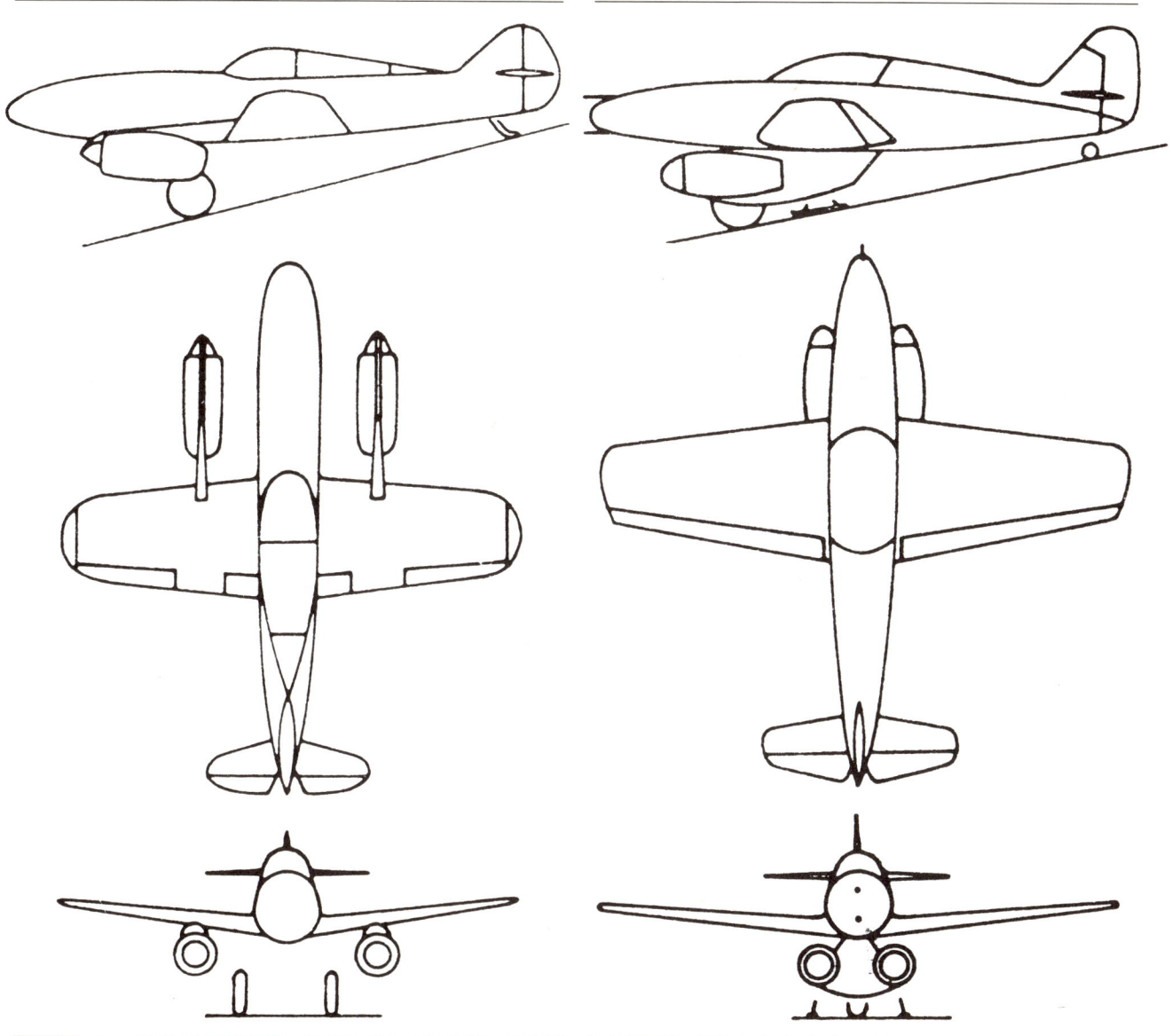

99. Junkers Ju Rekordflugzeug-Projekt

100. Junkers Ju EF 011

Rollstabilität wurde durch zwei seitlich an den Triebwerken angebrachte Hilfskufen gewährleistet. Die Bewaffnung bestand aus 2 × 20 mm MG 151/20 im Rumpfbug. Besatzung ein Pilot. Ein weiterer vierstrahliger Bomberentwurf mit zwei Mann Besatzung entstand in der **Junkers EF 012,** einem freitragenden Mitteldecker mit einfachem Rechteckflügel. Über die gesamte Flügelhinterkante durchlaufende Klappen. Freitragendes Normalleitwerk und starres Normalfahrgestell. Hauptträder unter dem Flügel angelenkt und

verkleidet. Die vier Strahltriebwerke saßen paarweise an den Fahrgestellwurzeln unter dem Flügel. Bewaffnung aus zwei ferngelenkten Drehtürmen mit je 1 × 20 mm MG 151/20 bestehend. Spannweite des Musters 15,50 m. Die Ableitung der EF 012 mit in den Rumpf einziehbarem Fahrgestell, den vier Strahlturbinen in Einzelaufhängung unter dem Flügel und einer starren Bewaffnung von 2 × 20 mm MG 151/20 im Rumpfbug trug die Bezeichnung **Junkers EF 015.** Der zweistrahlige Jagdeinsitzer **Junkers EF 017** besaß Ähnlich-

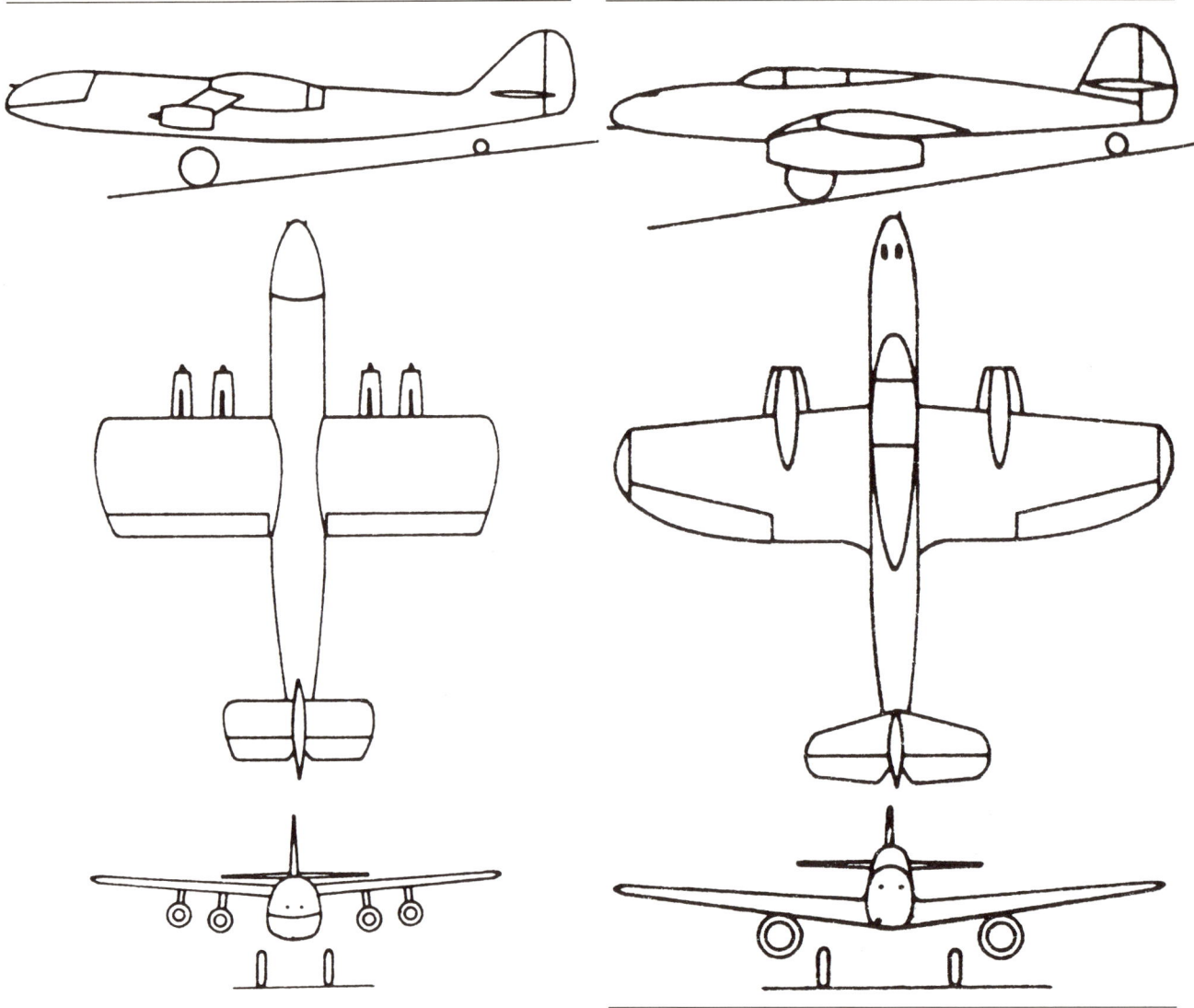

101. Junkers Ju EF 015

102. Junkers Ju EF 017

keit mit der von Heinkel entworfenen He 280, wenn von dem normalen Zentralseitenleitwerk der Junkers-Konstruktion abgesehen wird. Die Bewaffnung bestand aus 2 × 20 mm MG 151/20 starr im Rumpfbug. Bei einem ähnlichen Aufbau wie der der EF 011 entstand schließlich noch das Projekt **Junkers EF 018** als Jagdeinsitzer mit vier Strahlturbinen unter dem Mittelflügel, einziehbarer Zentralkufe unter dem Rumpf und einfahrbaren Hilfskufen zwischen den Triebwerken. Die Bewaffnung dieser Maschine sollte aus 2 × 20 mm MG 151/20 und 2 × 30 mm MK 103 bestehen. Bei dem der EF 017 angeglichenen Aufbau wurde noch der zweistrahlige

Jagdeinsitzer **Junkers EF 019** mit geändertem Flächenumriß, breiterem Rumpf und in den Flügeln liegenden Strahlturbinen projektiert. Die Bewaffnung bestand aus 2 × 20 mm MG 151/20 und 2 × 30 mm MK 103 im Rumpfbug.

Junkers-Projekt EF 09

Über die EF-Projekte, die an dieser Stelle auch bildlich gezeigt werden, ist bereits soweit berichtet worden, als Informationen über diese zur Verfügung standen. Lediglich über das EF 09 liegen nunmehr nähere Einzelheiten vor. Der

136

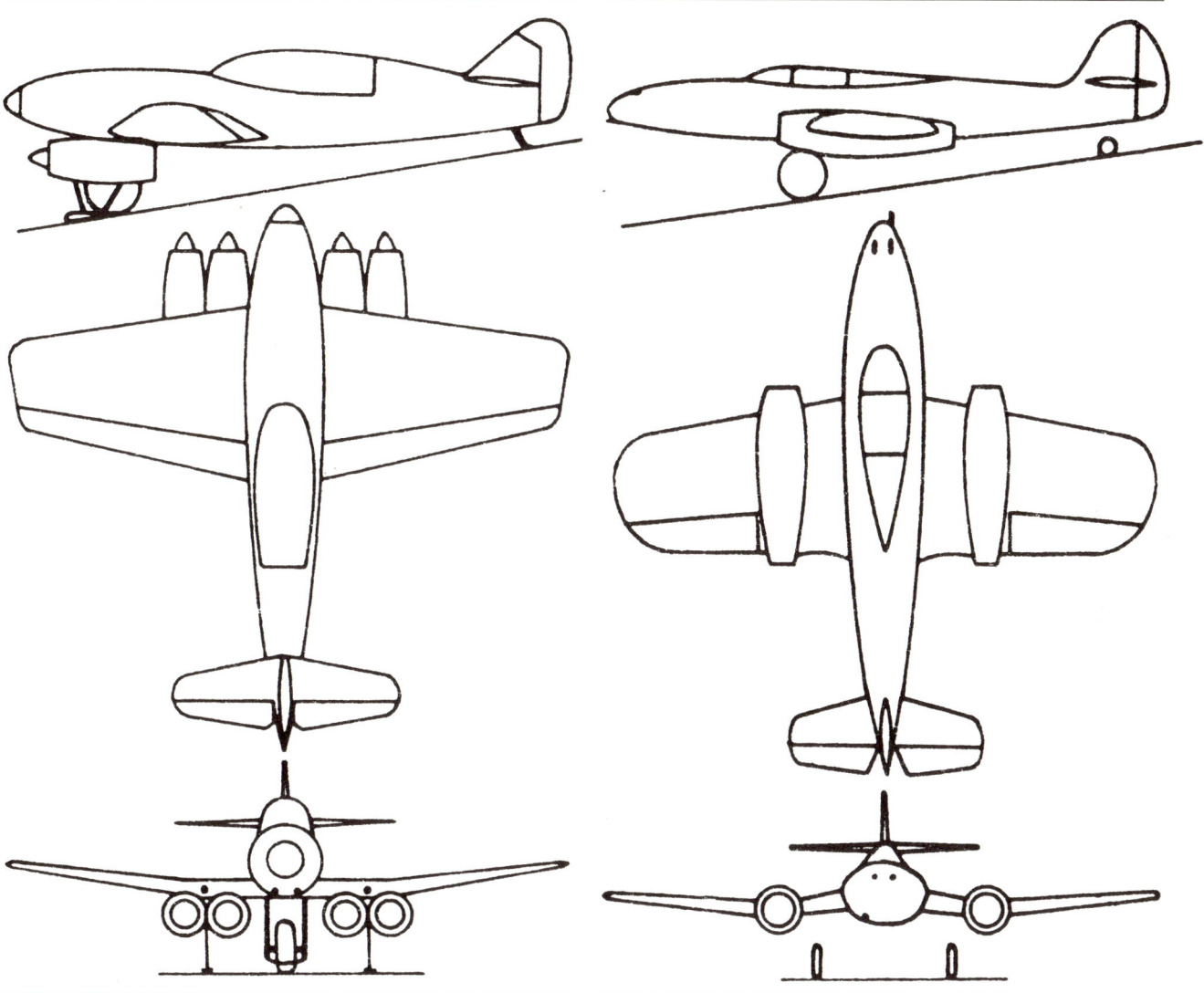

103. Junkers Ju EF 018

104. Junkers Ju EF 019

Entwurf wird offiziell als Hubjäger bezeichnet, der über ein Triebwerk von zehn Klein-Strahltriebwerken verfügte. Die Maschine sollte mit einer Steiggeschwindigkeit von 77 m/sec senkrecht starten und dann in Angriffshöhe in Horizontalflug übergehen, in dem sie eine Höchstgeschwindigkeit von 880 – 905 km/h erreichen sollte. Trotzdem der ganze Flügel der Maschine als Kraftstoffbehälter ausgebildet war, hatten die Triebwerke nur eine Laufzeit von 6 Minuten. Die Landung sollte im Gleitflug erfolgen, wobei man eine Landegeschwindigkeit von 160 km/h berechnete. Die ungeheuren Druckbelastungen des Piloten während des strahlge-

triebenen Fluges wollte man durch liegende Anordnung des Führersitzes teilweise ausgleichen. Bei einer Länge von 5,0 m und einer Spannweite von 4,0 m sollte die Maschine ein Fluggewicht von 2000 kg haben. Als Bewaffnung waren nicht zwei MK 108, sondern zwei MG 151/20 vorgesehen.

Junkers-Projekt EF 017

Windkanalmodell eines wahrscheinlich einmotorigen Flugzeugs für hohe Geschwindigkeiten, das in seiner Linienfüh-

137

116. Junkers EF 012
Modell im Windkanal

117. Junkers EF 015
Modell im Windkanal

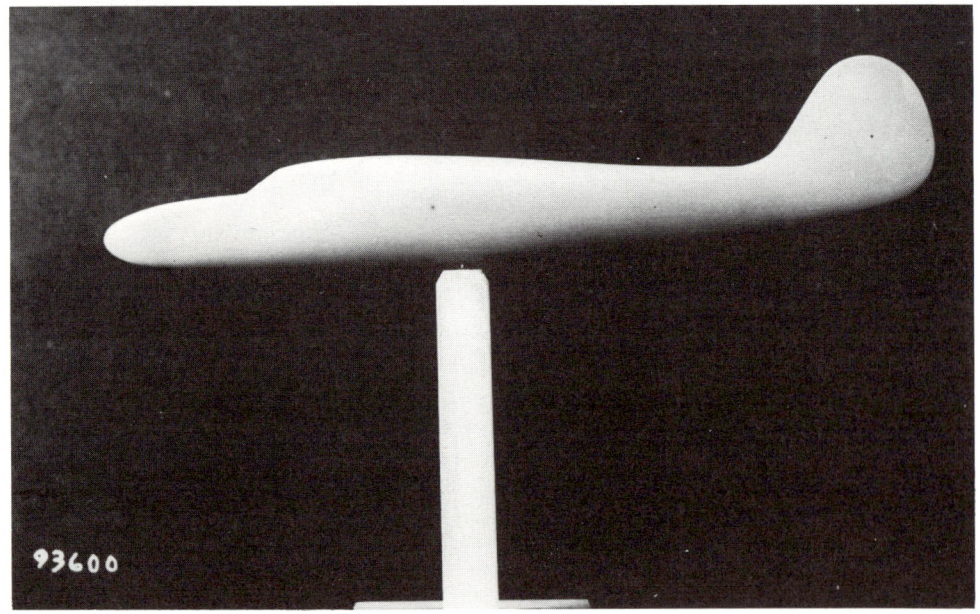

93600

118. Junkers EF 017
Modell

138

rung entfernt an die Messerschmitt Bf 108 erinnert. Einzelheiten unbekannt.

Junkers-Projekt EF 043

Modell einer wahrscheinlich ferngelenkten Gleitbombe.

Junkers EF 50

Flugschrauber-Projekt. Konkurrenzentwurf zu Focke-Achgelis Fa 269. Nur Modell für Windkanalversuche gebaut. Keine Daten verfügbar.

Junkers-Projekt EF 72

Windkanalmodell für die erste Ausführung der geplanten Ju 252. Eine Zeichnung dieses Modells gelangte durch Indiskretion bereits 1939 in die Luftfahrtpresse.

Junkers-Projekt EF 94

Einer der ersten Entwürfe für den Großraum-Lastensegler Ju 322.

119. Junkers EF 043
Modell

120. Junkers EF 50
Modell im Windkanal

121. Junkers EF 72 Modell im Windkanal △

106. Junkers Ju EF 100 ▷

105. Junkers Ju EF 94 ▽

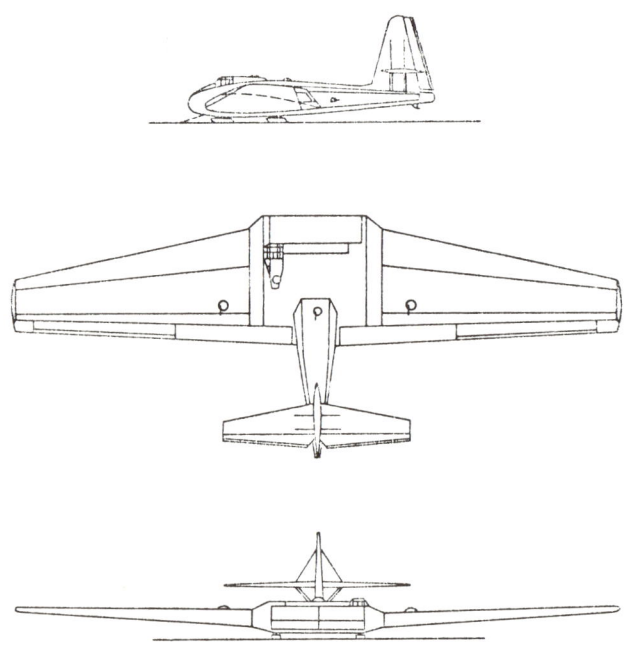

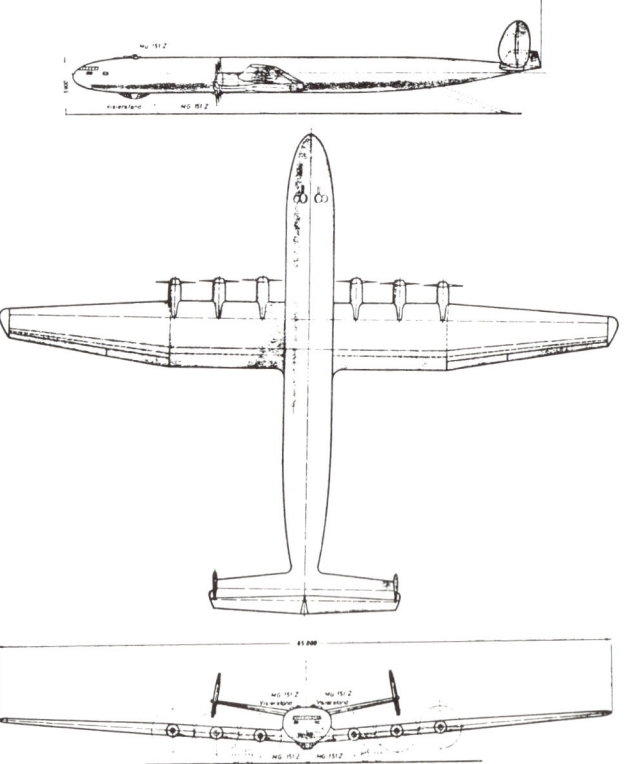

Junkers EF 100

Langstrecken-Verkehrsflugzeug, Entwurf 1940.

Triebwerk	6 × 24-Zylinder Diesel-Motoren Jumo 223	
Leistung	6 × 2500 PS = 15 000 PS Startleistung	
	6 × 1200 PS = 7 200 PS Startleistung	
Reichweite	4000 km bei 100 Passagieren	
	6000 km bei 75 Passagieren	
	9000 km bei 50 Passagieren	
Abmessungen	Spannweite	65,0 m
	Länge	49,8 m
	Höhe	9,0 m
	Flächeninhalt	350,0 qm
Gewichte	Rüstgewicht	44 200 kg
	Zuladung	30 300 kg
	Fluggewicht	74 500 kg
Leistungen, errechnet	Höchstgeschwindigkeit	570 km/h
	Reisegeschwindigkeit	545 km/h
	Steigzeit auf 9000 m	37 min
	Dienstgipfelhöhe	12 300 m
	Startrollstrecke	550 m
	Landerollstrecke	510 m
	Landegeschwindigkeit	122 km/h

Bomberversion mit vier FDL 151 Z als Abwehrbewaffnung geplant. Die maximale Bombenlast lag bei 5000 kg.

Junkers EF 101

Projekt aus dem Jahre 1942 für einen Langstreckenaufklärer als Kombination aus einem viermotorigen Trägerflugzeug und einem daruntergehängten einmotorigen Höhen-Aufklärer. Das Trägerflugzeug war als freitragender Tiefdecker mit einer Spannweite von 70,00 m und einer Länge von 26,00 m ausgelegt, besaß einen kurzen Rumpf mit einem als Druckkabine ausgebildeten Vollsicht-Rumpfbug und ein normales Leitwerk. Flügel mit geteilten Querrudern, Leitwerk mit durchgehenden Trimmklappen über die gesamten Ruderhinterkanten. Antrieb durch vier Daimler-Benz DB 613-Motoren mit Kühllufteintritt durch die hohlen Propellernaben. Einziehbares Normalfahrgestell, Haupträder nach hinten in die äußeren Motorengondeln einziehbar, Spornrad in den Rumpf. Haupträder zwillingsbereift. Bewaffnung durch vier ferngesteuerte FDL 131 Z-Drehtürme mit je 2 × 13 mm MG 131, ein Turm auf der Druckkabine, einen auf dem Rumpfrücken und zwei unter dem Rumpf. Besatzung drei bis vier Mann. Der einmotorige Aufklärer besaß eine Druckkabine für zwei Mann. Er war halbversenkt unter dem Rumpf/Flügel-Übergang untergebracht. Spannweite 15,00 m. Zu einer Bauausführung kam es nicht.

Junkers EF 112

Entwurf eines Schnellkampfflugzeugs mit zwei Strahltriebwerken unter den Tragflächen. Weitere Einzelheiten unbekannt.

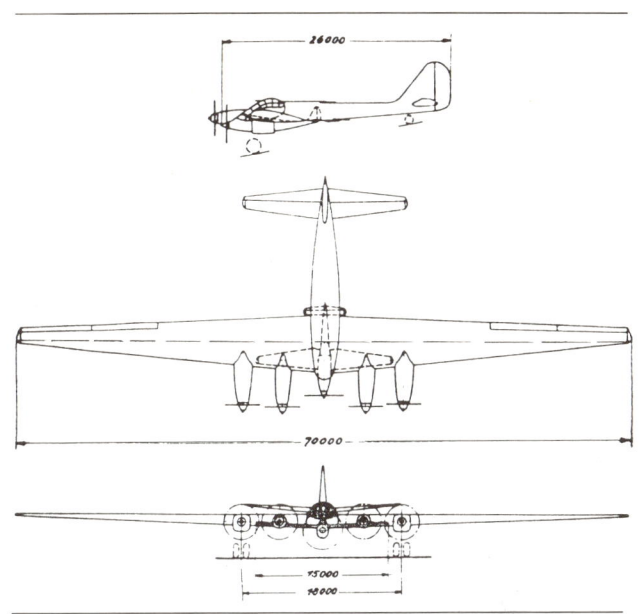

107. Junkers Ju EF 101 △

122. Junkers EF 112 Modell im Windkanal ▽

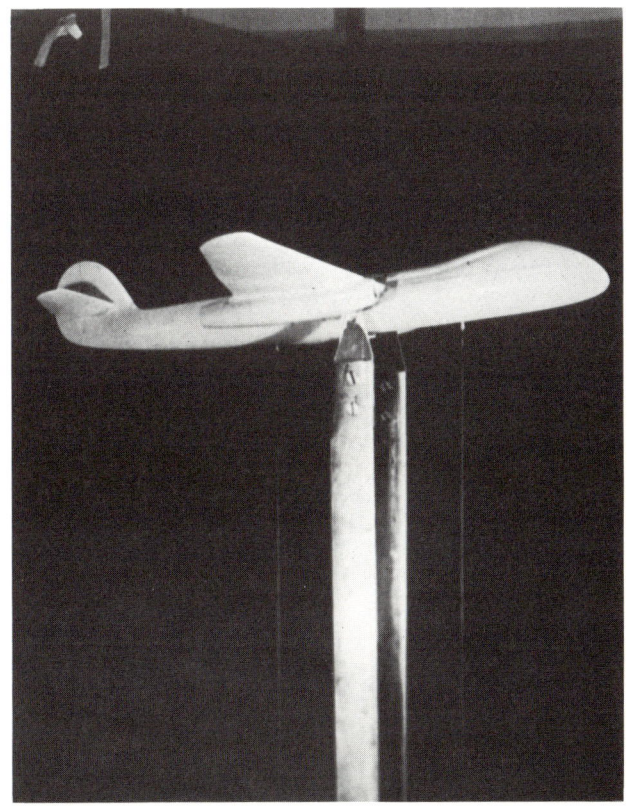

Junkers EF 115.0

Schnellbomber, Tiefdecker mit Bugradfahrwerk. Triebwerk: Zwei Jumo 211 J, einer vor, der andere hinter dem Führersitz, jeder eine vierblättrige Luftschraube koaxial gegenläufig antreibend. Ausführung sowohl als Ein- als auch als Zweisitzer.

Junkers EF 116

Entwurf eines strahlgetriebenen Bombers mit starker Tragflächenpfeilung. Die Tragflächenenden waren vorwärts gepfeilt.

Junkers EF 122

Für die Entwicklung des Bombers Ju 287 wurden verschiedene Modelle gebaut und im Windkanal erprobt. Auch die Vorwärtspfeilung variierte. Ein Modell trug zwei Strahltriebwerke vorn am Rumpf, wie später bei Ju 287 durchgeführt, zwei weitere auf den Tragflächen. Ein weiteres Modell trug je zwei Strahltriebwerke unter den Tragflächen. Eine dritte Version trug Strahltriebwerke an Auslegern unter den Tragflächen, bis endlich die bei der Ju 287 angewandte Form als günstigste akzeptiert wurde: zwei Triebwerke beiderseits des Rumpfbugs und je eins unter den Tragflächen.

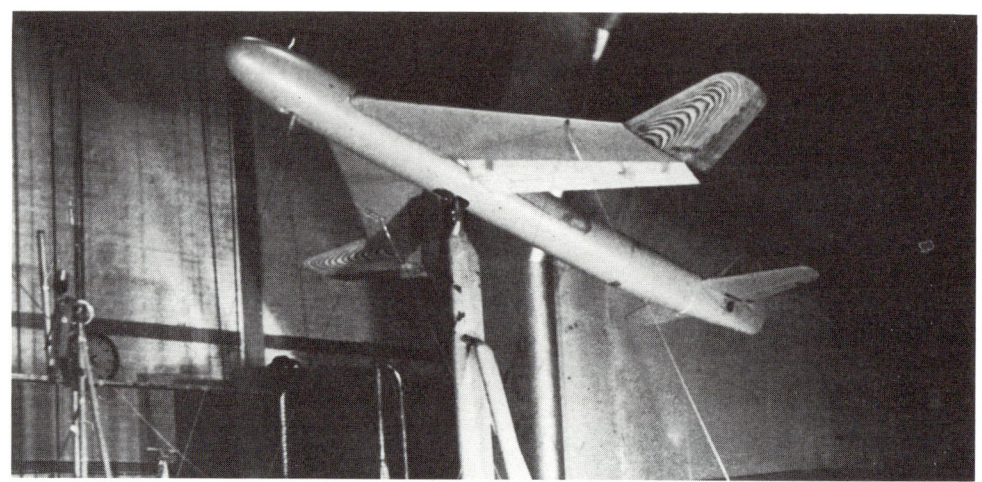

123. Junkers EF 116
Modell im Windkanal

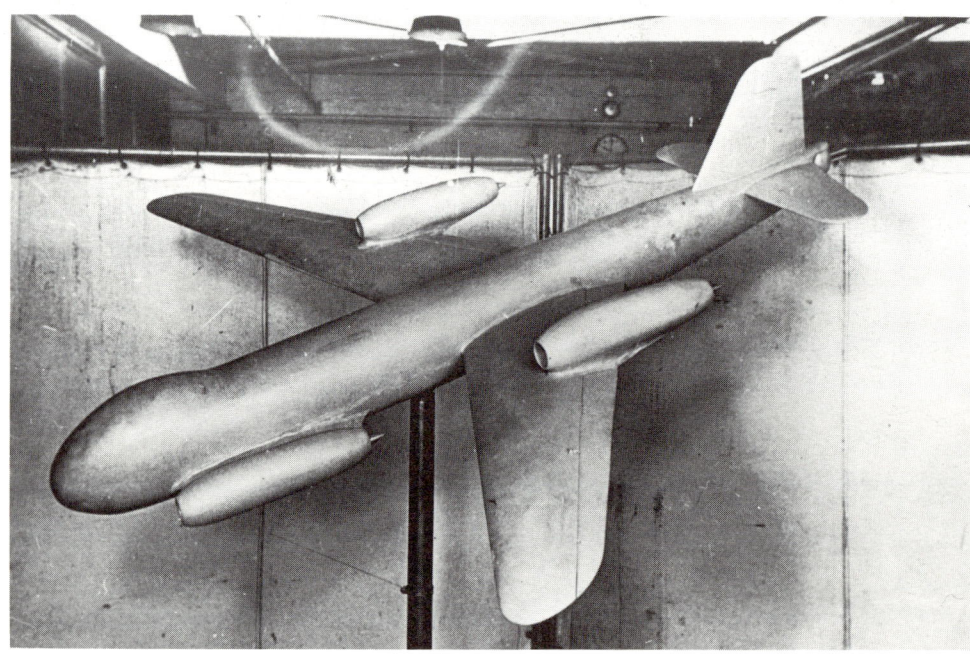

124. Junkers EF 122
Modell im Windkanal

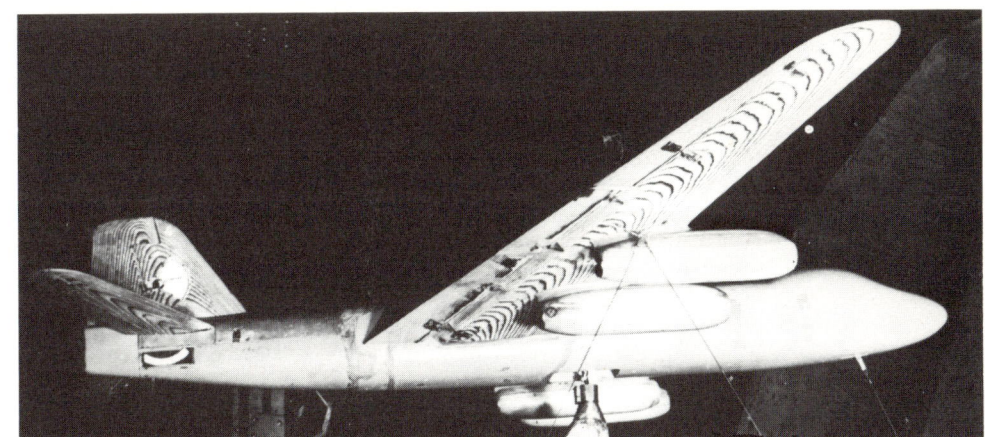

125. Junkers EF 122
geändertes Modell
im Windkanal

126. Junkers EF 122
geändertes Modell
im Windkanal

127. Junkers EF 122
Endlösung = Ju 287

128. Junkers EF 125
Skizze einer geplanten
Weiterentwicklung Ju 287

129. Junkers Modell
eines projektierten
Schlachtflugzeugs ▽

144

Junkers EF 125

Projektierte Weiterentwicklung der mit vorwärtsgepfeilten Flügeln ausgerüsteten Ju 287, die noch im Windkanal vermessen wurde. Gegenüber der Ju 287 besaß die EF 125 bei sonst gleichem Aufbau nur zwei Strahlturbinen Jumo 012 oder BMW 018 unter dem Flügel und ein positiv gepfeiltes Höhenleitwerk. Mit dieser Maschine sollten 1100 km/h im Bahnneigungsflug erreicht werden.

Junkers-Projekt EF

Entwurf eines Schlachtflugzeugs mit BMW 801. Geplante Weiterentwicklung der Ju 187. Als Einsitzer in der Konzeption frühen Ausführungen des Iljushin Il-2 ähnlich.

Junkers EF 126

Im Rahmen des Jäger-Notprogramms entstand gegen Ende des Krieges der Entwurf eines ultraleichten Jagdeinsitzers aus Holz, der von einem Argus-Schubrohr auf dem Rumpfrükken, ähnlich wie bei der V-1, angetrieben werden sollte. Während des Krieges gelangte das Muster noch bis zum Attrappenbau. Da die Leistung des Schubrohres in größeren Höhen rapide abfiel, wurde noch vor Kriegsende von einem Einsatz als Jäger abgesehen und die EF 126 für die Bodenunterstützung eingeplant. Nach Kriegsende erfolgte der Bau einer Mustermaschine unter sowjetischer Leitung in Dessau. Die Flugerprobung erfolgte ohne Triebwerk im Schlepp einer Motormaschine. Bei einer Landung fand der Versuchsflieger Mathies den Tod und die EF 126 wurde restlos zerstört.

Typ: Einstrahliges Schlachtflugzeug.
Flügel: Freitragender Mitteldecker. Zweiteiliger einholmiger Holzflügel mit Sperrholzbeplankung. Querruder großer Tiefe an den Flächenenden, Wölbungsklappen zwischen Querruder und Rumpf.

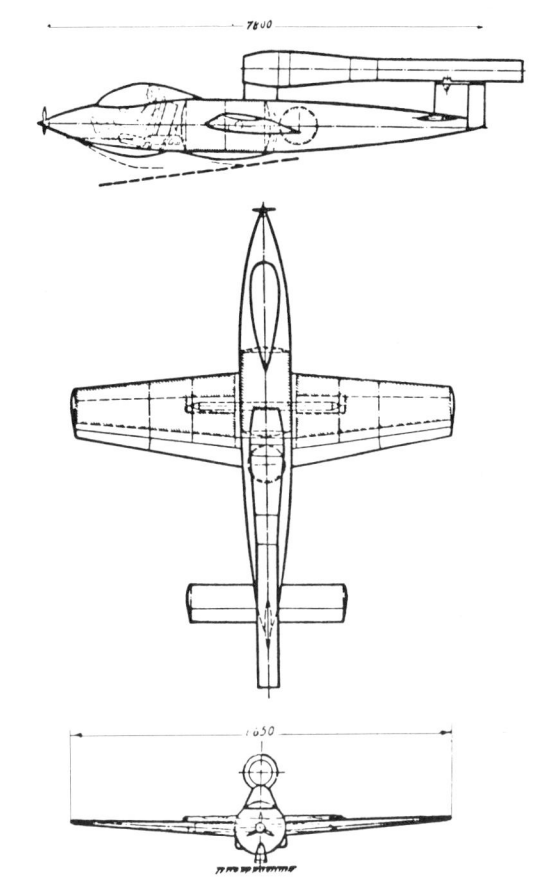

108. Junkers Ju EF 126

130. Junkers EF 126
Modell im Windkanal ▽

109. Junkers Ju EF 127 ◁
110. Junkers Ju EF 128 ▽

7600

2650

6485

Landewinkel 15°

8900

1700

vorne

146

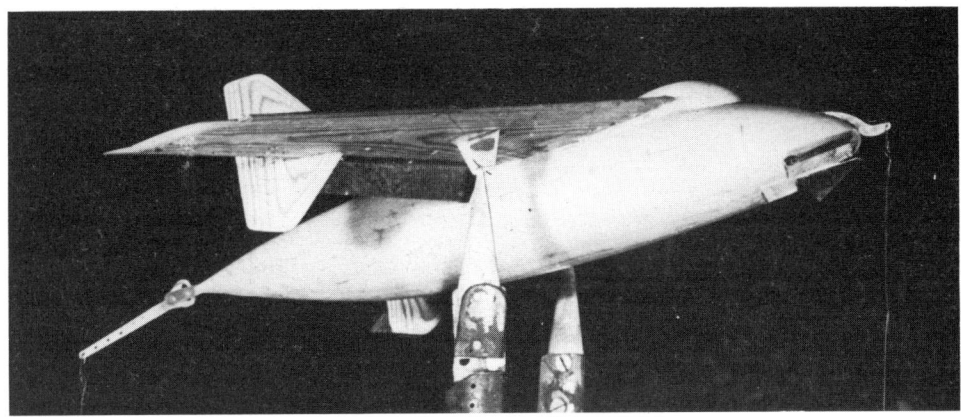

Rumpf: Ganzmetall-Schalenrumpf mit kreisrundem Querschnitt. Die nach dem Kriege gebaute Mustermaschine besaß einen Holzrumpf.

Leitwerk: Freitragendes Normalleitwerk in Holzbauweise. Auf der Seitenflosse aufliegendes Schubrohr.

Fahrwerk: Einziehbare Zentralkufe unter dem Rumpf.

Triebwerk: Ein Argus As 044 Pulso-Schubrohr mit 1×500 kp Höchstschub. Anordnung auf dem Rumpfrücken. Zwei Feststoff-Raketen für den Start.

Besatzung: 1 Pilot in geschlossener Kabine im Rumpfbug, abgedeckt durch Vollsicht-Haube.

Militärische Ausrüstung: 2×20 mm MG 151/20 starr im Rumpfbug.

Junkers EF 127

Um mit der Zelle der EF 126 zu einem brauchbaren Objektschutzjäger zu kommen, wurde der Entwurf zur EF 127 mit einer Walter-Flüssigkeitsrakete umgewandelt. Die Änderungen an der Zelle umfaßten einen zur Aufnahme der C- und T-Stoffbehälter und des Raketenmotores leicht abgewandelten Rumpf und ein neues Seitenleitwerk. Anstelle der Kufe erhielt die EF 127 ein einziehbares Dreiradfahrwerk mit in den Rumpf nach hinten einfahrbaren Radeinheiten, die von der He 162 übernommen worden waren. Auch dieses Projekt kam über den Attrappenbau nicht hinaus.

Triebwerk: Ein Walter HWK 109-509 A-2 Flüssigkeits-Raketenmotor mit zusätzlicher Reisebrennkammer. Gesamtschub 200 kp am Stand. Entsprechende Einzelschübe: Hauptkammer von maximal 1700 kp bis minimal 200 kp, Reisekammer 300 kp. 500 kg C-Stoff und 1088 kg T-Stoff in 3 Rumpftanks. Zusätzlicher Startschub durch zwei Feststoffraketen möglich.

Besatzung: 1 Pilot, Anordnung wie bei EF 126.

Militärische Ausrüstung: 2×20 mm MG 151/20 starr im Rumpfbug.

Junkers EF 128

Mitte 1944 wurde vom Oberkommando der Luftwaffe ein Entwicklungsauftrag für ein Jagdflugzeug mit einer Heinkel He S 011-Strahlturbine ausgeschrieben. Geforderte Leistungen waren eine Höchstgeschwindigkeit von etwa 1000 km/h in 7000 m Höhe und eine Bewaffnung durch 4×30 mm MK 108-Kanonen. Im Gegensatz zu den als Einsitzern ausgelegten Alternativentwürfen der Firmen Blohm & Voß, Focke-Wulf, Heinkel und Messerschmitt wurde die von Junkers eingereichte EF 128 als zweisitziger Allwetterjäger ausgelegt. In zwei Besprechungen, die vom 19. bis 21. Dezember 1944 und vom 12. bis 15. Januar 1945 zwischen den Vertretern der Firmen, des OKL und der DVL stattfanden, erfolgte eine Auswertung der entsprechenden Entwürfe. Die Wahl fiel schließlich auf die von Junkers entwickelte EF 128, die bis Mitte 1945 im Serienbau stehen sollte.

Typ: Einstrahliger Allwetterjäger in schwanzloser Bauart.

Flügel: Freitragender Pfeilflügel-Schulterdecker. Zweiteiliger zweiholmiger Ganzholz-Schalenflügel mit 45° Pfeilform. Zwei normale Seitenruder jeweils in der Mitte einer jeden Flügelhälfte an der Hinterkante, Flossen auf Flügelober- und -unterseite, Ruder durchgehend hinter der Hinterkante. Kombinierte Quer-/Höhenruder als Wölbungsklappen außerhalb der Seitenruder an der Hinterkante der Außenflügel. Landehilfen als Spreizklappen zwischen Seitenleitwerken und Rumpfnasenklappen an den Unterseiten der Flügelnasen.

Rumpf: Kurzes Rumpfboot in Ganzmetall-Schalenbauweise. Rumpfbug als kunststoffverschalter Radardom. Gefederte Heckflosse als Landepuffer.

Fahrwerk: Einziehbares Dreiradfahrgestell. Alle Radeinheiten nach hinten in den Rumpf einfahrbar. Bremsklappen im Rumpfheck.

Triebwerk: Eine Heinkel He S 011-Strahlturbine mit 1×1300 kp Standschub. Einbau im Rumpfheck. Geteilter Lufteinlauf durch zwei Hutzen in den Rumpfseitenwänden, mit vorgeschalteter Grenzschichtabsaugung. Kraftstoffkapazität 1200 kg in Rumpftanks.

Besatzung: 2 Mann hintereinander im Rumpfbug in einer Druckkabine, abgedeckt durch eine Vollsichthaube.

Militärische Ausrüstung: 2×30 mm MK 108 in den Flügelwurzeln, 2×30 mm MK 108 in der Rumpfunterseite dicht hinter der Bugnase, 2×20 mm MG 151/20 in der Rumpfunterseite weiter zurückliegend, Such-Radar in der Rumpfnase.

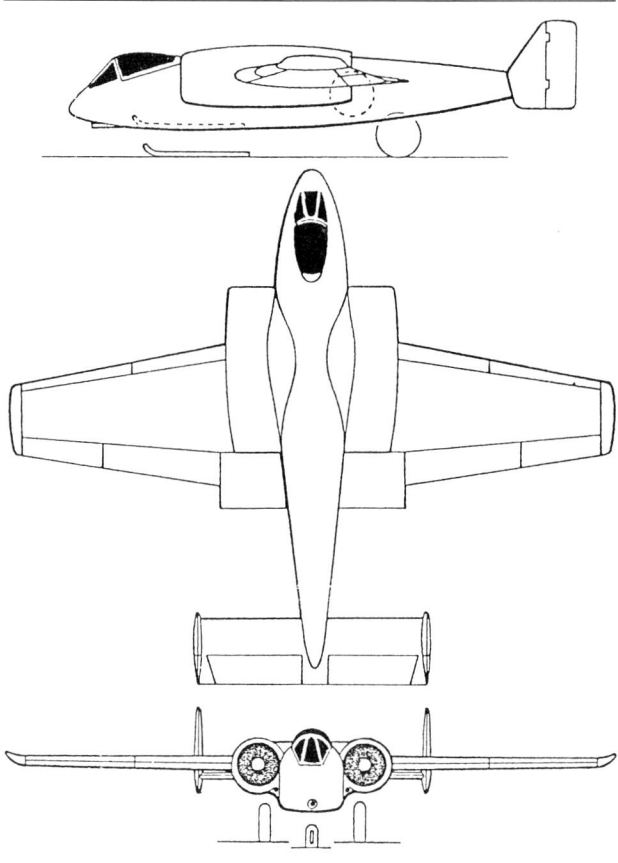

Junkers Schlachtflugzeug-Projekt

Entwurf aus dem Jahre 1941. Bewaffnung: ein MK 101 oder MK 103 und zwei MG 151/20. Stirnseite, Teil des Rumpfbodens, Munitionskästen und Triebwerk an den Unterseiten gepanzert. Weitere Panzerverstärkungen vorgesehen. Triebwerk: 2 × Jumo 004 B. Errechnete Leistungen unbekannt.

Junkers EF 130

Zur gleichen Zeit mit der EF 128 wurden in der Entwicklungsabteilung der Junkers-Werke die Pläne für einen vierstrahligen Düsenbomber ausgearbeitet, der die Bezeichnung EF 130 erhielt. Dieses Muster war im Gegensatz zur EF 128 als reiner Nurflügel ausgelegt. Der dreiteilige Flügel bestand im Mittelstück aus einer Metallkonstruktion, auf deren Hinterkante 4 × 800 kp-BMW 003-Strahlturbinen nebeneinander aufgesetzt waren. Die Spitze war zu einem kleinen Rumpfbug ausgearbeitet, der die vollsichtverglaste Druckkabine für zwei bis drei Mann Besatzung aufnahm. Flügelaußenteile aus Holz im Aufbau denen der EF 128 ähnlich. Seitenleitwerke auf halber Höhe der Hinterkanten. Flügelendklappen außerhalb der Seitenleitwerke als Querruder, innerhalb als kombinierte Höhenruder und Landehilfen. Sämtliche Ruder als Wölbungsklappen. Vorflügel an der Flügelvorderkante. Einziehbares Dreiradfahrgestell. Auch dieses Muster kam durch die zwischenzeitliche Beendigung des Krieges über das Projektstadium nicht hinaus.

Junkers EF 131

Weiterentwicklung der Ju 287 aus dem Jahre 1944. Geplant: Teilekonstruktion fertig im Dezember 1945. Teilefertigung

111. Junkers Ju Schlachtflugzeugprojekt 1941 △

113. Junkers Ju EF 131 ▷

112. Junkers Ju EF 130 ▽

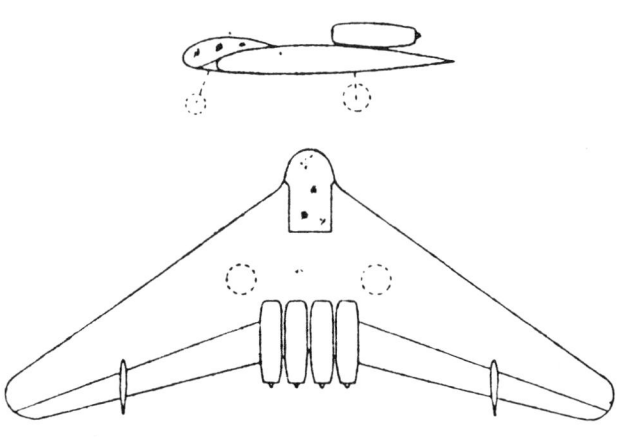

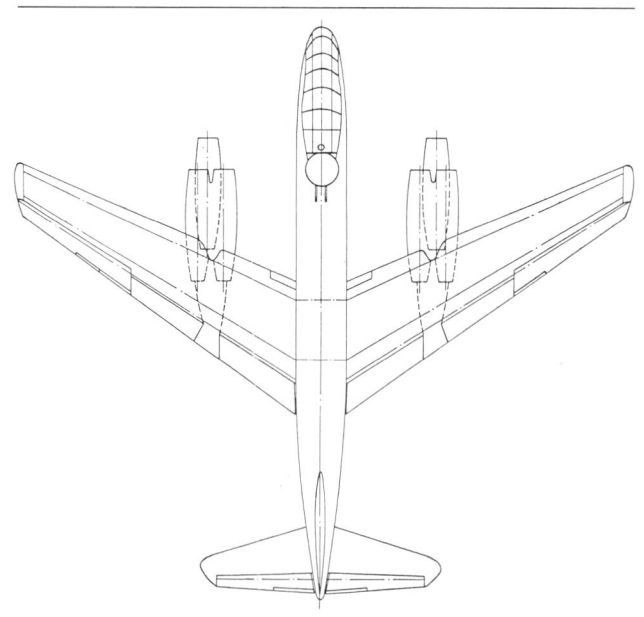

für V-Muster März 1946. Montage 1. Versuchsmaschine April/Mai 1946.

Es sollten zunächst drei Versuchsmaschinen gebaut werden. Nach Einnahme Dessaus durch die Sowjets wurden unter ihrer Leitung die Arbeiten ab Sommer 1945 weitergeführt. Holzattrappe (1 : 1) in Raguhn fertiggestellt. Bewaffnung DL MG 131 Z. Triebwerk: 2 × 3 Jumo 004 B/C oder BMW 003 A-1. Spannweite 19,50 m, Länge ca. 19,60 m, Fluggewicht 23 500 kg. Weiteres Schicksal unbekannt.

Junkers EF 135,0

Allgemeiner Zellenaufbau wie EF 115, aber nur ein Reihenmotor im Bug. Im Heck ein Strahltriebwerk Jumo 004. Ansaugschächte im oberen Teil der Rumpfseitenwände. Triebwerksanlage gemischt wie EF 130.0, Zelle aber mit zwei Leitwerksträgern.
Anmerkung: Bei allen drei Entwürfen handelt es sich um Konkurrenzentwürfe zur Do 335.

Klemm

Hanns Klemm Flugzeugbau, Leichtflugzeugbau Klemm GmbH., Böblingen

Direktor: Dr.-Ing. Hanns Klemm

Der in der ganzen Welt unter dem Namen »Vater des Leichtflugzeuges« bekannte Hanns Klemm wurde am 4. April 1885 in Stuttgart geboren. In Stuttgart besuchte er auch die Technische Hochschule, wo er sich die Titel Bauingenieur und später Regierungsbaumeister erarbeitete. Betonbau und Statik waren sein erstes Arbeitsgebiet. Noch während des Krieges wurde er aus dem Wehrdienst nach Danzig zur Kaiserlichen Werft versetzt. Am 1. April 1917 trat er bei der Luftschiffbau Zeppelin AG in Friedrichshafen in die Unterabteilung Dornier als Statiker und Eisenkonstrukteur ein. Von hier engagierte Ernst Heinkel, ein Studienkollege Klemms, Hanns Klemm zu den Hansa-Brandenburgischen Flugzeugwerken, wo er den berühmten Seejäger Heinkel W 29 konstruierte. Kurz vor Kriegsende schließlich siedelte er als Chefkonstrukteur zu den Daimler-Werken in Stuttgart über, die eine neue Abteilung Flugzeugbau in Sindelfingen gegründet hatten. Hier konstruierte Klemm noch die fortschrittlichen Jagdeinsitzer L 6, L 9, L 11 und die Aufklärer L 8 und L 14, die aber nicht mehr an die Front kamen. Nach dem Kriege übernahm er bei Daimler zwischen 1920 und 1927 den Karosseriebau, ohne jedoch die Abteilung Flugzeugbau zu vernachlässigen. 1919 war hier das Segelflugzeug L 15 entstanden, welches 1922 mit einem 12 PS-Motor ausgerüstet wurde. 1924 wurde der Tiefdecker L 20 mit einem 20 PS-Motor, den Porsche bei Mercedes entworfen hatte, zu einem Welterfolg. Wohl kaum ist je ein

Flugzeug gebaut worden, welches so simpel, so anspruchslos und doch so erfolgreich war. Die L 20 wurde zum Stammvater der berühmten Klemm-Tiefdecker-Reihe, die Klemms Ruf als führender Leichtflugzeugkonstrukteur immer mehr festigte. In rascher Folge erschienen immer bessere Ableitungen aus der L 20, so die weltbekannte L 25, die leistungsstärkere L 26, die dreisitzige L 27, die für Liesel Bach gebaute Kunstflugmaschine L 28 und die ersten Kabinensportflugzeuge Kl 31 und Kl 32. Inzwischen hatten sich die Firmen Daimler und Benz fusioniert und wollten den Flugzeugbau nicht mitübernehmen. Um sein Werk fortzusetzen, gründete Hanns Klemm in Böblingen bei Stuttgart sein eigenes Werk. Hier entstanden alle moderneren Konstruktionen. Dazu war Klemm ab 1936 noch an Leimuntersuchungen herangegangen, die ihm am 15. Dezember 1937 bei der TH Stuttgart den Dr.-Ing. einbrachten und die dann anschließend zur Klemm-Teilschalenbauweise führten. Im August 1938 übernahm Klemm als alleiniger Eigentümer den nun in Hanns Klemm Flugzeugbau umbenannten Betrieb. 1940 gründete er zur Verwertung seiner Leimpatente die Klemm Technik GmbH und verwandelte seine Firma erneut in eine GmbH, in die er seine Einzelfirma mit hineinbrachte. Bis Ende 1940 war die Firma durch Fertigung eigener Konstruktionen, hauptsächlich der Kl 35, voll ausgelastet. Dieses Muster wurde außerdem noch in Großserien bei Fieseler und im Flugzeugwerk des tschechischen Schuhindustriellen Bata in Zlin gefertigt. Allerdings hatten die Klemm-Werke ab 1934 die Reparatur von Ar 65 und Ar 66 übernehmen müssen. Dazu kamen ab 1936 noch Reparaturaufträge auf die Ganzmetallmaschine Ar 96. 1940 mußte die Produktion von Stahlrohrrümpfen für Go 242, Teile für Ar 96 und Bombenschächte für Do 217 hergestellt werden. Die Belegschaft stieg 1942 auf über 1200 Mann. Als Klemm im März 1943 vom RLM die Order erhielt, das Werk für die Fertigung der Me 163 auf Ganzmetallarbeiten umzustellen, trat er am 23. Mai 1943 als Geschäftsführer seiner Firma zurück, die anschließend bis zum Kriegsende unter kommissarischer Verwaltung stand.

Klemm L 25

Aus den Erfahrungen mit der L 20 konstruierte Klemm 1927 zusammen mit Dipl.-Ing. Robert Lusser die L 25, die den Ruf Klemms als »Vater des Leichtflugzeuges« erst richtig festigte. Wie die L 20 war auch die L 25 ein freitragender Tiefdecker mit zwei hinereinanderliegenden offenen Sitzen. Jedoch war die Konstruktion in struktureller Hinsicht bereits wesentlich weiterentwickelt und besaß größtenteils schon Sperrholzbeplankung anstelle der Stoffbespannung bei der L 20. Die erste Ausführung der L 25, die zwischen 1927 und 1929 gebaute *Klemm L 25a*, erhielt als Triebwerk einen 22 PS-Mercedes-Flugmotor. Zwischen 1928 und 1929 wurde die *Klemm L 25 I und IW* gefertigt, die wie die im gleichen Zeitraum gebaute *Klemm L 25a I* einen französischen Salmson AD 9-Sternmotor von 45 PS Startleistung besaß.

133. Klemm Kl 25 IA △

114. Klemm Kl 25 D ▽

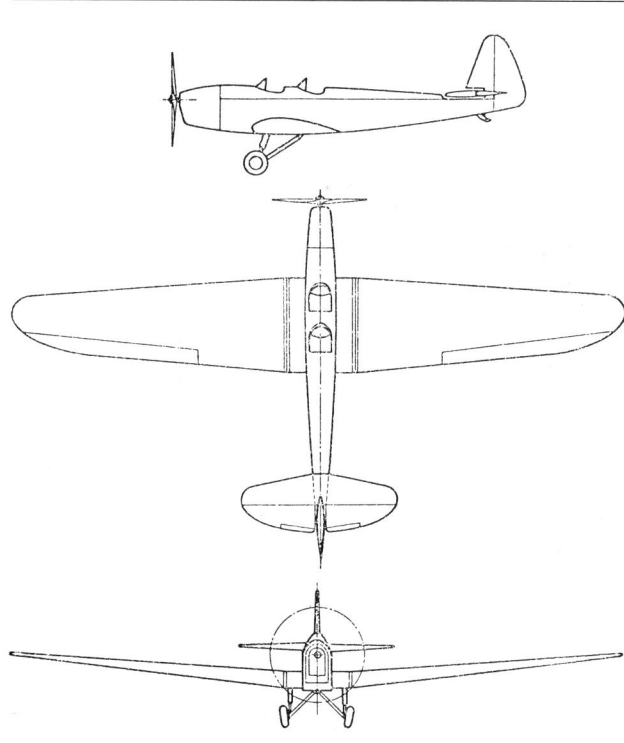

1931 entstanden noch die *Klemm L 25 b,* wiederum mit einem 22 PS-Mercedes, und die *Klemm L 25 b VII* mit einem Hirth HM 60. Die 1933 schließlich entstandene *Klemm L 25 d II* besaß einen Siemens Sh 13 a von 88 PS. Insgesamt wurden etwa 600 Klemm L 25 gebaut. Der größte Anteil davon entfiel auf die unten näher beschriebene Version *Klemm L 25 D VII R,* die sich von 1931 bis 1939 in der Fertigung befand.

Typ: Einmotoriges Schul- und Sportflugzeug.
Flügel: Freitragender Tiefdecker. Zweiteiliger, zweiholmiger Holzflügel. Bis zum Hinterholm mit Sperrholz beplankt, Rest stoffbespannt. Flügelhälften an den Rumpf anklappbar.
Rumpf: Kastenkonstruktion in Holzbauweise, durchgehend mit Sperrholz beplankt.
Leitwerk: Freitragendes Normalleitwerk. Aufbau in Holz, Flossen sperrholzbeplankt, Ruder stoffbespannt und aerodynamisch ausgeglichen.
Fahrwerk: Starres Normalfahrgestell. Bremsbare Haupträder an V-Segmenten und Halbachsen. Schleifsporn.
Triebwerk: Ein Hirth HM 60 R luftgekühlter hängender Vierzylinder-Reihenmotor mit 1 × 80 PS Startleistung. Zweiblatt-Starrluftschraube aus Holz mit 1,95 m Durchmesser. Kraftstoffkapazität 90 Liter, Schmierstoff 5,5 Liter.
Besatzung: 2 Mann hintereinander in offenen Sitzen. Doppelsteuer.

Das Muster war, abgesehen von dem Überschlag nach vorne und der gerissenen Rolle, kunstflugtauglich. Zwischen 1931 und 1933 wurde es auch in England bei der British Klemm Company in London unter Lizenz gebaut.

150

Klemm L 26

1929 erschien bei gleichem Aufbau wie die L 25 die Weiterentwicklung L 26 für stärkere Motoren. Von ihr wurden zwischen 1930 und 1936 etwa 50 Maschinen gebaut. Wie auch die L 25 wurde sie immer wieder weiterentwickelt und mit leistungsstärkeren Motoren versehen oder auf Schwimmer oder Skier gesetzt. Hauptbauvariante war die *Klemm L 26c V* mit einem Argus As 8 von 120 PS Startleistung.

Klemm Kl 31

Für den reinen Reiseflug wurden 1930/31 unter der konstruktiven Betreuung von Dipl.-Ing. Lusser zwei Kabinenreisemaschinen, die Kl 31 und Kl 32, entwickelt. Die konstruktive Auslegung der beiden Maschinen entsprach der bisherigen Klemm-Praxis, jedoch trug die Verwendung einer Kabine den steigenden Ansprüchen an ein wetterunabhängiges Reiseflugzeug Rechnung. Erstmals wurde auch nach der L 28 für den Rumpf die geschweißte Stahlrohrbauweise angewandt. Die Klemm Kl 31 erschien in der ersten Ausführung *Klemm KL 31 V* mit einem 120 PS starken Argus As 8. Einige Maschinen des Nachfolgemusters *Klemm Kl 31a XIV* wurden zwischen 1931 und 1935 gebaut.

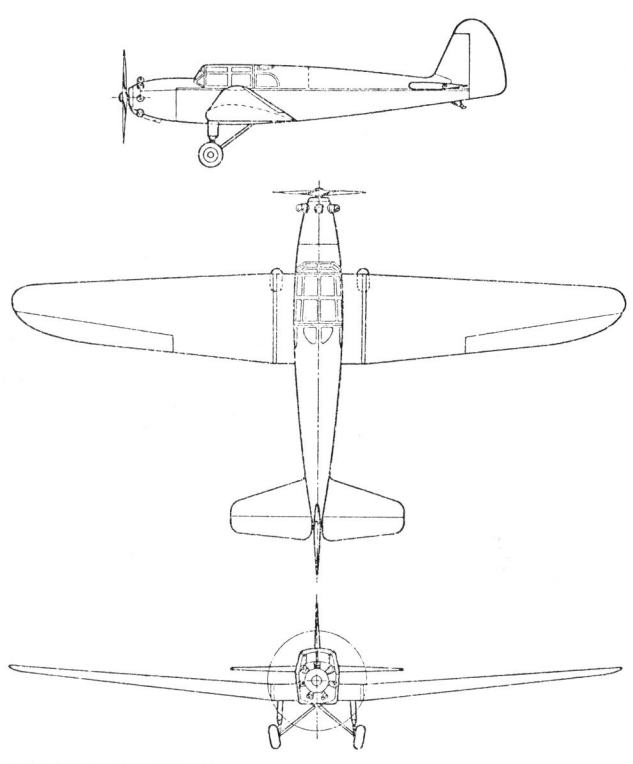

115. Klemm Kl 31 ▷

134. Klemm L 26 IIA △

135. Klemm Kl 31 V ▽

Typ: Einmotoriges Reiseflugzeug.
Flügel: Freitragender Tiefdecker. Zweiteiliger Flügel mit einem kurzen Mittelstück fest am Rumpf. Flügelteile mit Schnellentkupplung und nach hinten an den Rumpf anklappbar. Zweiholmiger Holzaufbau mit Sperrholzbeplankung und Stoffbespannung.
Rumpf: Aufbau als geschweißtes Stahlrohrgerüst mit Stoffbespannung.
Leitwerk: Freitragendes Normalleitwerk. Aufbau in Holzbauweise, Flossen sperrholzbeplankt, Ruder stoffbespannt.
Fahrwerk: Starres Normalfahrgestell. Stromlinienförmig verkleidete und mit Innenbackenbremsen versehene Haupträder an Dreibeinen. Federung einschließlich des Schleifsporns durch Druckgummi mit Öldämpfung.
Triebwerk: Ein BMW-Bramo Sh 14 A luftgekühlter Siebenzylinder-Sternmotor mit 1 × 160 PS Startleistung. Zweiblatt-Starr- oder Einstell-Luftschraube aus Holz oder Metall mit 2,15 m Durchmesser. Kraftstoffkapazität 150 Liter, Schmierstoff 15 Liter.
Besatzung: 4 Mann in geschlossener Kabine, je zwei Sitze nebeneinander, vorne mit Doppelsteuer.

Klemm Kl 32

Die im Aufbau und im Aussehen ähnliche Kl 32 besaß nur drei Sitze und wieder einen Holzrumpf. Dazu kam die erstmalige Verwendung von Landeklappen bei einem Klemm-Leichtflugzeug. In der Ausführung *Klemm Kl 32 A XII* besaß die Maschine einen Hirth HM 150-Reihenmotor, in der unten näher beschriebenen Version *Klemm Kl 32 B XIV* einen Sh 14 A-Sternmotor. Sie befand sich zwischen 1932 und 1935 in der Fertigung.

Typ: Einmotoriges Reiseflugzeug.
Flügel: Freitragender Tiefdecker. Aufbau wie bei der Kl 31. Als Sonderausrüstung Landeklappen.
Rumpf: Aufbau aus Holz mit Sperrholzbeplankung.
Leitwerk: Freitragendes Normalleitwerk. Aufbau aus Holz, Flossen sperrholzbeplankt, Ruder stoffbespannt.
Fahrwerk: Starres Normalfahrgestell. Aufbau analog Klemm Kl 31.

Triebwerk: Ein BMW-Bramo Sh 14 A luftgekühlter Siebenzylinder-Sternmotor mit 1 × 160 PS Startleistung. Luftschraube wie Kl 31. Kraftstoffkapazität 150 Liter, Schmierstoff 11 Liter.
Besatzung: 3 Mann in geschlossener Kabine mit einem Piloten- und zwei Gastsitzen.

Klemm L 33

Für die DELA (Deutsche Luftfahrt-Ausstellung) 1933 konstruierte Dipl.-Ing. Lusser noch zwei Volksflugzeuge, den freitragenden Tiefdecker L 30 mit zwei Sitzen und einem 40 PS-Argus-Motor, der nicht ausgeführt wurde, und den freitragenden Hochdecker L 33, von dem eine Mustermaschine entstand.

Typ: Einmotoriges Ultraleicht-Sportflugzeug.
Flügel: Freitragender Hochdecker. Zweiteiliger zweiholmiger Holzflügel, bis zum Vorderholm mit Sperrholz beplankt, sonst stoffbespannt. Jede Flügelhälfte durch zwei kurze Parallelstreben zum Rumpfobergurt hin abgefangen.
Rumpf: Aufbau als geschweißtes Stahlrohrgerüst, durchgehend mit Stoff bespannt.
Leitwerk: Abgestrebtes Normalleitwerk. Holzgerippe mit Stoffbespannung, Seitenflosse mit den Höhenflossen durch je einen I-Stiel untereinander verstrebt. Seitenruder mit Ausgleichshorn.
Fahrwerk: Starres Normalfahrgestell. Haupträder ohne Bremsen an Dreibeinen. Schleifsporn.
Triebwerk: Ein DKW »P« luftgekühlter hängender Zweizylinder-Zweitakt-Motor mit 1 × 18 PS Start- und 15 PS-Reiseleistung. Starre Zweiblatt-Luftschraube aus Holz mit 1,60 m Durchmesser.
Besatzung: 1 Pilot in offenem Sitz hinter dem Flügel.

Klemm Kl 35

Ein großer Wurf wurde das 1935 von Klemm konstruierte kunstflugtaugliche Sport- und Schulflugzeug Klemm Kl 35, wiederum ein Tiefdecker mit zwei offenen hintereinanderliegenden Sitzen. Bis in den Krieg hinein wurde das Muster für die Ausbildung bei der deutschen Luftwaffe und für den

136. Klemm Kl 32/HM 150

137. Klemm L 33 △
116. Klemm Kl 32 ▽ 　　　　　　　　　　　　117. Klemm Kl 33

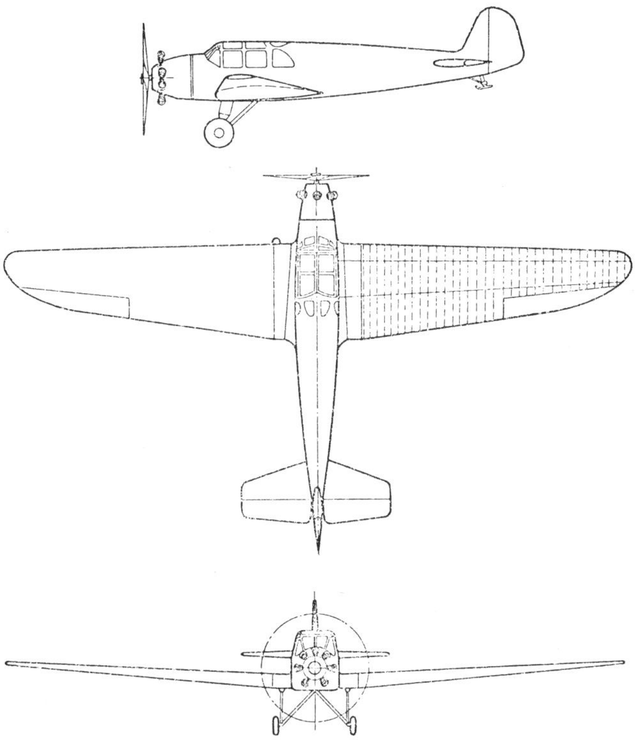

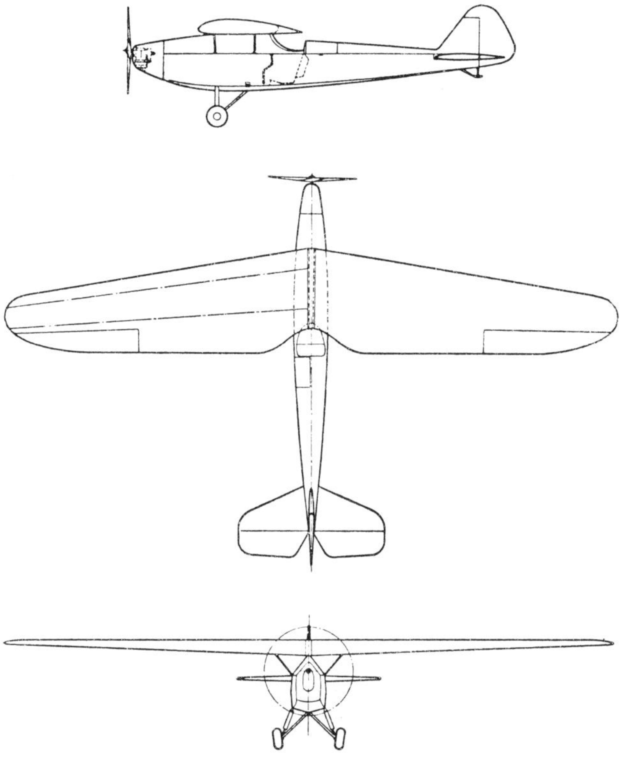

138. Klemm Kl 35 A/HM60R △

139. Klemm Kl 35 B ▽

Export nach Schweden, Rumänien, Ungarn, der Slowakei und anderen Ländern gefertigt. Es existierten verschiedene Versionen.

Klemm Kl 35 A

1935 gebaute Erstausführung mit einem HM-60-R-Motor. Es entspricht bis auf das Triebwerk der nachfolgend beschriebenen Hauptbauversion Kl 35 B.

Triebwerk: Ein Hirth HM 60 R luftgekühlter hängender Vierzylinder-Reihenmotor mit 1 × 80 PS Startleistung. Starre Zweiblatt-Luftschraube aus Holz mit 1,95 m Durchmesser. Kraftstoffkapazität 90 Liter, Schmierstoff 5,5 Liter.

Klemm Kl 35 B

1937 erschienene Weiterentwicklung, die bis 1941 in Serie gebaut wurde. Sie unterscheidet sich von der zwischen 1935 und 1938 gebauten Kl 35 A durch ein stärkeres Triebwerk.

Typ: Einmotoriges Schul-, Sport- und Kunstflugzeug.
Flügel: Freitragender Knickflügel-Tiefdecker. Kurzes Mittelstück fest am Rumpf mit starker negativer V-Form. Aufbau aus Stahlrohren mit Sperrholzbeplankung. Flügelaußenteile in zweiholmiger Holzbauweise, größtenteils mit Sperrholz beplankt, Rest stoffbespannt.
Rumpf: Geschweißtes Stahlrohrgerüst mit Holz-Formgerüst und Stoffbespannung.
Leitwerk: Abgestrebtes Normalleitwerk. Aufbau in Holz mit sperrholzbeplankten Flossen und stoffbespannten Rudern. Höhenflossen durch I-Stiele zum Rumpf hin verstrebt. Trimmkante im Seitenruder, Trimmklappen in den Höhenrudern.
Fahrwerk: Starres Normalfahrgestell. Bremsbare Haupträder mit stromlinienförmiger Verkleidung an freitragenden Feder-Einbeinen. Gefederter Schleifsporn.
Triebwerk: Ein Hirth HM 504 A-2 luftgekühlter hängender Vierzylinder-Reihenmotor mit 1 × 105 PS Startleistung. Starre Zweiblattluftschraube aus Holz mit 1,95 m Durchmesser. Kraftstoffkapazität 90 Liter, Schmierstoff 4 Liter.
Besatzung: 2 Mann hintereinander in offenen Sitzen. Aufsetzbare Kabine als Sonderausrüstung.

118. Klemm Kl 35 A

119. Klemm Kl 35 D

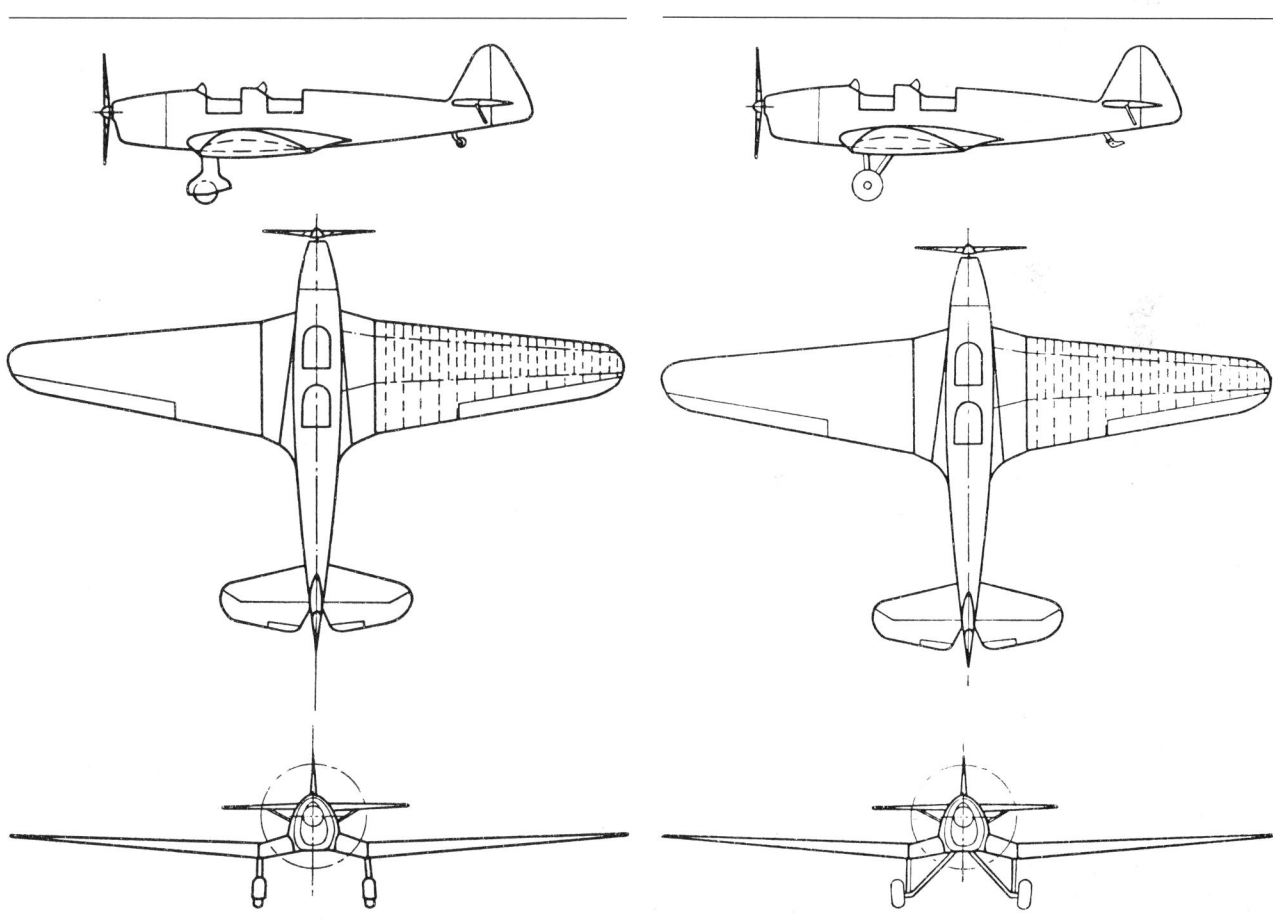

140. Klemm Kl 35 bW

120. Klemm Kl 35 auf Schneekufen

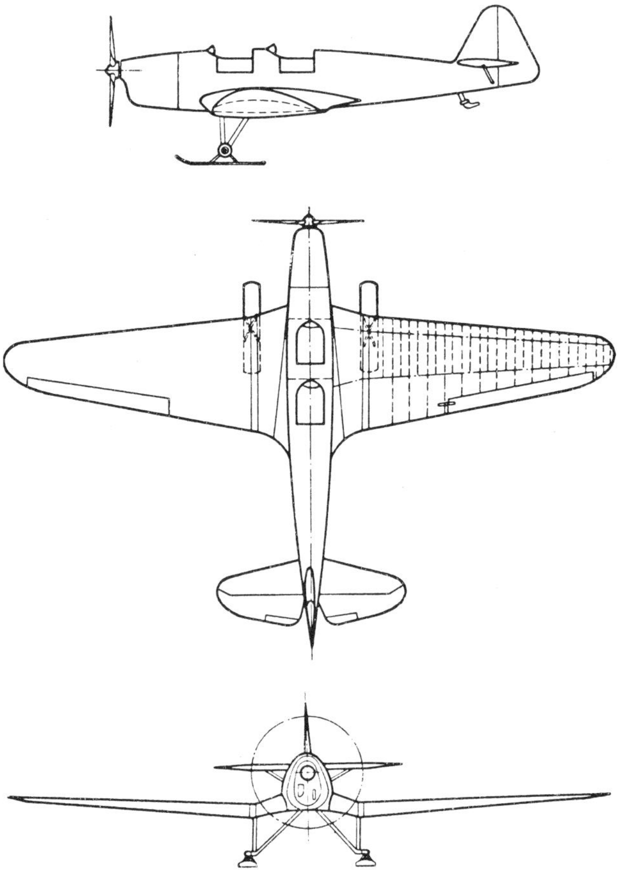

121. Klemm W-Kl 35 D

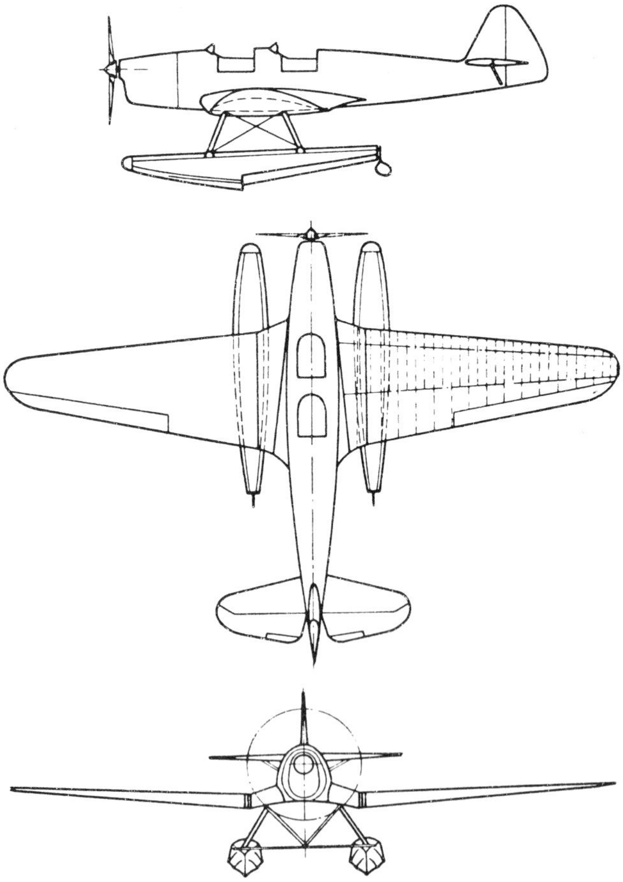

141. Klemm Kl 35 D

142. Klemm Kl 35 D
mit Agentenbehälter

Klemm Kl 35 BW

Ausführung der Kl 35 B mit zwei einstufigen Holz- oder Metallschwimmern für den Einsatz vom Wasser aus. Mit einer Maschine dieser Baureihe konnte Chefpilot Kalkstein am 11. und 12. September 1938 fünf Klassenweltrekorde aufstellen: Geschwindigkeit über 100 km einsitzig 228,717 km/h, zweisitzig 228,017 km/h, über 1000 km einsitzig 228,017 km/h, Höhenrekord einsitzig 6649 m und zweisitzig 5390 m.

Klemm Kl 35 D

Spezial-Schulausführung der Kl 35 B mit einem robusteren Dreibeinfahrgestell ohne Radverkleidungen. Der sonstige Aufbau entspricht vollkommen der Kl 35 B. Mit einer Maschine dieses Baumusters wurde im Oktober 1938 ein von der FAI anerkannter Höhenrekord (einsitzig geflogen) von 8303 m aufgestellt. Die Kl 35 D konnte auch mit Ski ausgerüstet werden.

Klemm Kl 36

Für den Europa-Rundflug 1934 konstruierte Klemm ein neues, viersitziges Kabinen-Reiseflugzeug, welches das schnellste Flugzeug der ganzen Klemm-Serie werden sollte — die Kl 36. Die Mustermaschine, die bei dem Europarundflug mit einem ehrenvollen Platz abschnitt, besaß einen Argus As 17 A luftgekühlten hängenden Sechszylinder-Reihenmotor und Haupträder an starren Zweibeinen, die nach vorne und nach hinten zur Rumpfunterseite hin verspannt waren. Von der Serienausführung, die sich in diesen beiden Punkten von dem Prototyp unterschieden, existierten zwei Ausführungen:

Klemm Kl 36 A

1934 entstandene Serienausführung mit freitragendem Einbeinfahrwerk und luftgekühltem Λ-Motor.

Typ: Einmotoriges Reiseflugzeug.
Flügel: Freitragender Tiefdecker. Zweiteiliger Flügel mit kurzem

143. Klemm Kl 36 B

144. Klemm Kl 105 ▷

122. Klemm Kl 36 A

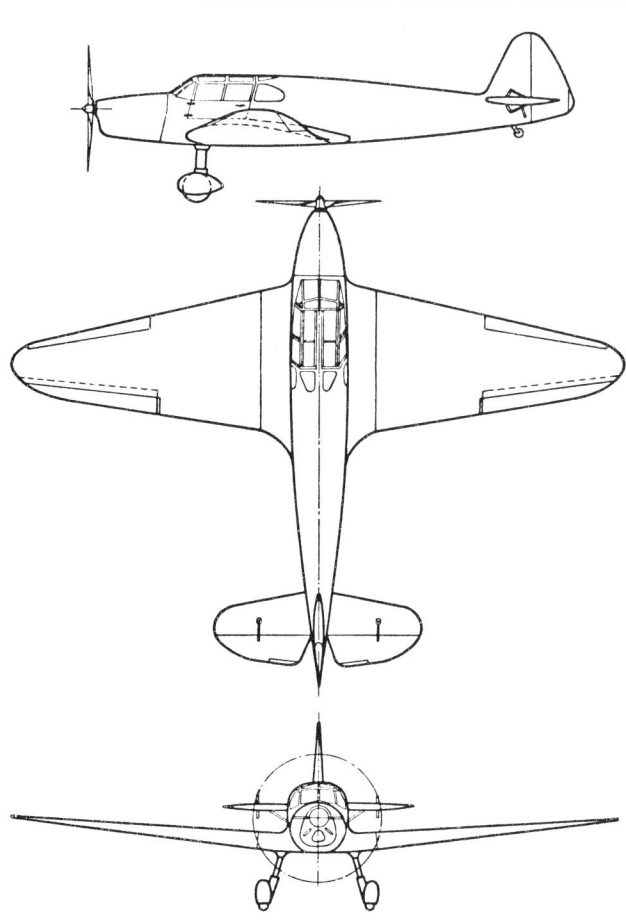

Mittelstück fest am Rumpf. Aufbau in zweiholmiger Holzbauweise, weitgehend mit Sperrholz beplankt, sonst stoffbespannt. Landeklappen zwischen Querruder und Rumpf als Sonderausrüstung.

Rumpf: Aufbau als geschweißtes Stahlrohrgerüst mit Holzformgerüst, im Bereich der Kabine sperrholzbeplankt, sonst stoffbespannt.

Leitwerk: Freitragendes Normalleitwerk in Holzbauweise, Flossen sperrholzbeplankt, Ruder stoffbespannt. Sämtliche Ruder mit Trimmklappen.

Fahrwerk: Bremsbare Haupträder mit stromlinienförmigen Verkleidungen an freitragenden Einbeinen. Spornrad.

Triebwerk: Ein Hirth HM 508 F (HM 8 U) luftgekühlter Achtzylinder-Λ-Motor mit 1 × 220 PS Startleistung. Starre Zweiblatt-Luftschraube aus Holz mit 2,40 m Durchmesser. Kraftstoffkapazität 220 Liter, Schmierstoff 10 Liter.

Besatzung: 4 Mann, je zwei nebeneinander in geschlossener Kabine, vorne mit Doppelsteuer.

Klemm Kl 36 B

1935 entstandene Version mit einem luftgekühlten Sternmotor. Sonst unterschied sich diese Version nicht von der Kl 36 A.

Triebwerk: Ein BMW-Bramo Sh 14 A luftgekühlter Siebenzylinder-Sternmotor mit 1 × 160 PS Startleistung. NACA-Haube. Alle sonstigen Angaben wie Kl 36 A.

Klemm Kl 105

In der neuen Teilschalenbauweise, die Klemm selbst entwickelte, konstruierte er zwischen 1938 und 1951 noch vier Flugzeuge, von denen die Kl 105 der erste Entwurf war. Bei diesem Muster handelt es sich um ein leichtes Kabinen-Sportflugzeug mit zwei nebeneinanderliegenden Sitzen, welches hauptsächlich für den Privatgebrauch und für Clubs gedacht war. Der Antrieb bestand aus dem neuen 50 PS-Zündapp-Leichtmotor. Durch die Kriegsereignisse konnten

nur noch Mustermaschinen fertiggestellt werden. Darunter auch einige mit dem 50 PS Hirth HM 515.

Typ: Einmotoriges Sport- und Reiseflugzeug.
Flügel: Freitragender Tiefdecker. Zweiteiliger Flügel mit einem kurzen Mittelstück fest am Rumpf. Flügelaufbau in der Klemm-Teilschalenbauweise.
Rumpf: Rumpf aus zwei Halbschalen in der Klemm-Teilschalenbauweise. Ovaler Querschnitt. Jede Halbschale ist für sich aus Spanten, Gurten Sperrholzhaut und Flugzeugleim geformt.
Leitwerk: Freitragendes Normalleitwerk. Aufbau in der Klemm-Ganzholz-Teilschalenbauweise.
Fahrwerk: Starres Normalfahrgestell. Haupträder an Dreibeinen. Ausgerüstet mit Duo-Servo-Innenbackenbremsen. Gefederter Schleifsporn.
Triebwerk: Ein Zündapp Z 9-092 luftgekühlter hängender Vier-zylinder-Reihenmotor mit 1 × 50 PS Startleistung. Starre Zweiblatt-Luftschraube aus Holz mit 1,90 m Durchmesser. Kraftstoffkapazität 55 Liter, Schmierstoff 5 Liter.
Besatzung: 2 Mann nebeneinander in geschlossener Kabine.

Klemm Kl 106

Im Frühjahr 1939 erwarb der amerikanische Industrielle Davis die Lizenzrechte der Klemm-Teilschalenbauweise für die USA. Weiterhin erwarb er die Baurechte für ein Flugzeug, das noch im gleichen Jahr für ihn in dieser Bauweise konstruiert und gebaut wurde. Diese Maschine erhielt die Bezeichnung Kl 106. Sie ähnelte im Aufbau und Aussehen als Knickflügel-Tiefdecker mit zwei offenen und hintereinanderliegenden Sitzen der Klemm Kl 35, war jedoch durch die Teilschalenbauweise und den ovalen schlanken Rumpf ungleich günstiger in der aerodynamischen Auslegung. Die in Deutschland gebaute Mustermaschine besaß einen Hirth HM 500 mit 1 × 100 PS Startleistung. Zu einer amerikanischen Lizenzfertigung kam es nicht.

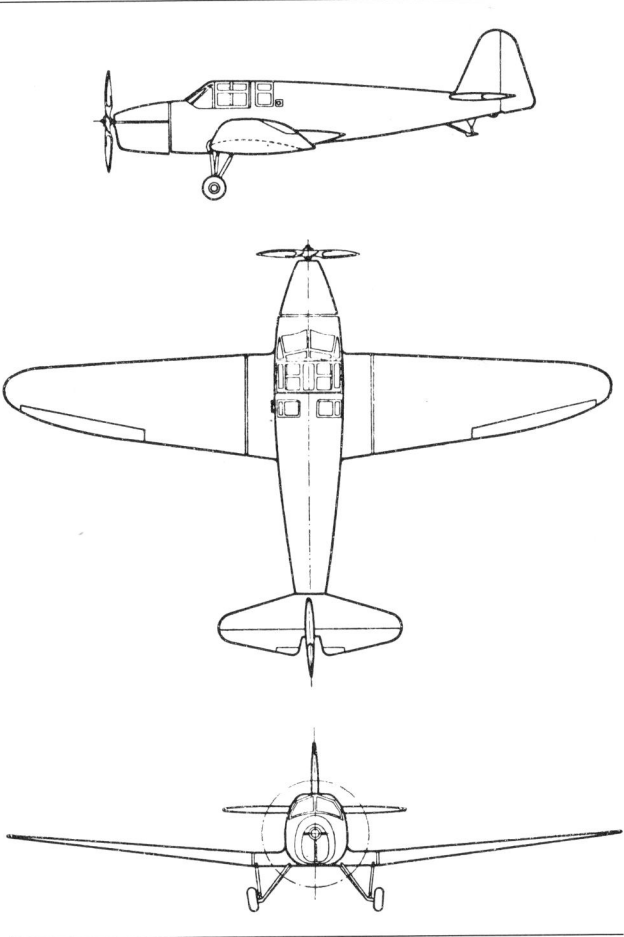

146. Klemm Kl 107

Klemm Kl 107

Im Aufbau der Klemm Kl 105 angeglichen entstand ebenfalls in der Teilschalenbauweise noch vor Kriegsausbruch das kunstflugtaugliche zweisitzige Reise- und Übungsflugzeug Kl 107. Das Muster erwies sich als so erfolgreich in Flugeigenschaften und -leistungen, daß noch 1940 eine Serie von 20 Maschinen aufgelegt wurde (jedoch nur sechs Stück fertiggestellt).

Typ: Einmotoriges Reise- und Übungsflugzeug.
Flügel: Freitragender Tiefdecker. Zweiteiliger Flügel mit einem kurzen Mittelstück fest am Rumpf. Aufbau in der Klemm-Ganzholz-Teilschalenbauweise. Spreizklappen innerhalb der Querruder.
Rumpf: Ganzholz-Rumpf aus zwei Halbschalen mit ovalem Querschnitt. Aufbau in der Klemm-Teilschalenbauweise, also jede Halb-

schale aus Spanten, Gurten, Sperrholzhaut und Flugzeugleim fertig geformt.
Leitwerk: Freitragendes Normalleitwerk. Aufbau in der Klemm-Ganzholz-Teilschalenbauweise. Trimmklappe im linken Höhenruder.
Fahrwerk: Starres Normalfahrgestell. Haupträder an Dreibeinen mit Schwingachsen und gedämpfter Federung. Ölhydraulische Bremsen. Gefedertes Spornrad.
Triebwerk: Ein Hirth HM 500 A-1 luftgekühlter hängender Vierzylinder-Reihenmotor mit 1×105 PS Startleistung. Starre Zweiblatt-Luftschraube aus Holz mit 2,00 m Durchmesser. Kraftstoffkapazität 100 Liter, Schmierstoff 6 Liter.
Besatzung: 2 Mann in geschlossener Kabine nebeneinander mit Doppelsteuer.

Klemm Kl 151

Die letzte Klemm-Konstruktion war das viersitzige Reiseflugzeug Kl 151 mit geschlossener Kabine, ebenfalls in der

147. Flugzeugbau
Kiel FK 166

Klemm-Teilschalenbauweise, über das aber keine Angaben mehr verfügbar sind, außer daß es von einem 240 PS Argus As 10 C angetrieben werden sollte.

Kiel

Flugzeugbau Kiel GmbH., Kiel

Die Flugzeugbau Kiel GmbH wurde im »Dritten Reich« im Rahmen des Schattenwerk-Programms gegründet. Für die Aufnahme des Flugzeugbaues mußte die neue Firma, ähnlich wie auch der Hamburger Flugzeugbau, einen Einsitzer als Befähigungsnachweis konstruieren und bauen. Dieses Muster, die FK 166, ist untenstehend näher beschrieben. Das Werk nahm allerdings in der Folgezeit von Eigenentwicklungen Abstand und wurde Einzelteillieferant für die übrige Luftfahrtindustrie. Später übernahm Dornier das Werk.

Flugzeugbau Kiel FK 166

Dieser in der Auslegung als freitragender Doppeldecker interessante Übungseinsitzer wurde nur in einem Musterexemplar (D-ETON) gebaut.

Typ: Einmotoriges Schul- und Übungsflugzeug.
Flügel: Freitragender Doppeldecker. Flügel mit gleicher Spannweite und elliptischem Umriß. Aufbau als Holz, vorne Sperrholznase, hinten stoffbespannt. Querruder im Unter- und Oberflügel. Flügel an den Rumpf beiklappbar. Oberflügel 2,5° V-Form, Unterflügel keine.
Rumpf: Kastenrumpf mit rundem Rumpfrücken. Aufbau aus Holz, durchgehend mit Sperrholz beplankt.

124. Klemm Kl 107

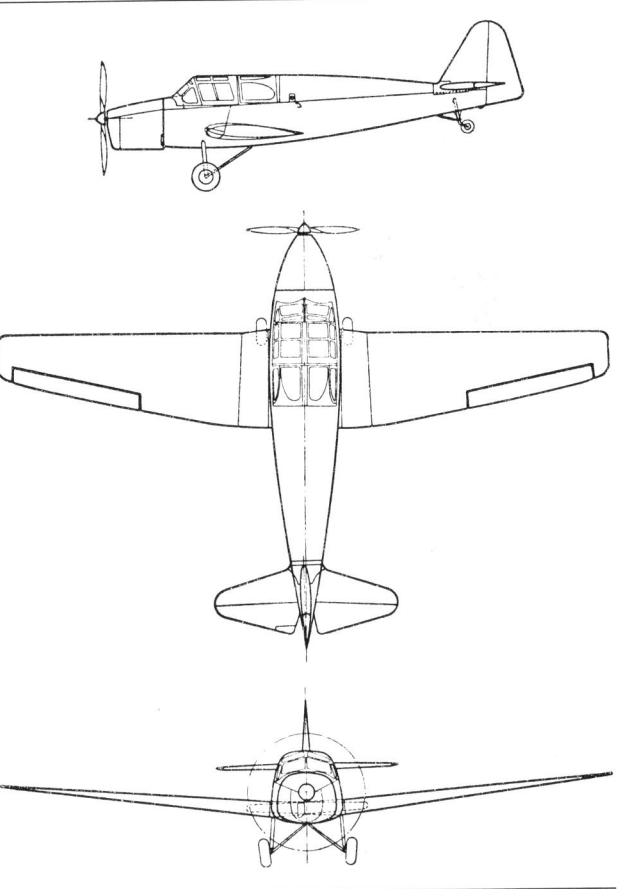

Leitwerk: Abgestrebtes Normalleitwerk. Sämtliche Flächen mit elliptischem Umriß. Höhenleitwerk hoch an der Seitenflosse angelenkt und durch zwei I-Stiele zu den beiden Rumpfgurten abgefangen. Aufbau aus Holz mit Stoffbespannung.

Fahrwerk: Starres Normalfahrwerk. Nicht bremsbare Hauptträder an V-Segmenten und Halbachsen. Starres Spornrad.

Triebwerk: Ein Hirth HM 60 R luftgekühlter hängender Vierzylinder-Reihenmotor mit 1 × 82 PS Startleistung. Starre Zweiblatt-Luftschraube aus Holz mit 1,95 m Durchmesser. Kraftstoffkapazität 58 Liter, Schmierstoff 4 Liter.

Besatzung: 1 Pilot in offenem Führersitz.

Lippisch

Prof. Dr. Alexander Lippisch

Alexander M. Lippisch wurde am 2. November 1894 in München geboren. Er wurde in der Folgezeit zu einem der bekanntesten Aerodynamiker und Flugzeugkonstrukteure in der Welt. Von den Anfängen des Segelfluges war er auf der Wasserkuppe dabei. Viele der damaligen Hochleistungssegler, so der Fafnir, wurden von ihm konstruiert. Später wurde er Technischer Direktor der Rhön-Rossitten-Gesellschaft und nach deren Auflösung Direktor der Deutschen Forschungsanstalt für Segelflug. Anfang der dreißiger Jahre lieferte er in diesem Rahmen wertvolle Beiträge zum Nurflügelflugzeug, als er Versuche über die ungenügende Stabilität um die Hochachse bei solchen Konstruktionen untersuchte. Aus dieser Zeit stammt seine berühmte »Delta«-Reihe, so die Delta I von 1930, 1932 die Delta II und 1933 die bei Fieseler gebaute Delta III. Die als DFS 39 und 40 geschaffenen Delta IV und V schließlich führten kurz vor Kriegsbeginn zur Konstruktion des von DVL geforderten Raketenversuchs-

flugzeuges DFS 194. Als dieses Objekt für die DFS zu umfangreich wurde, siedelte Lippisch 1939 mit zwölf seiner Mitarbeiter zu Messerschmitt über, wo in seiner »Gruppe L« der Raketenjäger Me 163 entstand, mit dem 1941 erstmals eine Geschwindigkeit von über 1000 km/h ausgeflogen wurde. 1934 formte Lippisch seine eigene Luftfahrtforschungsanstalt Wien, in der bis Kriegsende Überschallflugzeugprojekte mit Deltaflügeln untersucht und entwickelt wurden. Von diesen Projekten LP-11, LP-12 und LP-13 gelangte letzteres, das untenstehend näher beschrieben ist, noch bis zur Konstruktionsreife.

Messerschmitt Me 163 »Komet«

1936 begann Professor Lippisch bei der DFS unter der DVL als Auftraggeber mit der Konstruktion eines schwanzlosen Raketenflugzeuges, das die Bezeichnung DFS 194 erhielt. Die ganze Entwicklung basierte auf einem Flüssigkeits-Raketenmotor, den der Kieler Chemiker Hellmuth Walter der DVL zur Verfügung gestellt hatte und der 45 Sekunden lang einen Schub von 135 kp erbrachte. Die Flächen der DFS 194 wurden bei der DFS gebaut, der Rumpf in den Heinkel-Werken. Als die Projektarbeiten schließlich den Rahmen der DFS überschritten, siedelte Lippisch mit seinem Mitarbeiterstab zur Messerschmitt AG nach Augsburg über, wo er für die Weiterführung der Arbeiten die »Gruppe L« gründete. Diese Übersiedlung zur Industrie brachte das RLM auf den Plan, die sich für die offizielle Einstufung der Projektarbeiten entschied und die Typenbezeichnung in Me 194 änderte. Kurze Zeit später wurde jedoch die freigewordene Nummer 163 dem Projekt überschrieben.

Die DFS 194 war nicht für hohe Geschwindigkeiten ausgelegt. Als Walter einen neuen stärkeren Raketenmotor ankün-

148. Lippisch Me 163 V-2, KE + SW

149. Lippisch Me 163 V-4, VD + EL

digte, begann Lippisch mit der Konstruktion von zwei Zellen für Hochgeschwindigkeitsflüge. Diese Maschinen, die *Messerschmitt Me 163 V-1* und *Me 163 V-2,* wurden im Frühjahr 1941 fertig. Sie entsprachen im Aufbau und im Aussehen noch weitgehend der DFS 194. Als zu dieser Zeit die Walter-Raketentriebwerke noch nicht zur Verfügung standen, begann unter Flugkapitän Heini Dittmar die Flugerprobung als Gleiter in Augsburg. Hochgeschleppt von einer Bf 110 zeigten die Maschinen trotz der kleinen Flügelstrekkung mit 1 : 20 eine erstaunlich gute Gleitzahl. Im Sommer ging die Me 163 V-1 nach Peenemünde-Karlshagen und wurde mit einem Walter R II-203-Raketenmotor von 750 kp Schub ausgerüstet. Die Flugerprobung blieb in den Händen von Heini Dittmar. Bereits beim vierten Flug wurde der bestehende Welt-Geschwindigkeitsrekord überboten. Am 2. Oktober 1941 erreichte Dittmar erstmals 1002 km/h. Diese guten Ergebnisse bewogen das RLM, aus diesem Versuchsflugzeug einen bewaffneten Abfangjäger entwikkeln zu lassen. Im Dezember 1941 begann Lippisch mit der Umkonstruktion, die zur Me 163 B führen sollte.

Messerschmitt Me 163 A-Reihe
Zur Schulung wurden zehn Maschinen der A-Reihe von den Wolf Hirth-Werken gebaut. Diese Maschinen entsprachen vollkommen der Me 163 V-1 ohne Triebwerk.

Me 163 A-0
Offizielle Bezeichnung der Gleiterausführung. Die Schulung begann auf einem normalen »Habicht«-Segelflugzeug mit 13,20 m Spannweite. Die nächsten Ausbildungsstufen zur Erlangung höherer Landegeschwindigkeiten führten über den »Stummel-Habicht« — zuerst mit 10,00 m, dann mit

125. Lippisch Me 163 A

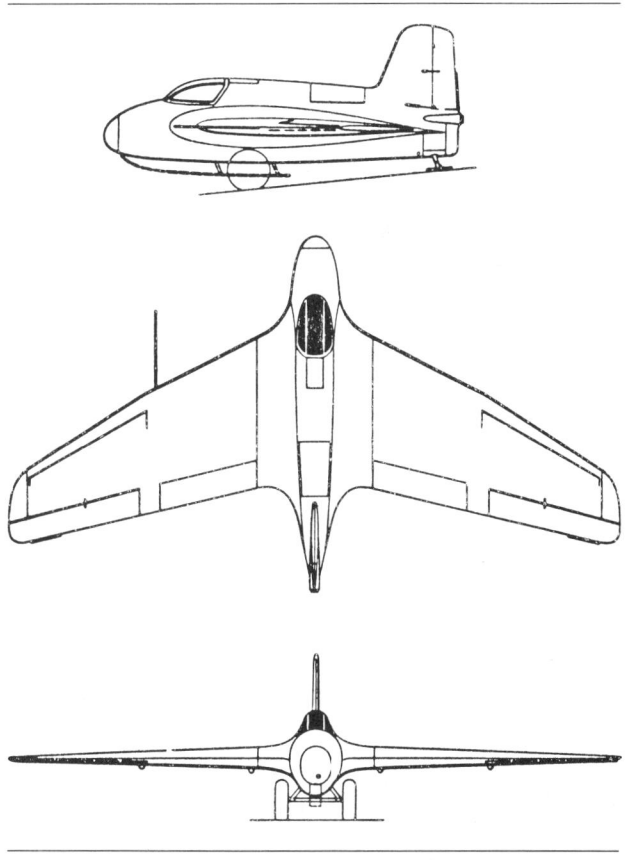

163

150. Lippisch Me 163 B

8,00 m und schließlich mit 6,00 m Spannweite. Die Me 163 A-0 war mit Wassertanks ausgerüstet, die im weiteren Verlauf der Ausbildung eine kontinuierliche Heraufsetzung der Landegeschwindigkeit bis zu den Einsatzbedingungen erlaubten. Das Hochschleppen erfolgte durch eine Me 110 C.

Messerschmitt Me 163 B-Reihe
Für die zu Einsatzzwecken 1941/42 in der Umkonstruktion befindlichen Me 163 B hatte Hellmuth Walter wiederum eine neue Rakete angekündigt — die HWK 109-509. Die bisherigen Raketenmotoren der R-203-Reihe arbeiteten nach dem »kalten« System. Sie verbrannten T-Stoff (Wasserstoffsuperoxyd) mit Kalziumpermanganat als Katalysator. Das neue Triebwerk dagegen sollte unter wesentlich höheren Temperaturen mit T-Stoff und C-Stoff (ein Hydrazin-Hydrat mit Methylalkohol) nach dem »heißen« System arbeiten und eine wesentlich höhere Leistung erbringen. Die neuen zellenmäßigen Ansprüche forderten in erster Linie eine Erhöhung des Kraftstoffvorrates und einen Waffeneinbau. Im Mai 1942 wurde der erste Prototyp der B-Reihe, die *Messerschmitt Me 163 V-3,* fertiggestellt. Er unterschied sich vor allem von den beiden ersten Prototypen durch einen vollständig neuen Rumpf. Da zu jener Zeit die Walter-Rakete noch nicht einbaureif war, ging die Me 163 V-3 zuerst als Gleiter in die Flugerprobung. Dabei zeigte sich, daß das Muster unkontrolliert ins Trudeln ging. Lippisch versuchte erst mit Hilfe von einstellbaren Vorflügeln über 40 Prozent der Spannweite Abhilfe zu schaffen. Diese Vorflügel wurden aber dann zugunsten von festen Schlitzen mit einem geringen

126. Lippisch Me 163 B

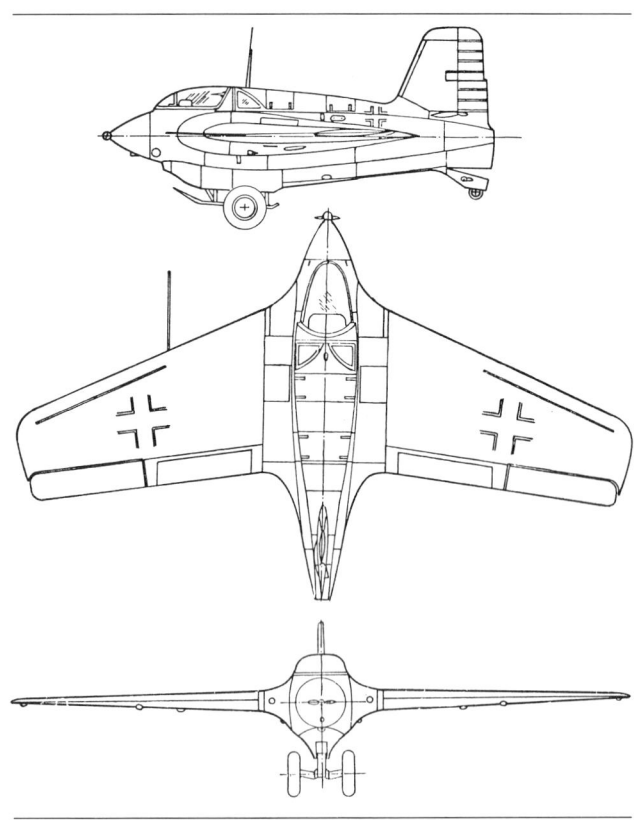

164

Widerstand, den sogenannten C-Schlitzen, fallengelassen. Die C-Schlitze erbrachten auch den gewünschten Stabilitätserfolg. In der Folgezeit wurden fünf weitere Prototypen gebaut, von denen die *Me 163 V-4*, die *Me 163 V-5*, *Me 163 V-7* und *Me 163 V-8* vollkommen der V-3 entsprachen. Auch sie mußten noch alle als Gleiter erprobt werden. Dabei stürzte Heini Dittmar ab. Rudolf Opitz übernahm seine Stelle als Erprobungsflieger. Inzwischen war ein Auftrag auf 70 Vorserien- und Serienmaschinen erteilt worden, die im Regensburger Messerschmitt-Werk gebaut wurden. Die gesamte Vorserienreihe und die Hälfte der bestellten Serienmaschinen konnten zellenmäßig fertiggestellt werden, bevor der erste Walter HWK 109-509-Raketenmotor eintraf. Dieses Triebwerk, eine HWK 109-509 A mit 1 × 1500 kp Standschub, wurde im Mai 1943 in die Me 163 V-3 eingebaut. Der erste Flug fand im August des Jahres in Peenemünde statt. Da Lippisch Anfang 1943 nach Differenzen mit Messerschmitt aus der Firma ausgeschieden war, Messerschmitt am Bau der Me 163 kein Interesse zeigte, wurde nach der Fertigstellung der ersten 70 Maschinen in Regensburg die Fertigung der Me 163 dem Hanns Klemm Flugzeugbau in Böblingen übertragen. Insgesamt wurden 364 Maschinen des Musters an die Luftwaffe abgeliefert, davon 327 Stück 1944 und 37 Stück 1945. Im Spätherbst 1944 konnte die erste Versuchs-Einsatzgruppe unter Major Späte in Brandis bei Leipzig aufgestellt werden. Sie hatte die Aufgabe, die Leuna-Hydrierwerke zu schützen. Eine zweite Gruppe wurde in Stargard bei Stettin zum Schutz der Pölitzer-Hydrierwerke gebildet. Verwundbar war die Me 163 beim Gleitflug (nach dem Erreichen der Gipfelhöhe reichte der Kraftstoff noch für 2,5 min) zurück zum Heimathafen. Die Landung selbst war der schwierigste Teil des Fluges — einmal durch die große Landegeschwindigkeit für eine Kufe, dann auch noch durch die mögliche Explosion von Kraftstoffresten bei harten Landestößen. So gingen bei den Landungen mehr Me 163 B verloren als bei den Angriffsflügen. Und doch war die Me 163 B als erster einsatzfähiger Raketenjäger der Welt eine gelungene Konstruktion, die sich als Objektschutzjäger glänzend bewährte, und die ihrer Zeit weit voraus war.

Me 163 B-0
Vorserienausführung. Sie entsprach der nachfolgend beschriebenen Me 163 B-1, besaß aber noch eine Walter HWK 109-509 A-1 mit 1 × 1600 kp Standschub, die ab August 1943 ausgeliefert wurde.

Me 163 B-1
Hauptserienversion und einzige Variante, die zum Einsatz gekommen ist. Die Maschinen besaßen, besonders in den letzten Baureihen, den HWK 109-509 B-1 mit 1 × 200 kp Standschub.

Typ: Einstrahliger Raketenobjektschutzjäger.
Flügel: Freitragender Pfeilflügelmitteldecker. 25,23 ° Pfeilung an der Vorderkante. Profildicke an der Wurzel 14 %, am Ende 8 %.

Zweiteiliger Aufbau ganz aus Holz. Haupt- und Hilfsholm lamelliert. Durchgehende Beplankung aus 8 mm Sperrholz. Fester Flügelspalt in den Vorderkanten. Hydraulisch betätigte Landeklappen aus Metall.
Rumpf: Aufbau als Ganzmetallschale. Im Vorderteil liegender Panzerkegel zum Schutz des Piloten. Rumpfbug mit selbstregelndem Propeller für den Antrieb des Generators.
Leitwerk: Nur Seitenleitwerk, da schwanzlose Konstruktion. Seitenruder mit Trimmkante. Höhenruder mit Querruder kombiniert in den Flügeln.
Fahrwerk: Hydraulisch abgefederte Hauptkufe unter dem Rumpf. In Startstellung ausgefahren und mit einem abwerfbaren Zweiradfahrwerk versehen. Einfahren der Kufe nach dem Start mechanisch, dabei automatischer Abwurf des Fahrgestelles. Nach unten klappbares, gefedertes Spornrad, für Rollen und Start mit dem Seitenruder gekoppelt. Landung auf der ausgefahrenen Kufe.
Triebwerk: Ein Walter HWK 109-509 B-1-Flüssigkeitsraketenmotor mit 1 × 2000 kp Standschub, regelbar bis zu einem Mindestschub von 100 kp. 3 Rumpfbehälter mit T-Stoff und 4 Flügelbehälter mit C-Stoff. Gesamtkapazität 1600 Liter.
Besatzung: 1 Pilot in geschlossener Kabine. Einteilige Vollsichtabdeckhaube, seitlich klappbar und absprengbar. Spezialanzug zum Schutz des Piloten gegen Verbrennungen aus PC-Fasern einschließlich der Überschuhe, der Haube und der Fallschirmumhüllung. Weiterhin Gummihandschuhe.
Militärische Ausrüstung: 2 × 30 mm MK 108 mit je 60 Schuß Munition in den Flügelwurzeln.

Messerschmitt Me 163 C-Reihe
Im August 1944 wurde von den Walter-Werken ein neuer Raketenmotor angeboten, der zusätzlich zu der Hauptbrennkammer eine zweite kleinere Reisebrennkammer besaß. Diese Walter HWK 109-509 A-2 wies für den Steigflug den Vorteil auf, mit beiden Brennkammern zusammen ein Maximum an Schub zu erzeugen, im Reiseflug jedoch nur die Reisebrennkammer laufenzulassen, wodurch sich die reine Flugzeit mit Antrieb von 8 auf 12 min erhöhte. Eingebaut und testgeflogen wurde das Triebwerk erstmals in der *Messerschmitt Me 163 V-6,* deren Zelle sich sonst nicht von den anderen bisherigen Prototypen für die B-Serie unterschied. Aber gleichzeitig wurde eine neue Version für dieses Triebwerk in Angriff genommen, welches in den Abmessungen gegenüber der Me 163 B leicht vergrößert war. Diese Version erhielt die Bezeichnung Me 163 C.

Me 163 C-0
Nur wenige Vorserienmaschinen wurden fertiggestellt. Abgesehen von dem neuen Triebwerk und den gestreckteren Formen durch die Vergrößerung unterschieden sie sich von den Maschinen der B-Reihe durch eine aufgesetzte Vollsicht-Kabinenabdeckung für die ebenfalls neue Druckkabine.

Triebwerk: Ein Walter HWK 109-509 A-2-Flüssigkeitsraketenmotor mit einer Gesamtschubleistung am Stand von 2000 kp, davon 1 × 1700 kp mit der Hauptdüse (regelbar bis zu einem Mindestschub von 200 kp) und 300 kp mit der Reisedüse.

151. Lippisch Me 163 V-6

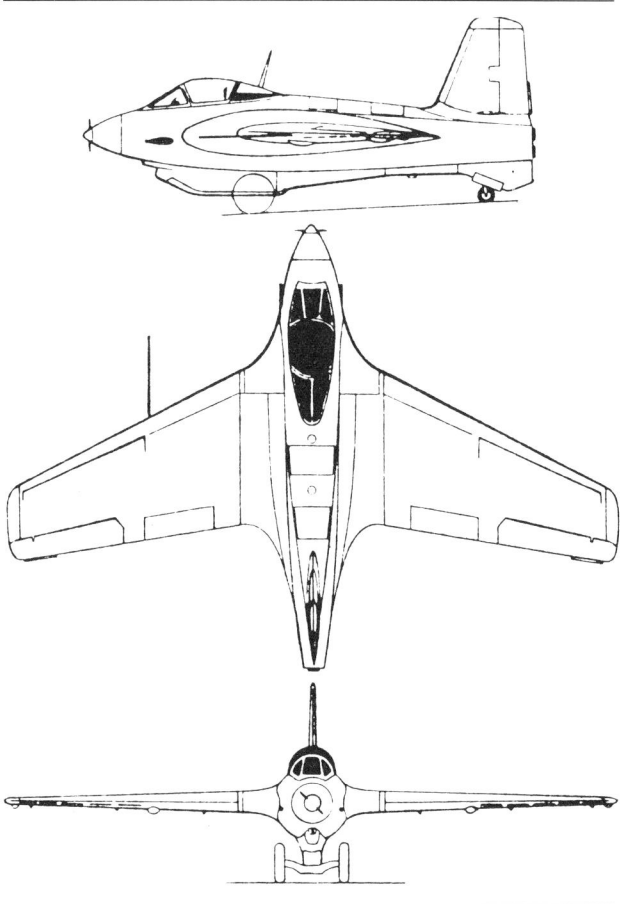

127. Lippisch Me 163 C

Messerschmitt Me 163 D

Weiterentwicklung der Me 163 B aus dem Jahre 1942. Rumpf von 5,85 m auf 6,82 m verlängert. Spannweite 9,33 m. Leergewicht 2000 kg, Fluggewicht 4500 kg. Triebwerk: 1 HWK 109-509 A, 1500 kp.

Auf Grund der ersten Erfolge Dittmars mit Me 163 KE + SW wurde seitens des RLM ein Programm für einen Abfangjäger mit Raketenantrieb angeordnet. Daraufhin entstanden bei der Gruppe Lippisch folgende Projekte:

Lippisch P. 01-111

Entwurf 20. Oktober 1939. Bewaffnung: 2 MG 151/20. Spannweite 7,50 m, Länge 6,60 m. Zylindrischer Tank im Rumpfmittelstück, mit Durchmesser fast wie Rumpfquerschnitt.

Lippisch P. 01-113

Entwurf 17. Juli 1940. Ähnlich Me 163, jedoch Schulterdekker mit gemischtem Antrieb: 1 × BMW P. 3302 (Vorläufer BMW 003) Strahlturbine und 1 × BMW 3304 (Raketenmotor). Bewaffnung 2 MK 103. Spannweite 9,0 m, Länge 6,75 m, Höhe 3,0 m.

Lippisch P. 01-114

Entwurf 19. Juli 1940. Schulterdecker mit BMW 109-510-Raketenmotor. Nur Versuch, keine Bewaffnung. Kraftstoff 725 Liter. Spannweite 9,0 m, Länge 6,30 m.

128. Lippisch Me 163 D

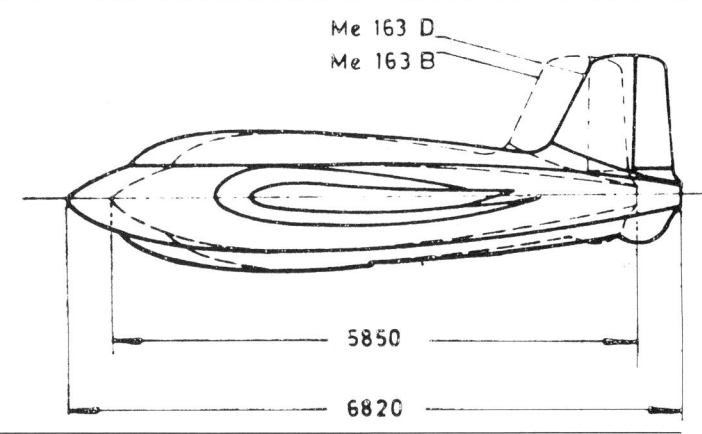

5850

6820

129. Lippisch P.01-111 (20. 10. 1939) ▽

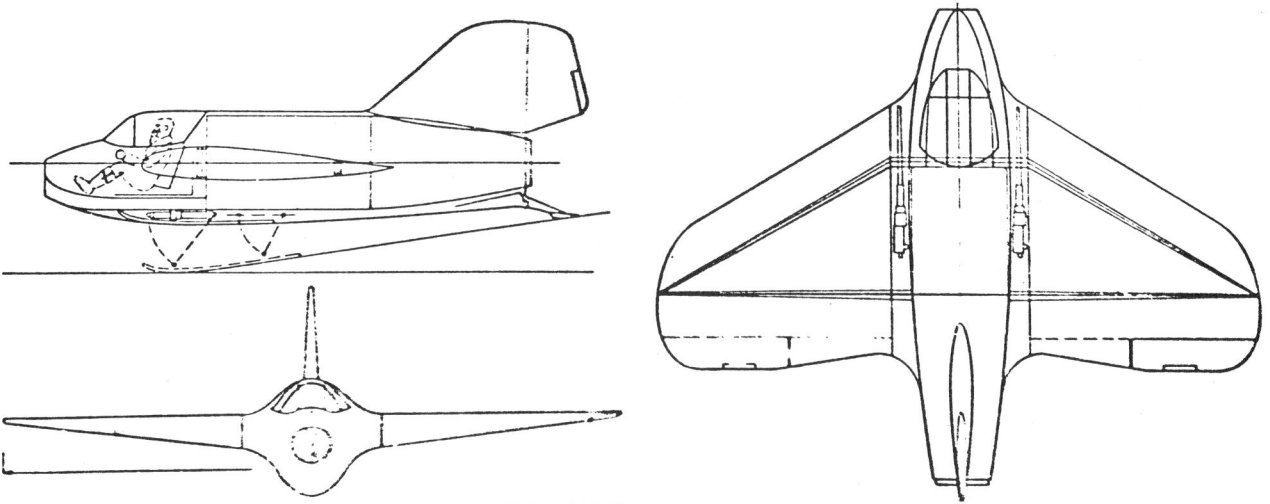

130. Lippisch P.01-113 ▽

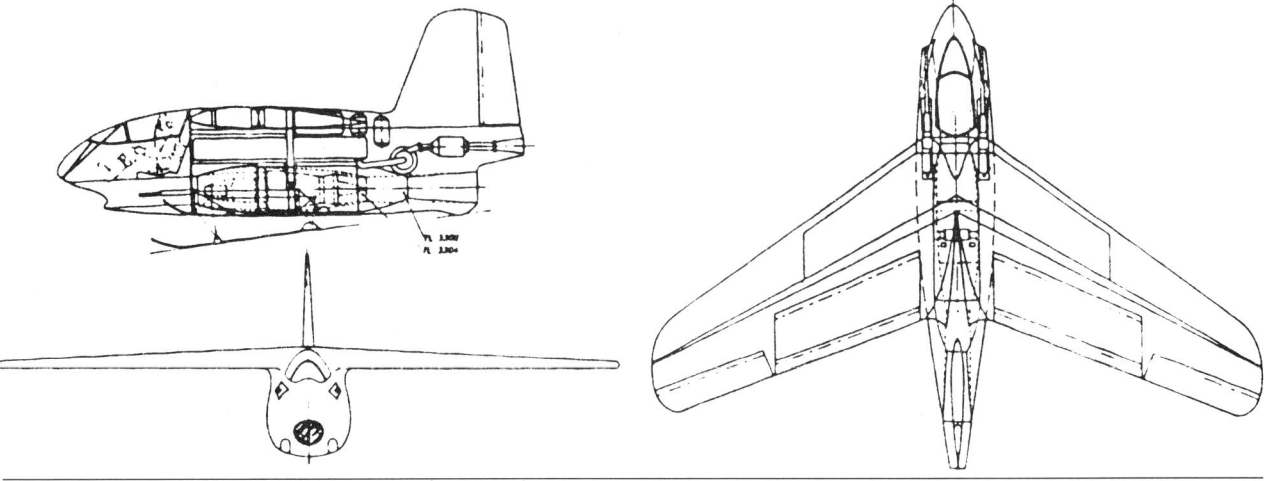

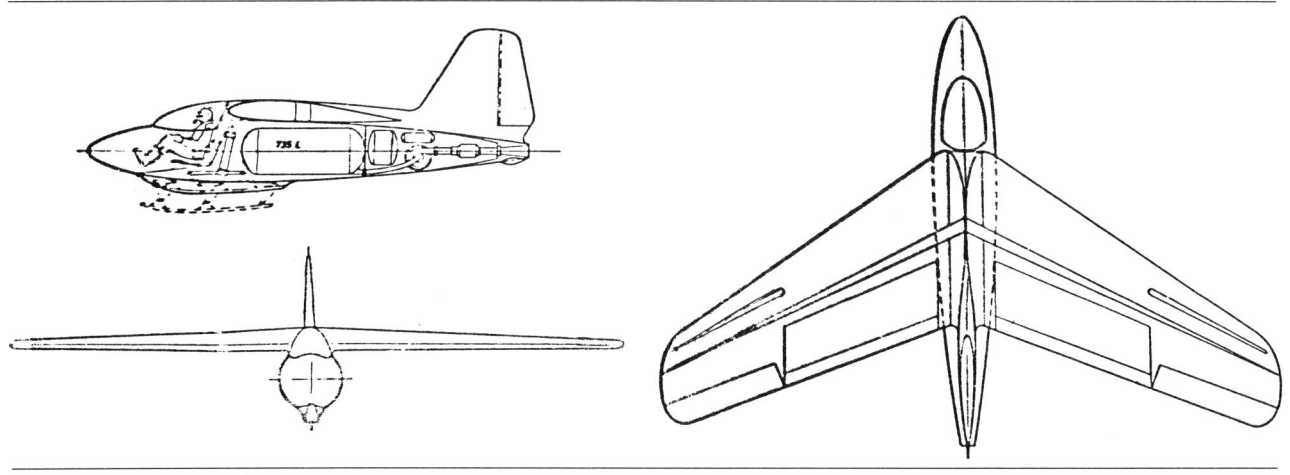

131. Lippisch P.01-114 △

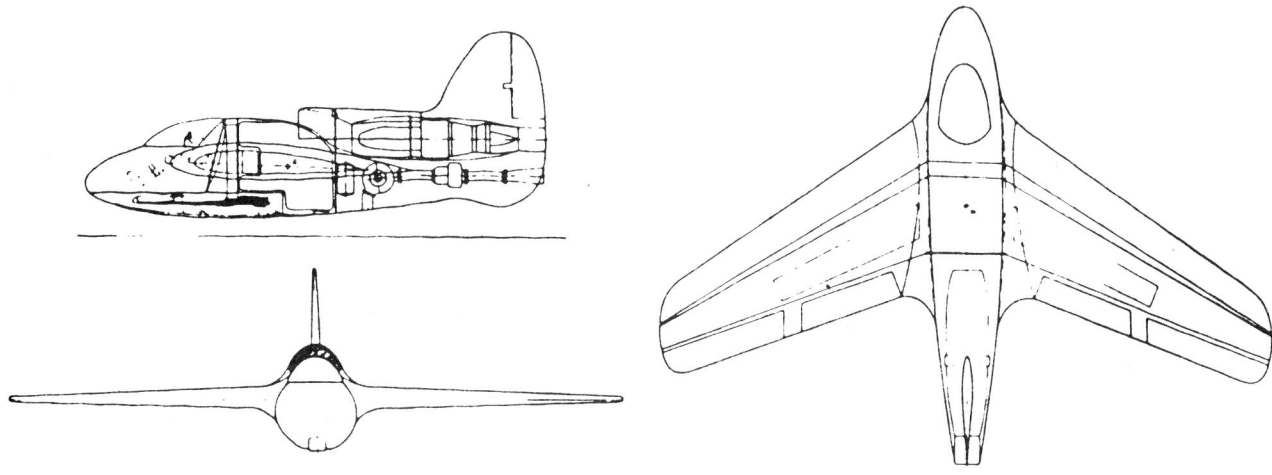

132. Lippisch P.01-115 △

133. Lippisch P.01-116 (13. 4. 1939) ▽

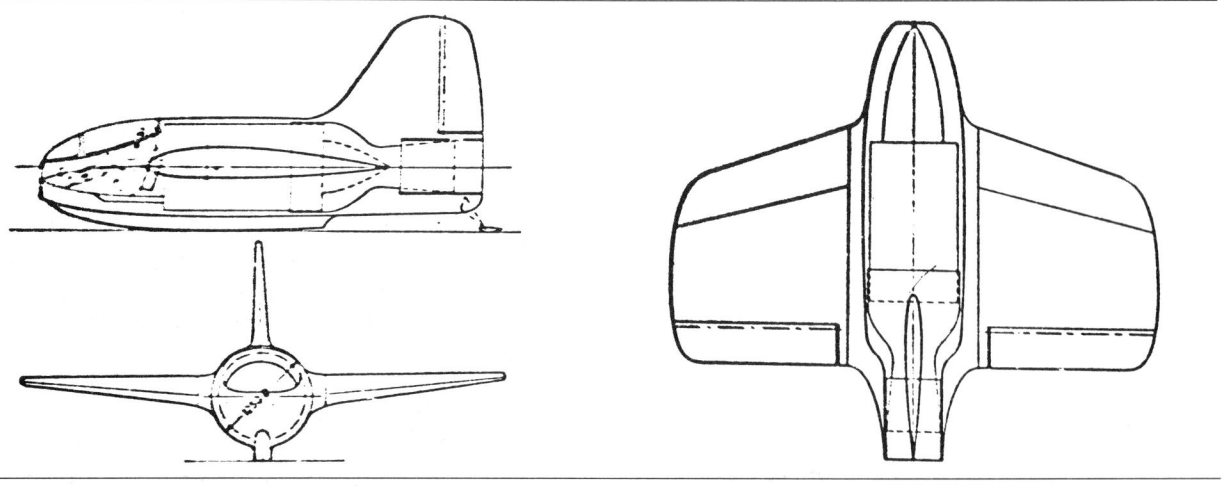

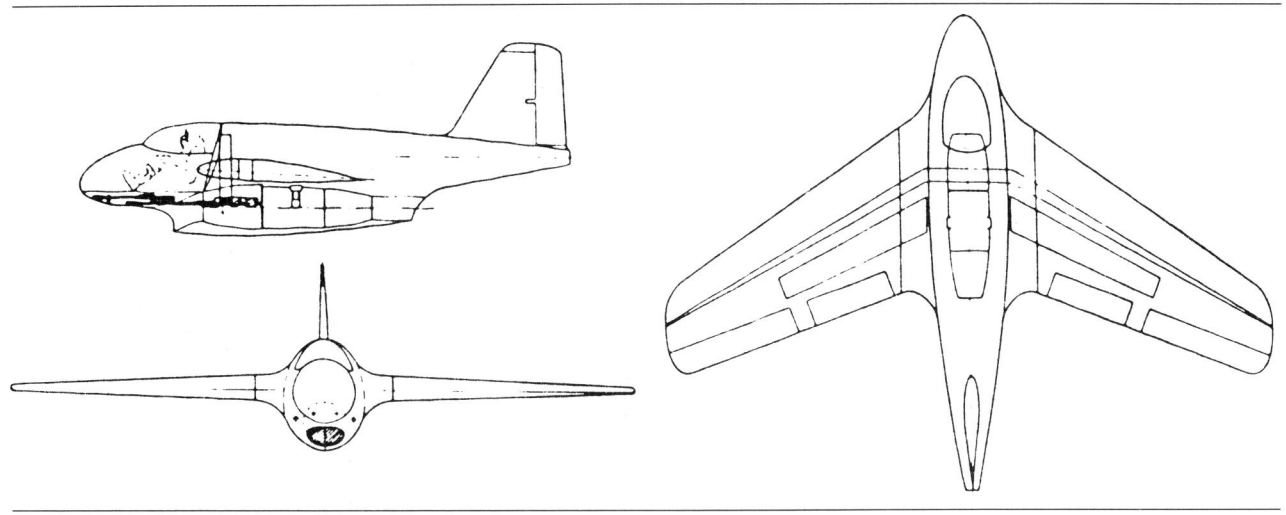

134. Lippisch P.01-116 (12. 6. 1941) △   135. Lippisch P.01-117 ▽

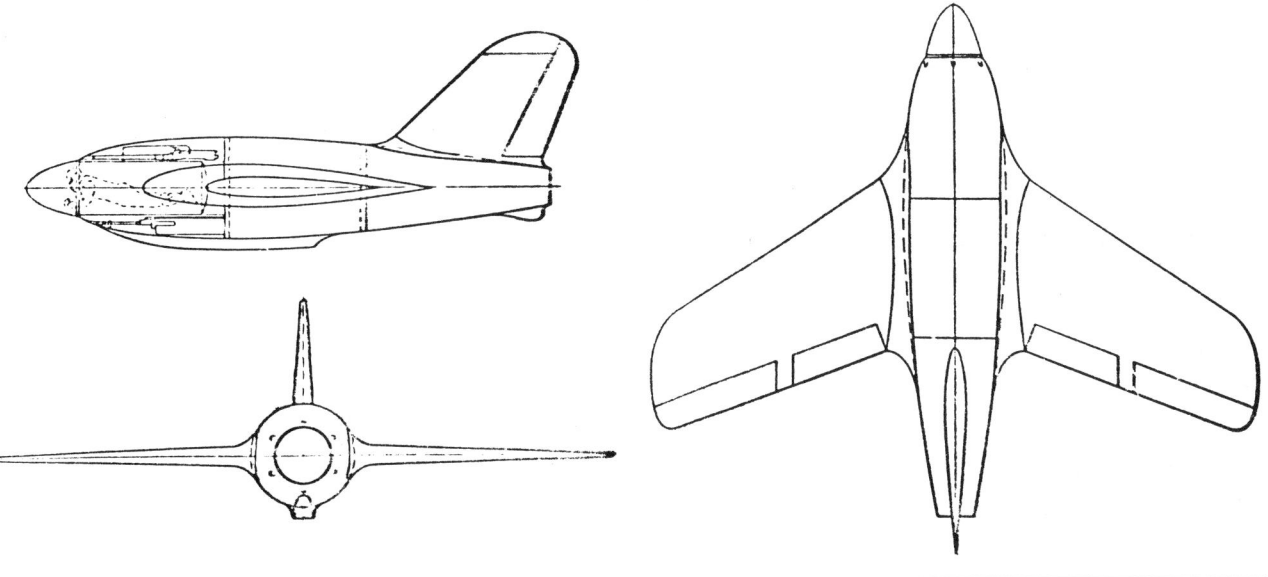

Lippisch P. 01-115

Entwurf: 2. Juli 1941. Triebwerk: 1 BMW 003-Strahlturbine und 1 BMW 109-510-Raketenmotor. Lufteintrittsöffnung für Turbine auf Rumpfoberseite. Bewaffnung 2 MK 103. Spannweite 9,0 m, Länge 6,75 m.

Lippisch P. 01-116, 1. Version

Entwurf: 13. April 1939. Spannweite 6,0 m, Länge 5,42 m, Höhe 2,715 m. Keine Bewaffnung. Strahltriebwerk.

Lippisch P. 01-116, 2. Version

Ähnlich Me 163, aber gemischter Antrieb: 1 BMW 003 und 1 BMW 109-510. Bewaffnung 2 MG 151/20 und 2 MG 131. Spannweite 9,0 m, Länge 7,06 m. Entwurf: 12. Juni 1941.

Lippisch P. 01-117

Entwurf: 22. Juli 1941. Pilot liegend. Vollsicht-Plexiglas-Nase. Bewaffnung: 2 MG 151/20 und 4 MG 131 ringförmig um Führerraum angeordnet. Triebwerk: BMW 109-510.

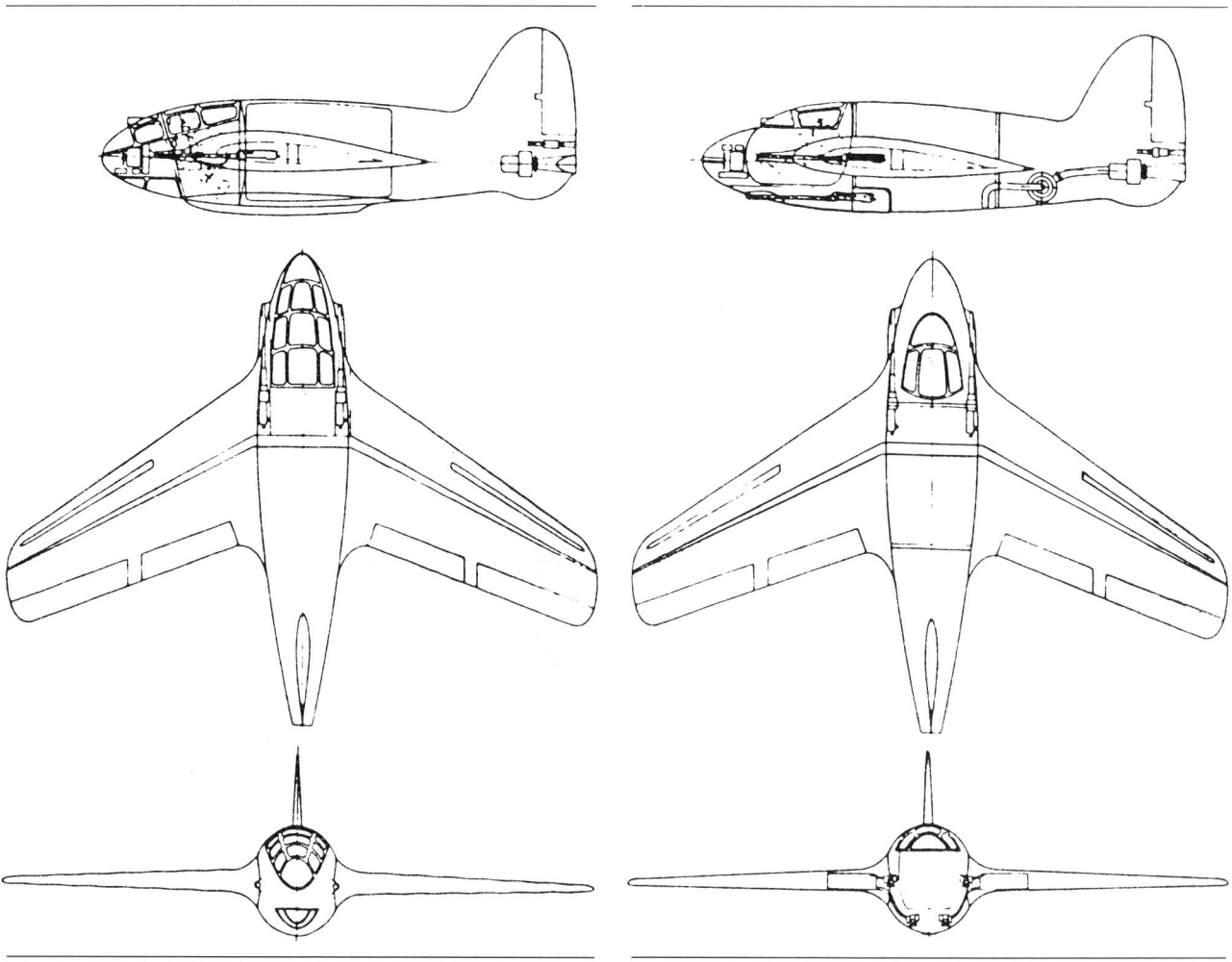

136. Lippisch P.01-118

137. Lippisch P.01-119

Rumpfdurchmesser: 1,50 m. Spannweite: 9,0 m, Länge 7,65 m.

Lippisch P. 01-118

Entwurf: 3. August 1941. Weiterentwicklung der Me 163 B. Rumpf mit aerodynamisch verbesserter Formgebung. Bewaffnung: 2 MK 108. Spannweite 9,0 m, Länge 7,20 m.

Lippisch P. 01-119

Weiterentwicklung der P.01-118 mit Druckkammer. Bewaffnung: 4 MG 151/20, je zwei unter Druckkammer im Rumpfboden, und zwei in Rumpf-Flächenübergang. Spannweite 9,0 m, Länge 7,2 m. Entwurf: 4. August 1941.

Lippisch Li 163 S

Entwurf: 14. September 1941, Spannweite 9,20 m, Länge 5,70 m. Letzte Vorstufe zur Me 163 B.

Lippisch, Me 163 S

Zweisitziger Schulgleiter. Doppelsteuerung. Entwurf: April 1945.

Lippisch P. 03

Ursprünglich Entwurf für ein Hochgeschwindigkeitsflugzeug mit Raketenantrieb, das die Bezeichnung Me 263 erhalten sollte. Die Bezeichnung wurde dann aber auf die bei Junkers entwickelte Ju 248 übertragen. Das Projekt P. 03 wurde nicht weiter verfolgt.

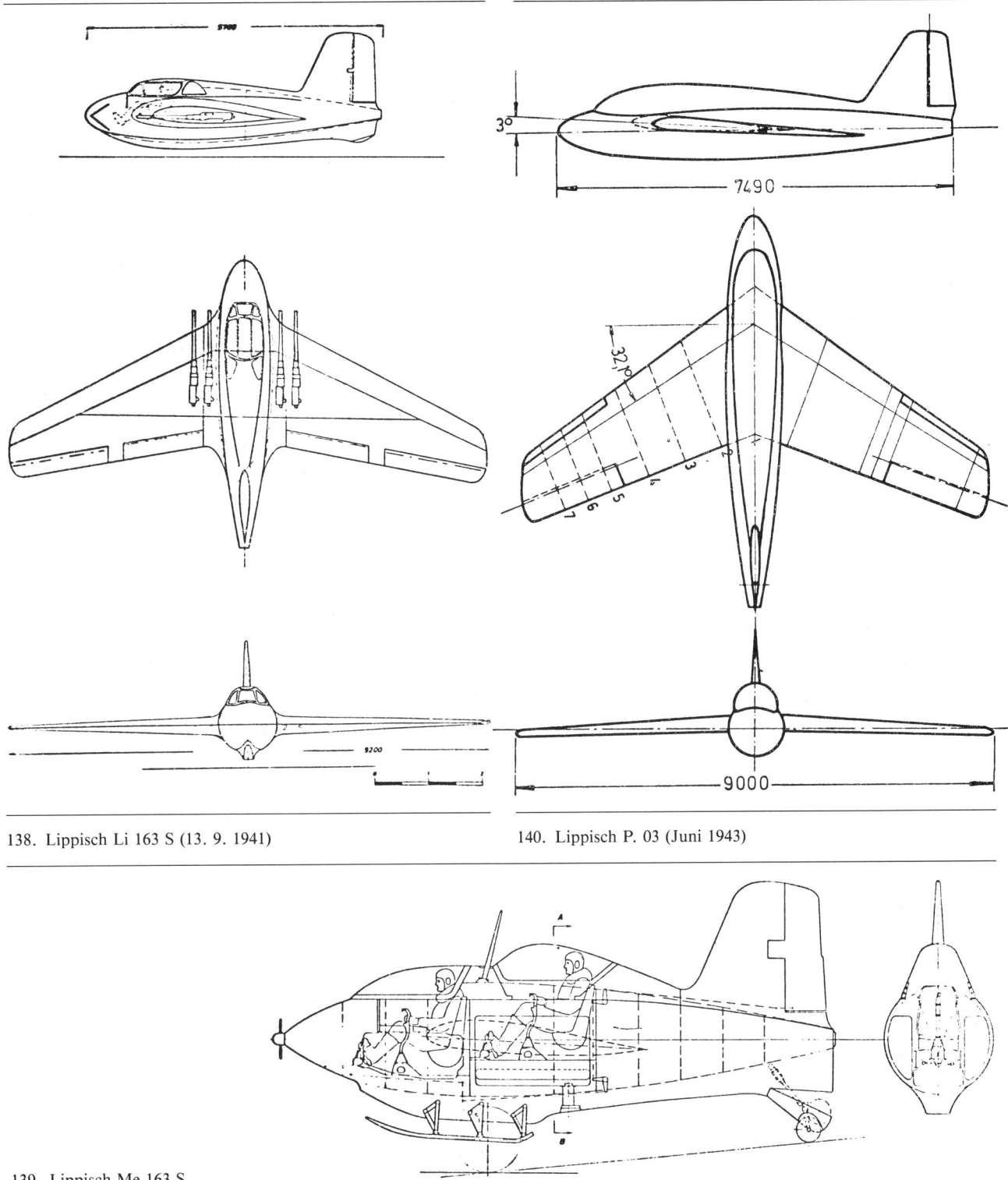

138. Lippisch Li 163 S (13. 9. 1941)

140. Lippisch P. 03 (Juni 1943)

139. Lippisch Me 163 S

171

Lippisch Me 263 (Ju 248)

Trotz der unter Beweis gestellten Tauglichkeit der Me 163 als Objektschutzjäger war das Muster 1944 alles andere als »frontreif«, was aber trotz der für Kriegsverhältnisse relativ langen Entwicklungszeit infolge der vollständig neuartigen Konzeption nicht verwunderlich war. Hauptmängel waren einmal die kurze Flugdauer und dann die schwierige Handhabung in den niedrigen Geschwindigkeitsbereichen. Die Kufenlandungen bei der hohen Landegeschwindigkeit und bei den kleinen deutschen Plätzen konnten nur von erfahrenen Piloten einwandfrei gemeistert werden. Nachdem zur Flugzeitverlängerung die neue Walter-Rakete mit einer Reisebrennkammer zur Verfügung stand, wurde auch der Wunsch laut, ein einziehbares Fahrwerk vorzusehen, um die

141. Lippisch Me 263/Ju 248

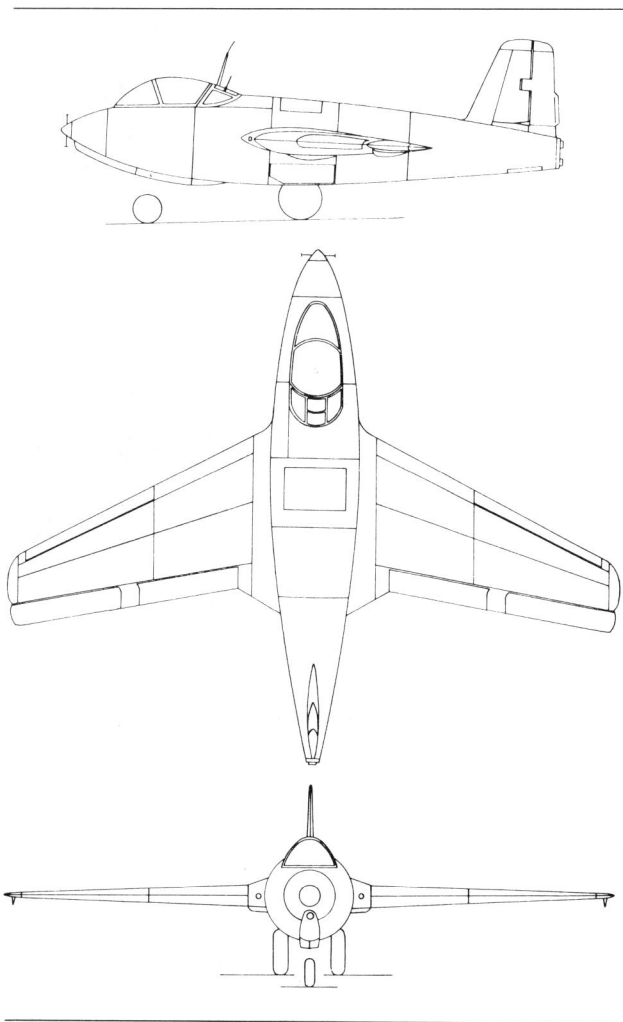

Landung einfacher zu gestalten. Die Me 163 C erhielt zwar bereits einen größeren Rumpf, aber für ein Einziehfahrwerk reichte auch er noch nicht aus. So entstand der Entwurf einer neuen Version mit einem vollständig veränderten Rumpf, der die Bezeichnung Me 163 D erhielt. Da das Messerschmitt-Entwicklungsbüro vollkommen überlastet war, wurden im frühen Entwurfsstadium die Entwicklungsarbeiten an eine Junkers-Konstruktionsgruppe unter der Leitung von Prof. Hertel übertragen. Gleichzeitig wurde das Baumuster in Ju 248 umbenannt. Der erste Prototyp, die *Junkers Ju 248 V-1*, ging im August 1944 in die Flugerprobung. Allerdings war, um die Erprobung nicht zu verzögern, das Dreiradfahrwerk noch starr und das Triebwerk noch nicht eingebaut. Dabei wurde die Ju 248 V-1 mit einer Ju 188 auf Höhe geschleppt. Die Gleitversuche ergaben wesentlich bessere Flugeigenschaften im niedrigen Geschwindigkeitsbereich als bei der Me 163.

Nach dem befriedigenden Abschluß des Erprobungsprogramms — inzwischen war auch das Einziehfahrwerk betriebsreif geworden — ging die Konstruktion wieder an die Messerschmitt-Werke zurück. Das einzige gebaute Muster wurde in *Me 263 V-1* umgetauft.

Typ: Einstrahliger Raketen-Objektschutzjäger.
Flügel: Freitragender Pfeilflügelmitteldecker. Von der Me 163 B übernommen, jedoch im Umriß für die Serienfertigung leicht vereinfacht. Ersatz der Schlitze in der Flügelvorderkante durch automatische Vorflügel. Zusätzliche Spreizklappen vor den Landeklappen.
Rumpf: Aufbau als Ganzmetallschale, gegenüber der Me 163 B aerodynamisch verbessert und gestreckter. Raummäßig zur Aufnahme des Dreiradfahrwerkes vergrößert.
Leitwerk: Wie Messerschmitt Me 163 B.
Fahrwerk: Hydraulisch einziehbares Dreiradfahrgestell. Haupträder nach hinten oben in den Rumpf einziehbar, Bugrad nach hinten in einen Wulst unter dem Rumpfbug, der als Notkufe dienen konnte und den Lufteinlaufstutzen für die Belüftung der Druckkabine aufnahm. Einziehbarer Schleifsporn unter dem Heck.
Triebwerk: Ein Walter HWK 109-509 C-4-Flüssigkeitsraketenmotor mit einer Gesamtschubleistung am Stand von 2400 kp, davon 2000 kp mit der Hauptdüse (regelbar bis zu einem Mindestschub von 400 kp) und 400 kp mit der Reisedüse. Treibstoffkapazität (C- und T-Stoff) 2440 Liter.
Besatzung: 1 Pilot in Druckkabine. Aufgesetzte Vollsichtabdeckhaube.
Militärische Ausrüstung: 2 × 30 mm MK 108 in den Flügelwurzeln.

Lippisch P. 04-107 a

Entwurf: 26. August 1939. Zweisitziges Versuchsflugzeug mit zwei Argus As 100 von je 240 PS. Spannweite 16 m, Länge 5,83 m. Später As 410 2 × 450 PS. Vorentwurf für P. 04-106.

Lippisch P. 04-106

Bomber-Zerstörer mit 2 DB 601 E 2 × 1200 PS. Abmessungen wie P. 04-107 a.

152. Lippisch Me 263 V-1 △

153. Junkers Ju 248 Modell im Windkanal ▽

173

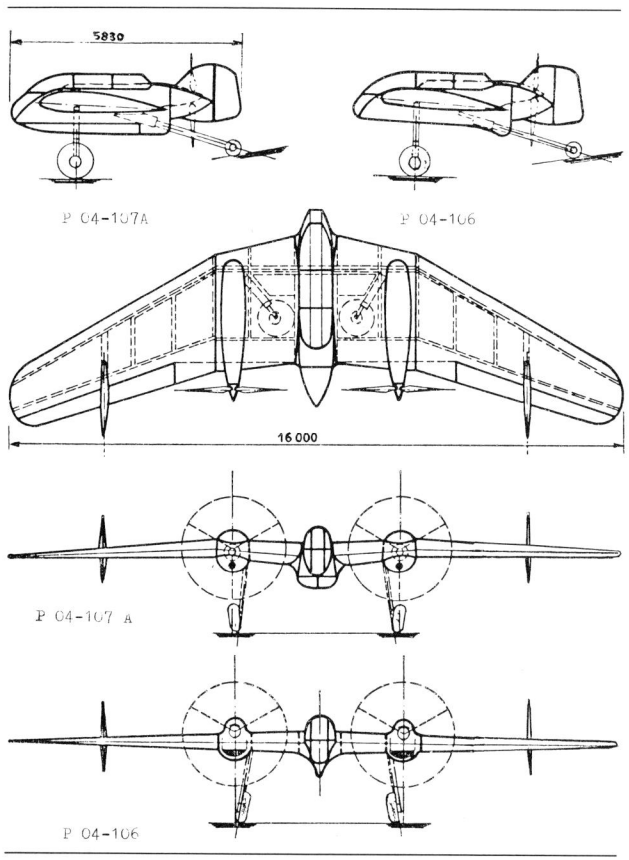

Lippisch P. 04-114

Zweisitziges Schulflugzeug, ähnlich P. 04 – 106.

Lippisch P. 05

Entwurf eines Raketenjägers mit zwei Triebwerken vom August 1941. Vergrößerte Behälteranlage und verstärkte Bewaffnung gegenüber Me 163 B: 4 MG 151/20. Spannweite 12 m, Länge 7,40 m. August 1942 auf 7,60 m verlängert.

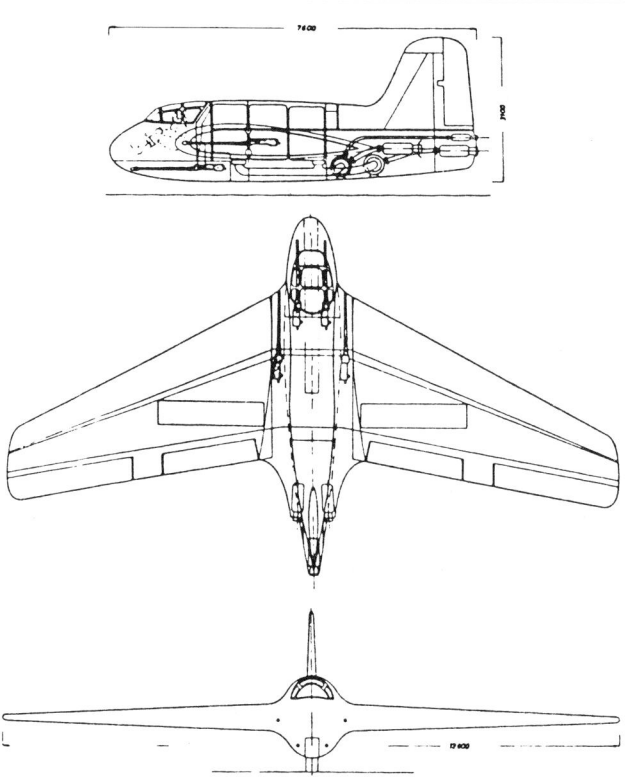

142. Lippisch P. 04-106/107 A

143. Lippisch P. 04-114

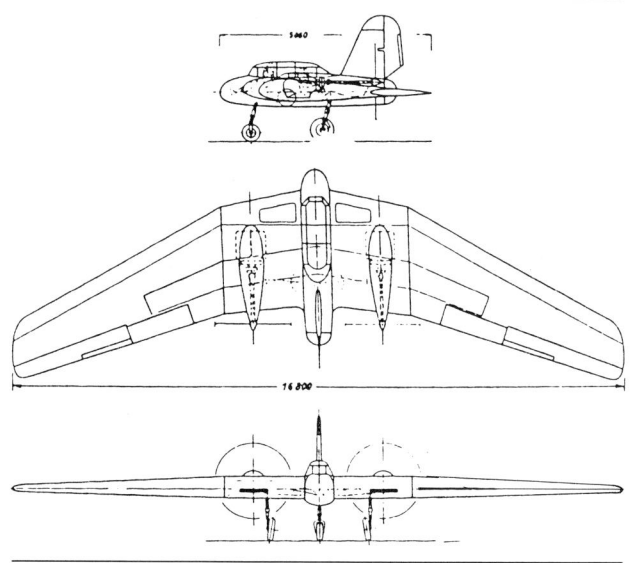

144. Lippisch P. 05 (August 1942)

145. Lippisch P. 06 (November 1940)

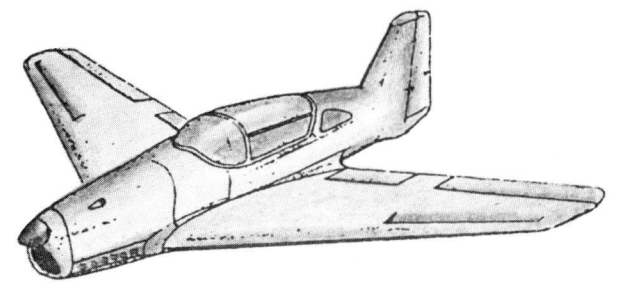

Lippisch P. 06

Entwurf eines einsitzigen Umschulungsflugzeugs vom 8. September 1940. Triebwerk Argus As 410 A mit 450 PS, Spannweite 11 m, Länge 6,74 m, Flächeninhalt 20 m². Leergewicht 1147 kg, Fluggewicht 1564 kg.

Lippisch P. 08

Entwurf vom 1. September 1941 für Groß-Bomber-Transporter. Triebwerk: vier Daimler-Benz DB 615 mit je 4000 PS. Spannweite 50,60 m, Länge 15,35 m, Höhe 8,60 m. Trapoklappe unter dem Rumpf. Das Flugzeug sollte in der Lage sein, einen Panzerkampfwagen von ca. 25 t Gewicht zu transportieren. Leergewicht 30 t, Fluggewicht 90 t.

Lippisch P. 09

1. Entwurf November 1941. Nurflügelbomber mit zwei He S 011. Spannweite 11,60 m, Länge 7,10 m. Abwehrbewaffnung vorn zwei MG 213.
2. Entwurf Mai 1942. Nurflügelbomber mit zwei HWK-Raketentriebwerken von je 1500 kp. Spannweite 10 m, Länge 7,40 m.

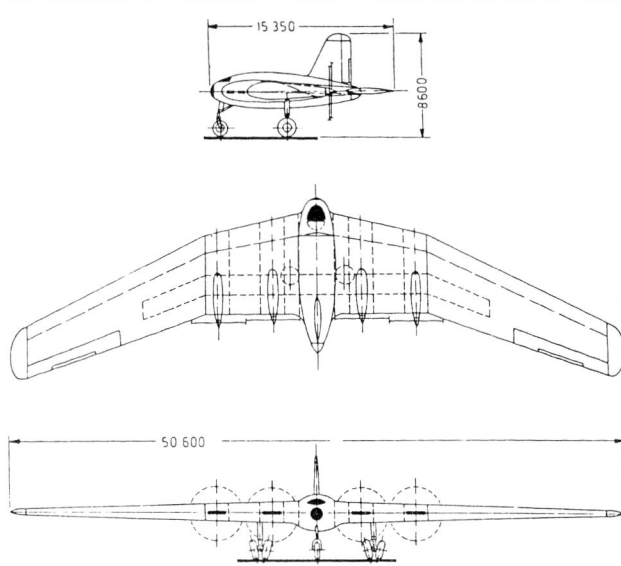

146. Lippisch P. 08 (September 1941)

147. Lippisch P. 09 (November 1941)

Lippisch P. 10

1. Entwurf November 1941: Zerstörer mit zwei He S 011. Abwehrbewaffnung vorn zwei, im Heck ebenfalls zwei MG 151/20. Bombenlast 1000 kg, Spannweite 13,40 m, Länge 8,15 m.
2. Entwurf Mai 1942: Schnellbomber mit Daimler-Benz DB 606 von 2700 PS. Spannweite 16 m, Länge 9,85 m.

Messerschmitt Me 265

Als die Me 210 1941 in die Serienfertigung gegangen war, aber im Einsatz nicht befriedigte, schlug Prof. Lippisch, der damalige Leiter der »Gruppe-L« in den Messerschmitt-Werken, vor, eine Neukonstruktion zu entwickeln, die viele Teile der Me 210 übernehmen sollte. So entstand 1942 als Projekt die *Lippisch LP-10,* die anschließend von Ingenieur Stender durchkonstruiert wurde und die dann die Bezeichnung Me 265 erhielt. Das Muster wurde als zweisitziger Zerstörer in schwanzloser Bauart ausgelegt. Aus der Fertigung der Me 210 sollten das Rumpfvorderteil, Teile des Seitenleitwerkes, die gesamte Bewaffnungsanlage und zahlreiche Ausrüstungsteile übernommen werden.
Flügel und Rumpfhinterteil waren vollständig neu durchkonstruiert. Ebenso Rumpfhinterteil und Fahrwerk. Als Antrieb waren DB 603 vorgesehen, die sowieso für eine spätere Entwicklungsstufe der Me 210 verwendet werden sollten. Zu einer Bauausführung der Me 265 kam es nicht, weil der Entwurf zugunsten der Me 410, ebenfalls mit DB 603, fallengelassen wurde, da bei der konventionellen Me 410

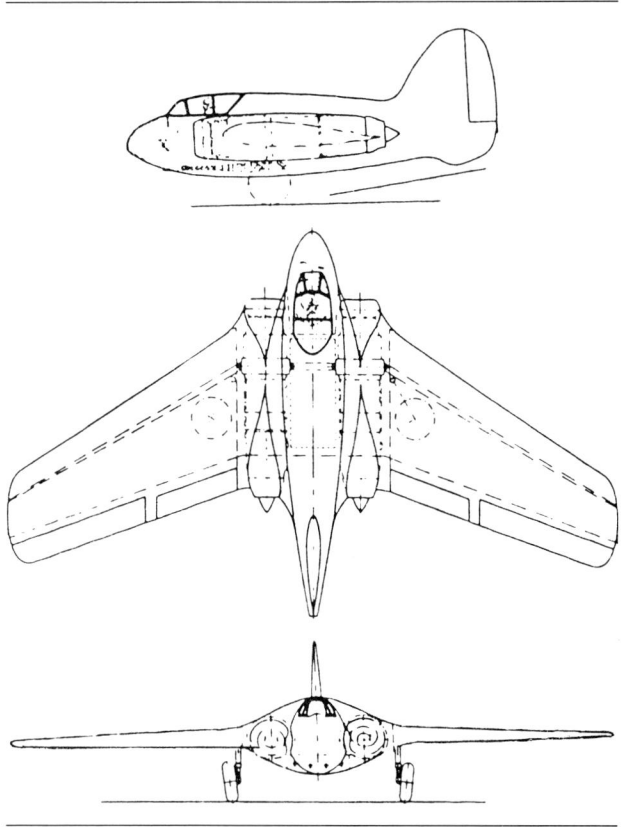

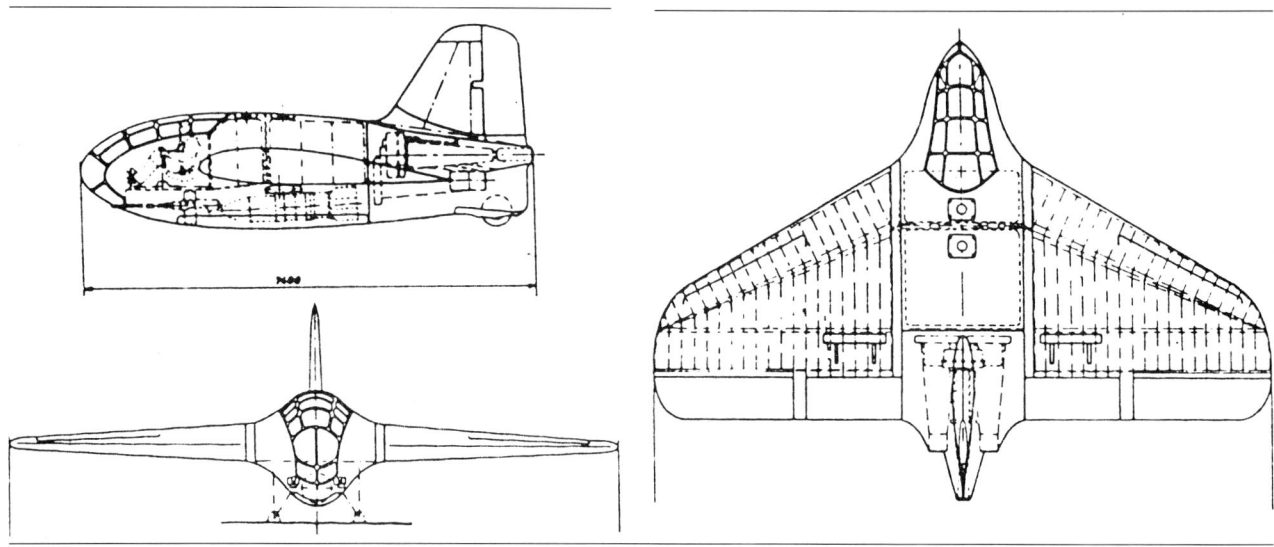

148. Lippisch P. 09 (Mai 1942) △   149. Lippisch P. 10 (November 1941) ▽

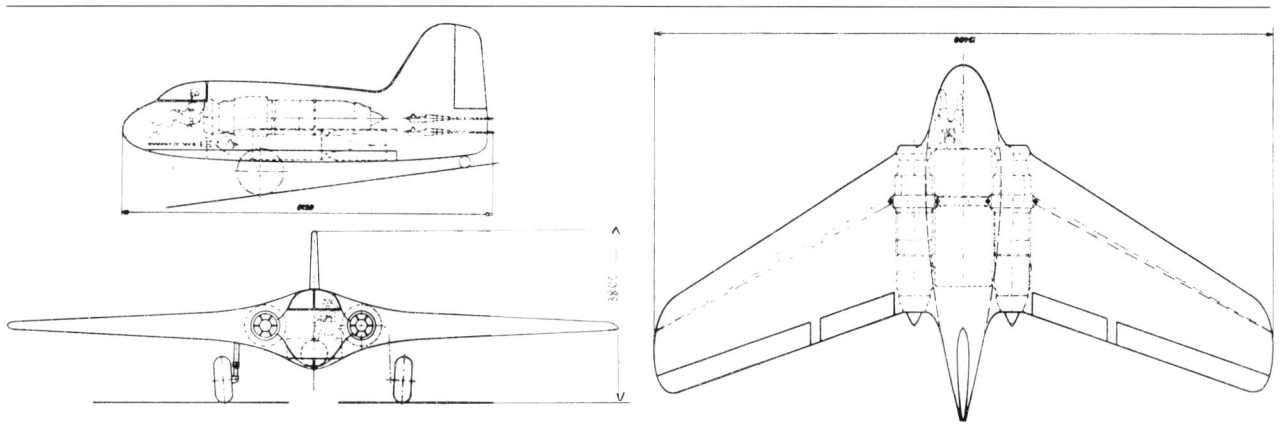

150. Lippisch P. 10 (Mai 1942) ▽

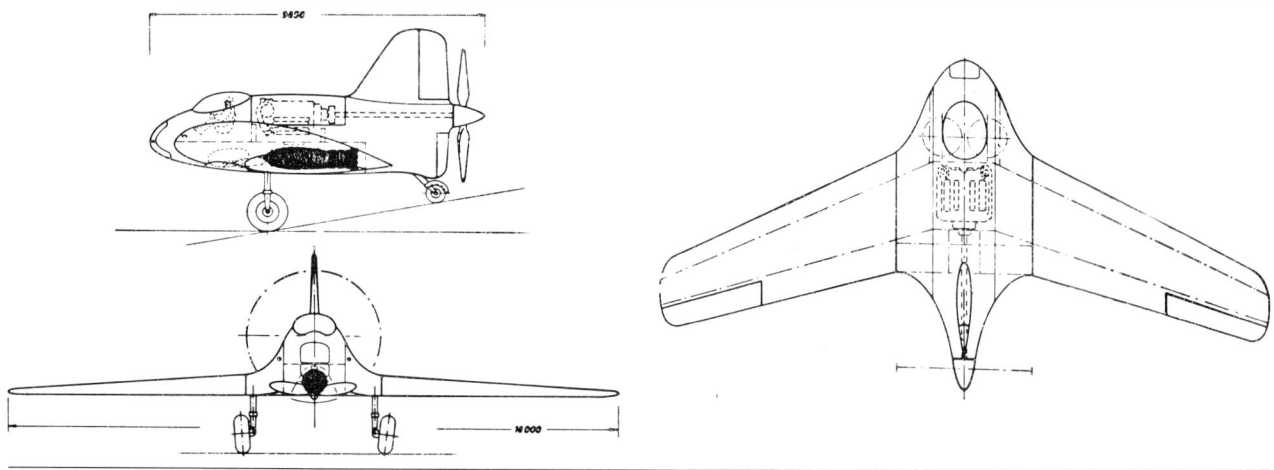

wesentlich mehr Bauteile der Me 210 übernommen werden
konnten.

Spannweite	17,4 m
Länge	10 m
Fläche	45 m²
Leergewicht	6 300 kg
Fluggewicht	11 000 kg

Typ: Zweimotoriger Zerstörer.
Flügel: Freitragender Schulterdecker. Pfeilflügel. Pfeilung im Flü-
gelmittelbereich wenig geringer als außen. Hinterkante des Mittelflügels fast gerade, in den Außenteilen weit nach hinten ausgewölbt
und die Querruder einschließend. Spreizklappen im Flügelmittelteil,
durch Motorengondeln und Rumpf geteilt. Flügelaufbau aus Ganzmetall.
Rumpf: Rumpf als kurze Gondel in Ganzmetall-Schalenbauweise.
Vorderteil aus Me 210-Komponenten, Hinterteil zur Seitenflosse in
eine senkrechte Schneide auslaufend.
Leitwerk: Da schwanzlose Auslegung nur normales Seitenleitwerk,
unter die Rumpfunterkante als Kielflosse durchgezogen. Seitenruder
mit Trimmklappe. Höhenruder mit dem Querruder kombiniert im
Außenflügel.
Fahrwerk: Einziehbares Dreiradfahrgestell. Hauptträder nach innen
in den Flügel einklappbar, Bugrad nach hinten unter den Rumpfbug.
Triebwerk: Zwei Daimler-Benz DB 603 flüssigkeitsgekühlte Zwölfzylinder-Λ-Motoren mit 2 × 1745 PS Startleistung. In Druckanordnung im Flügel eingebaut. Vierblatt-Verstell-Luftschrauben.
Besatzung: 2 Mann hintereinander Rücken an Rücken unter lang-
gezogener Abdeckhaube im Rumpfbug.
Militärische Ausrüstung: Bewaffnung bestehend aus 2 × 20 mm MG
151/20 und 2 × 7,9 mm MG 17 starr im Rumpfbug sowie 2 × 13 mm
MG 131 in beweglichen Gondeln an den Rumpfseitenwänden, durch
den Beobachter ferngesteuert nach hinten schießend. Bombenzuladung als Innenlast in einem langen Bombenschacht unter dem
Rumpf.

Messerschmitt Me 329

Anfang 1944 wurde die Konstruktion der Me 265 noch
einmal für einen Jagdbomber aufgegriffen. In der Me 329
entstand ein ähnliches Projekt in seiner schwanzlosen Auslegung. Der freitragende Pfeilflügel-Mitteldecker besaß
allerdings einen dreiteiligen Flügel, dessen Mittelteil mit
kurzen Landeklappen fest am Rumpf war. Die Außenteile
trugen die Gondeln der in Druckanordnung arbeitenden
Motoren, zweiteilige Klappen für die kombinierte Quer- und
Höhensteuerung und feste Schlitze in den Vorderkanten der
Außenflügel. Die Rumpfgondel war gegenüber der Me 265
kürzer und von kreisrundem Querschnitt. Die Seitenleit-
werksanordnung blieb ähnlich, jedoch besaß die Seitenflosse
Pfeilform. Das einziehbare Dreiradfahrwerk arbeitete wie
bei der Me 265. Ebenso wurde die Triebwerksanordnung mit
den 2 × 1745 PS Daimler-Benz DB 603 fast vollständig von
der Me 265 übernommen. Die Besatzung der Me 329 bestand
aus zwei Mann in einer Druckkabine mit aufgesetzter
Vollsicht-Abdeckhaube. Als Bewaffnung standen dem Pilo-

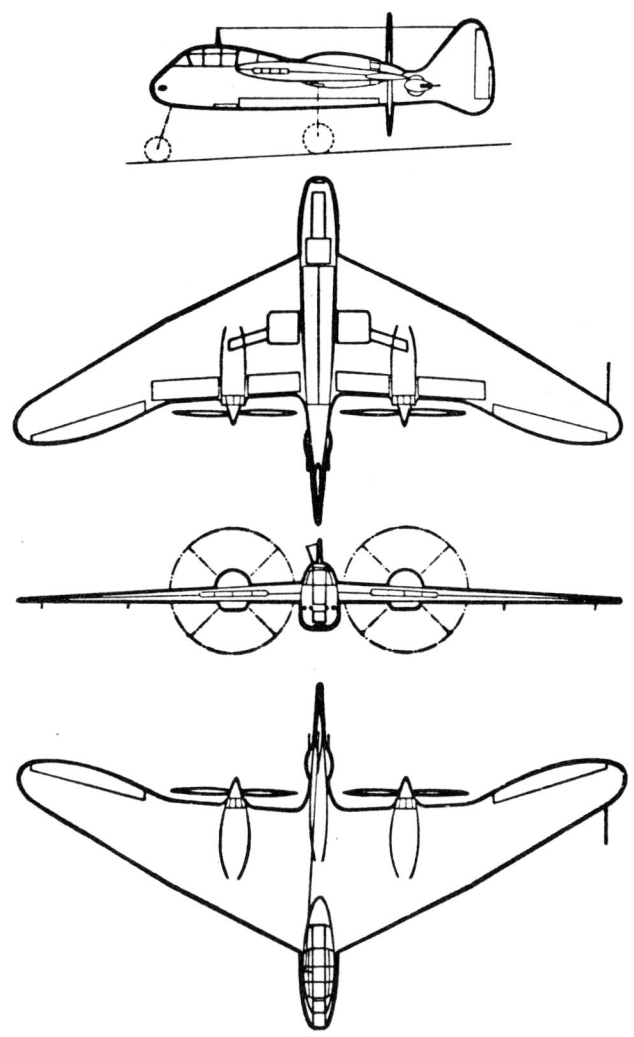

151. Lippisch Me 265

ten 4 × 20 mm MG 151/20 starr im Rumpfbug zur Verfügung, während der Beobachter ein ferngesteuertes 20 mm
MG 151/20 im Heck bediente. Als Innenlast sollten in einem
Bombenraum unter dem Rumpf 1000 kg Bomben mitgeführt
werden. Ende 1944 wurde ein fliegendes Modell der Me 329
ohne Triebwerke im Schlepp- und im Gleitflug in Rechlin
erprobt. Zu einer Bauausführung des Originalmusters kam
es nicht mehr.

Spannweite	17,5 m
Länge	7,72 m
Höhe	4,74 m

177

154. Lippisch Me 329 Attrappe △

152. Lippisch Me 329 ▽

153. Lippisch P. 11 (September 1942) ▽

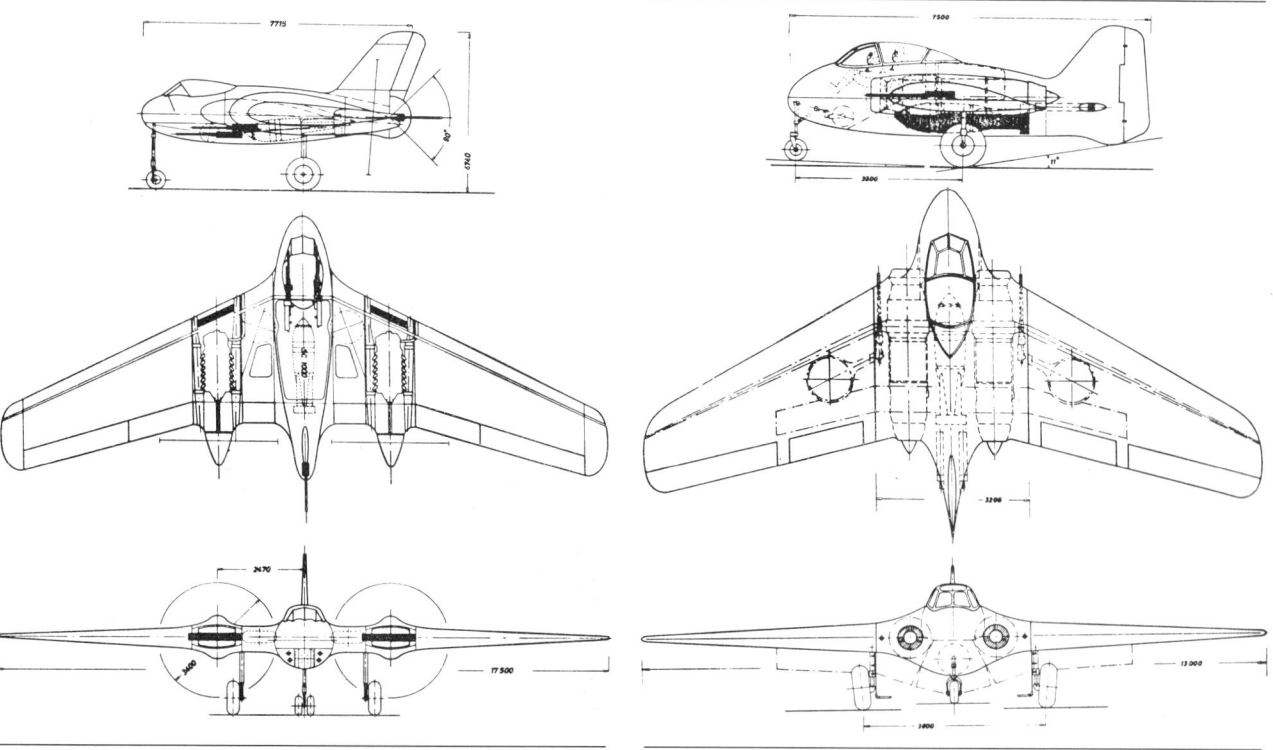

178

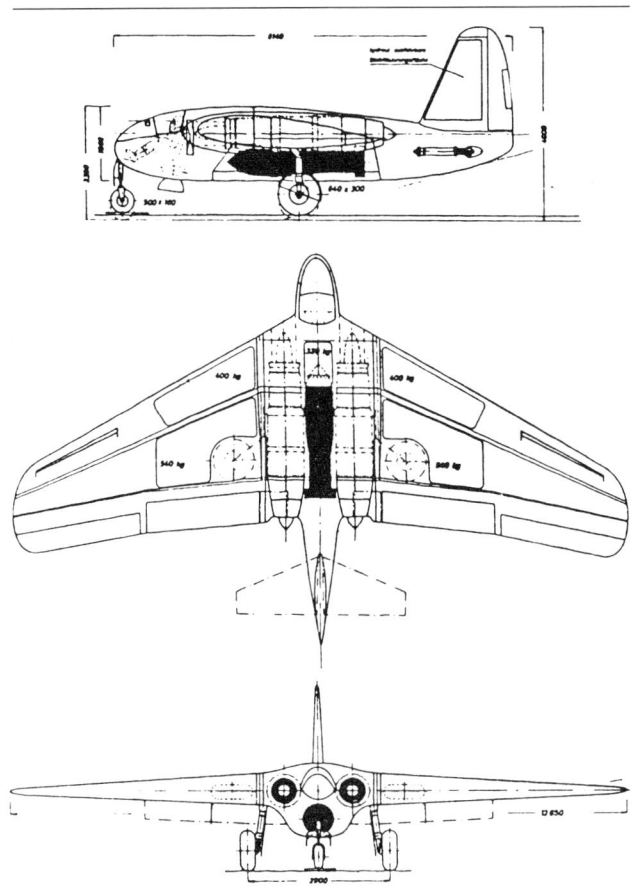

154. Lippisch P. 11 (Dezember 1942)

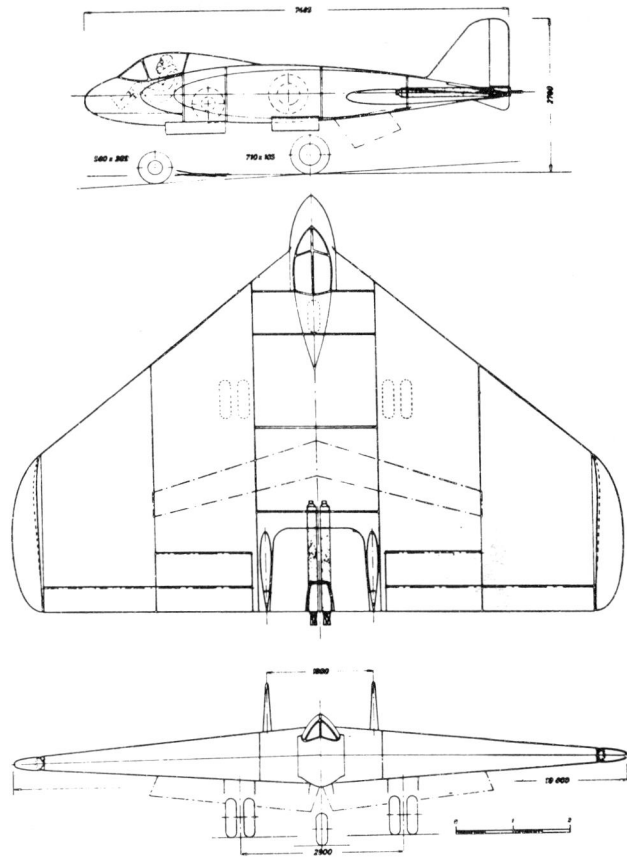

155. Lippisch P. 11 (Dezember 43) △
155. Lippisch P 11 Modell ▽

Lippisch P. 11

1. Entwurf September 1942: Zweisitziger Schnellbomber mit zwei Jumo 004 C, je 1010 kp. Spannweite 10,60 m, Länge 6,80 m.

2. Entwurf Dezember 1942: Zweisitziger Schnellbomber mit zwei Jumo 004 C, je 1010 kp und R-Geräte. Spannweite 10,80 m, Länge 7,49 m. Keine Abwehrwaffen. Erhoffte Startstrecke 660 m.

3. Entwurf: Dezember 1943.

Lippisch P. 12

Entwurf eines mit Flüssigkeits-Staustrahltriebwerk ausgerüsteten Jägers in zwei Ausführungen. Ausführung I: Spannweite 11 m, Länge 7,08 m. Ausführung II: Spannweite 16,10 m, Länge 9,60 m. Bewaffnung zwei MG 151/20.

Lippisch P. 13

1. Entwurf vom November 1942: Schnellbomber mit zwei 1475 PS Daimler-Benz DB 605 B in Tandembauweise.

156. Lippisch P 12 Modell △

Spannweite 12,80 m, Länge 9,40 m. Keine Abwehrwaffen. Behälteranlage im Flügel: 2 × 300 Liter + 2 × 310 Liter.

Lippisch P. 13 a

Die 1943/44 immer stärker werdende Kraftstoffknappheit brachte Lippisch auf den Gedanken, Kohlenstaub oder ähnliche Kohlepräparate als Treibstoff zu verwenden. Dies führte zum 2. Entwurf P. 13 vom Juli 1944, einem reinen Delta-Flugzeug mit sehr kleinem Seitenverhältnis sowie Anordnung des Führerraums oberhalb des als Brennraum ausgestalteten Flügels. Das Projekt wurde besonders von Oberst Geist vom Ministerium für Rüstung und Kriegsproduktion (Speer) gefördert. Auf Lippischs Vorschlag wurde zu Versuchszwecken ein Versuchsgleiter mit Hilfe von Darmstädter und Münchener Studenten der Luftfahrttech-

157. Lippisch P. 13 (November 1942) ▷

156. Lippisch P. 12 (September 1942) ▽

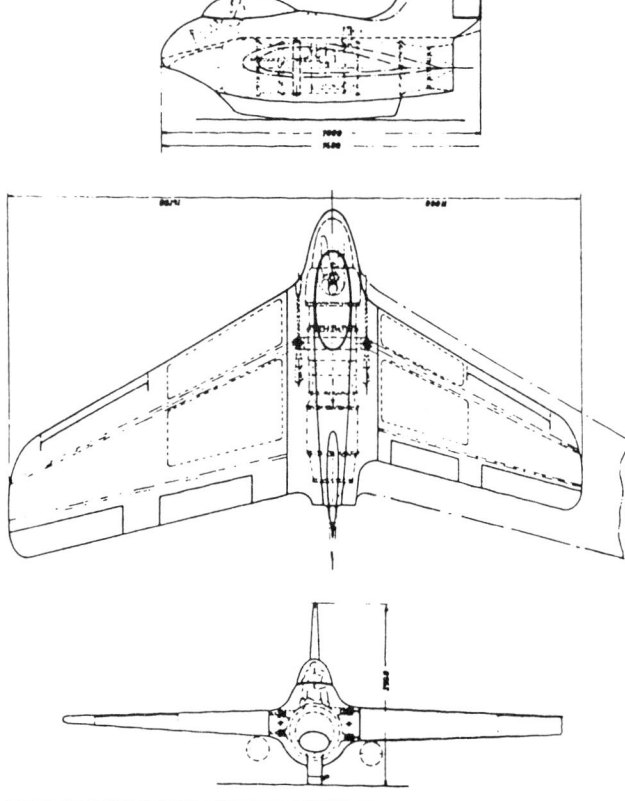

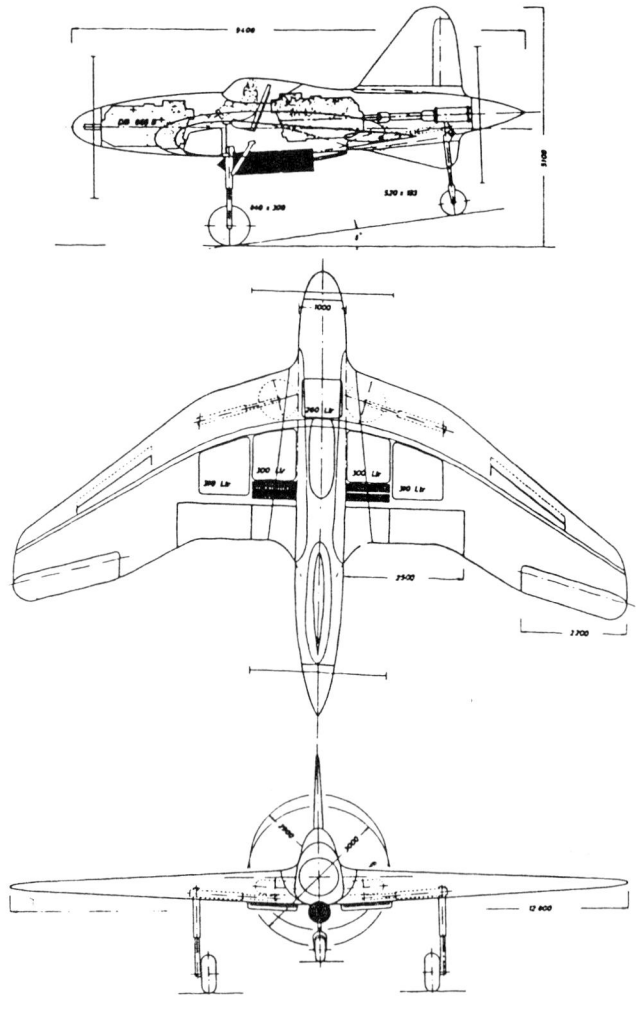

180

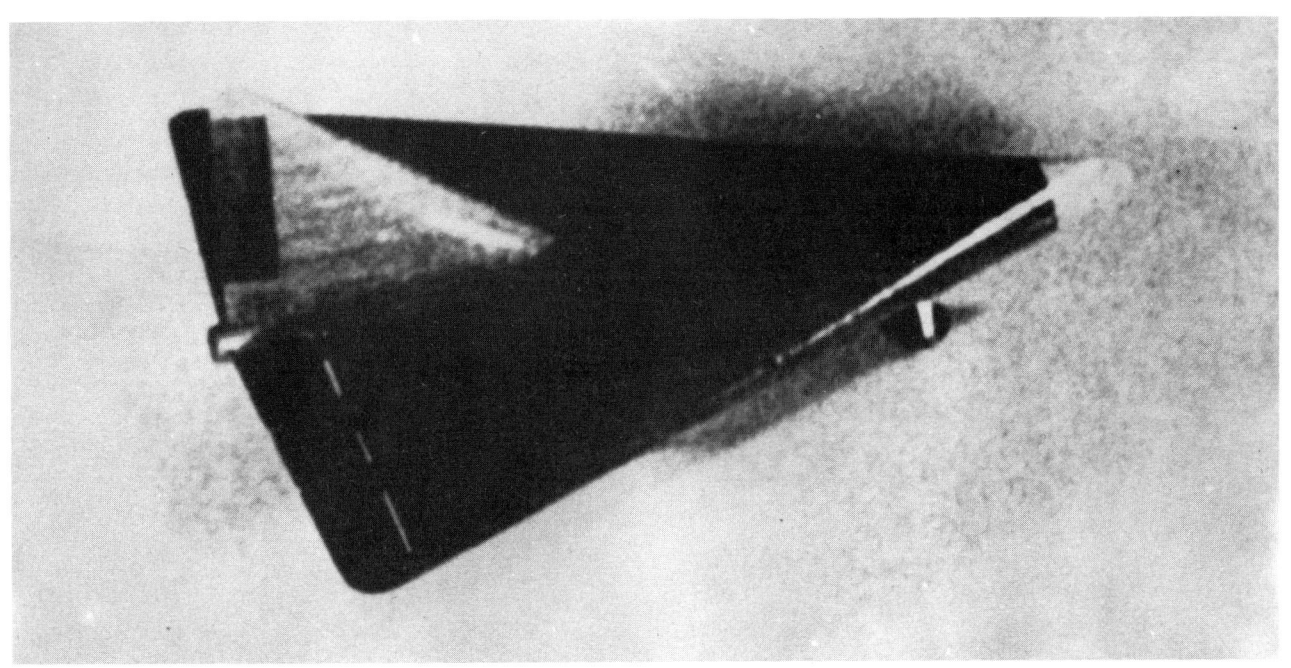

157. Lippisch P 13 A Modell △

158. Lippisch DM 1 Seitenansicht ▽

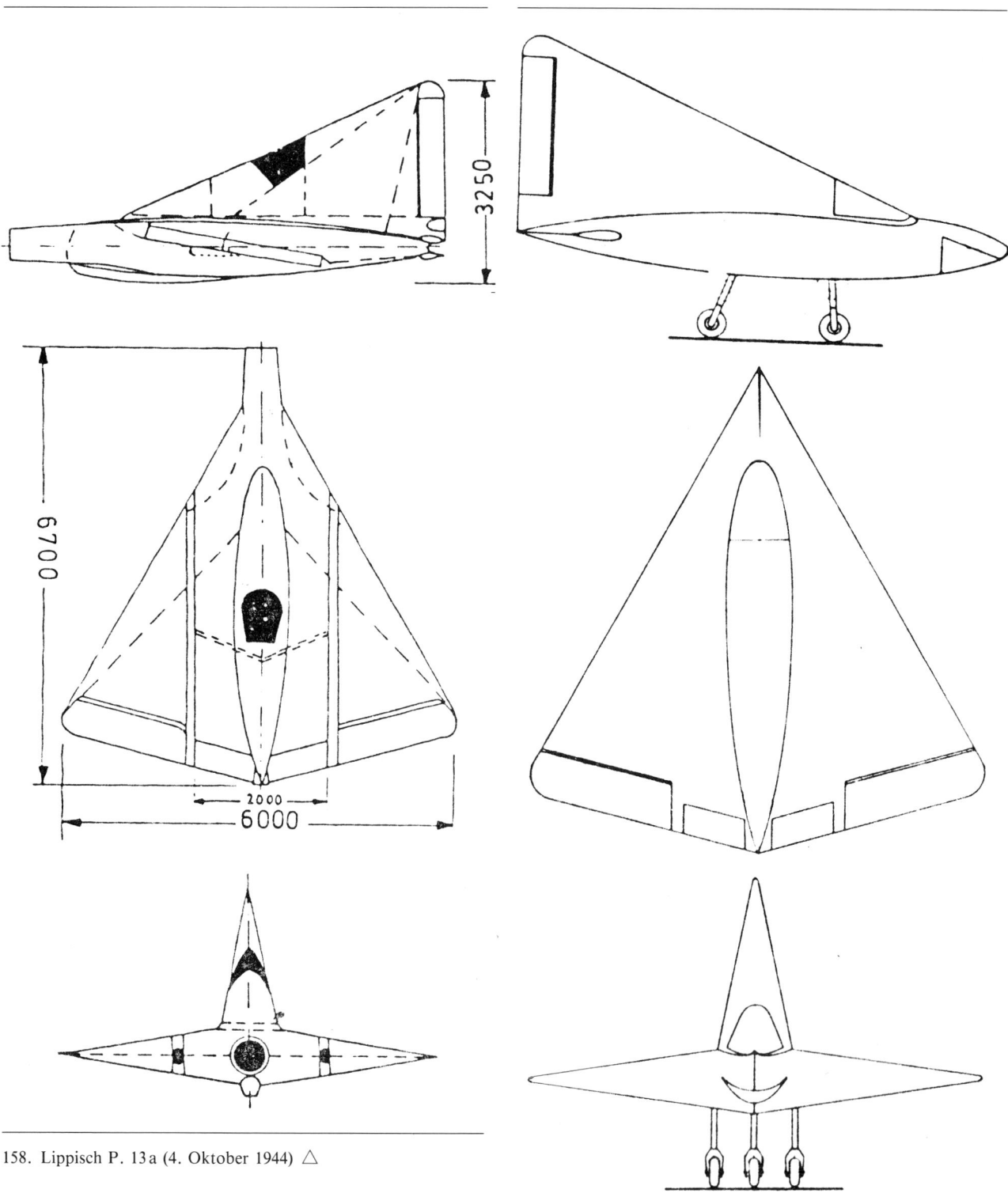

158. Lippisch P. 13 a (4. Oktober 1944) △

159. Lippisch DM-1 ▷

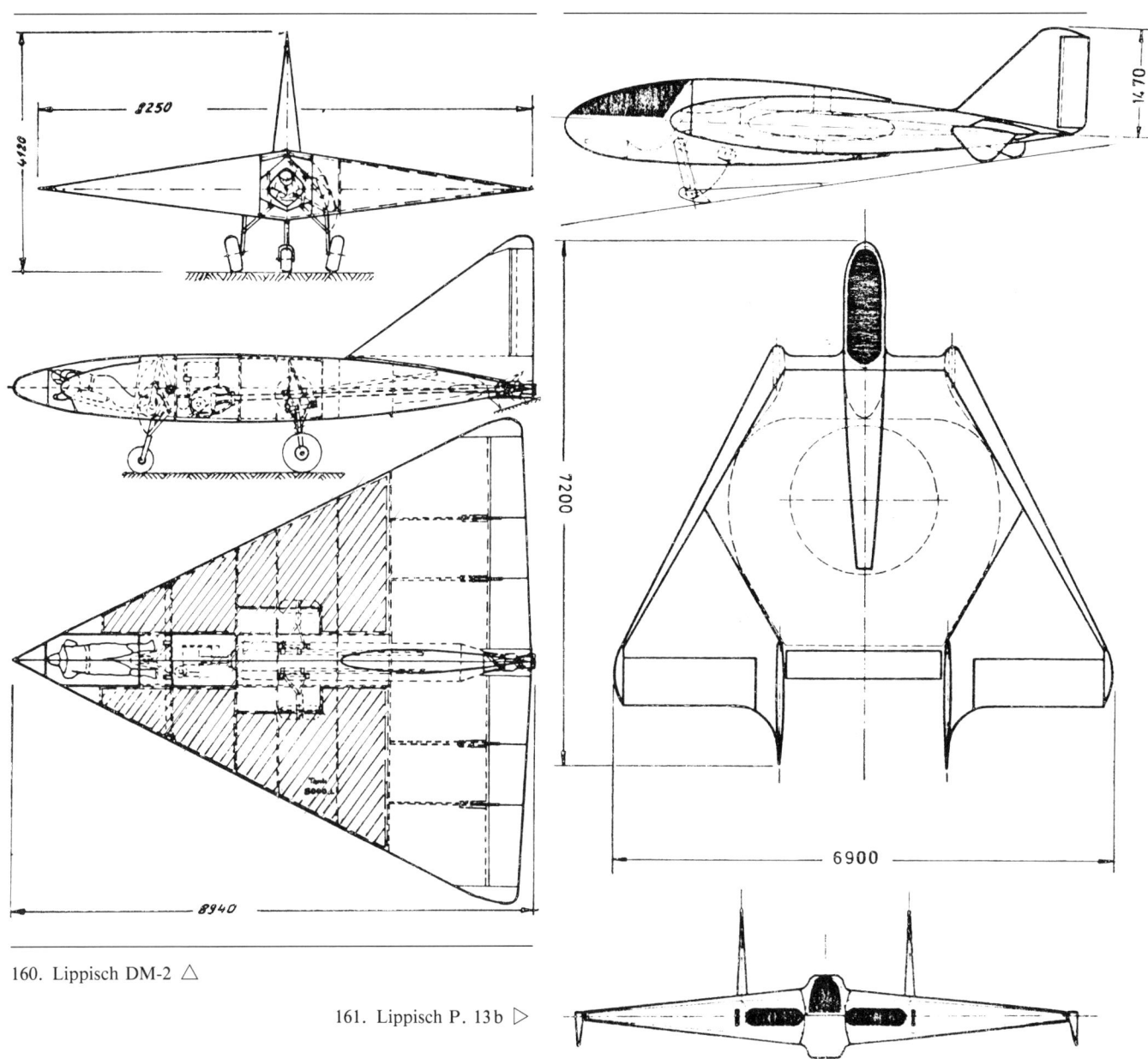

160. Lippisch DM-2 △

161. Lippisch P. 13 b ▷

nik aufgrund des neuen Entwurfs P. 13a gebaut, der die Bezeichnung DM 1 (Darmstadt-München 1) erhielt. Die Maschine wurde dann in fast fertigem Zustand von den Amerikanern auf dem Flugplatz Prien am Chiemsee vorgefunden und auf Veranlassung von Professor Th. von Karman unter amerikanischer Leitung fertiggestellt und nach den USA gebracht. Nur die Firma Convair interessierte sich für das Projekt und entwickelte daraus die Delta-Jäger XF2Y-1, F-92, F-102 und F-106.

Abmessungen:

P. 13a Spannweite	6 m	DM 2 Spannweite	8,25 m
Länge 6,7 m		Länge	8,94 m
		Höhe	4,12 m
DM 1 Spannweite	6 m	Pilot in Bauchlage	
Länge	6,325 m		
Leergewicht	297 kg	P 13 b Letzter Entwurf	
Fluggewicht	460 kg	Dezember 1944	

Lippisch P. 14

Entwurf eines Delta-Jägers mit zwei Strahltriebwerken He S 011 und sehr dünnem Flächenprofil. Nur noch Modell hergestellt.

Lippisch P. 15

Anfang März 1945 schlug Lippisch einen Hochgeschwindig-keitsjäger vor, der aus Gründen der Zeit- und Kostenerspar-nis aus Teilen der Me 163 B und C, der He 162 und der Ju 248 zusammengesetzt werden sollte. Als Triebwerk war ein Strahltriebwerk He S 011 vorgesehen. Lippisch rechnete bei diesem Gerät mit einem Startgewicht von 3600 kg. Mit einer Bewaffnung von zwei MK 108 sollte P. 15 eine Höchst-geschwindigkeit von 1000 km/h und eine Flugdauer von 45 Minuten erreichen.

Lippisch P. 20

Dieses Projekt stellt den Versuch dar, die Zelle des Raketen-jägers Me 163 mit Strahlturbinenantrieb auszurüsten. Wäh-rend die Fläche nur unbedeutende Änderungen erfuhr, mußte der Rumpf erhöht werden, wodurch der bei der Me 163 kreisförmige Rumpfquerschnitt oval wurde. Als Triebwerk war eine Jumo 004 C-Strahlturbine von 1010 kp

Schub vorgesehen. Die Bewaffnung wurde gegenüber der Me 163 wesentlich verstärkt, sie sollte aus zwei MK 103 mit je 100 Schuß und zwei MK 108 mit je 150 Schuß bestehen. Der Gesamttreibstoffvorrat im Rumpf und Flächen sollte 7496 Liter betragen. Die Bauweise entsprach im wesentlichen der der Me 163.

Abmessungen	Spannweite	9,30 m	
	Länge	5,73 m	
	Höhe	3,02 m	
	Flächeninhalt	17,30 qm	
Gewichte	Rüstgewicht	2419 kg	
	Zuladung	964 kg	
	Fluggewicht	3 383 kg	
Errechnete Leistungen	Höchstgeschwindigkeit in 8000 m		
		Höhe	915 km/h
	Landegeschwindigkeit		167 km/h
	Flugdauer	in 6000 m	
		Höhe	42,6 min
	Steigzeiten	in 1,6 min	2000 m
		in 5,8 min	6000 m
		in 14,2 min	10 000 m
	Steiggeschwindigkeit in Bodennähe	22,8 m/s	
	Reichweite	560 km	
	Gipfelhöhe	12 300 m	

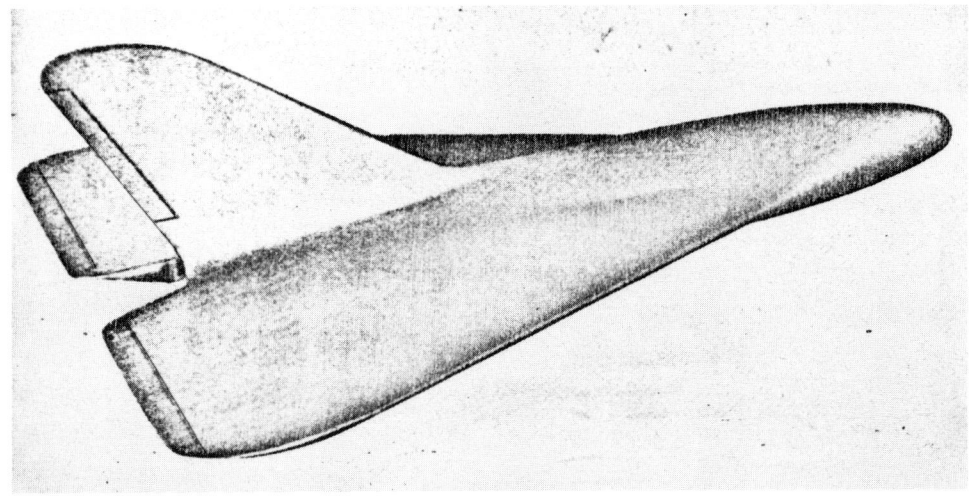

160. Lippisch P 14
Modell

162. Lippisch P. 15

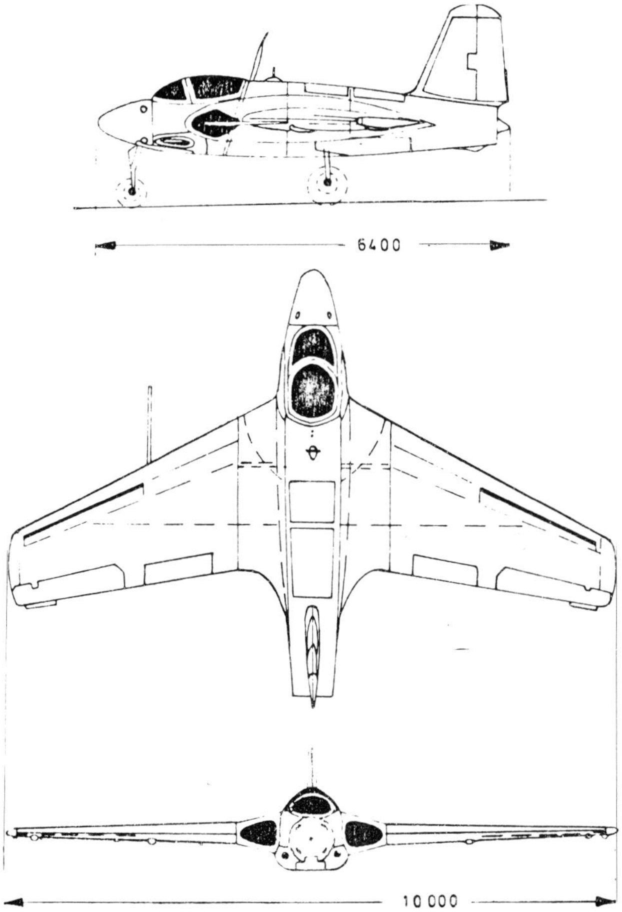

6400

10 000

163. Lippisch P. 20

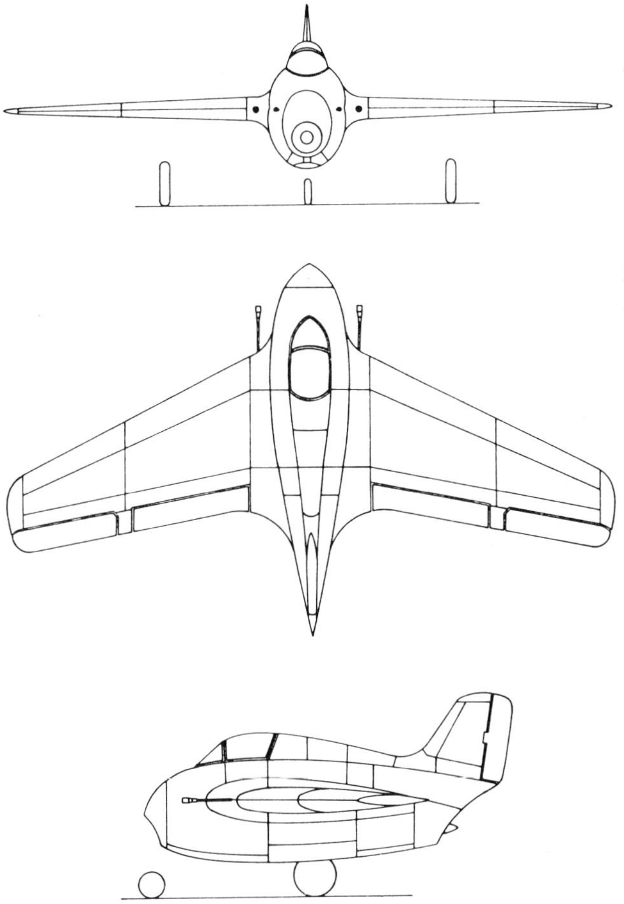

Messerschmitt

Messerschmitt A.G., Augsburg

Technischer Direktor: Prof. Willy Messerschmitt.
Werke: Augsburg, Regensburg-Prüfening, Regensburg-Obertraubling, Neuaubing, Leipheim, Lechfeld, Schwäbisch Hall, Wenzendorf und Giebelstadt.

Nachdem im Jahre 1917 die bekannten Otto-Flugzeug-Werke in München in Liquidation gegangen waren, hatte der Albatros-Konzern die Anlagen übernommen und das Werk in Bayerische Flugzeugwerke umbenannt. Es hätte eigentlich Bayerische Albatros-Werke heißen müssen. Man wollte aber dem bajuwarischen Nationalstolz nicht zu nahetreten. Schon die Errichtung der Bayerischen Rumpler-Werke hatte Staub aufgewirbelt. Schließlich waren Albatros und Rumpler rein preußische Firmen!

Die Bayerischen Flugzeugwerke in München beschränkten sich auf den Lizenzbau von in Johannisthal entwickelten Typen, denn die am Ort entwickelten Typen, darunter ein riesiger einmotoriger Dreidecker-Nachtbomber, konnten sich nicht durchsetzen.

Nach dem Kriege schloß das Werk seine Pforten. Zu dieser Zeit, etwa 1923, wurde in München der Udet-Flugzeugbau gegründet, der in kurzer Zeit eine ganze Reihe erfolgreicher Baumuster herausbrachte, von denen die U 12 »Flamingo«, von Udet selbst auf vielen Veranstaltungen geflogen, das bekannteste wurde.

Das große Sterben der deutschen Flugzeugwerke verschonte auch den Udet-Flugzeugbau nicht. Es kam zu einer Fusion mit der alten Firma Bayerische Flugzeugwerke, die den Sitz des Unternehmens in die alten Anlagen der Bayerischen Rumpler-Werke nach Augsburg verlegte, wo der Serienbau des »Flamingo« weiterlief und noch zwei Weiterentwicklungen, BFW 1 und BFW 3, herauskamen.

Zu dieser Zeit existierte ein zweiter bayerischer Flugzeugbau. 1923 hatte der damalige Student der Technischen Hochschule in München Willy Messerschmitt in Bamberg den Messerschmitt-Flugzeugbau gegründet, nachdem der junge Konstrukteur zusammen mit Harth bereits für die ersten Rhönwettbewerbe Segelflugzeuge gebaut hatte. In Bamberg entwickelte Messerschmitt auf Bestellung von Theo Croneiss, dem damaligen Leiter der Sportflug GmbH in Nürnberg-Fürth, das Kleinverkehrsflugzeug M 18, welches in der Anschaffung nur ein Drittel des Preises für ein normales Verkehrsflugzeug kostete. Um den Fertigungsauftrag zu ermöglichen, wurde am 25. März 1926 aus dem Messerschmitt-Flugzeugbau und der Sportflug GmbH die Messerschmitt Flugzeugbau GmbH gegründet. Da 1927 noch ein weiteres erfolgreiches Verkehrsflugzeug, die M 20, herauskam und auf beide Maschinen Bestellungen vorlagen, die die Kapazität des Bamberger Messerschmitt-Werkes übertrafen, schloß Messerschmitt einen Interessengemeinschaftsvertrag mit den Bayerischen Flugzeugwerken in Augsburg ab. 1928 übernahm die Finanzgruppe Stromeyer-Michel-Raulino zusammen mit Messerschmitt die Aktienmehrheit der Bayerischen Flugzeugwerke AG. Trotz der großen Erfolge blieb den Bayerischen Flugzeugwerken bei der Wirtschaftskrise der Zusammenbruch 1931 nicht erspart. Die Messerschmitt Flugzeugbau GmbH, die innerhalb der BFW weiterbestand, hielt nun zwei Jahre lang den Flugzeugbau aufrecht, bis dann die Bayerischen Flugzeugwerke AG durch den Abschluß eines Zwangsverfahrens am 27. April 1933 den Flugzeugbau wieder voll aufnehmen konnte. Im September 1938 wurden

161. Messerschmitt M 35

162. Messerschmitt M 36

164. Messerschmitt M 35 ▽

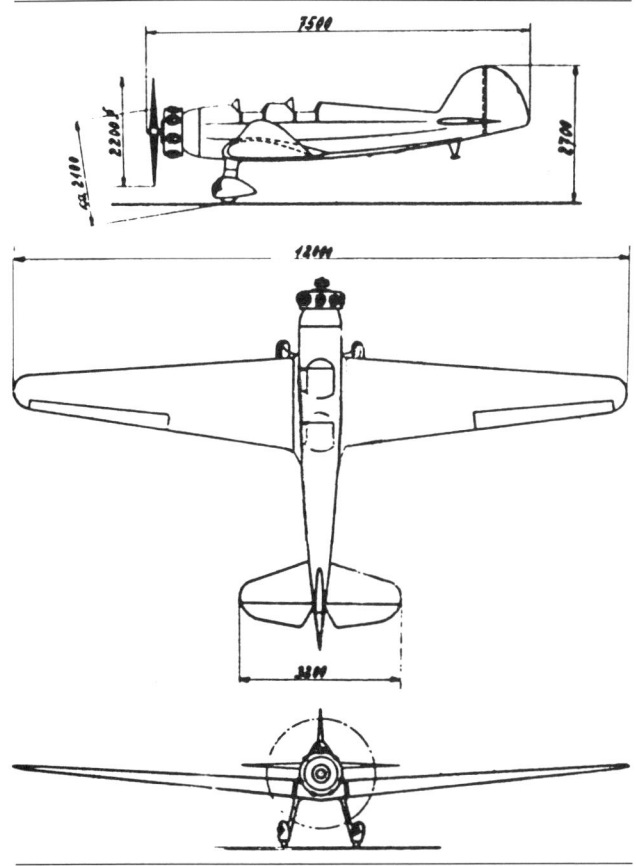

Messerschmitt M 35

Besonders aus den Erfahrungen mit der Messerschmitt M 27 b heraus konstruierte Messerschmitt 1933 den Kunstflugtiefdecker M 35, der ein- oder zweisitzig geflogen werden konnte. Mit dem erstmals bei diesem Muster verwendeten Einbein freitragender Konstruktion war das Muster wohl das formschönste Sportflugzeug jener Zeit. Weitere bemerkenswerte Eigenschaften des vielgeflogenen Musters waren der große Leistungsüberschuß und das gefahrlose Trudelverhalten.

Typ: Einmotoriges kunstflugtaugliches Sport-, Reise- und Schulflugzeug.
Flügel: Freitragender Tiefdecker. Zweiteiliger einholmiger Holzflügel mit verdrehsteifer Sperrholznase. Sperrholz auf der Oberseite bis zum Hinterholm durchgezogen. Hinterflügel stoffbespannt.
Rumpf: Verschweißtes Stahlrohrgerüst, mit Stoff bespannt.
Leitwerk: Freitragendes Normalleitwerk. Aufbau in Holz, Flossen sperrholzbeplankt, Ruder stoffbespannt.
Fahrwerk: Starres Normalfahrgestell. Verkleidete Haupträder an freitragenden Einbeinen. Die Abfederung erfolgt durch verdrehungssteife Federbeine mit Luftfederung. Schleifsporn.
Triebwerk: Ein BMW-Bramo Sh 14 A luftgekühlter Siebenzylinder-Sternmotor mit 1×160 PS Startleistung. Starre Zweiblatt-Holzluftschraube. Kraftstoffkapazität 100 Liter, Schmierstoff 10 Liter.
Besatzung: Normal 2 Mann in offenen Sitzen hintereinander. Für Kunstflug konnte der vordere Sitz abgedeckt werden.

Messerschmitt M 36

Für Rumänien 1934 konstruierter freitragender Mehrzweck-Hochdecker mit 1×380 PS-Gnôme-Sternmotor. Aufbau in Gemischtbauweise. Das Muster wurde in Rumänien als I. A. R. 36 nachgebaut.

Messerschmitt Bf 108 »Taifun«

1934 ging Messerschmitt auf die Ganzmetallbauweise über. Sein erstes Produkt nach diesen Prinzipien war die M 37, die anschließend nach der neuen RLM-Typenkennzeichnung in Bf 108 umgetauft wurde. Das Muster wurde als aerodynamisch hochwertiges Kabinen-Reiseflugzeug ausgelegt, für den Europarundflug 1934 gebaut und war dort die schnellste Maschine. Überhaupt ist die Bf 108 als der Prototyp des modernen Reiseflugzeuges anzusehen, dessen konstruktive

die Bayerischen Flugzeugwerke AG in Messerschmitt AG umgetauft. Zu jener Zeit besaß die Gruppe Michel-Raulino-Messerschmitt 88 Prozent der Aktien.
Professor Dr.-Ing. Willy Messerschmitt wurde während der erfolgreichen Zeit seines konstruktiven Schaffens Wegbereiter für viele konstruktive Eigenheiten des modernen Flugzeugbaues. So war er seit frühester Zeit ein Verfechter des freitragenden Tiefdeckers. Er übertrug als erster die einholmige Flügelbauweise aus dem Segelflugzeugbau in den Metall-Großflugzeugbau. Schließlich führte er das freitragende Federbein zum Erfolg.

163. Messerschmitt Bf 108 B △

165. Messerschmitt Me 108 B ▽

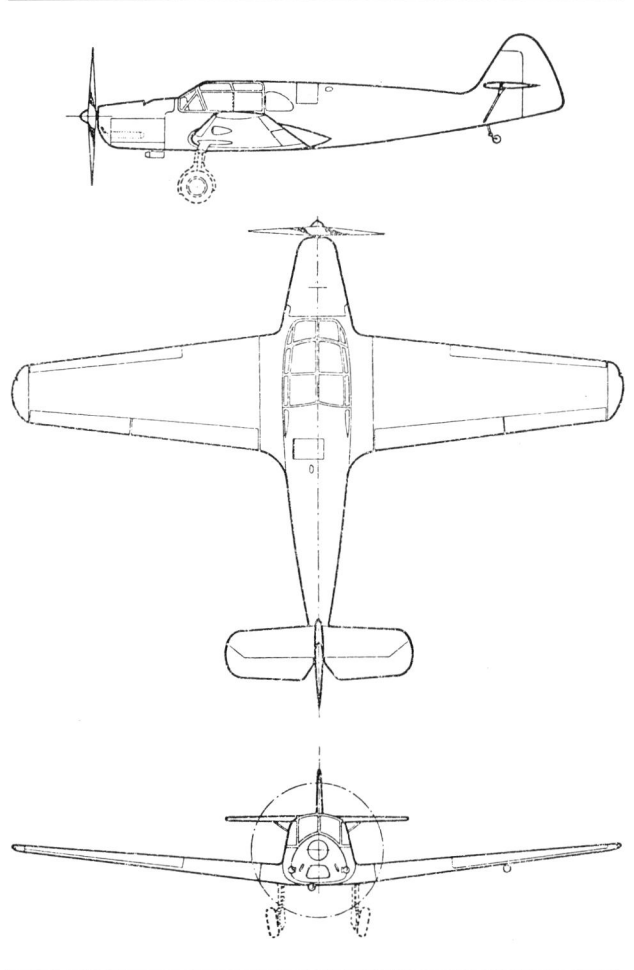

Auslegung sich bis heute nicht geändert hat. So kommt es, daß auch die Bf 108 noch heute in einigen Ländern der Erde als beliebtes und vollwertiges Reiseflugzeug eingesetzt wird. Für die damalige Zeit war die Bf 108 revolutionär. Sie besaß alle modernen Einrichtungen wie Spaltflügel, Landeklappen und ein im Fluge einziehbares Fahrgestell. Der Ganzmetallaufbau geschah unter weitgehender Heranziehung der Beplankung zur Kräfteaufnahme durch die Schalenbauweise. 885 Maschinen dieses Musters wurden gebaut, als Reisemaschinen eingesetzt oder später als militärische Verbindungsflugzeuge oder Umschulmaschinen für die Bf 109. Nach dem Kriege lief die Serienfertigung noch eine Zeitlang (285 Maschinen) bei der französischen S. N. C. A. Nord als Nord 1000 Pingouin. Nicht minder bemerkenswert sind die mit diesem Muster erflogenen Leistungen: 2. und 4. Platz im internationalen Oasenflug 1937, Sieger im Internationalen Sternflug nach Hoggar im Jahre 1938, Sieger im Internationalen Königin-Astrid-Rennen im Juli 1938 in Belgien, 2. bis 6. Platz im italienischen Raduno del Littrio ebenfalls im Juli 1938 und Sieger im Internationalen Sternflug nach Dinard im August 1938. Dazu kommt noch ein Höhenrekord mit 9075 m im Juli 1939. Drei verschiedene Versionen der Bf 108 wurden bekannt.

Messerschmitt Bf 108 A
Erste 1934 entworfene Ausführung als viersitziges Reiseflugzeug. Sie wurde mit einem Hirth 8 U-Motor von 1 × 250 PS ausgerüstet und auch versuchsweise mit einem Argus As 17 von 1 × 220 PS Leistung geflogen. Ihr Bau wurde zugunsten der Bf 108 B, der sie im Prinzip entsprach, eingestellt.

Messerschmitt Bf 108 B
Standardversion mit einem Argus As 10 C. Sie wurde in den Abmessungen gegenüber der Bf 108 A leicht vergrößert und erhielt zusätzliche Fenster im Gepäckraum. Sie stellt den Hauptanteil der gebauten Baureihen.

Typ: Einmotoriges Reiseflugzeug.
Flügel: Freitragender Tiefdecker. Zweiteiliger Ganzmetallflügel mit kurzem Mittelstück fest am Rumpf. Verdrehsteifer einholmiger Aufbau. Landeklappen zwischen Querruder und Rumpf. Sicherheitsschlitzklappen über ²/₃ der Flügelvorderkante.
Rumpf: Aufbau als Ganzmetallschale mit ovalem Querschnitt.
Leitwerk: Abgestrebtes Normalleitwerk. Aufbau der Flossen in Ganzmetall, der Ruder als Metallgerüst mit Stoffbespannung. Sämtliche Ruder sind aerodynamisch ausgeglichen. Höhenflossen durch I-Stiele zu den Rumpfseitenwänden hin abgefangen.
Fahrwerk: Einziehbares Normalfahrgestell. Ölhydraulisch bremsbare Haupträder an freitragenden Federbeinen, nach außen in die Flügel durch einen einfachen Schneckentrieb mittels Handkurbel einziehbar. Spornrad.
Triebwerk: Ein Argus As 10 C luftgekühlter Achtzylinder-Λ-Motor mit 1 × 240 PS Startleistung. Zweiblattstarr- oder Verstelluftschraube aus Holz mit 2,35 m Durchmesser. Die in der Tabelle wiedergegebenen Leistungsdaten beziehen sich auf die Ausführung mit Verstelluftschraube. Kraftstoffkapazität 220 Liter, Schmierstoff 15,5 Liter.
Besatzung: 4 Mann in geschlossener Kabine, vorne und hinten je 2 Plätze nebeneinander, vorne mit Doppelsteuer. Gepäckraum hinter den Hintersitzen.

Messerschmitt Bf 108 C

1941 wurde eine Bf 108 B-Zelle versuchsweise mit einem Hirth HM 512 luftgekühlten Zwölfzylindermotor von 1 × 400 PS Startleistung und Argus-Verstellschraube ausgerüstet. Diese Versuchsversion erhielt die Bezeichnung Bf 108 C.

Messerschmitt Bf 109

Im Sommer 1934 begann ein Konstruktionsteam unter der Leitung von Professor Messerschmitt und Dipl.-Ing. W. Rethel mit den Entwurfsarbeiten an einem Jagdeinsitzer mit der Bezeichnung Bf 109, als das RLM den Ersatz der veralteten Doppeldecker Arado Ar 68 und Heinkel He 51 ausschrieb. Vier Firmen wurden mit einem Prototypauftrag bedacht: Arado mit der Ar 80 V-1, Focke-Wulf mit der Fw 159 V-1, Heinkel mit der He 112 V-1 und die Bayerischen Flugzeugwerke mit ihrer Bf 109 V-1. Sämtliche Muster, abgesehen von der Focke-Wulf-Konstruktion, wurden für die Vergleichsflüge mit dem seinerzeit stärksten zur Verfügung stehenden ausländischen Triebwerk, dem englischen Rolls-Royce »Kestrel V« mit 1 × 695 PS Startleistung ausgerüstet. Der Vergleich fand Ende Oktober 1935 in Travemünde statt. In die nähere Wahl gingen He 112 V-1 und Bf 109 V-1. Beide Maschinen waren, im Gegensatz zu den anderen Konstruktionen, freitragende Ganzmetall-Tiefdecker mit Einziehfahrwerk. Die Endausscheidung schließlich fiel zugunsten der Bf 109 aus, da sie im Aufbau einfacher und in der Herstellung billiger war. Ein Auftrag auf zehn Maschinen wurde im Anschluß an die Ausschreibung vergeben. Nach verschiedenen Verbesserungen ging das Muster als Standardjäger der deutschen Luftwaffe in Serie. Die ersten operativen Erfahrungen wurden mit der Bf 109 B und C im spanischen Bürgerkrieg gesammelt. Mit der Ausführung

Me 109 E (inzwischen waren die Bayerischen Flugzeugwerke 1938 in Messerschmitt AG umgewandelt worden, was einen sichtbaren Ausdruck in dem Index Me anstatt Bf fand) ging die deutsche Luftwaffe in den Zweiten Weltkrieg. Weitere Hauptversionen waren die Me 109 F und G, von denen die letzte sich ab Ende 1942 bis zur Kapitulation im Einsatz befand. Die Me 109 ist mit 30 573 Maschinen das in größter Stückzahl hergestellte Kampfflugzeug des Zweiten Weltkrieges (1939 = 449, 1940 = 1693, 1941 = 2764, 1942 = 2665, 1943 = 6247, 1944 = 13 786 und 1945 = 2969 Stück). Insgesamt wurden von allen Versionen einschließlich der Lizenzbauten in der Tschechoslowakei (bis 1948) und Spanien (bis 1958) über 33 000 Exemplare gefertigt.

Messerschmitt Bf 109 A-Reihe

Als Grundlage für die Entwicklung der Bf 109 war die Forderung gestellt worden, die kleinstmögliche Zelle für den damals stärksten in der Entwicklung befindlichen deutschen Flugmotor zu schaffen. Um dieser Forderung, die zwangsläufig eine hohe Flächenbelastung mit sich bringen mußte, zu genügen, wurde von vornherein ein Optimum an Auftriebsmitteln vorgesehen. Dazu gehörten automatische Vorflügel zur Erhaltung der Querruderwirksamkeit beim Langsamflug, große Schlitzlandeklappen und Schlitzquerruder. In der konstruktiven Auslegung entschied sich Messerschmitt für den freitragenden Tiefdecker mit einholmigem Flügel, mit dem er 1932 in dem Leichtflugzeug M 29 Erfolge erzielen konnte. Damit wurde mit der Bf 109 die Konzeption des einholmigen Flügels mit verdrehsteifer Nase, die heute zu einem festen Konstruktionsbegriff geworden ist, erstmals in einem modernen Ganzmetall-Hochleistungsflugzeug realisiert. Da der neue 610 PS Jumo 210 Λ bei der Fertigstellung der ersten Zelle noch nicht einbaureif war, wurde der Prototyp *Bf 109 V-1* (D-IABI) mit einem Rolls-Royce »Kestrel V« von 1 × 695 PS ausgerüstet und im Sommer 1935 fertiggestellt. Der erste Flug fand im September des gleichen Jahres statt. Im Oktober wurden Versuchsflüge unter dem Testpiloten Knötsch in Rechlin durchgeführt. Dabei ging, als das Fahrwerk nicht funktionierte, die Maschine zu Bruch. Für das Vergleichsfliegen in Travemünde wurde sie neu aufgebaut. Inzwischen war in Augsburg ein zweiter Prototyp, die *Bf 109 V-2* (D-IUDE) entstanden, der den neuen Jumo 210 A von 1 × 610 PS und eine starre Zweiblatt-Holzluftschraube erhielt. Der Erstflug fand im Januar 1936 statt. Weitere Flüge schlossen sich in Rechlin und Travemünde an. Dieses Muster besaß die für die Serienausführung Bf 109 A vorgesehene Bewaffnung von 2 × 7,9 mm MG 17 in der oberen Rumpfnase. Der im Juni 1936 folgende Prototyp *Bf 109 V-3* (D-IOQY) entsprach vollkommen der V-2. Inzwischen wurde jedoch nach dem Erscheinen der mit 8 MG ausgerüsteten Hawker »Hurricane« die Bewaffnung der Bf 109 mit 2 MG als zu schwach angesehen und die A-Reihe zugunsten einer stärker bewaffneten B-Serie fallengelassen.

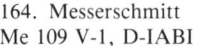

Bf 109 V-1	D-IABI Werknr. 758	Rolls Royce »Kestrel V«. 1. Flug Sept. 1935. Starre Holzschraube, keine Bewaffnung.
V-2	D-IUDE Werknr. 759	Jumo 210 A, 2 MG 17 vorgesehen, aber nicht eingebaut. 1. Flug Januar 1936.
V-3	D-IOQY Werknr. 670	ähnlich V-2, aber Bewaffnung eingebaut. Musterflugzeug für A-Serie. Fahrwerk verbessert. 1. Flug Juni 1936.

Messerschmitt Bf 109 B-Reihe

Für die B-Reihe war eine Bewaffnung von drei MG vorgesehen, von denen zwei synchronisiert durch den Propellerkreis und eines durch die hohle Propellernase schossen. Der erste Versuchsträger für drei Waffen war die *Bf 109 V-4* (D-IOQY), anfangs mit 3 × 7,9 mm MG 17, später auch in der Propellernabe mit 1 × 20 mm MG/FFM-Kanone ausgerüstet. Der Einbau der Kanone war allerdings nicht von Erfolg gekrönt. Kühlschwierigkeiten und Vibrationserscheinungen führten dazu, die nächstfolgenden Prototypen *Bf 109 V-5* und *Bf 109 V-6* wieder mit drei MG auszurüsten. Das letzte Versuchsmuster für die B-Reihe war die *Bf 109 V-7*, die ebenfalls mit 3 × 7,9 mm MG 17 ausgestattet wurde.

Bf 109 B-0

Im Frühjahr 1937 wurden einige Vorserienmuster Bf 109 B-0, die vollkommen der V-7 entsprachen, gebaut und einer Versuchseinheit für Einsatztests überlassen. Der Antrieb bestand aus einem Jumo 210 B mit 1 × 610 PS.

Bf 109 B-1

Die erste Serienausführung der Bf 109 erhielt als Triebwerk den Jumo 210 D mit 1 × 635 PS Startleistung, besaß allerdings noch immer eine starre Zweiblatt-Holzluftschraube. Als erste Einheit der neuen deutschen Luftwaffe wurde das Geschwader Richthofen mit dieser Version ausgerüstet.

Bf 109 B-2

Diese Version erhielt eine Zweiblatt-Verstell-Luftschraube aus Metall, deren Lizenzrechte von Hamilton aus den USA erworben wurden. Die ersten Ausführungen besaßen einen Jumo 210 E mit zweistufigem Lader, später wurde der Jumo 210 G mit 1 × 670 PS eingebaut.

Nachdem die Bf 109 ihr erstes öffentliches Debut mit einer Vorführung der V-1 anläßlich der Olympischen Spiele 1936 gegeben hatte, nahmen im Juli 1937 drei Maschinen der B-Reihe zum ersten Mal an einer internationalen Flugveranstaltung, dem Flugmeeting in Zürich, teil. Die drei Maschinen gewannen unter Major Seidemann folgende Preise: 1. Preis in der Geschwindigkeitskonkurrenz über eine Rundstrecke von 202 km, 1. Preis in der Klasse A beim internationalen Alpenrundflug für Militärflugzeuge und Sieger beim internationalen Patrouillenflug. Im gleichen Monat wurden 24 Maschinen der B-Serie zur Unterstützung der National-Spanier zur »Legion Condor« abkommandiert. Die Maschinen bewährten sich unter Einsatzbedingungen ausgezeichnet, wenn auch noch bei übermäßigen Belastungen Flügelflattern und Leitwerkschütteln auftrat.

V-4	D-IALY Werknr. 878	1. Musterflugzeug für B-Serie. Jumo 210 A. Bewaffnung zunächst 3 MG 17, später Einbau Motorkanone MG/FFM. Versuchseinsätze Dezember 1936 in Spanien.
V-5	D-IEKS Werknr. 879	Musterflugzeug für B-1-Serie, Holzschraube später durch VDM-Verstellpropeller ersetzt. Jumo 210 B, 3 MG 17, Spanien Januar 1937.
V-6	D-IHHB Werknr. 880	2. Musterflugzeug für B-1-Serie, wie V-5.
V-7	D-IJHA Werknr. 881	3. Musterflugzeug für B-1-Serie, wie V-5.

165. Messerschmitt
Me 109 V-7, D-IJHA

166. Messerschmitt
Me 109 B-1

167. Messerschmitt
Me 109 B-2

168. Messerschmitt Me 109 C-1

Messerschmitt Bf 109 C-Reihe

Noch immer unzureichend blieb allerdings die Feuerkraft der drei MG in der B-Serie. Deshalb wurden in Augsburg eingehende Waffen-Testversuche unternommen. Bei der *Bf 109 V-8* wurden erstmals zu den beiden MG in der Rumpfnase zwei weitere im Flügel angeordnet. Das verstärkt auftretende Flügelflattern zwang zur Verstärkung der Flügelnase und zu einem Querruderausgleich. Die Flügel-MG wurden bei der *Bf 109 V-9* durch 2 × 20 mm MG/FF ersetzt. Diese Waffenversuche fanden ihren Niederschlag in der C-Reihe, die, abgesehen von der Bewaffnung, der Bf 109 B-2 entsprach.

Bf 109 C-0
Dieses Vorserienmuster wurde entsprechend der V-8 mit 4 × 7,9 mm MG 17 ausgerüstet.

Bf 109 C-1
Bei diesem ersten Serienmuster der C-Reihe entsprach die Bewaffnung der der Bf 109 C-0.

Bf 109 C-2
In dieser Version gelangte ein zusätzliches fünftes MG 17 zum Einbau, welches durch die hohle Propellernase schoß.

Bf 109 C-3
Sie erhielt die Bewaffnung der Bf 109 V-9, ging aber nicht in Serie.

Bf 109 C-4
Versuchsweise wurde bei dieser Ausführung, die der C-2 entsprach, das MG in der Propellernabe durch ein MG/FFM ersetzt. Sie ging ebenfalls nicht in Serie.

V-8	D-IPLU Werknr. 882	Musterflugzeug für C-Serie, ähnlich B, aber Jumo 210 Da, Bewaffnung 2 Motor-MG 17 und 2 Flügel-MG-17.
V-9	D-I... Werknr. 883	ähnlich V-8, aber Erprobungs-Einbau von 2 Flügel-MG/FF statt MG 17.
V-10		ähnlich V-8, Probeweiser Einbau von Jumo 210 Ga und Daimler-Benz DB 600 Aa, Bruch von Udet in Zürich 1937.

Bf 109 V-21

Am 18. Juni 1938 erhielt die Firma Messerschmitt den Auftrag, einen amerikanischen Doppelsternmotor Pratt & Whitney »Twin Wasp« SC-G in eine Bf 109 der E-Reihe einzubauen, da man hoffte, mit diesem 1200 PS-Motor verläßliche Daten über eine 109 mit Sternmotor zu erhalten. Man nahm an, daß dieser Motor schneller herzustellen sei. Ein deutscher Doppelsternmotor stand zu diesem Zeitpunkt noch nicht zur Verfügung. So entstand die Bf 109 V-21, D-IFKQ, Werknr. 1770. Die Maschine erhielt später nach Überstellung zur DFS in Völkenrode die Kennzeichen KB + II. Sie wurde am 17. August 1939 von Dr. Wurster in Augsburg geflogen, später bei der DFS von deren Piloten Klöckner und Schieferstein.

Bf 109 X

Nachdem die ersten deutschen Doppelsternmotoren BMW 801 A-0 zur Verfügung standen, wurde eine Bf 109 F für den Einbau dieses Motors umgebaut. Der erste BMW 801 A-0 80125 erwies sich wegen Schadens an der Kurbelwelle als ungeeignet. Als BMW 801 A-0 80153 fertig wurde, erfolgte der Umbau der Bf 109 F, Werknr. 5608. Die Maschine erhielt die Kennzeichen D-ITXP und die Bezeichnung Bf 109 X. Der Rumpf erhielt vorn einen größeren Querschnitt und eine neue Führerraumabdeckung. Die Spannweite wurde von 9,92 auf 9,33 m verkleinert. Die Flügelendkappen wurden eckig wie bei der Bf 109 E. Spurweite und Laufräder wurden vergrößert. Den Erstflug führte Flugkapitän Fritz Wendel am 2. September 1940 durch. Den zweiten Flug vollbrachte Dr. Wurster. Es wurden bis Ende 1941 noch mehrere Flüge mit der Bf 109 X durchgeführt. Dabei wurde immer wieder festgestellt, daß die Maschine beim Abkippen sich besser verhielt als eine 109 mit Reihenmotor. Schwierigkeiten machten die hohen Ölverluste und das Verhalten des BMW 801. Dies zeigte sich ja, wie bekannt, auch bei den ersten Fw 190, die an die Front kamen. Nur der unermüdlichen Arbeit des Fliegerstabsingenieurs Otto Behrens und des Majors Otto Borris vom JG 26 ist es zu verdanken, daß dieser Motor serienreif wurde. Die Bf 109 X wurde Anfang 1942 abgestellt.

Messerschmitt Bf 109 D-Reihe

Gleichzeitig mit den Bemühungen, die Kampfkraft der Bf 109 zu stärken, lief ein weiteres Versuchsprogramm mit dem Ziel, die Flugleistungen zu verbessern. Zu dieser Zeit ging der neue Daimler-Benz DB 600 in die Produktion. Eine der ersten Ausführungen wurde versuchsweise in eine normale Maschine der B-Reihe eingebaut und als *Bf 109 V-10* geflogen. Drei weitere Prototypen, die *Bf 109 V-11, Bf 109 V-12* und *Bf 109 V-13* (D-IPKY) erhielten bereits den serienmäßigen DB 600 A mit 1 × 960 PS. Durch das stärkere Triebwerk stiegen die Flugleistungen sprunghaft. Die V-13, die ebenfalls am Zürcher Flugmeeting teilnahm, gewann dort den 1. Preis bei der internationalen Steig- und Sturzflugkonkurrenz. Die gleiche Zelle wurde später zum Einbau eines kurzlebigen, auf 1650 PS »frisierten« DB 601 benutzt. Mit dieser Ausführung erreichte Messerschmitt-Chefpilot Dr. Hermann Wurster am 11. November 1937 eine Höchstgeschwindigkeit von 610,950 km/h und holte damit den absoluten Weltrekord für Landflugzeuge erstmals nach Deutschland. Die Serienausführung der Bf 109 mit DB 600 fiel unter die Bezeichnung Bf 109 D.

Bf 109 D-0

Ende 1937 wurde eine Anzahl Zellen der B-Reihe umgebaut und mit DB 600-Motoren als Vorserie der D-Reihe ausgerü-

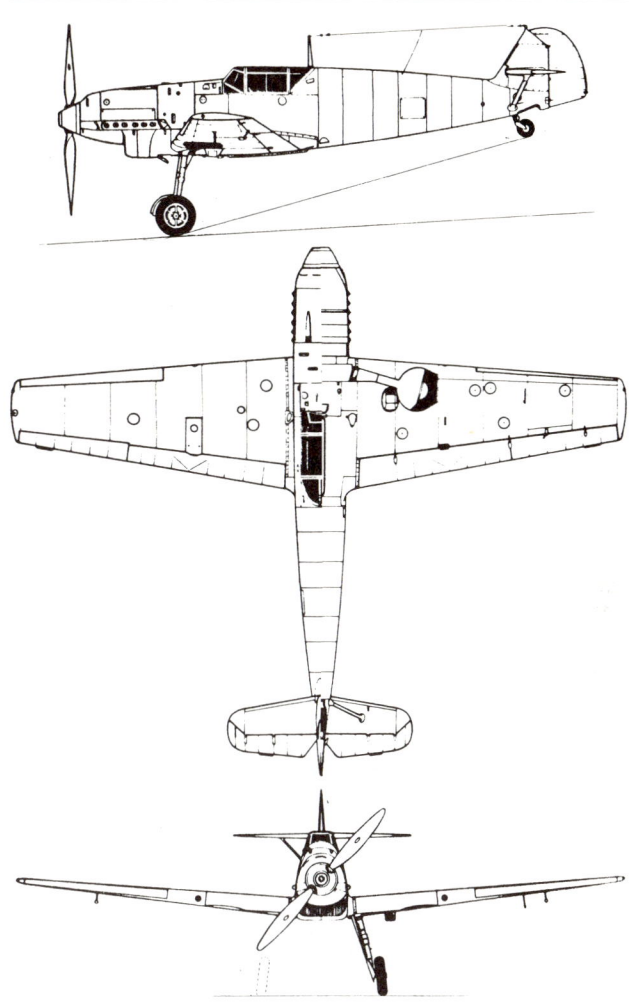

166. Messerschmitt Me 109 D

stet. Die Bewaffnung bestand aus 2 × 7,9 mm MG 17 in den Flächen und 1 × 20 mm MG/FFM-Motorkanone.

Bf 109 D-1

Das Serienmuster entsprach der D-0, wurde jedoch nur in kleinen Stückzahlen gebaut, weil inzwischen der neue Ladermotor DB 601 mit Benzineinspritzung zur Verfügung stand. Zehn Maschinen der D-Reihe wurden an die Schweiz und drei an Ungarn verkauft. V_{max} 518 km/h.

V-11	Umbau aus B-0 als Musterflugzeug für D-Serie, DB 600 A, keine Bewaffnung, 1937.
V-12 Werknr. 1187	ähnlich V-11, jedoch Bewaffnung 2 MG 17 und 1 MG/FFM.

V-13 D-IPKY Umbau aus D-0 für Triebwerks-versuche mit Spezial-DB 601 (1650 PS) Weltrekord unter Dr. Wurster, November 1937.

Messerschmitt Me 109 E-Reihe
Die Me 109 E wurde als erste Version in Großserie gefertigt. Im Herbst 1939 waren in allen Staffeln der »ersten Linie« sämtliche älteren Versionen durch die Me 109 E ersetzt. Der erste Prototyp für die E-Reihe war die mit einem 1100 PS DB 601 A ausgerüstete *Me 109 V-14* (D-ISLU). Ihre Bewaffnung bestand aus 2 × 20 mm MG/FF in den Flächen und 2 × 7,9 mm MG 17 über dem Motor. Der nächste Prototyp *Me 109 V-15* besaß ein 20 mm MG/FFM in der Propeller-nabe und keine Flächenbewaffnung.

167. Messerschmitt Me 109 E

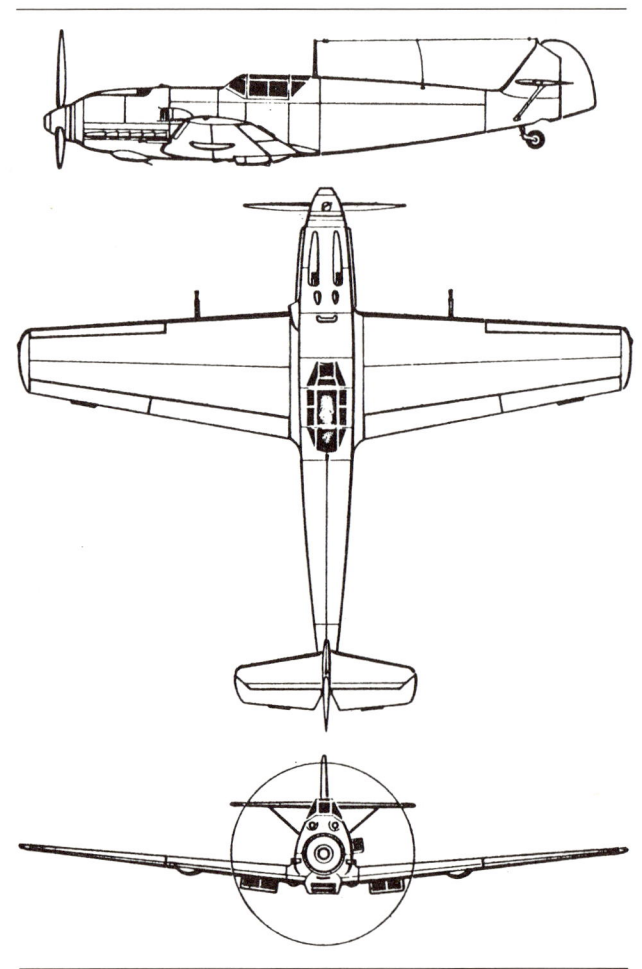

Me 109 E-0
Ende 1938 wurden drei Maschinen der Vorserie fertig. Ihre Bewaffnung bestand aus 4 × 7,9 mm MG 17. Antrieb durch DB 601 A.

Bf 109 V-14	D-ISLU	Umbau aus D-0 als Musterflug-zeug für E-Serie, DB 601 A, 2 MG 17 + 2 MG/FF im Flügel, Sommer 1938.
V-15	D-IPHR	2. Musterflugzeug für E-Serie, ähnlich V-14.
V-16	D-IPGS	Musterflugzeug für E-3 Serie.
V-17	D-IWKU	ähnlich V-16, Totalbruch bei Erprobung.
		Danach keine besonderen Ver-suchsmaschinen gebaut, sondern Serienmaschinen geändert, u. a.
Bf 109 E-1		Großserie ab Januar 1938. Ähn-lich A-0, Bewaffnung von 4 MG 17 bald auf 2 MG 17 + 2 MG/FF umgestellt. Eine Staffel noch in Spanien 1939. Ersetzte ab Früh-jahr 1939 B und C.
E-1 B		Erster Jagdbomber. Kleine Serie, Bombenlast: 1 SC 250.
E-2		Nicht gebaut.
E-3		Großserie ab Ende 1939. Struk-turelle Verbesserungen der Zelle E-1, DB 601 Aa, Bewaffnung: 2 MG 17, 2 MG/FF und 1 MG/FFM. Panzerung ver-stärkt.
E-4		ähnlich E-3 mit weiteren Verbes-serungen, ab Herbst 1940.
E-4 B		Jagdbomber ähnlich E-4, Bom-benlast wie E-1.
E-4 N		Jäger ähnlich E-4, aber DB 601 N, 1175 PS.
E-5		Aufklärer ähnlich E-3, aber nur 2 MG 17, Rb 50/30.
E-6		Aufklärer wie E-5, aber aus E-4 N abgeleitet.
E-7		Jäger ähnlich E-4 N mit Verbes-serungen, Vorrichtung für 300-Liter-Abwurftank-Aufhängung.
E-7/U 2		Jabo für Nordafrika, SC 250, zusätzliche Panzerung und Tro-penfilter.
E-7 Z		E-7 mit GM-1-Einspritzung.
E-8		E-7 mit DB 601 E 1350 PS, ver-stärkte Rückenpanzerung.
E-9		Aufklärer aus E-8 abgeleitet, nur 2 MG 17, Rb 50/30, 300-Liter-Zusatz-Abwurfbehälter.

169. Messerschmitt
Me 109 V-15 (E-03) D-IPHR △

170. Messerschmitt
Me 109 E-3 der II./JG 2 »Richthofen« ▷

171. Messerschmitt
Me 109 E-4B (CA + NK) ▽

172. Messerschmitt Me 109 D-1 Katapultstart

T-0   Umbau von 10 E-3 durch Fieseler 1939/40, Spannweite auf 11,06 m vergrößert, Katapultbeschläge und Landehaken, für Träger »Graf Zeppelin« bestimmt. Einsatz bei I/JG 77.

T-1   wie T-0, 60 Stück bei Fieseler gebaut und an JG 5 geliefert. Da Träger nicht fertiggebaut, Umbau in T-2.

T-2   Umbau aus T-1 (Ausbau der für Trägereinsatz notwendigen Einbauten), DB 601 N, 2 MG 17 + 2 MG/FF ETC 250 für SC 250- oder 300-Liter-Zusatzbehälter.

VK + AB   Umbau aus E-1 für F-Serie.
Werknr. 5604   DB 601 E-1 1350 PS neue flache Kühler, noch E-Flächen, aber aerodynamische Verbesserungen, 1. Flug: 10. Juli 1940.

Messerschmitt Me 109 F-Reihe

Im Frühjahr 1940 standen leistungsfähigere Versionen des DB 601 zum Einbau fertig. Mit diesen Motoren und aerodynamischen Verfeinerungen der Zelle sollten die Flugleistungen der E-Maschinen verbessert werden. Eine normale Zelle der E-Reihe diente zum Einbau eines 1 × 1200 PS DB 601 E, der mit einer völlig umkonstruierten Motorhaube versehen war. Der Ladelufteintritt wurde umgestaltet und

besaß nun den bestmöglichen Staueffekt. Die Luftschraube mit verkleinertem Durchmesser erhielt eine vergrößerte Propellerhaube, deren Form in die Motorenverkleidungskontur gestraakt war. Die Flächenkühler wurden zur Grenzschichtabsaugung herangezogen und die bisher abgestrebte Höhenflosse wurde freitragend. Die neuen Flächen besaßen runde Spitzen und eine leicht vergrößerte Spannweite. Frise-Querruder wurden anstelle der bisherigen Spalt-Querruder eingebaut, und normale Wölbungsklappen kleinerer Fläche fanden anstelle der bisher benutzten Spaltklappen Verwendung.

F-0   Jäger ähnlich Werknr. 5604, aber neue Fläche mit abgerundeter Flügelspitze, Spannweite 9,92 m. DB 601 N, 2 MG 17 + 1 MG/FFM, Truppenerprobung 1940/41.

F-1   Jäger wie F-0, Großserie ab 1941.

F-2   Jäger wie F-1, aber MG 151 statt MG/FFM.

F-2 trop   Jäger wie F-2, aber Staubfilter und Tropennotausrüstung. Ab 1942 in Nordafrika eingesetzt.

F-2 Z   wie E-2, aber mit GM-1-Einspritzung.

F-3   Jäger wie F-2, aber DB 601 E, Serienbau ab Frühjahr 1942.

196

173. Messerschmitt Me 109 F-2 der I./JG 51 △

168. Messerschmitt Me 109 F ▷

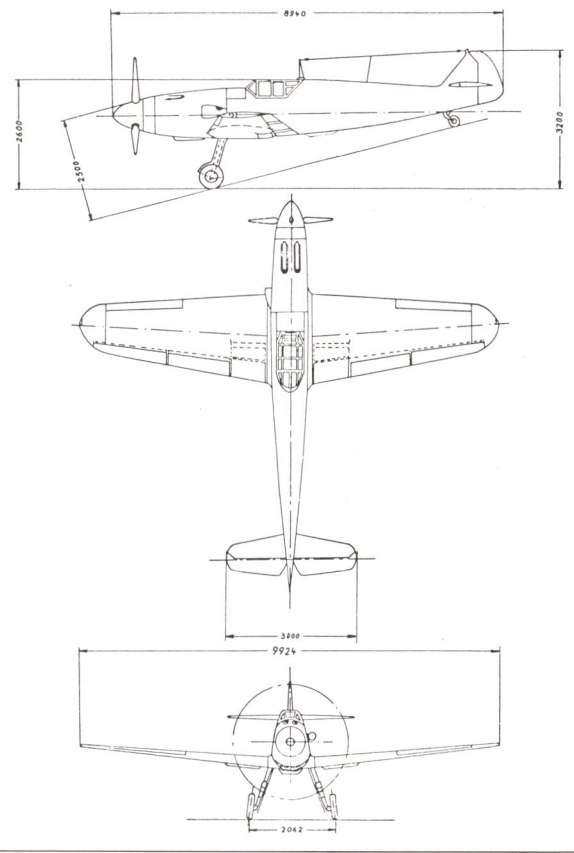

F-4	ähnlich F-3, verstärkte Panze-rung, Behälterschutz, MG 151/20 statt 151.
F-4 Z	ähnlich F-4, aber GM-1-Einsprit-zung.
F-4 B	Jabo ähnlich F-4, aber ETC 250.
F-4 trop	Jäger ähnlich F-4, aber Tropen-ausrüstung wie F-2 trop.
F-4/R 1	nur wenige Versuchsmaschinen mit zwei zusätzlichen MG 151 in Gondeln unter den Flügeln.
F-5	Aufklärer ähnlich F-4, aber nur 2 MG 17, Rb 50/30 300 Liter-Zusatz-Abwurftank. 1942.
F-6	Aufkärer wie F-5, aber Rb 20/30 oder 75/30.

Messerschmitt Me 109 G-Reihe

Im Spätfrühjahr 1942 begannen die Herstellerwerke, ihre Produktion auf die neue G-Serie umzustellen. Die ersten Maschinen wurden im Spätsommer ausgestoßen und tauchten Ende des Jahres bei allen Fronteinheiten auf. Die Fertigung der Me 109 G lief bis zum Kriegsende und 70 Prozent aller während des Krieges gebauten Me-109-Varianten waren solche der G-Reihe. 386 Maschinen wurden während der Jahre 1943/44 noch exportiert. Der Hauptun-terschied gegenüber der F-Reihe lag im Einbau des leistungs-stärkeren DB 605, der in seinen ersten Ausführungen 1475 PS leistete.

197

174. Messerschmitt Me 109 F-4 trop des JG 53 △   175. Messerschmitt Me 109 F-5 der Aufkl.Gr. 122 ▽

176. Messerschmitt
Me 109 G-0 (CC + PO)

177. Messerschmitt
Me 109 G-1 trop des JG 51

G-0	Vorserie von 12 Maschinen im Frühjahr 1942 gebaut. Noch DB 601 E, Druckkabine, Bewaffnung wie F-4, verstärktes Fahrwerk.	G-2 R	Jabo, kleine Umbau-Serie aus G-2 bei Fieseler. 2 × 300 Liter-Zusatzbehälter unter den Flügeln, ETC 250 unter Rumpf und abwerfbares Stützrad für Start. 1943.
G-1	ähnlich G-0, aber DB 605 A 1475 PS.		
G-1 trop	ähnlich G-1, aber 2 MG 131 statt MG 17, Staubfilter. Tropenausrüstung wie F-4 trop.	G-3	Zelle wie G-1, 2 MG 17 + 1 MG 151/20, FuG 16Z statt bisher FuG 7.
G-2	Aufklärer ähnlich G-1, ohne Druckkabine, nur 2 MG 17, nur vereinzelt 2 starr rückwärts feuernde MG 17 in Waffentropfen WT 17.	G-4	ähnlich G-3, aber ohne Druckkabine.
		G-5	2 MG 131 + 1 MG 151/20, DB 605 A oder AS, GM 1.

199

| G-5/R 2 | wie G-5, zusätzlich 2 Werfer WG 21. |
| G-5/U 2 | wie G-5, aber vergrößertes Seitenleitwerk aus Holz. |

Me 109 G-6

Diese Version entsprach der G-5, hatte also keine Druckkabine, jedoch das neue Leitwerk, welches ebenfalls später aus Holz gefertigt wurde. Als Antrieb kamen DB 605 A, AS, AM oder D in Frage. Die Bewaffnung bestand aus 1 × MK 108, 2 × MG 131 und 2 × MG 151/20.

Typ: Einmotoriger Jagdeinsitzer.
Flügel: Zweiteiliger einholmiger Ganzmetallflügel. Schlitzquerruder, Wölbungsklappen. Auf der Flügelunterseite befinden sich beiderseits des Rumpfes zwei flache Kühler, die zur Grenzschichtabsaugung herangezogen werden. Kühlluftauslaß durch thermostatisch betätigte Doppelklappe, deren unterer Teil die Wölbungsklappe zum Rumpf hin vergrößert. Der obere Teil bildet einen Ausschnitt der Oberflügelbeplankung und öffnet sich automatisch, sobald die untere Klappe schließt.
Rumpf: Ganzmetallaufbau mit ovalem Querschnitt, bestehend aus zwei Halbschalen.
Leitwerk: Normal, freitragend. Aufbau aus Metall mit beplankten Flossen und bespannten Rudern. Sämtliche Ruder mit Ausgleich. Gegen Ende des Krieges Aufbau des Leitwerkes aus Holz.
Fahrwerk: Einziehbares Normalfahrwerk. Haupträder mit kleiner Spur hydraulisch nach außen in die Flächen, Spornrad teilweise oder ganz in den Rumpf hochfahrbar. Hydraulische Bremsen an den Haupträdern.
Triebwerk: Ein Daimler-Benz DB 605 A, AS, AM oder D flüssigkeitsgekühlter Zwölfzylinder-∧-Motor mit 1 × 1450 bis 1800 PS Startleistung. GM-1-Ausrüstung. Elektrisch verstellbare VDM-Dreiblatt-Luftschraube. Kraftstofftank (Gummizelle) in einem Sperrholzkasten hinter und unterhalb des Pilotensitzes, Kapazität 400 Liter. 300-Liter-Zusatzbehälter kann unter dem Rumpf mitgeführt werden.
Besatzung: 1 Pilot in geschlossener Kabine unter seitlich klappbarer Haube.
Militärische Ausrüstung: Bewaffnung bestehend aus 2 × 13 mm MG 131 (je 300 Schuß) im oberen Teil der Motorhaube, 1 × 30 mm MK 108 (100 Schuß) zwischen den Zylindern des Motors (durch die hohle Luftschraubennabe schießend) und 2 × 20 mm MG 151/20 (je 120 Schuß) in Gondeln unter den Außenflügeln. Revi C 12 C Reflexvisier.

Me 109 G-6	Großserie 1942/43, DB 605 AM, AS, ASB, ASM oder ASD. Bewaffnung 2 MG 131 + 1 MG 108.
G-6/R 1	wie G-6, zusätzlich ETC 250.
G-6/R 2	wie G-6, zusätzlich 2 WGR 21.
G-6/R 4	wie G-6, zusätzlich 2 MK 108 unter Flügeln, GM-1.
G-6/R 6	wie G-6, zusätzlich 2 MG 151/20 unter Flügeln, GM 1.
G-6/U 2	wie G-6, aber Leitwerk wie G-5/U 2, Bewaffnung wie G-6/24 oder G-6/R 6.

178. Messerschmitt Me 109 G-6/R 6

G-6/U 4	wie G-6, U 2 aber einziehbares Spornrad, kleine Serie.
G-6/N	Nachtjäger (Wilde Sau), ähnlich G-6/R 6 aber FuG 350 Z.
G-6/trop	ähnlich G-6, aber Staubfilter und Tropenausrüstung.
G-7	Serienmuster wie G-6/U 4, nicht gebaut.
G-8	Aufklärer, DB 605 A oder AS, nur 1 MK 108, Rb 12,5/7 oder 32/7, 300-Liter-Abwurfbehälter.
G-10	ähnlich G-6 1944, DB 605 D (1435 PS), verstärktes Fahrwerk, teilweise mit Staubfilter, 2 MG 131 + 1 MK 108.
G-10/R 2	wie G-10, zusätzlich 2 × WGR 21, nur Versuch.
G-10/R 6	wie G-10, zusätzlich 2 MG 151/20 unter Flügel, ETC unter Rumpf für 1 SC 250 oder 2 × SC 50 oder 300-Liter-Abwurfbehälter.
Me 109 G-10/U 4	wie G-10, mit Änderungen wie G-6/U 4, zusätzlich 2 MK 108 in Behälter unter Rumpf (nur Versuch) später durch Zusatzbehälter ersetzt, DB 605 AS.
G-12	Schul-Zweisitzer, Umbau aus G-1 und G-5, meist nur 2 MG 17, selten zusätzlich MK 108, Doppelsteuerung.
G-14	1944, ähnlich G-6, vereinfacht, fester Sporn, DB 605 AM mit MW 50 Einspritzung, teilweise auch DB 605 AS, 2 MG 131 + 1 MG 151/20, altes Leitwerk.
G-14/R 1	wie G-14, jedoch ETC 501, verstärkte Panzerung.
G-14/R 6	wie G-14, zusätzlich 2 MG 151/20 unter den Flügeln.

G-14/U 4	wie G-14, jedoch Holzleitwerk und Gallandhaube.
G-14/U 6	wie G-14, altes Leitwerk, Gallandhaube, fester Sporn, Staubfilter.
G-16	ähnlich G-14/R 1, verstärkte Panzerung, DB 605 D, 2 MG 131 + 3 MG 151/20, ETC 501, wahrscheinlich nicht mehr zum Einsatz gekommen.

179. Messerschmitt Me 109 G-10/R 2

169. Messerschmitt Me 109 G-6/R 3

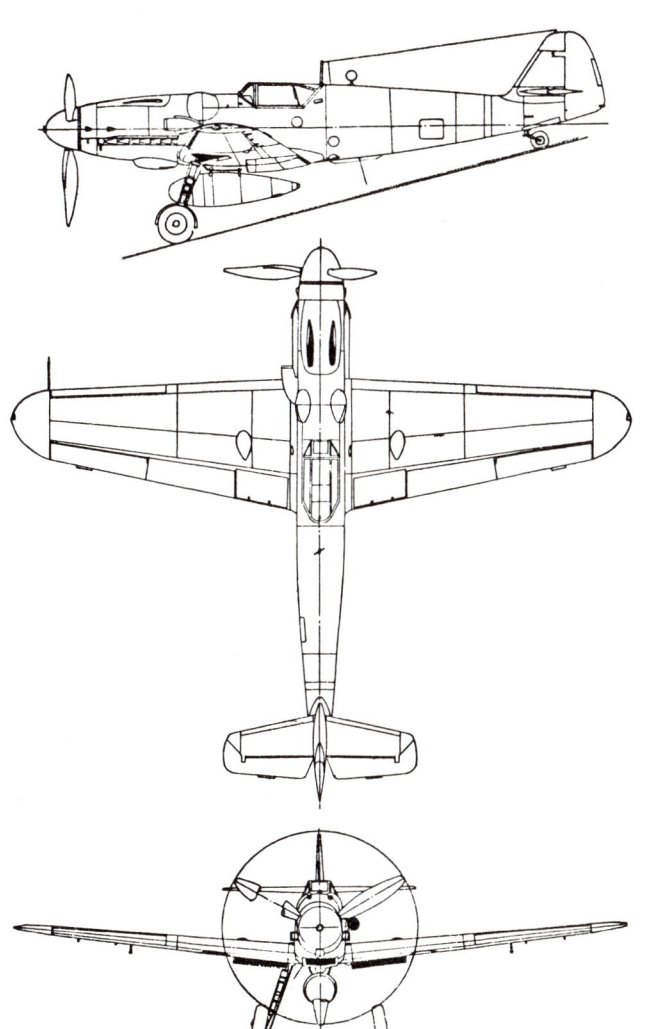

170. Messerschmitt Me 109 G-12

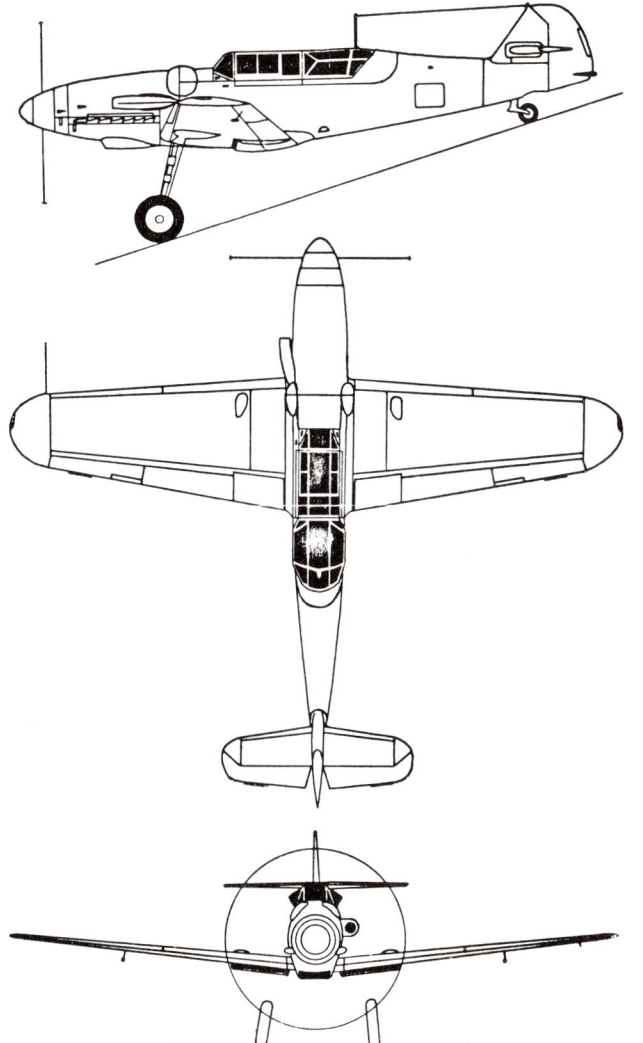

180. Messerschmitt Me 109 G-12 des JG 101 in Pau-Nord März 1944 △

181. Messerschmitt Me 109 G-16 ▽

Messerschmitt Me 109 H-Reihe

1943 wurde die Entwicklung einer Spezial-Höhenjäger-Ausführung aus der normalen Me 109 F und G in Angriff genommen. Die Spannweite vergrößerte sich durch das Einschalten eines neuen Mittelstückes auf 11,92 m. Das Höhenleitwerk besaß ebenfalls eine vergrößerte Spannweite und wurde deshalb, ähnlich wie bei der Me 109 E, durch Streben zum Rumpf hin abgefangen.

H-0   Höhenjäger, Umbau aus Bf 109 F, DB 601 E-1 mit GM-1. Auf Spannweite 11,92 m erhöht, 2 MG 17 + 1 MK 108. Versuche

1943/44, wegen Vibration abgebrochen.

H-1   Kleine Serie, ähnlich H-0.

H-2   nur Projekt, ähnlich H-1, aber Jumo 213 E.

H-5   nur Projekt, ähnlich H-1, aber DB 605 L.

Messerschmitt Me 109 K-Reihe

Die Modelle der K-Reihe ähnelten, abgesehen von kleineren konstruktiven Veränderungen, der Me 109 G. Allerdings besaßen alle Versionen den DB 605 und die »Galland-Haube« als Standardausrüstung.

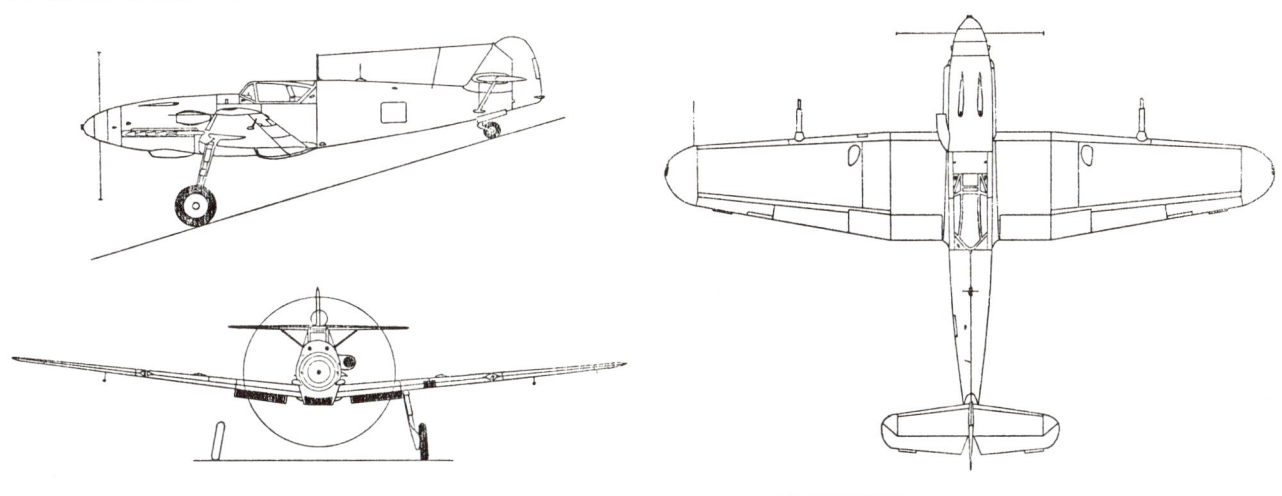

171. Messerschmitt △
Me 109 H-1

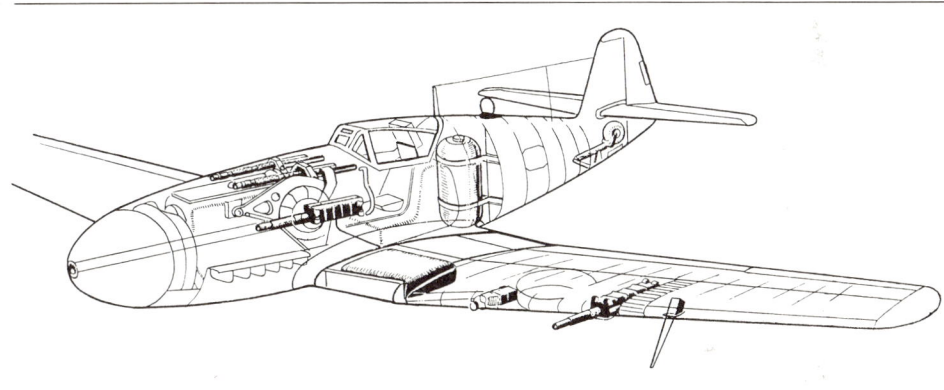

172. Messerschmitt
Me 109 H-1
Waffeneinbau ▷

182. Messerschmitt Me 109 K-2 der I./JG 51 Frühjahr 1945

Bf 109 K-0	Serienbau ab November 1944. DB 605 D, aus G-10 entwickelt. Vergrößertes Holzleitwerk, Länge auf 8,94 m erhöht, GM-1, Gallandhaube, normale Panzerung, keine Druckkabine. 2 MG 151 + 1 MK 108.
K-2	wie K-0, aber DB 605 ASCM oder DCM mit MW 50-Einspritzung.
K-4	wie K-2, aber Druckkabine.
K-6	nur kleine Serie 1944/45, DB 605 DCM, 2 MG 131 + 3 MK 103.
K-8	ähnlich K-6, aber Bewaffnung: Rumpf 1 MK 103, Flächen 2 MK 108.

Beide Versionen:
Spannweite 9,92 m
Länge 8,94 m.

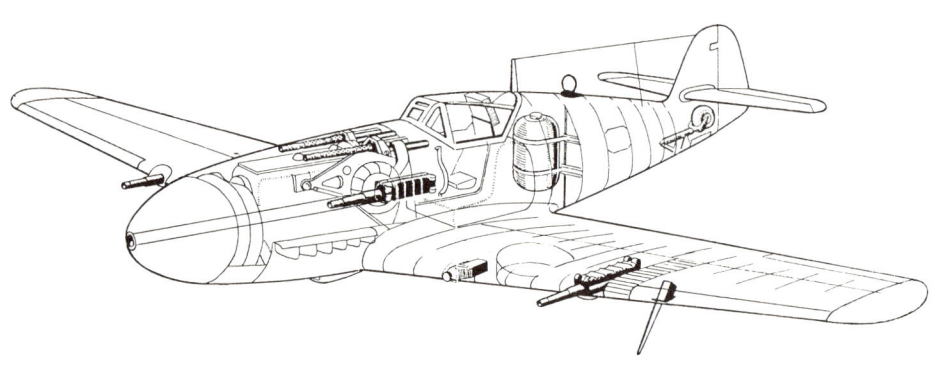

173. Messerschmitt
Me 109 K-6 Waffeneinbau

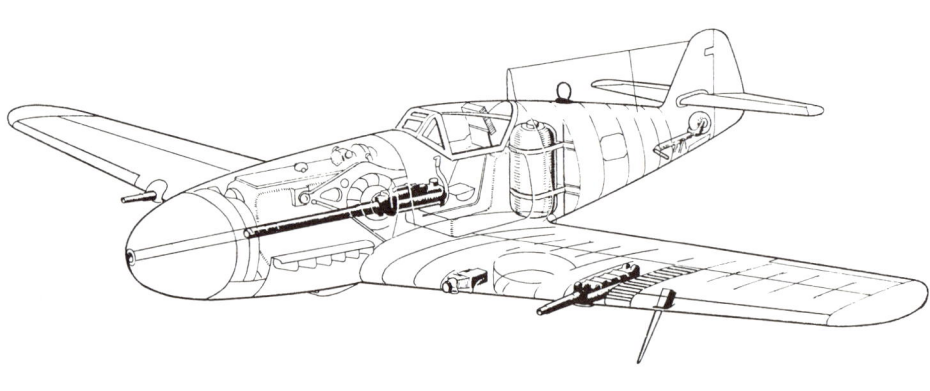

174. Messerschmitt
Me 109 K-8 Waffeneinbau

175. Messerschmitt
Me 109 K-10

| K-14 | ähnlich K-4, aber DB 605 L (1750 PS). Bewaffnung 3 MK 108. Kaum noch zum Einsatz. |
| L-0 | Nur Projekt, Weiterentwicklung Bf 109 H mit Jumo 213 E. Nur Versuch mit angeblasener Flügeloberfläche. Nicht mehr fertiggestellt. |

Messerschmitt Me 109 Z-Reihe

Der Vorschlag des RLM, die Zahl der Flugzeuge auf wenige Grundmuster zu beschränken, führte Ende 1942 in der Messerschmitt-Entwicklungsabteilung zum Entwurf einer einsitzigen Zwillings-Me 109 oder Me 109 Z als Zerstörer oder Schnellbomber. Durch diese Lösung, die später in der amerikanischen »Twin Mustang« verwirklicht wurde, sollte ein Serienbau wesentlich schneller möglich sein, als bei einer kompletten Neukonstruktion, weil der Konstruktions- und Vorrichtungsaufwand etwa 90 Prozent von diesem umfaßte und die meisten Teile bereits einer Erprobung unterzogen waren.

Vorversuche wurden mit zwei zusammengekoppelten Klemm Kl 25 durchgeführt. Die Erprobung mit dieser Kombination verlief befriedigend. Für das Projekt Me 109 Z konnten von zwei Me 109 G folgende Teile übernommen werden: beide Rümpfe, eine rechte und eine linke Flügelhälfte, 20 Prozent der Restflügelteile, die kompletten Triebwerksanlagen, die gesamte Ausrüstung und Teile des Fahrwerks. Folgende Neuteile oder konstruktive Änderungen waren vorzunehmen: neues, rechteckiges Flügelmittelstück, Verlegung der

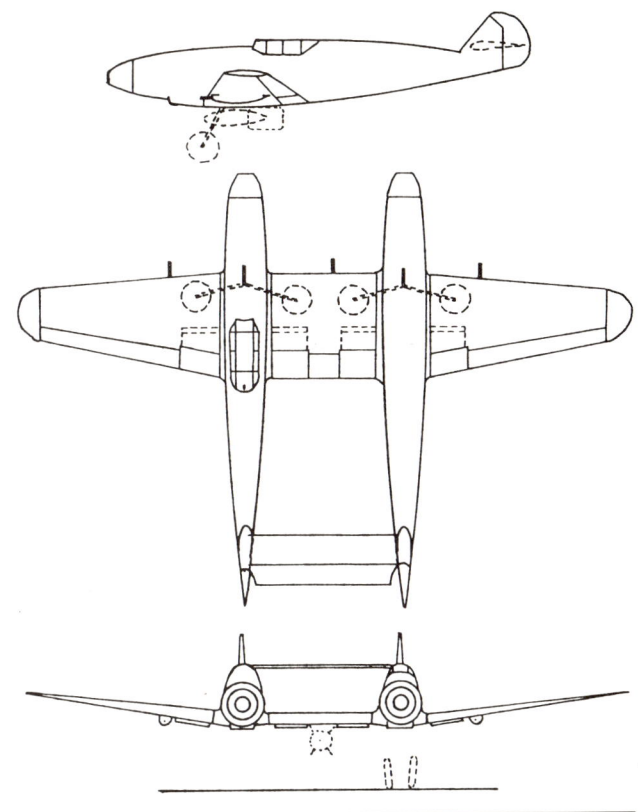

176. Messerschmitt Me 109 Z

183. Doppel-Klemm Kl 25, Vorversuch für Me 109 Z ▽

Fahrwerksanschlüsse und Verwendung größerer Räder, Änderung der Radkästen im Flügel, Verlängerung der Querruder und Vorflügel, Einbau von zusätzlichen Kraftstoffbehältern anstelle des zweiten Führersitzes und Erstellung eines neuen rechteckigen Höhenleitwerkes. Der Antrieb sollte aus 2 × 1450 PS DB 605 A bestehen. Der Pilotensitz befand sich im linken Rumpf. Von den vier freitragenden Fahrgestellbeinen waren jeweils zwei unter jeder Rumpflängsachse angelenkt und klappten nach außen in die Flügel. Zwei Versionen wurden projektiert, die beide jedoch nicht über das Entwurfsstadium hinauskamen:

Me 109 Z-1

Ausführung als Zerstörer mit einer Bewaffnung von 3 × 30 mm MK 108 in den Flügeln und 2 × 30 mm MK 108 in den Rümpfen, durch die hohlen Propellernaben schießend. An Bomben konnten 2 × 250 oder 1 × 500 kg mitgeführt werden.

Me 109 Z-2

Ausführung als Schnellbomber mit einer auf die beiden Motorkanonen reduzierten Bewaffnung, jedoch mit einem auf 1140 Liter erhöhten Kraftstoffvorrat. Je eine 1000 kg Bombe konnte unter jedem Rumpf als Außenlast mitgeführt werden.

Messerschmitt Bf 110

Ende 1934 begann Prof. Willy Messerschmitt mit den Studien für einen zweisitzigen, zweimotorigen Begleitjäger mit großer Reichweite. Er wurde vom damaligen Reichsluftfahrtminister Hermann Göring gefordert, dessen Ziel es war, aus schweren Jägern »Zerstörer«-Formationen zu bilden. Ein Jahr vorher hatte Messerschmitt die Entwicklungsarbeiten an der Bf 109, die als freitragender Eindecker bereits eine neue Ära des Jagdflugzeugbaues einleitete, begonnen. Mit der zweimotorigen Bf 110 wurde wieder Neuland beschritten, aber die mit diesem Muster eingeleiteten Entwicklungstendenzen gaben bis in den Krieg hinein Anlaß zu heißen Diskussionen sowohl technischer als auch strategischer Natur. Auf der einen Seite wurde von dem »Zerstörer« ein so großer Kraftstoffvorrat gefordert, daß er eigene Bomberverbände bis weit in das feindliche Hinterland begleiten konnte, auf der anderen Seite sollte er an Wendigkeit die Leistungen einsitziger und einmotoriger Muster erreichen. Diese Forderungen waren naturgemäß nicht auf einen Nenner zu bringen, und so blieb die Bf 110 innerhalb ihrer zehnjährigen Entwicklung ein Kompromiß. Nach der Auslieferung der ersten Versuchsmuster an die Luftwaffen-Erprobungsstelle wurde zwar ihre überragende Geschwindigkeit richtig beurteilt, aber als zweisitziger Zweimotorer genügte sie den Anforderungen eines Begleitjägers am wenigsten. Wie sich im Verlaufe des Krieges herausstellen sollte, benötigte die Me 110 zur Erfüllung anderer Aufgaben ihrerseits sogar den Begleitschutz einmotoriger Jäger. Durch die Me 110 ausge-

löste Parallelentwicklungen in anderen Ländern, so beispielsweise die Bell XFM-1 »Airacuda« in den USA, zeigten das gleiche Ergebnis, wurden allerdings deshalb bald wieder aufgegeben. Die Me 110 dagegen blieb bis Ende des Krieges in der Fertigung und fand eine gegenüber der Auslegung zweckentfremdete Verwendung als Jagdbomber, Tiefangriffsflugzeug, Nachtjäger, schwerer Tagjäger oder als Aufklärer. Hierbei bewährte sie sich, sofern sie jeweils zu dem entsprechenden Zeitpunkt noch nicht unter Veralterung litt, teilweise ausgezeichnet. Insgesamt 5762 Einsatz-Serienmuster wurden während des Krieges gebaut. Der entsprechende Jahresausstoß (Aufklärer an zweiter Stelle) verteilte sich wie folgt: 1939 = 156 + 0, 1940 = 1008 + 75, 1941 = 594 + 190, 1942 = 501 + 79, 1943 = 1420 + 150, 1944 = 1525 + 0 und 1945 = 54 + 0 Stück.

Messerschmitt Bf 110 A-Reihe

Bei der konstruktiven Auslegung dieses ersten Messerschmitt-Zweimotorers wurden die mit der Konstruktion der Bf 109 gemachten Erfahrungen ausgewertet und die Bf 110 erhielt, abgesehen von den beiden Triebwerken und den für das freie Schußfeld nach hinten gewählten doppelten Seitenleitwerken einen der Bf 109 angeglichenen Aufbau als glattblechbeplankter Tiefdecker mit einholmigem Flügel und Einziehfahrwerk. 1935 wurden drei Prototypen in Arbeit genommen, für die als Antrieb DB 600-Triebwerke angenommen wurden, die sich als stärkste deutsche Motoren in der Entwicklung befanden und die bei vollständiger Reife pro Einheit 1000 PS leisten sollten. Nach der Lieferung von zwei Prototypen des DB 600 mit 2 × 900 PS im Frühjahr 1936 konnte die *Bf 110 V-1* fertiggestellt und am 12. Mai 1936 eingeflogen werden. Bereits während der ersten Versuchsflüge konnte die überragende Geschwindigkeit von 510 km/h gemessen werden. Die beiden anderen Prototypen *Bf 110 V-2* und *V-3*, ausgerüstet mit ähnlichen Versuchstriebwerken des DB 600, folgten mit ihrem Erstflug am 24. Oktober und am 24. Dezember 1936. Von ihnen ging die V-2 im Januar zur Erprobungsstelle nach Rechlin, wo zwar ihre geringe Wendigkeit bemängelt, aber die Geschwindigkeit so hoch bewertet wurde, daß eine Vorserie von vier Flugzeugen für Einsatzversuche in die Bestellung ging.

Bf 110 A-0

Die vier bewaffneten Vorserienmuster wurden zellenmäßig zwischen August 1937 und März 1938 fertiggestellt, als Daimler-Benz mit seinen DB 600 noch nicht serienreif war. Als Ausweichlösung kamen daraufhin je zwei Jumo 210 B mit 2 × 610 PS zum Einbau. Diese Triebwerke waren jedoch für die Maschinen mit einem Fluggewicht von 5500 kg zu leistungsschwach und die Geschwindigkeit sank auf 430 km/h in 3800 m Höhe ab. Die Bewaffnung bestand aus 4 × 7,9 mm MG 17 starr im oberen Rumpfbug und 1 × 7,9 mm MG 15 beweglich im rückwärtigen Teil der Kabinenabdeckung.

184. Messerschmitt Bf 110 V-1 △   185. Messerschmitt Bf 110 B-1 ▽

Messerschmitt Bf 110 B-Reihe

Im Frühjahr 1938 wurde der DB 600 A mit 960 PS Startleistung serienreif. Sofort wurden zwei weitere Vorserienmuster der Bf 110 mit diesen Triebwerken in Auftrag gegeben. Die Zellen unterschieden sich nur geringfügig von denen der A-Reihe und die Flügel besaßen ebenfalls noch abgerundete Enden. Nur der Rumpfbug wurde geringfügig verlängert (von 12,00 m auf 12,30 m) und leicht geändert, um eine stärkere Bewaffnung aufnehmen zu können.

Bf 110 B-0

Zwei Vorserienmuster mit 2 × 960 PS DB 600 A. Kühler unter den Triebwerken. Bewaffnung bestand aus 4 × MG 17 in der oberen Rumpfnase, 2 × 20 mm MG/FF in der unteren Rumpfnase und 1 × MG 15 im B-Stand.

Bf 110 B-1

Kleine Serie, entsprechend der Bf 110 B-0. Die Maschinen

dieser Reihe wurden für praktische Einsatzversuche bei der »Legion Condor« nach Spanien verschifft, konnten aber dort nicht mehr zum Einsatz kommen. Nach Deutschland zurückgekehrt, gingen sie an die Versuchszentren der Luftwaffe und wurden dort eingehenden Tests unterworfen.

Messerschmitt Me 110 C-Reihe

Bei Daimler-Benz war inzwischen der Vergasermotor DB 600 zugunsten des mit Lader versehenen Einspritzmotors DB 601, der 1100 PS leisten sollte, vom Entwicklungsprogramm gestrichen worden. Sofort wurde mit einer neuen Version der Me 110 für diese Triebwerke begonnen. Gleichzeitig fanden in dieser Me 110 C die Ergebnisse der Einsatzversuche mit der Me 110 B-1 eine Berücksichtigung. So wurden die Bauchkühler unter den Triebwerken nach außen unter die Tragflügel verlegt, das zum Flattern neigende Leitwerk und das

Rumpfheck verstärkt sowie durch eckige Flügelenden die Spannweite des Flügels von 16,81 m auf 16,20 m reduziert. Weitere Änderungen betrafen die Abdeckhaube, die erstmals die endgültige Form erhielt. Erstmals wurden auch Dreiblatt-Verstellluftschrauben vorgesehen.

Me 110 C-0
Vorserienmuster, der Me 110 C-1 entsprechend. Sie wurden im Frühjahr 1939 den Erprobungsstellen der Luftwaffe übergeben.

Me 110 C-1
Erstes Serien-Einsatzmuster mit 2 × 1020 PS DB 601 A, welches Mitte 1939 zur Auslieferung an die Luftwaffe kam. Die Bewaffnung bestand wie bei der Me 110 B aus 4 × MG 17, 2 × MG/FF und 1 × MG 15. Der erste Einsatz der bei Kriegsbeginn gebildeten zehn Zerstörer-Gruppen erfolgte ab dem 1. September 1939 im Polenfeldzug, hier aber hauptsächlich zur Bodenunterstützung. Die ersten Erfolge als schwerer Jäger konnten mit dem Muster am 16. Dezember 1939 über der Helgoländer Bucht gegen einen Verband britischer »Wellington«-Bomber erzielt werden. Bei den ersten Luftkämpfen 1940 über Frankreich trat aber bereits die Unterlegenheit der Me 110 gegenüber einmotorigen Jägern klar zutage. Trotzdem wurde die Großserie beschleunigt und weitere Untertypen der C-Reihe entwickelt. Als im weiteren Verlauf des Krieges die Me 110 C-1 für den operativen Einsatz veraltet war, wurden eine Anzahl dieser Muster als *Me 110 C-1/U 1* als Lastensegler-Schleppmaschinen umgebaut.

Me 110 C-2
Standardmodell C-1 mit verbesserter Funk- (FuG 10) und elektrischer Ausrüstung. Als *Me 110 C-2/U 1* wurde ein Muster versuchsweise mit einer ferngesteuerten Abwehrbewaffnung nach hinten ausgerüstet.

Me 110 C-3
Abwandlung der Me 110 C-1 mit MG/FF-Kanonen einer verbesserten Baureihe.

Me 110 C-4
Abwandlung der Me 110 C-2 mit MG/FF-Kanonen einer verbesserten Baureihe. In der Ausführung *Me 110 C-4/B* wurde erstmals eine Variante der Me 110 mit Bombengehängen (2 × 250 kg unter dem Flügelmittelteil) ausgerüstet.

Me 110 C-5
Ausführung der Me 110 C-2 als Photo-Aufklärer. Anstelle der beiden 20-mm-Kanonen im unteren Rumpfbug wurde eine Rb 50/30-Kamera eingebaut.

Me 110 C-6
Das vollständige Versagen der Me 110 als Begleitjäger für Bomberverbände führte bereits frühzeitig zur Schaffung von Versionen für Spezialzwecke. So erhielt die Me 110 C-6 zusätzlich zu den beiden 20-mm-Kanonen in einer Verkleidung unter dem Rumpf eine 1 × 30 mm MK 101-Kanone.

Diese Version wurde als schwerer Jäger gegen feindliche Bomber geflogen. Ein Teil der Muster wurde auf 2 × 1200 PS DB 601 N umgerüstet.

Me 110 C-7
Spezialausführung als Schnellbomber für 2 × 500 kg Bomben in Außenaufhängung. Diese Version erhielt ein verstärktes Fahrwerk und teilweise ebenfalls 2 × 1200 PS DB 601 N.

Messerschmitt Me 110 D-Reihe
Die grundsätzlich der Me 110 C gleichende Me 110 D wurde speziell als Langstreckenzerstörer mit einem Höchstmaß an Reichweite entworfen.

Me 110 D-0
Vorserienmuster mit einer um die beiden 20 mm MG/FF-Kanonen verringerten Bewaffnung. Zu den 1270 Liter Innenkraftstoff kamen in einem Zusatzbehälter unter dem Rumpf (Dackelbauch) 1050 Liter, in zwei abwerfbaren Zusatzbehältern unter den Flügeln 2 × 900 Liter. Damit besaß das Muster den bemerkenswerten Kraftstoffvorrat von 4120 Liter. Da aber der »Dackelbauch« nicht abwerfbar war und bei Kampfleistungen stark hinderte sowie die Maschine einen zu langen Startweg benötigte, wurde die Entwicklung wieder abgebrochen.

Me 110 D-1
Das Serienmodell besaß bei grundsätzlich gleichem Aufbau der D-0 keinen »Dackelbauch« mehr. Auch bei ihr waren die beiden Kanonen fallengelassen worden. Die Kapazität der unter den Flügeln aufgehängten Zusatzbehälter schwankte zwischen 300 und 900 Liter.

Bf 110 D-1/R 1	Langstrecken-Zerstörer mit großem Rumpftank (Holzgerüst, stoffbespannt). Aufhängung von zwei Abwurfbehältern von 300 oder 900 Litern möglich. Einsatz in Norwegen 1940.
D-1/R 2	Langstrecken-Zerstörer mit zwei 900-Liter-Abwurfbehältern unter Außenflügel und Zusatzschmierstoffbehälter unter dem Rumpf. 2 MG/FF, 4 MG 17, 1 MG 15, Norwegen-Einsatz.
D-1/U 1	Nachtjäger mit Infrarot-Sichtgerät »Spanner«, ähnlich D-0.

Me 110 D-2
Analog der Me 110 D-1, jedoch mit Bombengehängen für 2 × 500 kg Bomben und einer auf 2 × 7,9 mm MG 15 erhöhten Abwehrbewaffnung im B-Stand.

D-2/D-2 trop	Langstrecken-Jagdbomber ähnlich D-1/R 2, 2 ETC 500, 1941.
D-3	Ähnlich D-1/R 2, zeitweise mit 2 ETC 500, Einsatz Mittelmeer.

186. Messerschmitt Me 110 C-4/B (CD + MO) △

187. Messerschmitt Me 110 C-5 der 4. (F) 14 ▽

188. Messerschmitt Me 110 D-2 (NN + BA) ▽

189. Messerschmitt Me 110 E-1/U2 der III./ZG 1

Messerschmitt Me 110 E-Reihe
Eine Ableitung aus der C-Reihe für strategische Zwecke war die Me 110 E, die sich — abgesehen von der Me 110 E-3 — durch eine vergrößerte Bombenzuladung unterschied.

Me 110 E-0
Vorserienmuster als Bomber mit 2 × DB 601 A. Bombenzuladung bis 1 × 1000 kg unter dem Rumpf und 4 × 50 kg unter den Flügeln.

Me 110 E-1
Serienmuster, vollkommen der Me 110 E-0 entsprechend. Bewaffnung bestehend aus 4 × MG 17, 2 × MG/FF und 1 × MG 15.

E-1/U 1	Nachtjäger mit »Spanner«-Gerät, Umbau aus E-1, ohne ETC.
E-1/U 2	Schwerer Jagdbomber, 1941. Wie E-1, jedoch DB 601 N, Bombenlast bis 1200 kg.
E-1/R 2	Ähnlich E-1, jedoch nur 2 ETC 1000 unter Rumpf.
E-2	Langstrecken-Jagdbomber. Ähnlich E-1, jedoch 2 ETC 500 unter Rumpf. Außenflügel-ETC für 4 × SC 50 oder zwei 900-Liter-Abwurfbehälter, Rumpfheck verlängert für Schlauchboot.
F-0, F-1	Schwerer Jagdbomber, Zelle, Ausrüstung, Bewaffnung und Bombenlast wie E-0, E-1 (MG 17 im Rumpfbug durch Schutzrohre ummantelt), Motoren DB 601 F, 1300 PS. Einsatz ab 1941.
F-2	Zerstörer ohne Abwurfanlage, Zelle, Bewaffnung und Ausrüstung wie E-1. Motoren DB 601 F. Zusätzliche Bewaffnung: 4 × WG 21 unter den Flügeln (Pulkzerstörer). Einsatz 1942/1943.
F-3	Fernaufklärer, Ausrüstung wie E-3, Abwurfbehälter nicht als Standardausrüstung, teilweise 2 × 300 Liter Zusatzbehälter unter Flügel. Motoren DB 601 F. Einsatz ab 1941, serienmäßig mit Tropenausrüstung geliefert.
F-4	Nachtjäger, Motoren DB 601 F, Serienbau und Einsatz ab Frühjahr 1942. Bewaffnung: 4 × MG 17, 2 × MG-FF/M und 2 × MK 108 (30 mm) in Waffenwanne unter dem Rumpf. Besatzung drei Mann. Anschluß von 2 × 300 Liter Abwurfbehälter unter Flügel serienmäßig vorgesehen.
F-4/U 1	Nachtjäger ähnlich F-4, 4 MG 17, 2 MG/FF, 2 MK 108 »Schräge Musik«. Besatzung 2 Mann. Kleine Serie 1942/43.

Messerschmitt Me 110 G-Reihe
Ende 1942 wurde eine neue Serie der Me 110 aufgelegt, als die Produktion des Nachfolgemusters Me 210 gestoppt werden mußte. Diese Me 110 G erhielt als Antrieb zwei DB 605 mit 2 × 1475 PS und wurde die meistgebaute Variante aller Me 110-Versionen. Sie stand bis Kriegsende in der Produktion.

190. Messerschmitt Me 110 F-2 des ZG 26 in Forli 1941

Me 110 G-0
Ende 1942 ausgelieferte Vorserienmuster der G-Reihe, zwar mit den neuen Triebwerken, jedoch mit der alten Bewaffnung, bestehend aus 2 × MG/FF, 4 × MG 17 und 1 × MG 15. Einsatz als schwerer Jäger oder Jagdbomber.

Me 110 G-1
Serienmuster analog der Me 110 G-0. Die Auslieferung an die Truppe begann im Frühjahr 1943. Durch die Me 110 G-2 ersetzt.

Me 110 G-2
Einsatzmuster als schwerer Jäger, Jagdbomber oder Schnellbomber, analog der Me 110 G-1, jedoch mit einer verbesserten Bewaffnung, bestehend aus 2 × MG 151/20, 4 × MG 17 und 1 × MG 81 Z.

Typ: Zweimotoriger Zerstörer.
Flügel: Freitragender Tiefdecker. Zweiteiliger, einholmiger Ganzmetallflügel. Hydraulisch betätigte Schlitzlandeklappen zwischen Schlitzquerruder und Rumpf. Querruder mit Massenausgleich sinken automatisch beim Ausschlagen der Klappen mit ab. Klappenbetätigung bis 250 km/h. Automatische Handley-Page-Vorflügel im Querruderbereich.
Rumpf: Ganzmetallschale mit ovalem Querschnitt, bestehend aus zwei Halbschalen.
Leitwerk: Freitragendes Höhenleitwerk mit doppeltem Seitenleitwerk als Endscheiben. Aufbau aus Ganzmetall, Flossen glattblechbeplankt, Ruder stoffbespannt. Sämtliche Ruder mit Trimmklappen.
Fahrwerk: Einziehbares Normalfahrgestell. Haupträder an Einbeinfederstreben hydraulisch nach hinten in die Motorengondeln hochfahrbar. Starres Spornrad.
Triebwerk: Zwei Daimler-Benz DB 605 B flüssigkeitsgekühlte Zwölfzylinder-∧-Motoren mit 2 × 1475 PS Startleistung. Flüssigkeitskühler neben den Motorengondeln unter den Außenflügeln, ausgerüstet mit elektrisch betätigten Regelklappen. Ölkühler mit

177. Messerschmitt Me 110 G-2 ▽

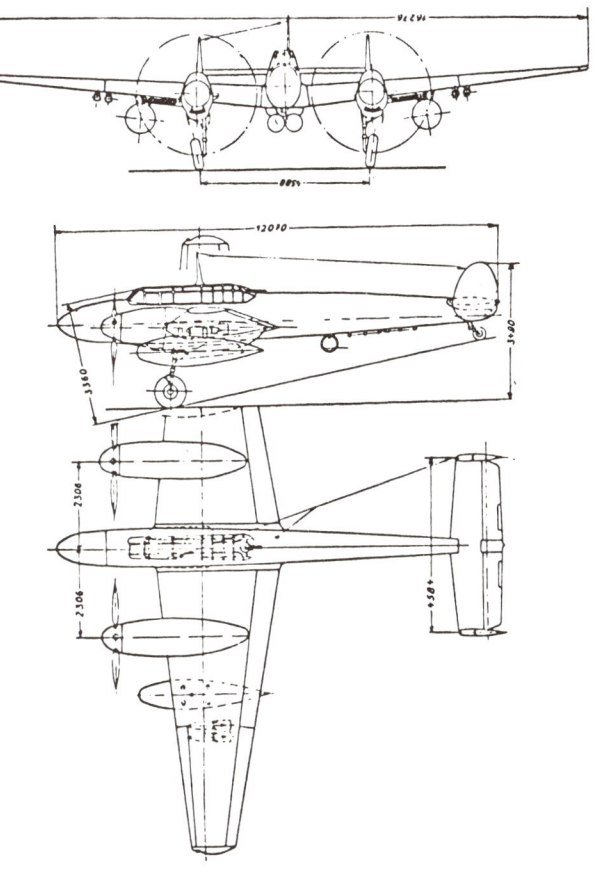

191. Messerschmitt
Me 110 G-4/U5 des NJG 3
mit FuG 202

192. Messerschmitt
Me 110 G-4b/R 3
(C9 + EN)
mit FuG 202 und FuG 220

manuell betätigten Regelklappen unter den Motorengondeln. VDM-Dreiblatt-Verstelluftschrauben mit 3,40 m Durchmesser. Kraftstoffkapazität in vier Behältern des Mittelflügels, insgesamt 1270 Liter.

Besatzung: 2 Mann, bestehend aus Pilot und Beobachter/Funker/Heckschütze, hintereinander unter langer Abdeckhaube.

Militärische Ausrüstung: Bewaffnung bestehend aus 2 × 20 mm MG 151/20 im unteren Teil des Rumpfbugs, 4 × 7,9 mm MG 17 im oberen Teil des Rumpfbugs, alle starr, und 1 × MG 81 Z (2 × 7,9 mm) beweglich im hinteren Teil der Kabinenabdeckung. Gehänge für 2 × 500 kg Bomben unter dem Rumpf.

Speziell für die Panzerbekämpfung wurde die Abteilung *Me 110 G-2/R 1* gebaut, die grundsätzlich der G-2 entsprach, aber anstelle der beiden 20-mm-Kanonen eine 37 mm Flak-18-Kanone (BK 3,7) mit 72 Schuß besaß. Analog der Me 110 G-2/R 1 war noch die *Me 110 G-2/R 3* mit der BK 3,7 Kanone ausgerüstet, hatte aber noch zusätzlich ein GM-1 Ladedruck-System. Eine weitere Abwandlung der G-2/R 1 mit der BK-3,7-Kanone, die *Me 110 G-2/R 4,* besaß anstelle der vier MG 17 2 × 30 mm MK 108. Die *Me 110 G-2/R 5* entsprach der G-2/R 4, aber zusätzlich wieder das GM-1-System.

Me 110 G-3

Version als Langstreckenaufklärer mit der Bewaffnung der Me 110 G-2, jedoch zusätzlich mit je einem Rb 50/30 und Rb 75/30 Reihenbildgerät ausgerüstet. Diese beiden Kameras trug auch die *Me 110 G-3/R 3* als Jagdaufklärer, dazu aber die Bewaffnung der *Me 110 G-2/R 4.*

Me 110 G-4

Nach dem verstärkten Auftauchen britischer Nachtbomberverbände über dem deutschen Reichsgebiet ab Anfang 1943 wurden die letzten Baureihen der Me 110 ausschließlich als Nachtjäger ausgelegt. Die ersten Versionen der G-4-Reihe ohne Radargeräte zeigten jedoch wenig Erfolg. Sie wurden später teilweise wieder bei der Tagjagd eingesetzt. Die Me 110 G-4 unterschied sich aufbaumäßig nicht von den vorhergegangenen Baureihen der G-Serie, besaß jedoch eine geänderte Bewaffnung, die aus zwei bis vier MG 151/20 und 4 × MG 17 im Rumpfbug und 1 × MG 81 Z im B-Stand bestand. Zusätzlich eine GM.

G-4/U 1	Nachtjäger ähnlich G-4, ohne Waffenwanne MK 108, dafür »Schräge Musik«, ohne MG 81 Z.
G-4/U 5	Nachtjäger ähnlich G-4, 4 MG 17, 2 MG 151, 1 MG 81 Z. FuG 212 Lichtenstein C 1, nur wenige Versuchsmaschinen.
G-4/U 6	wie G-4/U 5, zusätzlich FuG 221 a.
G-4a/R 1	Ähnlich G-4/U 7, aber »Großes Hirschgeweih«, zusätzlich 2 ETC 500, 4 ETC 50, Serienbau 1943/44.

212

G-4a/R2	wie G-4a/R1 jedoch ohne MG 81 Z, GM-1, 2 ETC 500, 2 Zusatzbehälter je 300 Liter.
G-4b/R1	wie G-4a/R1, jedoch Lichtenstein C 1 und SN 2, kleines und großes »Hirschgeweih«.
G-4b/R2	ähnlich G-4/R 3, jedoch Funkanlage wie G-4b/R1.
G-4b/R3	ähnlich G-4/R 3, jedoch Funkanlage wie G-4b/R1. Waffenwanne 151 Z und Zusatzbehälteranlage gegen ETC 500/ETC 50 austauschbar.
G-4b/R7	ähnlich G-4/R 6, jedoch ohne GM-1 und ETC 500, 1944.
G-4c/R3	ähnlich G-4b/R3, jedoch nur FuG 220 Lichtenstein SN 2. 2 MK 108, 2 MG 151, 1 MG 81 Z, 2 ETC 500, 2 × 300-Liter-Zusatzbehälter. Serie 1944.
G-4c/R4	wie G-4c/R3, jedoch nur 4 MG 151/20, kleine Serie 1944.
G-4c/R6	ähnlich G-4/R 6, jedoch Funkmeßanlage wie G-4c/R3, GM-1.
G-4c/R7	ähnlich G-4c/R6, jedoch ohne GM-1 und ETC. 1944.
G-4d/R3	ähnlich G-4c/R3, nur Antennengerüst vereinfacht.

Messerschmitt Me 155

Im Rahmen der Entwicklung der BV 155 ist bereits auf die Me 155 hingewiesen worden. Diese Maschine war ursprünglich als Bordjäger für den Flugzeugträger „Graf Zeppelin" geplant worden. Jedoch wurde dieser Plan im Herbst 1942 fallengelassen. Aber bereits acht Wochen später erfolgte seitens des C-Amtes eine Anforderung für einen Jagdbomber, der in der Lage sein sollte, eine 1000-kg-Bombe zu tragen. Man griff nun auf den ursprünglichen Bordjäger-Entwurf zurück und versah ihn lediglich mit einem verstärkten und verlängerten Heckrad-Federbein. Es stellte sich aber heraus, daß trotz dieser Änderung die SC 1000 nur 5 cm Bodenfreiheit haben würde. Obwohl der Entwurf nach Entfernung aller für einen Bordjäger notwendigen Einbauten und nach Vergrößerung des Kraftstoffvorrates einen recht guten Eindruck machte, erhielt Messerschmitt keinen Entwicklungsauftrag für diesen Jagdbomber. Auch ein Versuch, die Me 155 als Höhenjäger anzubieten, verfiel der Ablehnung, bis endlich GL/C entschied, daß Messerschmitt die Entwicklung an Blohm & Voß abzugeben hatte, wo dann die Umkonstruktion zur BV 155 erfolgte.

Messerschmitt Bf 161

Das Muster war eine Abwandlung der Bf 110 B als Fernaufklärer mit einem um etwa 1 m verlängerten Rumpfbug, der die Photoausrüstung aufnahm. Ansonsten entsprach das Muster vollkommen der Bf 110 B mit 2 × 960 PS Daimler-

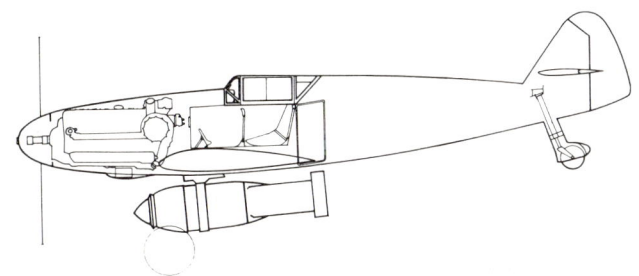

178. Messerschmitt Me 155 △
193. Messerschmitt Me 161 V-1

Benz DB 600 A. Drei Prototypen wurden gebaut. In Serie ging das Modell nicht.

Messerschmitt Bf 162 »Jaguar«

Nach der gleichen Bomberausschreibung, nach der die Ju 88 entstand, leitete Messerschmitt bereits 1936 aus dem zweimotorigen Zerstörer Bf 110 eine dreisitzige Bomberversion ab, die die Bezeichnung Bf 162 »Jaguar« erhielt und als *Messerschmitt Bf 162 V-1* im Frühjahr 1937 fertiggestellt wurde. Alle Teile entsprachen bis auf den Rumpf der zu dieser Zeit laufenden Bf 110 B. Der Rumpf jedoch war breiter und besaß einen vollständig verglasten Bug und eine verbreiterte Führerraumabdeckung. Im September 1937 wurde die *Messerschmitt Bf 162 V-2* (D-AOBE) eingeflogen, die vollkommen der V-1 entsprach. Trotz der leistungsschwachen Motoren zeigte sich, daß die Muster sehr schnell und überhaupt in den Flugleistungen gut waren. Lediglich die Flugeigenschaften zeigten sich noch verbesserungsbedürftig.

Typ: Zweimotoriger Schnellbomber.
Flügel: Freitragender Tiefdecker. Flügelkonstruktion von der Bf 110 B (mit abgerundeten Enden) übernommen.
Rumpf: Ganzmetallschalenrumpf. Vollsichtverglaster Rumpfbug und aufgesetzte Führerraumabdeckung mit Vollsichtverglasung.
Leitwerk: Freitragendes Höhenleitwerk mit doppeltem Seitenleitwerk als Endscheiben. Analog Bf 110 B.
Fahrwerk: Einziehbares Normalfahrgestell. Von der Bf 110 B übernommen.
Triebwerk: Zwei Daimler-Benz DB 600 A flüssigkeitsgekühlte Zwölfzylinder-Λ-Motoren mit 2 × 960 PS Startleistung. Dreiblatt-Verstelluftschrauben.
Besatzung: 3 Mann, bestehend aus Pilot, Bugschütze/Bombenschütze und Funker/Schütze.
Militärische Ausrüstung: Bewaffnung bestehend aus 1 × 7,9 mm MG 15 im A-Stand und 1 × 7,9 mm MG 15 im B-Stand. Bombenlast 1000 kg, davon 1 × 500 kg im Rumpf und 2 × 250 kg als Außenlast.

Messerschmitt Me 164

Als Konkurrenzentwicklung zu dem Zubringer- und Schnellreiseflugzeug Siebel Si 204 waren die Messerschmitt-Werke an die Konstruktion der Me 164 herangegangen. Im Gegensatz zu der Siebelkonstruktion wurde jedoch von vornherein ein wesentlich erhöhtes Gewicht auf bessere Leistungen und Bequemlichkeit für die Fluggäste gelegt. So wurde außer einer kostspieligen hochwertigen aerodynamischen Durchbildung mit vollständig tropfenförmigen Rumpf die Hochdeckerbauweise für verbesserte Sichtverhältnisse und tiefer Rumpflage gewählt. Nach einer ausführlichen Ausarbeitung der Konstruktion wurde der Bauauftrag, da die Kapazität der Messerschmitt-Werke Ende 1941 bereits nicht mehr ausreichte, an die französische Firma Caudron in Issy vergeben. Hier gingen jedoch die Arbeiten an dem Prototyp *Messerschmitt-Caudron Me C 164 V-1* so langsam voran, daß der Auftrag, nachdem kein echtes Bedürfnis mehr vorlag, ganz zurückgezogen wurde.

Typ: Zweimotoriges Kurier-, Schnellreise- oder Kleinverkehrsflugzeug.
Flügel: Freitragender Schulterdecker. Dreiteiliger einholmiger Ganzmetallflügel. Zweiteilige Querruder mit Trimmklappen in den inneren Teilen in den Außenflügeln. Zwischen Querruder und Rumpf dreiteilige Spreizklappen. Zweiteilige Vorflügel in den Außenteilen.
Rumpf: Ganzmetall-Schalenrumpf mit ovalem Querschnitt. Rumpfbug komplett in die tropfenförmige Rumpfkontur eingestraakt und als sphärisch verglaste Vollsichtkabine ausgebildet.
Leitwerk: Normal, freitragend. Aufbau aus Ganzmetall. Sämtliche Ruder mit Trimmklappen versehen.
Fahrwerk: Einziehbares Dreiradfahrwerk. Haupträder an Knickfederbeinen nach oben in die Motorengondeln einziehbar.
Triebwerk: Zwei Argus As 411 luftgekühlte Zwölfzylinder-V-Motoren mit 2 × 575 PS Startleistung. Zweiblatt-Verstelluftschrauben von Argus.
Besatzung: 2 Mann in vollsichtverglastem Rumpfbug und 8 Passagiere.

195. Messerschmitt Me 208 V-1 (GK + RZ)

Messerschmitt Me 208

Während des Krieges lief der Serienbau der Bf 108 für die Luftwaffe bei der französischen Firma S. N. C. A. du Nord. Die gleiche Firma erhielt auch den Auftrag, die Fertigung einer Weiterentwicklung mit der Bezeichnung Me 208 vorzubereiten. Zwei Prototypen dieses Musters, das gegenüber der Bf 108 ein Bugradfahrgestell besaß, die *Me 208 V-1* und *V-2,* wurden noch unter deutscher Regie fertiggestellt. Nach der Besetzung Frankreichs ging die Me 208 als Nord 1100 Noralpha in die Serienproduktion für die französische Luftfahrt. Die Änderungen gegenüber den Originalkonstruktionen blieben gering. Lediglich der in beiden Mustern verwendete Argus As 10 C wurde durch das in der Leistung gleichstarke französische Muster Renault 6 Q 10 ersetzt. Die Me 208 selber entsprach im Aufbau der Bf 108 B, abgesehen von dem eingangs erwähnten Bugrad und einer leichten Vergrößerung der Gesamtkonstruktion.

Typ: Einmotoriges Reiseflugzeug.
Flügel: Freitragender Tiefdecker. Flügelaufbau analog Bf 108 B.
Rumpf: Aufbau als Ganzmetallschale mit ovalem Querschnitt.
Leitwerk: Abgestrebtes Normalleitwerk wie bei der Bf 108 B, jedoch mit Innenausgleich.
Fahrwerk: Einziehbares Dreiradfahrwerk. Alle Räder hydraulisch einfahrbar, die Haupträder nach innen in die Flügel, steuerbares Bugrad nach hinten unter den Rumpfbug.
Triebwerk: Ein Argus As 10 C luftgekühlter Achtzylinder-∧-Motor mit 1 × 240 PS Startleistung. Zweiblatt-Verstell-Luftschraube. Kraftstoffkapazität 260 Liter in vier Flächentanks.
Besatzung: 4 Mann, Anordnung wie bei der Bf 108 B.

Messerschmitt Me 209

Das ehrgeizige Ziel der deutschen Führung der damaligen Zeit war es, alle Flugrekorde nach Deutschland zu holen. Die unbeschränkten Mittel, die für diesen Zweck zur Verfügung gestellt wurden, versetzten auch Prof. Messerschmitt in die Lage, mit der Entwicklung von Versuchs-Hochleistungsflugzeugen zu beginnen, die ohne Rücksicht auf Kosten und konstruktive Tradition einzig und allein als technische Schrittmacher fungieren sollten, um bei der Entwicklung von Gebrauchsflugzeugen sprunghafte Fortschritte machen zu können. Nachdem Wurster 1937 auf einer hochgezüchteten Me 109 B den Geschwindigkeitsklassenrekord nach Deutschland geholt hatte, erschien es wünschenswert, auch den absoluten Geschwindigkeitsrekord für Deutschland zu erringen. Ende 1937 lief im Messerschmitt-Projektbüro eine entsprechende Aktion unter der Projektbezeichnung *Messerschmitt Me P. 1059.* Geplant wurde ein kleiner Tiefdecker, der strukturell der Me 109 angeglichen war, sich jedoch äußerlich — da speziell auf Rekordzwecke zugeschnitten — weitgehend von ihr unterschied. Drei Prototypen wurden anschließend gebaut, die untereinander vollkommen analog waren. Sie erhielten die Bezeichnungen *Me 209 V-1 (D-INJR), Me 209 V-2 (D-IWAH)* und *Me 209 V-3 (D-IVFP).* Gegenüber der Me 109 besaßen sie einen gedrungenen Rumpf mit weit zurückverlegtem Führersitz, ein kleines Seitenleitwerk, welches unter den Rumpf als Kielflosse durchgezogen war und den Schleifsporn aufnahm sowie ein breitspuriges Fahrgestell, das sich nach innen in den Flügel einziehen ließ. Um jedoch ein Minimum an Widerstand zu erlangen, wurde die gesamte Kühlung als Oberflächenkühlung ausgebildet. Lediglich die Ölkühlung wurde für einen normalen Luftdurchsatz ausgelegt und als Ringkühler hinter die Propellernabe gelegt. Am 1. August 1938 startete die Me 209 V-1 unter Dr. Wurster zum ersten Flug. Die Maschine war, wie auch die beiden anderen Muster während der Erprobungszeit, mit einem normalen Daimler-Benz DB 601 A mit Normalleistung ausgerüstet. Es zeigte sich, daß das Muster äußerst schwierig zu fliegen war und die Verdampfungskühlung einen minütlichen Wasserverlust von 4,5 bis 7 Liter aufwies. Dieser Fehler konnte auch im Verlauf der Erprobung nicht ganz ausgeschaltet werden. Der

196. Messerschmitt Me 209 V-1 △

197. Messerschmitt Me 209 V-4 ▽

Wasservorrat betrug insgesamt 220 Liter. Bis Anfang April 1939 wurden mit den drei Maschinen mehr als 20 Versuchsflüge durchgeführt, bei denen am 4. April 1939 die Me 209 V-2 durch eine Notlandung unter Fritz Wendel ausfiel. Für den Rekordflug wurde nun die Me 209 V-1 hergerichtet. Sie erhielt einen hochgezüchteten DB 601 ARJ, der kurzzeitig eine Leistung von 1800 PS erbrachte, bei einem Prüfstandlauf von einer Minute Dauer sogar einmal 2300 PS erreichte. Weiterhin wurde für den Rekordversuch auf die Rückgewinnung des Wassers, das bisher in die dichtgenieteten Flügel geleitet wurde und dort kondensierte, verzichtet. Dadurch erhöhte sich zwar der Kühlwasserverbrauch auf neun Liter je Minute, ließ sich jedoch durch einen auf 450 Liter vergrößerten Kühlwasservorrat ausgleichen. Die Kraftstoffkapazität des Musters betrug 500 Liter. Nach mehreren Ansätzen gelang es schließlich Flugkapitän Fritz Wendel am 26. April 1939, mit 755,138 km/h den Weltgeschwindigkeitsrekord nach Deutschland zu holen. Allerdings steht noch heute in den FAI-Rekordlisten die seinerzeit angemeldete Bezeichnung Me 109 R, die gewählt worden war, um den Anschein zu erwecken, der Rekord wäre von dem damaligen deutschen Standardjäger Me 109 erflogen worden.

Als sich nach Kriegsausbruch herausstellte, daß die Me 109 nicht allen Anforderungen gewachsen war, versuchte man bei Messerschmitt die Erfahrungen mit der Me 209 direkt auf eine Einsatzkonstruktion zu übertragen. Hierfür wurde die *Me 209 V-4* (D-IRND, ab 1940 mit dem militärischen Kennzeichen CE + BW) gebaut, deren Rumpf fast unverändert von den drei ersten Prototypen übernommen wurde. Dafür erhielt das Muster einen neuen Flügel mit vergrößerter Spannweite und Vorflügeln. Für die Waffenversuche wurde eine Motorkanone MK 108 vorgesehen und zwei MG 17 in den Flügelwurzeln. Versuche, gleichzeitig zwei MK 108 in die Außenflügel zu setzen, scheiterten von vornherein an der nicht funktionierenden Munitionszuführung in dem flachen Flügel, der zudem noch für die Verdampfungskühlung herangezogen wurde. Die Flugerprobung zeigte ungünstige Ergebnisse, denn die Kühlung reichte nicht aus, die Ruderkräfte waren zu groß und durch den kurzen Radstand bei einer großen Spur wurde das Rollen instabil. Weitere Versuche, die Spannweite erst um weitere 40 cm, dann um 80 cm zu vergrößern und den Vorflügel durch eine heruntergezogene Flügelnase zu ersetzen, brachten keine günstigeren Ergebnisse. Eine Vergrößerung der Seitenflosse schließlich verbesserte ebenfalls nicht die Flugeigenschaften. Das Nachfliegen bei der Luftwaffen-Erprobungsstelle ergab schließlich, daß das Muster für normal ausgebildete Piloten zu schwierig zu fliegen war und von Feldflugplätzen überhaupt nicht eingesetzt werden konnte. Da durch die inzwischen eingebaute Normalkühlung auch die Flugleistungen keinen allzu großen Vorteil gegenüber der Me 109 mehr boten, wurde die Entwicklung des Musters gestoppt.

Ein erneutes Come-back erlebte die Me 209 zwischen 1942 und 1943, als der Entwurf als Konkurrenzentwicklung zur Focke-Wulf Ta 152 noch einmal vollkommen überarbeitet wurde. Während bei dieser *Me 209 V-5* die Flügel einen angeglichenen Aufbau wie die V-4 erhielten, wurde der Rumpf entsprechend den früheren Forderungen vollkommen umkonstruiert und verlängert. Als Triebwerk war ein DB 603 mit Ringkühler vorgesehen.

Die Me 209 V-5 wurde im April 1944 fertiggestellt. Das Flugzeug ging mit den Waffeneinbauten in die Erprobung.

198. Messerschmitt Me 209 V-5

Der Serienbau war unter der Bezeichnung Me 209 A-2 vorgesehen. Da die Konkurrenzmuster Fw 190 D und Ta 152 aber bereits im Serienbau waren, wurde die weitere Entwicklung abgebrochen.

Messerschmitt Me 210

Um die Flugleistungen der Me 110 radikal zu verbessern und bei voller Sturzflugfähigkeit der vielseitigsten Verwendung zu genügen, wurde 1938 an die Konstruktion der Me 210 herangegangen, die zwar in ihrer Grundkonzeption sich nicht allzu sehr von der Me 110 unterschied, jedoch eine völlige Neuentwicklung darstellte. Entsprechend der zu dieser Zeit laufenden Me 110 C-Reihe mit DB 601 wurden die gleichen Triebwerke für die Me 210 adoptiert. Die Hauptunterschiede gegenüber der Me 110 bestanden anfänglich aus einem Hochleistungs-Flügelprofil für günstigere Geschwindigkeitsbereiche, einer gedrungeneren Bauart zur Erzielung besserer Wendigkeit und einer an den Rumpfbug verlegten Führerkabine mit starker Verglasung. Der Prototyp *Me 210 V-1* absolvierte am 2. September 1939 seinen Erstflug. Er besaß, noch unbewaffnet, ein doppeltes Seitenleitwerk wie die Me 110 und Spreizklappen zwischen Querruder und Rumpf. Nach dem Waffeneinbau in der *Me 210 V-2,* zu denen auch zwei in den Rumpfseitenwänden ferngesteuert nach hinten schießende MG gehörten, wurde zur Erlangung eines besseren Schußfeldes auf das Doppelleitwerk verzichtet und ein einfaches Seitenleitwerk mit großer Seitenflosse vorgesehen. Gleichzeitig besaß das Muster bereits die in den späteren Serienmodellen verwendeten Landeklappen. Unbefriedigend blieben allerdings die Flugeigenschaften. Der kurze Rumpf in Verbindung mit den verwendeten Vorflügeln führte leicht zu einem gefürchteten Flachtrudeln. Der Wegfall der Vorflügel erbrachte keine wesentlich günstigeren Ergebnisse, und das Muster konnte erst in Serie gehen, nachdem der Rumpf verlängert und die Vorflügel wieder angebracht wurden. Allerdings gaben auch danach noch

immer die Flugeigenschaften Anlaß zur Klage. Trotzdem ging das Muster 1941 in Serie. Der Ausstoß blieb jedoch gering und wurde später durch das Nachfolgemuster Me 410 fast ganz ersetzt. Insgesamt wurden zwischen 1941 und 1944 352 Me 210 gefertigt, davon 1941 = 94, 1942 = 95, 1943 = 89 und 1944 = 74 Stück. In den Produktionsziffern von 1941 und 1942 sind je 2 Aufklärervarianten enthalten, alle anderen Modelle wurden als Zerstörer ausgelegt.

Versuchsflugzeuge

Me 210 V-1	D-AABF		1. Flug 5. September 1939
	CE + BY		Doppel-Leitwerk, nach Umbau: 23. September 1939 Einfach-Leitwerk.
	V-2	WL-ABEO	1. Flug 10. Oktober 1939. Umbau wie V-1:
		CE + BZ	Einzelleitwerk und Änderung Außenflügel.
	V-3	CF + BA	ähnlich V-1, Doppelleitwerk beibehalten.
	V-4	CF + BB	Zentralleitwerk, Sturzflugerprobung. Nach Ausbau der Sturzflugbremsen Überführung nach Rechlin.
	V-5	ND + VX	Triebwerk: DB 601 Bf. November 1940 nach Rechlin.
	V-6	ND + VY	In Erprobung ab Ende November 1940.
	V-7	ND + VZ	Enteisungsversuche.
	V-8	NF-LA	Fahrwerkserprobung und Belastungsversuche.
	V-9	NF + LB	Leitwerksversuche mit Änderungen. Ende November 1940 nach Rechlin.
	V-10	GI + SN	Erprobung im Werk ab Anfang Dezember 1940.

199. Messerschmitt Me 210 V-1

200. Messerschmitt Me 210 A-1 (W. Nr. 182, VN + AT)

V-11	GI + SO	1. Flug 1. November 1940.
V-12	Gi + SP	Sturz- und Abwurfversuche.
V-13	GI + SQ	1. Flug 17. April 1941, vier-blättrige Verstellschrauben.
V-14	GI + SR	Trudel- und Bremsschirm-Untersuchungen.
V-15	GI + SS	Versuchsträger für Funkgerä-te-Einbau.
V-16	GI + ST	Erste Maschine der A-0-Vor-serie.
V-17	NE + BH	Me 210 A-0, 1. Flug 3. Okto-ber 1941, Rumpfverlänge-rung 14. März 1942 durchge-führt, Musterflugzeug für C-1-Serie, 1. Flug 14. März 1942, nochmaliger Umbau zum Aufklärer 11. November 1942 beendet.

Messerschmitt Me 210 A-Reihe

Version als sturzkampffähiger Zerstörer mit Daimler-Benz DB 601-Motoren.

Me 210 A-1
Einzige Variante der A-Reihe und einziges Modell der Me 210, welches in nennenswerten Stückzahlen erschien (348 Stück).

Typ: Zweimotoriger Zerstörer, schwerer Jäger, Jagdbomber oder Stuka.
Flügel: Freitragender Tiefdecker. Dreiteiliger einholmiger Ganzme-tallflügel. Holm des Mittelstücks durch den Rumpf durchlaufend.

Zweiteilige, hydraulisch betätigte Landeklappen im Mittelstück. Kühler mit Kühlerklappen an den Anschlußstellen in den Außenflü-geln, weiterhin Querruder mit Trimmklappen und Vorflügel. Hydraulisch betätigte, nach oben und unten ausfahrbare Sturzflug-bremsen ebenfalls in den Außenflügeln.
Rumpf: Ganzmetallschale mit ovalem Querschnitt, Aufbau in zwei Hauptgruppen, von denen die vordere die Kabine einschließt, während die hintere aus zwei Halbschalen gebildet wird.
Leitwerk: Freitragend, normal. Aufbau aus Ganzmetall. Sämtliche Ruder aerodynamisch und gewichtlich ausgeglichen.
Fahrwerk: Einziehbares Normalfahrgestell. Hydraulische Betäti-gung. Haupträder bei gleichzeitiger Schwenkung der Räder um 90° nach hinten in die Motorengondeln, Bugrad ebenfalls nach hinten in das Rumpfheck einfahrbar.
Triebwerk: Zwei Daimler-Benz DB 601 F flüssigkeitsgekühlte Zwölfzylinder-∧-Motoren mit 2 × 1350 PS Startleistung. VDM-Dreiblatt-Verstelluftschrauben von 3,40 m Durchmesser. Kraft-stoffkapazität 2546 Liter in 6 Flächentanks.
Besatzung: 2 Mann hintereinander Rücken an Rücken unter lang-gezogener Kabinenabdeckung im Rumpfbug. Pilot und Beobachter mit gesonderter Sauerstoffanlage. Kabine mit kühlwasserversorgter Frischluftheizung, Versorgung des Führerraums vom rechten, des Beobachterraums vom linken Triebwerk.
Militärische Ausrüstung: Bewaffnung bestehend aus 2 × 20 mm MG 151/20 und 2 × 7,9 mm MG 17 starr im Rumpfbug sowie 2 × 13 mm MG 131 in beweglichen Gondeln an den Rumpfseitenwänden, durch den Beobachter ferngesteuert nach hinten schießend. Bombenraum im Rumpfbug unter dem Führersitz. Maximale Bombenzuladung 2000 kg. Maximale Kapazität des Bombenraumes: 8 × 50 kg, 2 × 250 kg, 2 × 500 kg oder 2 × 1000 kg Bomben.

| Me 210 A-0 | DU + IX | Vibrationsuntersuchungen am Leitwerk. |

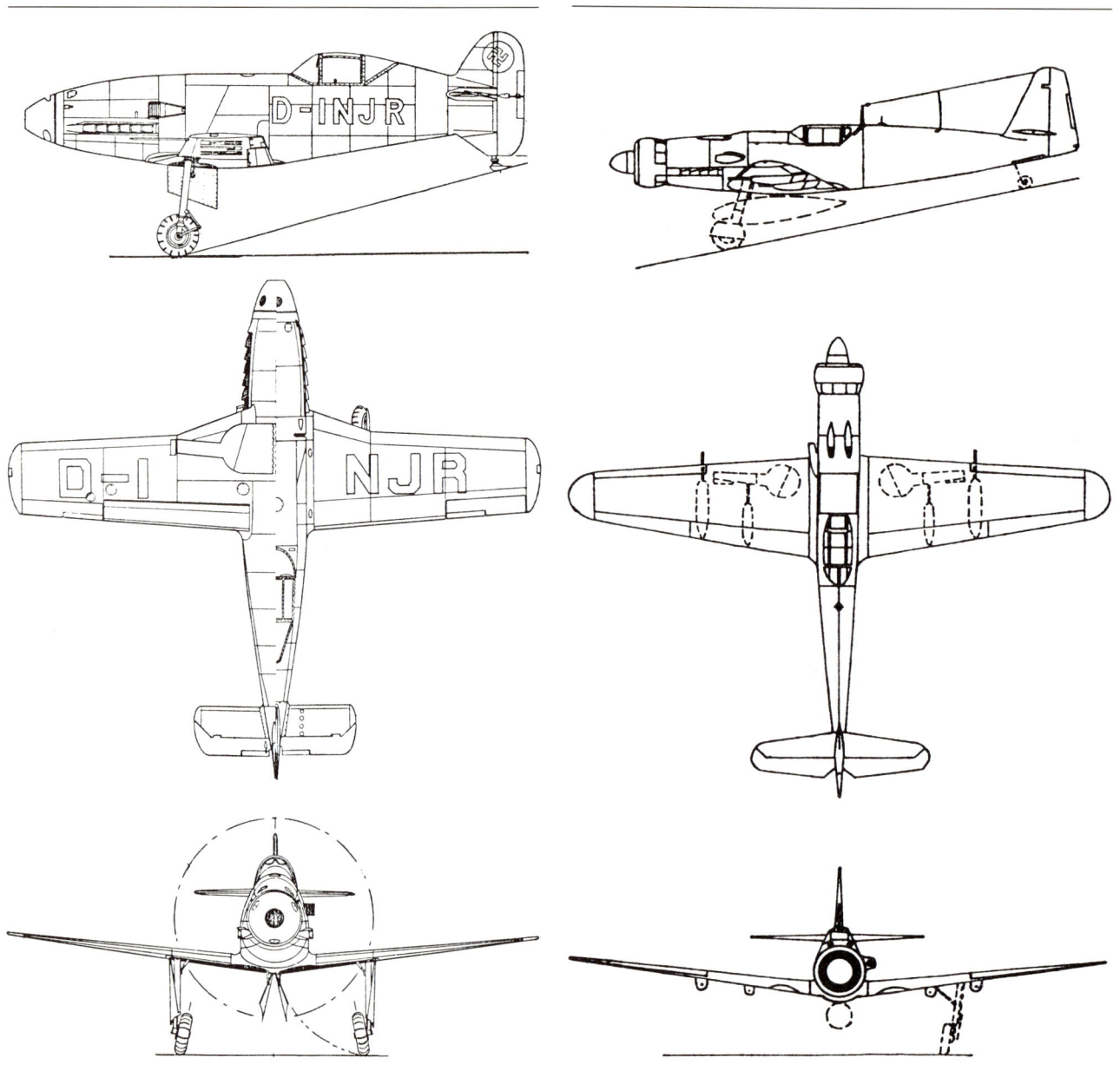

179. Messerschmitt Me 209 V-1   180. Messerschmitt Me 209 V-5

A-0	NT + CB	Sturzflugversuche. Erreichte Geschwindigkeit 790 km/h.
A-0	NT + CT	Enteisungsversuche.
A-0	PN + PA	Sturzflugversuche.
A-0	PN + PC	Sturzflugversuche mit Automatik und Bremsen.

A-0	PN + PD	Triebwerk DB 605-Erprobung für Me 210 C.
A-1	SJ + GE	Sturzflugerprobung.
A-1	SJ + GM	Erprobung der Kuto-Nase gegen Ballonseile.
A-1	VC + SA	Geschwindigkeitserprobung.

201. Messerschmitt
Me 261 V-2 (BJ + CO)

	A-1	VC + SF	Geschwindigkeitserprobung mit geändertem Rumpf.
	A-1	VC + SU	Schnellbomber mit kurzem Rumpf = Me 210 S.
Me 210	A-1	VC + SZ	Versuche mit Lande- und Wölbungsklappen.
	A-1	VN + AD	Erprobung als Schnellbomber.
	A-1	DI + NJ	Erprobung der Propeller-Verstellautomatik und Kamera-Einbau.
	A-1	GF + CY	Versuche mit starrer Rückwärtsbewaffnung und Einbau MG 81 in Kabinenende.
	A-1	VN + AQ	Versuch für Me 310-Flügel.

Messerschmitt Me 210 B-Reihe

Version als Aufklärer ebenfalls mit DB 601-Motoren ausgerüstet. Insgesamt wurden nur vier Maschinen der Baureihe Me 210 B-1 in den Jahren 1941 und 1942 gefertigt.

Me 210 B-1
Ausführung als Aufklärer mit zwei Reihenbildgeräten im Bombenraum und einer um die beiden MG 17 im Rumpfbug verringerten Bewaffnung. Ebenfalls im Bombenraum untergebracht, konnten noch Leuchtbomben mitgeführt werden.

Messerschmitt Me 210 C-Reihe

Zerstörer-Version ähnlich Me 120 A-1, jedoch mit 2 × 1475 PS DB 605 ausgerüstet und mit der Belademöglichkeit einer 1 × 1800 kg Bombe am Zwischenträger unter dem Bombenraum versehen. Diese Version ging zugunsten der Me 410 nicht mehr in Serie.

Messerschmitt Me 210 D-Reihe

Aufklärer-Version analog der Me 210 B-1, jedoch mit 2 × 1475 PS DB 605. Sie ging ebenfalls nicht in Serie.

Messerschmitt Me 261

1938 wurde mit der Entwicklung eines zweimotorigen Langstreckenflugzeuges unter der Projektbezeichnung *Me P. 1064* begonnen, das als Post- oder Rekordflugzeug

dienen sollte. Der Entwurf sah zwei in der Entwicklung befindliche Daimler-Benz-Doppelmotoren vor und war im Prinzip eine vergrößerte Me 110 mit einem Rumpf von kleinstem Querschnitt. 1939 wurde mit dem Bau des ersten Prototyps begonnen. Hitler setzte sich persönlich für eine schnelle Entwicklung ein, weil er mit dieser Maschine das Olympische Feuer zu den 1940 geplanten Olympischen Spielen im Ohnehaltflug von Berlin nach Tokio gebracht sehen wollte. Der erste Flug der *Messerschmitt Me 261 V-1* fand am 23. Dezember 1940 unter Flugkapitän Karl Baur statt. Die V-1 mit der später fertiggestellten *Me 261 V-2* führten 1941 und 1942 in Augsburg im wesentlichen Leistungsmeßflüge für geplante Weiterentwicklungen durch. Sie wurde 1944 bei Bombenangriffen auf dem Lechfeld zerstört. 1943 war noch die *Me 261 V-3* fertig geworden. Mit ihr führte Baur am 16. April 1943 mit sechs Begleitern einen 10-Stunden-Flug durch. Bei der Landung wurde die Maschine leicht beschädigt. Nach der anschließenden Reparatur kam die Me 161 V-3 nach Oranienburg und flog unter dem Kommando von Oberst Rowehl im Einsatz als Fernaufklärer.

Typ: Zweimotoriges Langstreckenflugzeug (Rekord, Post und Fernaufklärer).
Flügel: Freitragender Tiefdecker. Vierteiliger Ganzmetallflügel in einholmiger Bauweise mit Hilfsholm und großer Profilhöhe. Flügelmittelteile als Integraltanks dicht genietet. Unter der Hinterkante zweiteilige Spreizklappen. Über die ganzen Außenteile reichende einteilige Querruder mit großen Trimmklappen.
Rumpf: Kleiner Rumpfquerschnitt mit ovalem Umriß. Aufbau in Ganzmetall-Schalenbauweise.
Leitwerk: Freitragendes Höhenleitwerk mit doppeltem Seitenleitwerk als Endscheiben. Aufbau in Ganzmetall. Einteiliges Höhenruder und Seitenruder mit großen Trimmklappen.
Fahrwerk: Einziehbares Normalfahrgestell. Hauptträder an freitragenden Einbeinen bei einer Drehung um 90° nach hinten in die Motorengondel einfahrbar, Spornrad nach oben in das Rumpfheck.
Triebwerk: Zwei Daimler-Benz DB 610 A/B flüssigkeitsgekühlte Doppelmotoren (je 2 × Zwölfzylinder) mit 2 × 2950 PS Startleistung. Vierblatt-Verstelluftschrauben von 4,60 m Durchmesser. Ölkühler unter den Motorengondeln. Flüssigkeitskühler als Düsenkühler separat am äußersten Rand eines jeden Flügelmittelteiles.
Besatzung: 3 Mann, in der Führerkanzel 2 Mann nebeneinander, Funker hinter der Flügelhinterkante unter einer Vollsichtglashaube.

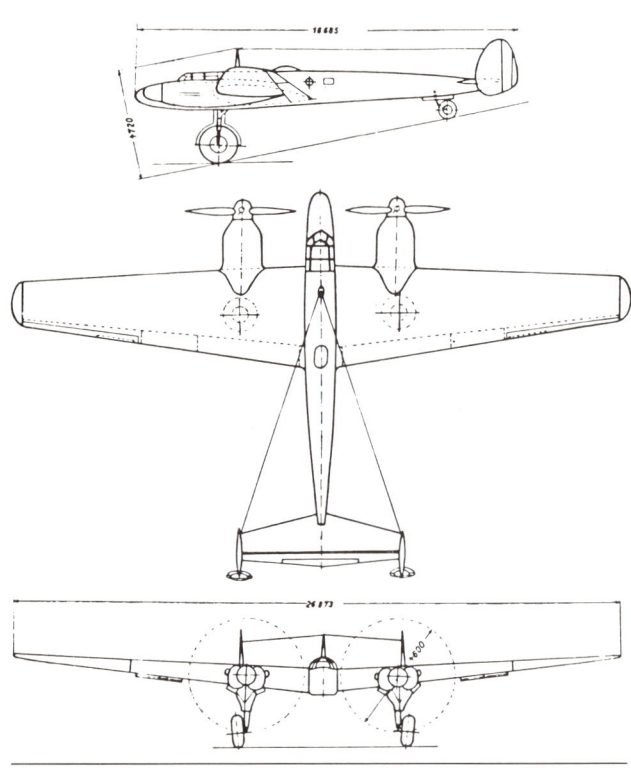

181. Messerschmitt Me 261

Messerschmitt Me 262

Als im Herbst 1938 die ersten Daten von zwei bei BMW und Junkers in der ersten Stufe der Entwicklung stehenden neuartigen Luftstrahlturbinen zur Verfügung standen, erhielt Messerschmitt vom RLM den Auftrag, ein Jagdflug-

zeug für diese Triebwerke zu entwickeln. Unter der Projektbezeichnung *Messerschmitt Me P. 1065* erfolgte der Abschluß der Entwicklungsarbeiten im Juni 1939. Ein neuer Auftrag forderte die Erstellung einer Attrappe, die von Sachverständigen des RLM am 1. März 1940 bei der Messerschmitt AG. besichtigt wurde. Die positive Beurteilung führte schließlich zum Auftrag über drei Versuchszellen, in die je zwei BMW P. 3302-Strahlturbinen, die Prototypenmodelle der späteren BMW 003, eingebaut werden sollten. Damit wurde der Bau eines Musters eingeleitet, das unter der RLM-Bezeichnung Me 262 zum ersten einsatzfähigen Strahljäger der Welt reifte. Seine Entwicklungs- und Baugeschichte jedoch gestaltete sich zu einer der größten Tragödien in der deutschen Luftfahrtstrategie, und der durch eine verbohrte und phantasielos unrealistische Führung um zwei Jahre verzögerte Serienbau war der größte Schildbürgerstreich in der an Tragödien nicht armen deutschen Kriegsluftfahrtplanung. Die Me 262 hätte zwar den Krieg nicht mehr entscheidend beeinflussen können, aber sie wäre in der Lage gewesen, der Zivilbevölkerung in den luftkriegsgefährdeten Gebieten unsagbares Leid zu ersparen. Weshalb es nicht dazu kam, soll hier eine ausführlichere Entwicklungsgeschichte festhalten.

Auf Grund der Überheblichkeit einer Führung, die in den ersten Monaten des Zweiten Weltkrieges durch die überragenden Erfolge ihrer Luftwaffe ihre Konzeption als die richtige erkannt haben wollte, konnten Arbeiten an Neuentwicklungen nur zögernd und schleppend erfolgen. So auch bei der Me 262, deren drei Zellen zwar im April 1941 fertig wurden, für die jedoch noch keine Strahlturbinen zur Verfügung standen. Zwar liefen seit dem Sommer 1940 bei BMW Muster auf dem Prüfstand, jedoch waren sie von einer ausreichenden Betriebssicherheit weit entfernt und leisteten statt der vorgesehenen 680 kp Schub nur je 255 kp. Eine Intensivierung der Entwicklung lehnten der damalige Generalluftzeugmeister Udet und auch sein Kontrahent Milch mit

202. Messerschmitt Me 262 V-1 (PC + UA)

222

203. Messerschmitt Me 262 V-2 (PC + UB)

der Bemerkung ab, daß der Krieg auch mit den langsameren Kolbenmotorflugzeugen gewonnen würde.

Grundlage der Me 262 war das Messerschmitt-Projekt P. 1065. Da noch keine Strahltriebwerke zur Verfügung standen, wurde die Me 262 V-1 PC + UA mit einem Kolbenmotor Jumo 210 G, 750 PS, ausgerüstet. Der Erstflug fand am 18. April 1941, morgens um 8.25 Uhr, statt. Die Maschine erwies sich als gut zu fliegen und erreichte eine Geschwindigkeit von 420 km/h. Am 4. August 1941 wurde sie von zwei Piloten der Entwicklungsstelle Rechlin nachgeflogen. Erst am 25. März 1942 konnte die Me 262 V-1 mit zwei unter den Tragflächen angebauten BMW 003 zum Erstflug starten. Chefpilot Fritz Wendel kam dann in Schwierigkeiten, da ein Triebwerk ausfiel, so daß er die zweite Turbine ausschalten und mit dem Kolbenmotor allein landen mußte. Die BMW 003 war noch nicht betriebsreif. So wurde Me 262 V-3 PC + UC mit zwei Jumo 004-Strahlturbinen ausgerüstet. Am 18. Juli 1942 startete Wendel zum ersten Mal zu einem rein strahlgetriebenen Flug. Er führte einen Flug von 12 Minuten durch und meinte nach der Landung: »Die Triebwerke liefen wie ein Uhrwerk!« Nachmittags desselben Tages flog der Rechlin-Pilot Beauvais die Maschine, machte aber einen leichten Bruch. Noch bevor V-3 wieder repariert war, wurde am 1. Oktober 1942 die Me 262 V-2 einsatzbereit. Wendel und Beauvais flogen die Maschine am selben Tage etwa 20 Minuten. Inzwischen war man auf die Idee gekommen, daß man aus der in der Produktion laufenden Bf 109 schneller ein Strahlflugzeug entwickeln könnte, das ja auch billiger in der Herstellung würde. So entstand das Projekt Me 109 TL. Das RLM war am 22. Januar 1943 einverstanden. Aber es zeigte sich, daß die Änderungen teurer und komplizierter würden, als die Produktion der Me 262. Ende März 1943 wurde das Projekt Me 109 TL gestoppt. Am 15. Mai flog der General der Jagdflieger Galland die Me 262 V-4. Auf Grund seiner positiven Stellungnahme wurde das schon erwähnte Me

209-Programm gestoppt. Es folgte die Me 262 V-5 PC + UE, die als erste Me 262 mit einem Bugradfahrwerk ausgerüstet war und am 6. Juni 1943 von Karl Baur geflogen wurde. Am 19. Juli flog dann Wendel die inzwischen auf reinen Strahlantrieb (zwei Jumo 004) umgebaute Me 262 V-1, die als erste Me 262 eine Bewaffnung von drei MG 151/20 hatte.

Ihr folgte die Me 262 V-6 VI + AA, die in der Entwicklung der Me 262 eine schicksalsschwere Rolle spielen sollte. Göring organisierte am 26. November 1943 in Insterburg eine Vorführung aller Neuentwicklungen der Luftwaffe vor Hitler. Hitler zeigte sich weniger beeindruckt und richtete an Messerschmitt die Frage, ob die Me 262 auch mit Bomben ausgerüstet werden könne. Da zur damaligen Zeit alle Jagdflugzeuge, wenn auch mit fraglichem Erfolg, zu Jagdbombern umgerüstet werden konnten, bejahte Messerschmitt die Frage. Diese Bejahung löste bei Hitler die bekannte Eingebung aus: »Das ist endlich der Blitzbomber«. Allen Eingaben und Protesten zum Trotz befahl Hitler die Serienfertigung des Musters als Bomber, obwohl das Muster durch die Außenaufhängung 200 km/h an Geschwindigkeit verlor und somit wieder in den Geschwindigkeitsbereich der alliierten Jäger zurücksank.

Bereits am 20. Dezember 1943 flog der General der Kampfflieger Oberst Peltz die Me 262 V-6, die Hitler zum »Blitzbomber« erklärt hatte.

Am gleichen Tage wurde die Me 262 V-7 VI + AB fertig, die mit Druckkabine ausgerüstet war. Sie wurde am nächsten Tage von Major Meyer, JG 2, und Hauptmann Thierfelder geflogen und für gut befunden. Inzwischen hatte man die Entwicklung der Me 262 von Augsburg nach Oberammergau verlegt. Dies erwies sich als gute Lösung, da im Rahmen der »Big Week«, den massierten Bombenangriffen der 8. USAF, Augsburg und Regensburg mit den dortigen Messerschmitt-Werken, schwer beschädigt wurden. Bis April 1944 wurden noch drei weitere V-Maschinen fertig und gingen in die

204. Messerschmitt Me 262 V-3 (PC + UC) △

205. Messerschmitt △
Me 262 V-5 (PC + UE)

206. Messerschmitt
Me 262 V-6 (VI + AA) ◁

224

207. Messerschmitt
Me 262 S-1 (VI + AF)

208. Messerschmitt
Me 262 V-10 (VI + AE) ▽

Erprobung. So Me 262 V-9 am 19. Januar 1944 und V-8 am
18. März. In Leipheim war im Januar 1944 die Produktion
einer Vorserie von 22 Maschinen, S-1 bis S-22, angelaufen.
Me 262 S-1 VI + AF machte am 19. April 1944 ihren ersten
Flug.
Galland erklärte im April 1944, daß ihm eine Me 262 lieber
sei, als fünf Me 109. Oberst Steinhoff versuchte im August
1944 anläßlich der Verleihung der Schwerter zum Ritterkreuz
Hitler umzustimmen. Hitler wußte es besser, er erließ den
Führerbefehl: »Mit sofortiger Wirkung verbiete ich, mir
über das Düsenflugzeug Me 262 in einem anderen Zusam-
menhang oder einer anderen Zweckbestimmung zu sprechen
denn als Schnellst- oder Blitzbomber«. Göring echote aus
Karinhall zurück: »Jedes Gespräch über das Thema, ob
Me 262 ein Jagdflugzeug ist oder nicht, verbiete ich. Der
Reichsmarschall.« Ende 1944 hatte die Produktion der
Me 262 einen Gesamtausstoß von 568 Maschinen erreicht.
Die überwiegende Mehrzahl war als Blitzbomber an die
Kampfgeschwader KG 51, KG 6, KG 27 und KG 54

gegangen. Nur wenige Jagdflugzeuge erhielt Major Nowotny
für ein Spezialkommando, mit dem er von Achmer bei
Osnabrück Einsätze gegen die alliierten Bomberströme flog.
Trotz der wenigen eingesetzten Me 262 stiegen die Bomber-
verluste so an, daß am 1. September 1944 General Spaatz, der
Oberkommandierende der strategischen Luftstreitkräfte der
USA in Europa, nach Washington kabelte, daß die tödlichen
deutschen Düsenjäger die alliierten Verluste bei ihren Bombenangriffen in unmittelbarer Zukunft untragbar machen
könnten. In der deutschen Strategie änderte sich indessen
nichts vor Anfang 1945, als auf Führerbefehl der Experten-
verband JV 44 unter Galland und das JG 7 unter Steinhoff
aufgestellt wurden. Unter Speers Leitung verließen in den
ersten vier Monaten des Jahres 1945 noch 865 Strahljäger das
Fließband, durch die der gesamte Ausstoß an Me 262 die
noch beachtliche Zahl von 1433 erreichte. Ein großer Teil
dieser Maschinen kam nicht mehr zum Einsatz. Treibstoff-
mangel führte dazu, daß die gut getarnt abgestellten Maschinen den Alliierten beim Vormarsch in Mitteldeutschland

209. Messerschmitt Me 262 A-1a △

unbeschädigt in die Hände fielen. Bis auf wenige Beute-
stücke, die in England und USA nach dem Sieg gezeigt
wurden, wurden alle Maschinen verschrottet. Weitere
Maschinen wurden auf dem Fließband zerstört. Dies ging in
Amerika so weit, daß etwa fünf Jahre nach Kriegsende eine
kleine Firma in USA den Auftrag erhielt, nach den erbeuteten Zeichnungen eine Me 262 neu für die USAF zu bauen!

Messerschmitt Me 626 A-Reihe
Me 262 A-1a
Standardausführung als Jagdeinsitzer mit der Standardbe-
waffnung, bestehend aus vier MK 108. Die Funkausrüstung
umfaßte FuG 16 ZY oder 24a, FuG 120, FuG 29, FuG 25 und
EBl-3. Die volle Bezeichnung lautete *Me 262 A-1a*.

Typ: Zweistrahliger Jagdeinsitzer.
Flügel: Freitragender Tiefdecker. Einteiliger einholmiger Ganzmetallflügel mit I-Holm, Glattblechbeplankung und mäßiger Pfeilung
an der Vorderkante. Zweiteilige Frise-Querruder. Dreiteilige Schlitzlandeklappen, unter dem Mittelteil bis zu 60° ausschlagbar und nach
hinten ausschwenkend. Über die ganze Spannweite reichender
automatischer Vorflügel.
Rumpf: Aufbau in Ganzmetall-Halbschalenbauweise mit nahezu
dreieckigem Querschnitt. In vier Bauteile unterteilt, davon die
hinteren drei in Leichtmetall, Rumpfbug in Stahl.
Leitwerk: Normal, freitragend, mit an der Seitenflosse hochgesetz-
tem Höhenleitwerk. Aufbau in Ganzmetall. Sämtliche Ruder
gewichtlich ausgeglichen und mit Trimmklappen versehen.
Fahrwerk: Einziehbares Dreiradfahrgestell. Haupträder nach innen
unter den Flügel, Bugrad nach hinten in den Rumpfbug hydraulisch
einfahrbar. Hydraulische Bremsen an allen Rädern. Bugrad steuer-
bar.
Triebwerk: Zwei Junkers Jumo 004 B-1-, B-2- oder B-3-Strahltur-
binen mit 2×900 kp Standschub in Gondeln unter dem Flügel.
Zusätzlich wahlweise zwei Feststoffstartraketen unter dem Rumpf.
Kraftstoffkapazität 2570 Liter im Rumpf und 2×15 Liter Anlaß-
benzin.

182. Messerschmitt Me 262 A-1/U 1

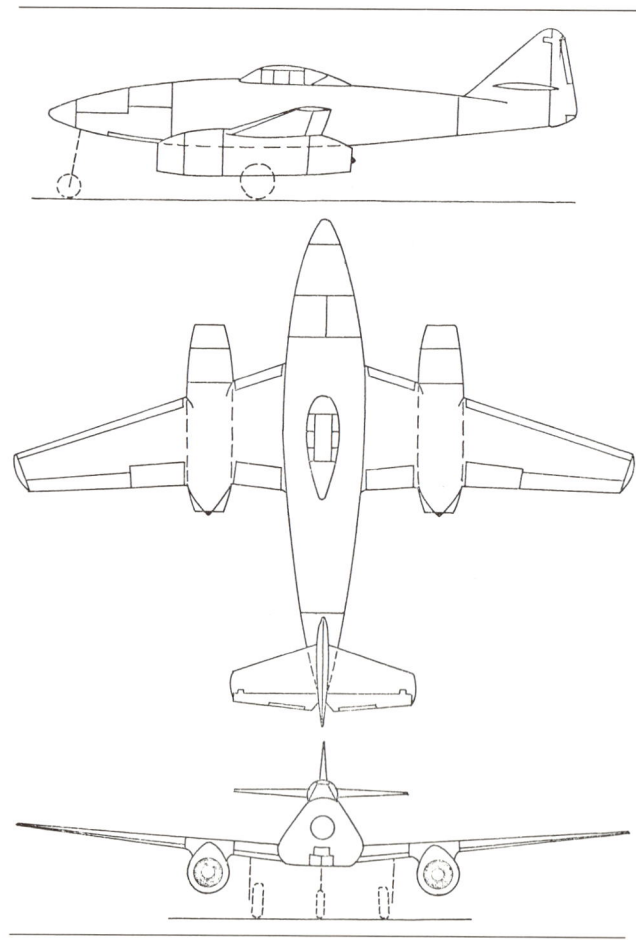

226

210. Messerschmitt Me 262 A-1 a/U 4 (V-083) △

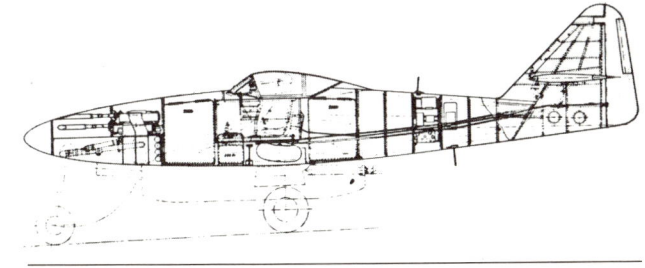

183. Messerschmitt Me 262 A-1/U 1 Längsschnitt ▷

Besatzung: 1 Pilot in geschlossener Kabine unter seitlich klappbarer Vollsichthaube.
Militärische Ausrüstung: Bewaffnung bestehend aus 4 × 30 mm MK 108 starr im Rumpfbug, davon die beiden oberen mit je 100, die unteren mit je 80 Schuß.

Me 262 A-1 b
Ähnlich A-1 a, aber Triebwerke BMW 003 A.

Me 262 A-1 c
Wie A-1 a, aber Ausrüstung als Jagdbomber.

Von der Vorserie S-1 bis S-22 sind nur S-1 bis S-5 gebaut worden. Die weiteren S-Maschinen wurden als Ersatz für die zu Bruch gegangenen und als weitere V-Maschinen ausgeliefert.
Diese neuen V-Maschinen waren:

Me 262 V-1 Werknr. 130015,	Erstflug etwa Juni 1944.
Me 262 V-2 Werknr. 170056,	Erstflug etwa Juni/Juli 1944.
Me 262 V-4 Werknr. 170083,	Erstflug Herbst 1944.
Me 262 V-5 Werknr. 130167,	Erstflug 31. Mai 1944.
Me 262 V-6 Werknr. 130186,	Erstflug 16. Oktober 1944. Musterflugzeug für C-1 a-Serie mit Walter HWK 509 A-2-Raketenantrieb.
Me 262 V-7 Werknr. 170303,	Erstflug Herbst 1944.
Me 262 V-8 Werknr. 110484,	Erstflug Oktober 1944. Musterflugzeug für geplante Serie Me 262 A-2/U 2.
Me 262 V-11 Werknr. 110555,	Erstflug Winter 1944/45. Ebenfalls Musterflugzeug für A-2/U 2-Serie.
Me 262 V-12 Werknr. 170074,	Erstflug 8. Januar 1945. Triebwerk: BMW 003 R. Kombiniertes Strahl- und Raketentriebwerk, Musterflugzeug für geplante Me 262 C-2 b-Serie.
Me 262 A-2a Serie.	Jagdbomber mit Jumo 004 B.
Me 262 V-10, Werknr. 130005,	VI + AE, Erstflug April 1944. Versuche mit Schleppgerät ähnlich SG 5004 A für SC 500-Bombe.

Me 262 A-2 a/U 2
Bomber, zweisitzig, neues Holzvorderteil mit Plexinase für Bombenschützen in liegender Stellung, nur zwei Maschinen gebaut.

227

211. Messerschmitt Me 262 A-2a △

212. Messerschmitt Me 262 A-3 (A-2a/U2) W.Nr. 110484 ▽

213. Messerschmitt Me 262 B-1a/U1 △

184. Messerschmitt Me 262 Schulflugzeug Längsschnitt ◁

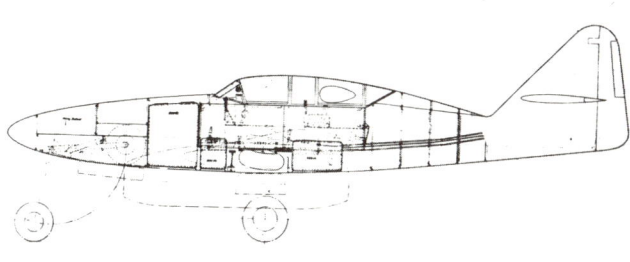

Messerschmitt Me 262 B-Reihe

In der B-Reihe sind die zweisitzigen Versionen der Me 262 zusammengefaßt, die durch den Aufsatz einer längeren Abdeckhaube entstanden und ursprünglich als Schulmaschinen mit Doppelsteuer für die beiden hintereinanderliegenden Sitze Verwendung finden sollten. Die Originalausführung als Schulflugzeug trug die Bezeichnung B-1a.

Me 262 B-1

Unter der Bezeichnung *Me 262 B-1a* wurden etwa 20 doppelsitzige Schulflugzeuge mit Doppelsteuer gebaut. Sie besaßen als Bewaffnung 4 × 30 mm MK 108 im Rumpfbug, jedoch durch den zweiten Sitz eine auf 1730 Liter reduzierte Kraftstoffkapazität, jedoch 2 × 300 Liter Zusatz-Außenbehälter. Inzwischen waren mit einer einsitzigen Me 262 A mit eingebautem »Lichtenstein«-SN-2-Radar die ersten Vorversuche für die Nachtjagd gemacht worden. Als schließlich nach der »Wilden Sau«-Taktik ohne Radar ausgerüstete Me 262 bemerkenswerte Erfolge gegen englische Mosquito-Bomber verbuchen konnten, wurden die Me 262 B-1a zu Behelfsnachtjägern *Me 262 B-1a/U 1* umgerüstet. Besatzung, Bewaffnung und Kraftstoffanlage blieb, nur erhielten die Muster im Rumpfbug ein »Lichtenstein«-SN-2-Radargerät mit Hirschgeweih-Antenne.

Me 262 B-2

Die aus der Me 262 B-1a/U 1 abgeleitete Schlußlösung als Nachtjäger erhielt unter der Bezeichnung *Me 262 B-2a* einen verlängerten Rumpf, um 2900 Liter Kraftstoff im Rumpf unterbringen zu können. Zusätzlich zu den 4 × 30 mm MK 108 im Bug wurden noch zwei weitere MK 108 als »schräge Musik« hinter dem Führersitz angeordnet. Wie bei der B-1a/U 1 konnten unter dem Rumpf zwei Zusatztanks mit 2 × 300 Liter Inhalt mitgeführt werden. Weiterhin war die Mitführung eines 900 Liter Deichselschlepp-Tankanhängers geplant. Das einzig gebaute Exemplar besaß anfänglich in der Rumpfspitze ein FuG 220 »Lichtenstein«-SN-2-Radar, welches später durch ein vollständig verkleidetes FuG 224 »Berlin«-Radargerät ersetzt werden konnte. Zusätzlich zu der üblichen Funkeinrichtung befand sich bei der B-2 auch noch ein FuG 350 ZC »Naxos« an Bord.

Messerschmitt Me 262 C-Reihe

Als die Einschnürung des deutschen Reichsgebietes durch die Alliierten gegen Ende des Krieges immer enger wurde und die Vorwarnzeiten zwangsläufig einer rechtzeitigen wirkungsvollen Bekämpfung einfliegender Feindflugzeuge keinen rechten Spielraum mehr ließen, rückten die in der C-Reihe zusammengefaßten Abfangjägerversionen der Me 262 mit zusätzlichem Raketenantrieb in die vordringlichste Entwicklungsstufe.

Me 262 C-1a

Abfangjäger mit Jumo 004 B und HWK 509 A, nur ein Flugzeug gebaut.

229

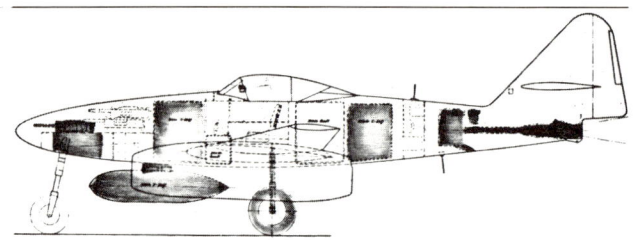

185. Messerschmitt Me 262 Interzeptor I Längsschnitt

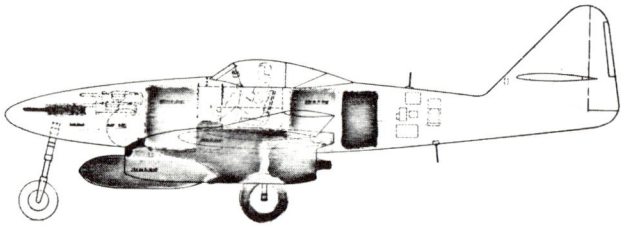

186. Messerschmitt Me 262 Interzeptor II Längsschnitt

Me 262 C-2b
Abfangjäger mit 2 BMW 003 R, nur ein Flugzeug gebaut.

Messerschmitt Me 262-Projekte

Auf die geplanten Weiterentwicklungen der Me 262 ist zwar bereits hingewiesen worden, jedoch wurden inzwischen weitere Einzelheiten hierüber verfügbar. Insgesamt waren folgende Jäger-Projekte geplant:

Abfangjäger I: Entsprach etwa Me 262 C, Triebwerk jedoch 2 × Jumo 004 C und ein HWK R II/211/3 im Heck, errechnete Höchstgeschwindigkeit 1009 km/h.

Abfangjäger II: Entsprach weitgehend Me 262 C-2. Errechnete Leistungen: Höchstgeschwindigkeit 852 km/h, Reichweite 900 km.

Abfangjäger III: Triebwerke 2 × HWK R II/211, Bewaffnung 8 × MK 108.

Ferner wurden folgende Aufklärer-Versionen geplant:

Aufklärer I: Triebwerk 2 × Jumo 004 C, 2 Reihenbildgeräte im Rumpfbug. Errechnete Leistungen: Höchstgeschwindigkeit 1093 km/h, Reichweite 1500 km.

Aufklärer I A: Führersitz nach vorn verlegt, 2 Reihenbildgeräte im Heck. Triebwerk und errechnete Leistungen wie Aufklärer I.

Aufklärer II: Vergrößerter Rumpf mit 450-l-Treibstofftank, Leitwerk ebenfalls vergrößert, abwerfbares Hilfsfahrwerk für Start, 2 Reihenbildgeräte. Errechnete Leistungen: Höchstgeschwindigkeit 1015 km/h, Reichweite 2400 km.

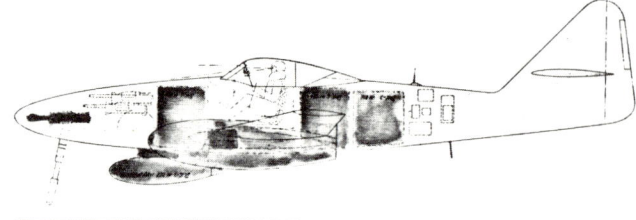

187. Messerschmitt Me 262 Interzeptor III Längsschnitt

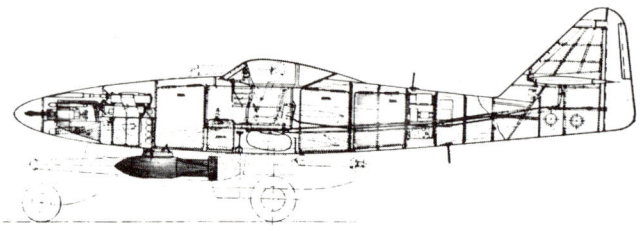

188. Messerschmitt Me 262 Jäger und Jabo Längsschnitt △
189. Messerschmitt Me 262 Aufklärer I Längsschnitt ▽

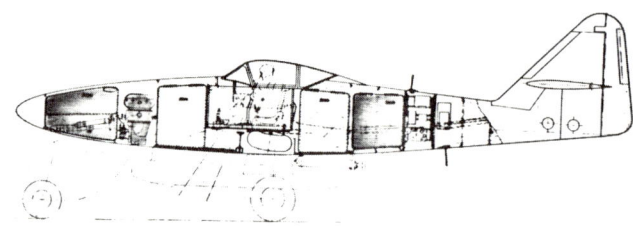

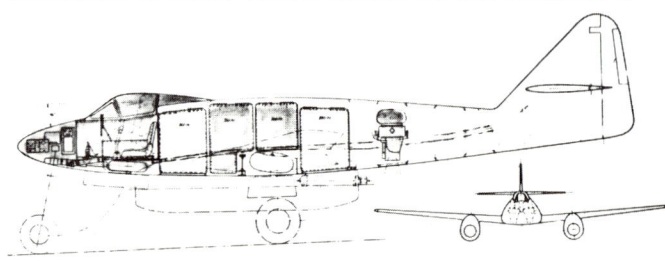

190. Messerschmitt Me 262 Aufklärer Ia Längsschnitt △
191. Messerschmitt Me 262 Aufklärer II Längsschnitt ▽

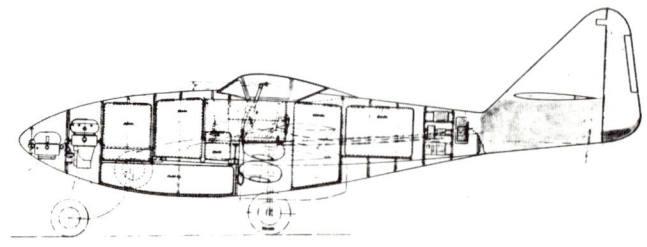

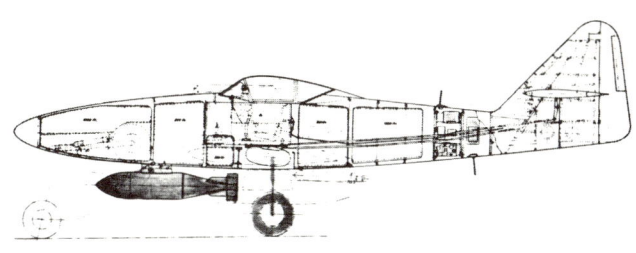

192. Messerschmitt Me 262 Schnellbomber I Längsschnitt

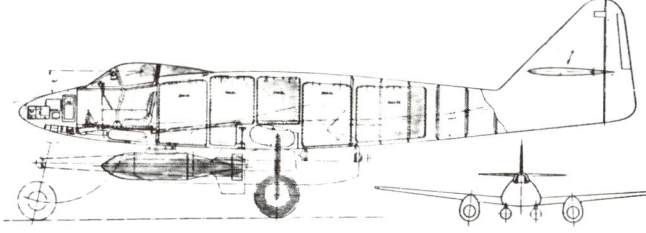

193. Messerschmitt Me 262 Schnellbomber I a Längsschnitt

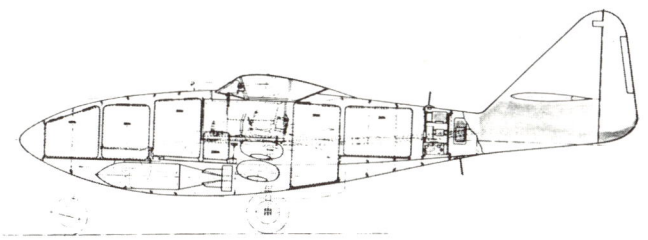

194. Messerschmitt Me 262 Schnellbomber II Längsschnitt

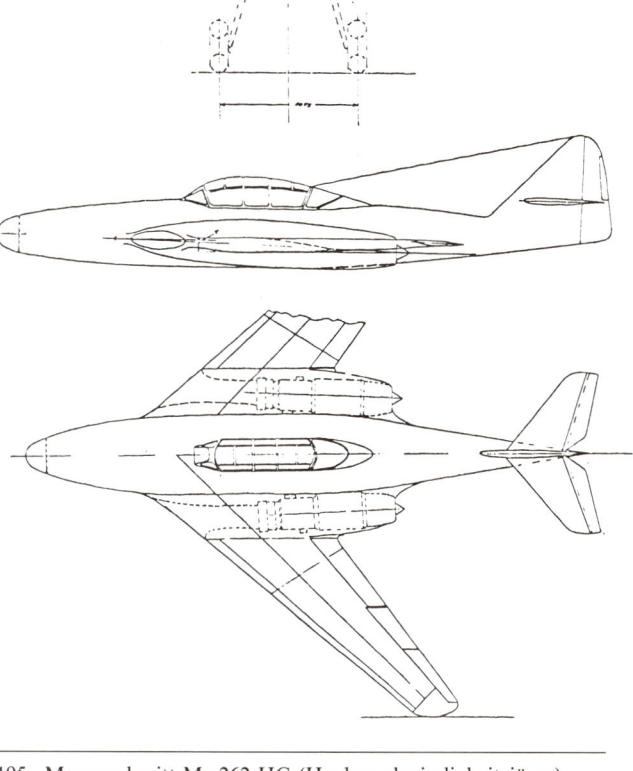

195. Messerschmitt Me 262 HG (Hochgeschwindigkeitsjäger)

196. Messerschmitt Me 262
mit Doppelreiter

214. Messerschmitt Me 264 V-1 △

Analog den Aufklärer-Versionen wurden als Schnellbomber entwickelt:

Schnellbomer I: Entsprechend Aufklärer I, jedoch 1000 kg Bombenlast. Errechnete Höchstgeschwindigkeit 902 km/h.

Schnellbomber IA: Entsprechend Aufklärer I A, jedoch 1000 kg Bombenlast. Errechnete Höchstgeschwindigkeit 890 km/h.

Schnellbomber II: Entsprechend Aufklärer II, jedoch 1 × 1000 kg oder 2 × 500 kg Bombenlast. Bewaffnung 2 MK 108. Treibstoffvorrat 4'450 l. Höchstgeschwindigkeit 1000 km/h, Reichweite 1800 km.

Messerschmitt Me 262 HG III
Weiterentwicklung der Me 262 mit in die Flügelwurzel eingebauten Triebwerken und verstärkter Tragflächenpfeilung. Errechnete Höchstgeschwindigkeit über 1000 km/h.

Messerschmitt Me 262 B mit Doppelreiter
Zweisitziger Langstreckenjäger mit Satteltanks wie bei Fw 190 mit Doppelreiter. Bewaffnung 4 MK 108.

Messerschmitt Me 262 mit Lorin-Zusatztriebwerk
Auf Vorschlag von Dr. E. Sänger sollte die Leistung der Me 262 durch Lorin-Staustrahl-Triebwerke verstärkt werden. Abmessungen dieser Triebwerke: Länge 5,90 m, Lufteintrittsöffnung ø 45,1 cm; Brennraum ø 1,13 m, im letzten Drittel ø 85 cm. Die so ausgerüstete Me 262 sollte die Gipfelhöhe von 14 800 m in 11,3 Minuten bei einem Kraftstoffverbrauch von 1945 kg erreichen.
Errechnete Höchstgeschwindigkeit 1148 km/h.

Messerschmitt Me 264

Das Muster wurde 1942 als viermotoriger Langstreckenbomber mit dem Ziel entwickelt, durch beste aerodynamische Durchbildung und unter Verzicht auf eine widerstandserhöhende Abwehrbewaffnung ein Schnellkampfflugzeug zu erhalten, welches in der Lage war, vom europäischen Festland aus gegen New York mit einer Bombenzuladung von 1800 kg zu operieren. Entsprechend bewaffnete Ausführungen dagegen sollten als Torpedobomber (zwei Torpedos

197. Messerschmitt Me 262 mit Staurohrantrieb

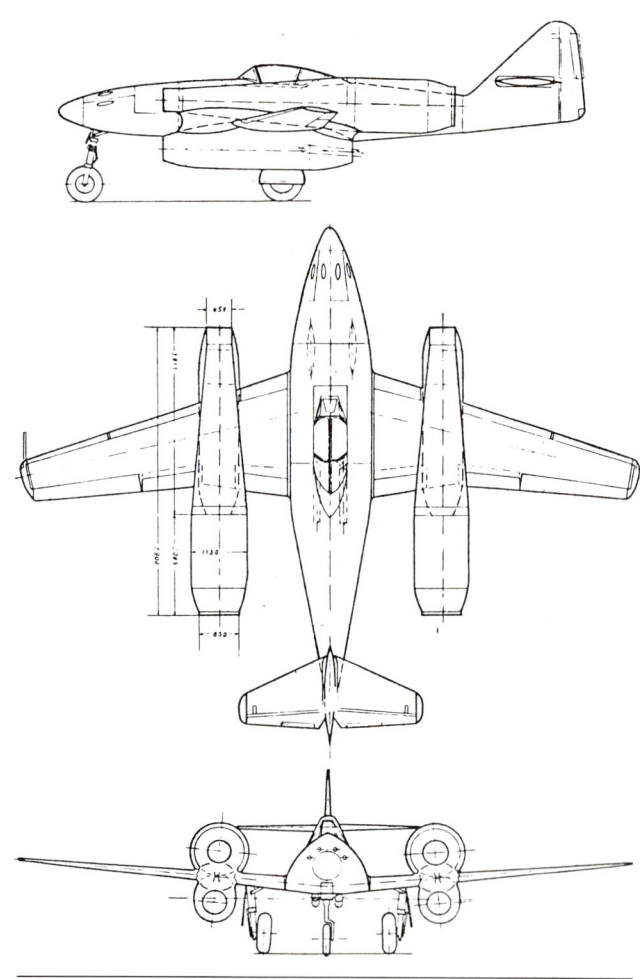

unter den Außenflügeln) oder als Fernaufklärer den ganzen Atlantik überwachen können. Der erste und einzige Prototyp, noch mit Jumo 211-Motoren ausgerüstet und als *Messerschmitt Me 264 V-1* bezeichnet, machte seinen Erstflug im Dezember 1942. Seine Flugeigenschaften und -lei-

215. Messerschmitt Me 264 Projekt mit vier Jumo 004 C △

198. Messerschmitt Me 264

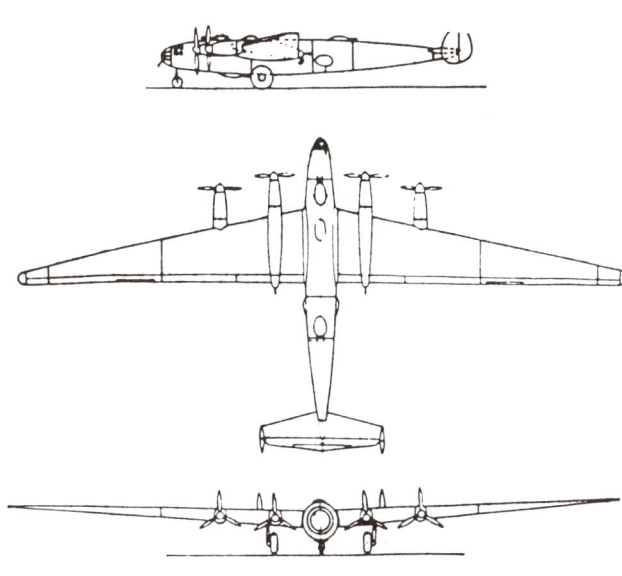

stungen waren auf Anhieb überragend. 1943 sollte der Serienbau mit stärkeren Triebwerken beim Weser-Flugzeugbau anlaufen. Die damalige Kriegslage gestattete aber die Serienfertigung eines strategischen Bombers nicht mehr. Die untenstehenden Angaben beziehen sich speziell auf den Prototyp Me 264 V-1.

Typ: Viermotoriger Langstreckenbomber.
Flügel: Freitragender Mitteldecker mit hoch am Rumpf angesetztem

Flügel. Flügel großer Streckung mit gepfeilter Vorder- und gerader Hinterkante. Einholmiger Ganzmetallaufbau in acht Teilen einschließlich der abnehmbaren Flügelendbogen. Zweiteilige Querruder mit Trimmklappen in den Außenteilen, achtteilige Landeklappen in jedem Flügelinnenteil.
Rumpf: Spindelförmiger Rumpf mit kreisrundem Querschnitt. Ganzmetall-Schalenaufbau in 4 Teilen. Vorderteil als vollsichtverglaste Druckkabine ausgebildet.
Leitwerk: Freitragendes Höhenleitwerk mit leichter V-Form. Seitenleitwerk doppelt als Endscheiben, rechtwinkelig an die Höhenflossen angesetzt. Einteiliges Höhenruder und Seitenruder mit großen Trimmklappen versehen. Aufbau aller Flächen aus Ganzmetall.
Fahrwerk: Einziehbares Dreiradfahrgestell, hydraulisch einfahrbar. Hauptträger an freitragenden Ölfeder-Einbeinen nach innen in den Flügel, einfach bereiftes Bugrad nach hinten in den Rumpfbug. Für den Start mit voller Last besaß jede Hauptradeinheit ein zusätzliches Rad, welches nach dem Start abgeworfen wurde.
Triebwerk: Vier Junkers Jumo 211 J flüssigkeitsgekühlte Zwölfzylinder-Λ-Motoren mit 4 × 1410 PS Startleistung. Ringkühlerverkleidung. VDM-Dreiblatt-Verstelluftschrauben. Kraftstoffkapazität 18 400 Liter in 14 Tanks der beiden Flügelmittelstücke. Zusatzkraftstoff 8000 Liter in 4 Tanks der Außenflügel und weitere 13 000 Liter als Außenlast in 6 Zusatzbehälter möglich. Starthilfsraketen mit insgesamt 4000 kp Schub für Überlast oder kurze Startstrecken in der Untersuchung.
Besatzung: 6 Mann in der als Druckkabine ausgebildeten Vollsichtkanzel im Rumpfbug.

Für den Einbau einer Abwehrbewaffnung wurden Experimente durchgeführt, die folgende Standardbewaffnung vorsahen: B1-Turm mit 2 × 13 mm MG 131, B2-Turm mit 2 × 13 mm MG 131 und C-Turm mit 2 × 13 mm MG 131. Zusätzlich je 1 × 20 mm MG 151/20 starr nach rückwärts schießend in jeder inneren Motorengondel. Weitere Untersuchungen wurden über den Einbau von zwei BMW 003-Strahlturbinen in Gondeln unter jedem Außenflügel angestellt. Diese Strahltriebwerke sollten für den Start und für Kampfleistungen die Geschwindigkeit erhöhen.

Die leistungsschwachen Jumo 211 waren nur für den Prototyp bestimmt. Die anschließenden Serienausführungen sollten stärkere Triebwerke erhalten. Folgende Triebwerke und Triebwerkskombinationen waren für den stufenweisen Ausbau der M 264 projektiert:

Me 264 mit BMW 801 E (4 × 2000 PS), *Me 264 mit DB 603 H* (4 × 2000 PS), *Me 264 mit Jumo 213 S* (4 × 2400 PS), *Me 264 mit BMW 803* (2 × 3900 PS), *Me 264 mit BMW 801 T und BMW 018* (4 × 2000 PS und 2 × 3500 kp), *Me 264 mit BMW 018* (2 × 3500 kp) und *Me 264 mit BMW 028)* (Propellerturbinen mit 2 × 5440 PS Wellenvergleichsleistung). Schließlich wurde noch eine *Me 264 mit Dampfturbine* projektiert (1 × 6000 PS). Die Anlage bestand aus vier Kesseln von 0,91 × 1,22 m und einer Hauptturbine von 0,62 × 1,83 m, die auf zwei Luftschrauben arbeitete. Als Kraftstoff waren 65 Prozent Kohle und 35 Prozent Rohöl vorgesehen.

Messerschmitt Me 309

Dieses Baumuster sollte ursprünglich in drei Versionen gebaut werden:

1. Jagdbomber: Bewaffnung 1 × MG 151 und 2 × MG 131.
    Bombenlast 2 × SC 250
2. Leichter Zerstörer: Bewaffnung 3 × MG 151 und 4 × MG 131.
3. Leichter Jäger: Bewaffnung 1 × MG 151 und 2 × MG 131.

Der normale Kraftstoffvorrat für alle drei Versionen betrug 770 Liter in zwei geschützten Rumpfbehältern. Beim Jäger und Zerstörer war jedoch die Mitnahme von zwei Zusatzbehältern von je 260 Liter unter der Tragfläche möglich.

Das Fluggewicht des Jägers mit Zusatzbehältern wurde auf rund 5430 kg berechnet.

Als Konkurrenzentwicklung zur Focke-Wulf Fw 190 D-9 wurde bei Messerschmitt aus den Erfahrungen mit der Me 109 und Me 209 heraus der Jagdeinsitzer Me 309 konstruiert. Von der Konkurrenzentwicklung und von den

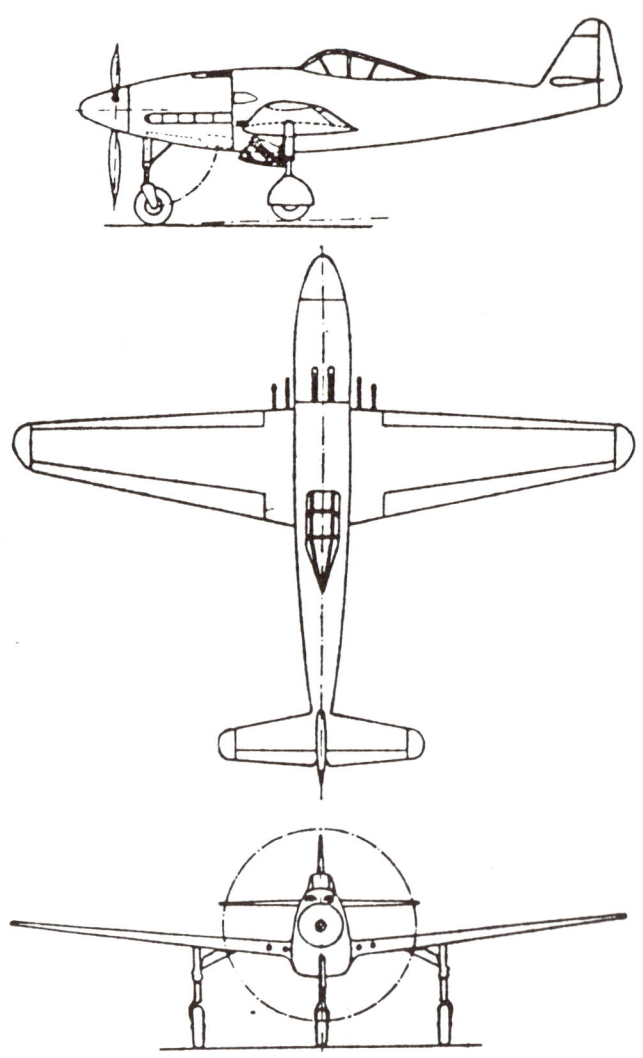

200. Messerschmitt Me 309 Jagdbomber △
216. Messerschmitt Me 309 V-1 (GE + CU) ▽

199. Messerschmitt Me 309

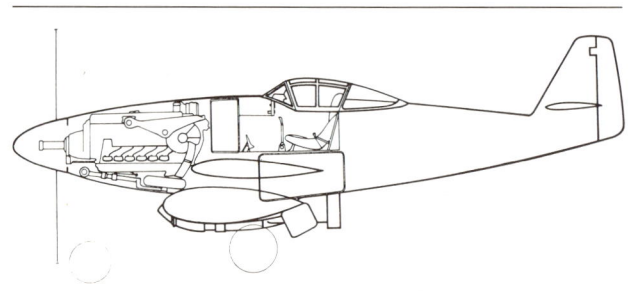

Vorläufermustern unterschied er sich augenfällig durch das Bugrad. Der DB 603 oder der Jumo 213 waren als Antriebsquelle vorgesehen. Der erste Prototyp, die *Messerschmitt Me 309 V-1,* erhielt einen DB 603 A-1. Sein Erstflug fand am 18. Juli 1942 statt.

Typ: Einmotoriger Jagdeinsitzer.
Flügel: Freitragender Mitteldecker mit tief angesetztem Flügel. Zweiteiliger einholmiger Ganzmetallaufbau. Automatische Vorflügel im Querruderbereich. Landeklappen etwas innerhalb der Querruder bis zum Rumpfansatz.
Rumpf: Aufbau als Ganzmetallschale mit ovalem Querschnitt.
Leitwerk: Freitragendes Normalleitwerk. Aufbau in Ganzmetall.
Fahrwerk: Einziehbares Dreiradfahrgestell. Haupträder nach innen in den Tragflügel einfahrbar, Bugrad bei gleichzeitiger Schwenkung des Rades um 90° nach hinten unter den Rumpfbug.
Triebwerk: Ein Daimler-Benz DB 603 A-1 flüssigkeitsgekühlter Zwölfzylinder-Λ-Motor mit 1 × 1720 PS Startleistung. Dreiblatt-Verstelluftschraube. Großer Bauchkühler unter dem Rumpf.
Besatzung: 1 Pilot in geschlossener Kabine mit aufgesetzter Vollsichtabdeckhaube.
Militärische Ausrüstung: Bewaffnung bestehend aus 1 × 30 mm MK 108 als Motorkanone, 2 × 13 mm MG 131 über dem Motor, 2 × 13 mm MG 131 in den Flügelwurzeln außen und 2 × 20 mm MG 151/20 in den Flügelwurzeln innen.

Eine Spezialausführung sollte unter der rechten Tragfläche eine SC 1000-Bombe tragen und auf der anderen Seite einen 260-l-Behälter. Ob sich diese Anordnung in der Praxis hätte durchführen lassen, erscheint sehr fraglich.

Messerschmitt Me 310

Geplante Höhenjäger-Entwicklung aus der Me 210. Bei gleichem Aufbau sollte das Muster eine auf 18,00 m vergrößerte Spannweite, eine Druckkabine für die zwei Mann Besatzung und als Antrieb 2 × 1750 PS-Daimler-Benz DB 603 A-Motoren erhalten. Die militärische Ausrüstung war der Me 210 angeglichen.

Messerschmitt Me 321 »Gigant«

Gleichzeitig mit dem Sonderkommando Merseburg, das den riesigen Junkers-Lastensegler Ju 322 »Mammut« (siehe dort)

einzufliegen hatte, begann in Süddeutschland das Sonderkommando Leipheim mit der Erprobung eines ähnlich großen Lastenseglers aus den Messerschmittwerken mit der Bezeichnung Me 321 »Gigant«. Beide Lastensegler liefen unter der größten Dringlichkeit, da sie für eine Invasion Englands gefordert wurden. Mit der Entwicklung der Me 321 begannen der leitende Konstrukteur Fröhlich und 20 weitere Konstrukteure am 6. November 1940. Im März 1941 erfolgte bereits der erste Start. Er wurde durch den Junkers Ju 90 mit amerikanischen Motoren als Schleppmaschine ermöglicht, die bereits bei der Ju 322 eingesetzt worden war.

Die Me 321 unterschied sich in der Bauweise wesentlich von der Junkers-Konstruktion, denn ihr Aufbau bestand durchweg aus verschweißten Stahlrohren mit Stoffbespannung. Im Prinzip stimmt der Aufbau mit der nachfolgend beschriebenen Me 323 überein, weshalb hier auf eine nähere Erläuterung verzichtet werden soll. In den Abmessungen war die Me 321 kleiner als die Ju 322, sie konnte aber normal eine Nutzlast von 22 Tonnen tragen. Das entsprach einer kampfstarken Kompanie Soldaten, einem Panzer V oder einer 8,8-cm-Flak einschließlich Zugmaschine und Bedienungspersonal. Bei Überlast konnte die Zuladung sogar bis auf 27 Tonnen gesteigert werden. Diese Werte überzeugten bei einem Leergewicht von nur 12 Tonnen. Fliegerisch war das riesige Flugzeug nicht zu bemängeln, allerdings waren trotz der Servo-Steuerung die Steuerkräfte viel zu hoch.

Die Besatzung bestand bei der *Messerschmitt Me 321 A* nur aus dem Piloten. Durch die zusätzliche Bewaffnung bei der *Messerschmitt Me 321 B* steigerte sie sich später auf drei Mann. Der Führerraum war als Panzerkabine ausgebildet. Im Heck befand sich ein Bremsfallschirm. Die Bewaffnung der Me 321 B bestand aus vier Türmen mit je einem MG 15. Als Landefahrwerk waren vier Einzelkufen vorgesehen. Der Start erfolgte auf vier abwerfbaren Rädern, bestehend aus zwei Haupträdern unter den beiden hinteren Kufen und zwei Bugrädern, die von der Me 109 übernommen wurden.

Auch zum Schleppen der Me 321 erwiesen sich die Ju 90 mit deutschen Triebwerken als zu schwach. Man führte deshalb den sogenannten Troika-Schlepp ein, eine Schleppmethode, bei der drei Me 110 C gleichzeitig eine Me 321 starteten. Diese

217. Messerschmitt Me 321 (Versorgung Cholm 10. 10. 1941)

Schleppart war jedoch für alle Beteiligten äußerst gefährlich.
Um ein Ausbrechen des »Giganten« beim Start zu verhindern, wurden die beiden Bugräder verriegelt, die beim Rollen
auf dem Flugfeld von zwei Mann mit langen Stangen gelenkt
werden mußten. Die Schleppseillänge betrug bei der Troika-
Methode etwa 120 m. Für den Startvorgang wurden fast
1200 m Rollbahn gebraucht. Dabei durfte die Schleppge-
schwindigkeit mit Rücksicht auf die benötigte gute Steuerbarkeit der drei Me 110 nicht unter 160 km/h absinken. Um
die Startstrecke abzukürzen und die schleppenden Maschinen im kritischen Startzustand zu entlasten, ging man
schließlich dazu über, unter den Außenflügeln der Me 321 bis
zu acht Startraketen von je 500 kp aufzuhängen, die
nacheinander gezündet und nach dem Abbrennen abgeworfen wurden. Bessere Ergebnisse erbrachte der Schlepp durch
eine Ju 290 A-1, jedoch waren von diesem Muster nicht
genügend Maschinen greifbar. Als Ideallösung bewährte sich
die aus zwei He 111 zusammengebaute He 111 Z.
Von der Me 321 wurden insgesamt 200 Stück in Leipheim
und Obertraubling bei Regensburg fertiggestellt und nach
Frankreich überführt. Als es feststand, daß keine Invasion
Englands erfolgen würde, gingen im Juli 1941 drei Staffeln
an die verschiedenen Abschnitte der Ostfront und bewährten
sich dort.

Messerschmitt Me 323 »Gigant«

Die guten Erfahrungen mit den Großraumlastenseglern
Me 321 an der Ostfront einerseits, der zeitraubende und
wetterabhängige Einsatz andererseits ließen noch 1941 den
Wunsch wach werden, die Me 321 für den Eigenstart zu
motorisieren. Zwar sank die Zuladung auf 10 bis 12 Tonnen,
jedoch konnte dafür ein vollwertiger Großraumtransporter
erwartet werden. Diese motorisierte Me 323 blieb zwar

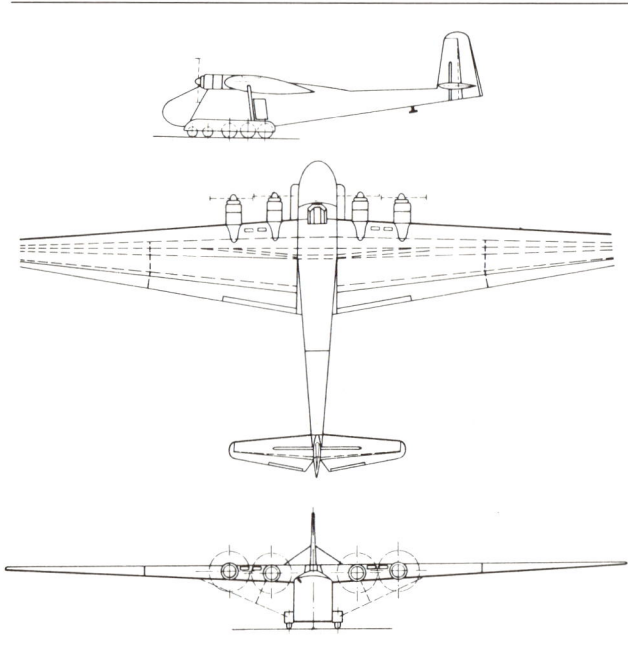

201. Messerschmitt Me 323 V-1 ▽

strukturell eine Me 321, erforderte aber zahlreiche Änderungen und Verstärkungen. Für den ersten Prototyp, die *Me 323
V-1,* verwendete man vier französische Beutetriebwerke
Gnôme-Rhône 14 N mit 4 × 990 PS Startleistung. Sie
erwiesen sich jedoch als zu schwach für diese Maschine.
Ebenfalls besaß diese Erstausführung noch ein geländegängiges Fahrwerk aus acht Rädern. In der Folgezeit wurden elf

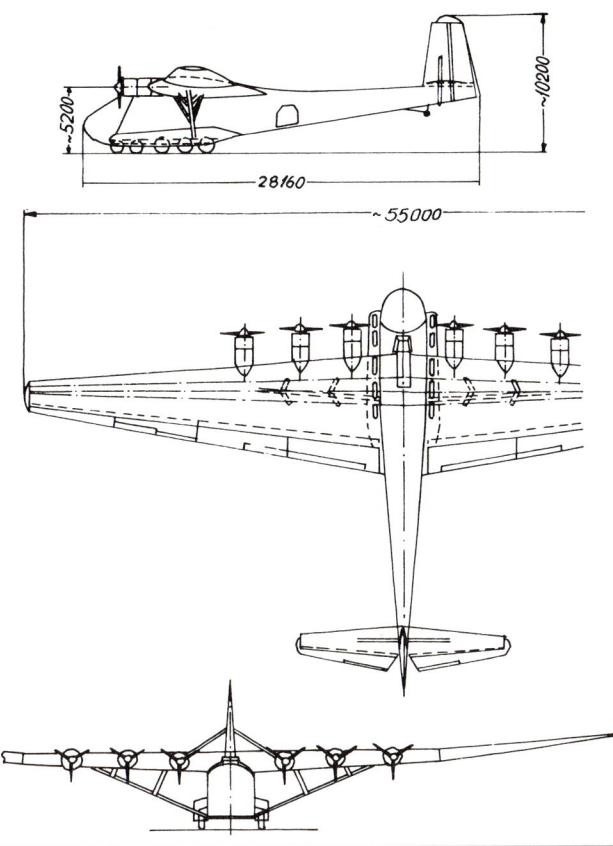

202. Messerschmitt Me 323 D-1

weitere Prototypen gebaut und geflogen. Sie alle besaßen verschiedene Triebwerke, zuerst vier, dann sechs. Auch beim Fahrwerk wurde die Anzahl der Räder im Verlauf der Entwicklung von acht auf zehn erhöht. Weiterhin wurde der Laderaum auf Eisenbahnspurbreite gebracht. 1942 lief die Serienfertigung ebenfalls wieder in Leipheim und Obertraubling an. Bis 1944 verließen 201 Einsatzmaschinen die Montagehallen. Sie wurden unter den schwierigsten Witterungsbedingungen an allen Fronten eingesetzt und bewährten sich als Transporter überall. Allerdings konnte das Grundübel dieser Konstruktion, die schon bei der Me 321 erwähnten hohen Steuerdrücke, über die ganze Entwicklungs- und Bauzeit nicht ausgeschaltet werden. Weitere schwerwiegende Mängel, durch die kurze Entwicklungszeit entstanden, konnten in der laufenden Serie ebenfalls nur schwer abgeschafft werden. Dazu gehörte die Schwingungsanfälligkeit des Tragwerkes und die Witterungsanfälligkeit der Sperrholz-Stoff-Bekleidung. Insgesamt gesehen war die Me 323 jedoch der im Vergleich zu seinem Aufwand (12 000 bis 15 000 Stunden Bauzeit) erfolgreichste und größte Transporter des Zweiten Weltkrieges.

Messerschmitt Me 323 D-Reihe

Erste Fertigungsreihe in den Messerschmitt-Werken. Als Antrieb dienten sechs französische Gnôme-Rhône 14 N-Sternmotoren. Diese Motoren befanden sich bei der Besetzung Frankreichs einschließlich der Verkleidungen im Serienbau für den Bloch 175-Bomber und wurden komplett übernommen, damit aus der laufenden deutschen Produktion keine Triebwerke abgezweigt werden mußten.

Me 323 D-1
Mit der D-2 zusammen in etwa 30 Exemplaren gebaut und abgeliefert. Diese Version besaß Gnôme-Rhône 14 N mit 6 × 720 PS Startleistung und starren Zweiblatt-Holzluftschrauben. Die Bewaffnung umfaßte fünf Stände für je 1 × 7,9 mm MG 15. Zusätzlich konnten weitere acht bis zehn Infanterie-MG 34 in Fenstermanschetten von den beförderten Infanteristen bedient werden.

Me 323 D-2
Analog der Me 323 D-1, jedoch mit veränderter Ausrüstung und Tankanlage.

Me 323 D-6
Die in größter Stückzahl gebaute Version mit stärkeren Triebwerken, Verstellpropellern und erhöhter Bewaffnung.

Typ: Sechsmotoriger Großraumtransporter.
Flügel: Abgestrebter Schulterdecker. Flügelaufbau in drei Teilen. Weitspannendes Mittelstück beherbergt alle Motoren und ist durch je einen I-Stiel zu den Rumpfuntergurten abgefangen. Außenteile mit V-Form freitragend angelenkt. Holme als verschweißtes viereckiges Stahlrohrfachwerk. Rippen aus Holz. Der Mittelflügel ist komplett mit Sperrholz beplankt, Außenteile mit Sperrholznase, hinten stoffbespannt. Gesamte Flügelhinterkante als Klappen ausgebildet, in den Außenteilen jeweils als zweiteilige Querruder, im Mittelflügel als vierteilige Landeklappe. Sämtliche Klappen sind an Stahlrohrauslegern angelenkt, die vom Holm ausgehen. Querruder mit kombinierten Servo-Trimmklappen, die durch je einen Elektro-Servo-Motor in jeder Fläche angetrieben werden.
Rumpf: Verschweißtes Stahlrohrgerüst mit rechteckigem Querschnitt, darüber ein Holzformgerüst und komplett mit Stoff bespannt.
Leitwerk: Abgestrebtes Normalleitwerk. Kompletter Holzaufbau. Höhenflosse hydraulisch verstellbar.
Fahrwerk: Starres Mehrradfahrwerk, geländegängig. Je 5 Räder hintereinander an jeder Rumpfseite, verkleidet durch einen durchlaufenden Kasten. Die 3 vorderen Räder einer jeden Seite arbeiten über einen Hebel auf Öldruckzylinder, die beiden hinteren gemeinsam auf eine Feder. Die hinteren 6 Räder sind pneumatisch bremsbar. (Das Fahrwerk, das sich selbst bei Gräben und Trichtern bewährte, konnte auch zur Ladekontrolle herangezogen werden. Bei richtiger Beladung mußte sich die Maschine über die Hinterräder auspendeln lassen.)
Triebwerk: Sechs Gnôme-Rhône 14 N 48/49 luftgekühlte Vierzehnzylinder-Doppelsternmotoren mit 6 × 990 PS Startleistung. Dreiblatt-Ratier-Verstelluftschrauben. Motoren auf der rechten Seite rechtsdrehend, auf der linken Seite entgegengesetzt. Normalkraftstoffkapazität 10 740 Liter in 6 selbstschließenden Flächentanks.

219. Messerschmitt Me 323 B-1

Besatzung: 5 Mann bestehend aus 1. und 2. Pilot, 2 Flugingenieuren und 1 Funker. Gepanzerter Führerraum mit zwei Sitzen nebeneinander und Doppelsteuer zwischen Flügelnasen oberhalb der Rumpfstruktur. Funkersitz im Holm an der linken Seite. Flugingenieure sitzen jeweils in einer Flügelwurzel. Jeder ist für die drei Triebwerke einer Seite verantwortlich. Bug für die Beladung aus zwei seitlich aufklappbaren Türen bestehend, die den vollen Laderaumquerschnitt von 10 m² freigeben. Die Beladungsmöglichkeit besteht in einem kompletten 8,8 cm Flakzug oder mit Zwischendekken aus 52 Fässern mit je 250 Liter Kraftstoff, aus 8700 Broten, 130 voll ausgerüsteten Soldaten oder 60 Verwundetenbahren.
Militärische Ausrüstung: Bewaffnung bestehend aus 5 Ständen mit je einem 13 mm MG 131.

Weitere Waffenstände wurden öfter bei den Frontwerften zusätzlich eingebaut. Weitere Versionen wurden bekannt, die bis zu 16 Waffenstände erhielten. Sie dienten – ohne Nutzlast – als Begleitschutz für größere Me 323-Verbände.

Messerschmitt Me 323 E-Reihe
Bei der Me 323 E wurde erneut eine Verstärkung der Bewaffnung vorgenommen. Gleichzeitig erhielten diese Maschinen leistungsstärkere Motoren.

Me 323 E-1
Version mit sechs Gnôme-Rhône 14 R-Motoren von 6 × 1100 PS Startleistung. Gleichzeitig erhielt sie zu der Normalbewaffnung von 5 × 13 mm MG 131 zwei weitere Waffenstände auf dem Mittelflügel mit HDL 151/20-Türmen. Dafür wurde die Besatzung um zwei Mann auf sieben Mann erhöht.

Me 323 E-2
Analog der Me 323 E-1 bis auf einen Ersatz der beiden HDL 151/20-Gefechtsstände auf dem Flügel durch HDL 131.

Nach dem Vorbild der Flakkreuzer wurde in Leipheim eine Me 323 E-2 umgebaut und von der Truppe versuchsweise als Geleitschutzflugzeug eingesetzt. Diese Me 323 E-2/WT (Waffenträger) trug nicht weniger als elf Maschinenkanonen vom Typ MG 151/20, fünf davon in Türmen, und vier MG 131. Die Seitenstände waren überaus stark gepanzert: 90 mm Panzerglas und 20 mm Stahlblech. Dieses Flugzeug trug keine weitere Nutzlast und hatte eine Besatzung von 17 Mann.

Zeppelin/Messerschmitt ZMe 323 F-Reihe
1943 wurde die Weiterentwicklung der Me 323 dem Luftschiffbau Zeppelin GmbH, Abteilung Flugzeugbau, übergeben, um bei Messerschmitt Platz für neue Entwicklungen zu erhalten. Fröhlich und sein Mitarbeiterstab siedelten mit zu

220. Messerschmitt Me 323 E-2/WT

238

221. Messerschmitt Me 328 A

Zeppelin über. Hier entstand dann als Weiterentwicklung die ZMe 323 F, die aber nicht mehr zum Einsatz kam.

ZMe 323 F-1
Letztes Entwicklungsglied der Me 323-Reihe. Sie entsprach in der Bewaffnung und im Aufbau der Me 323 E-2, besaß jedoch als Antrieb sechs Jumo 211 R mit Ringkühler und 6 × 1340 PS Startleistung.

Messerschmitt Me 328

Anfang 1943 wurde in einer Gemeinschaftsarbeit zwischen der Messerschmitt AG und der Deutschen Forschungsanstalt für Segelflug ein einsitziger Jäger projektiert, der ohne eigenen Antrieb im Mistelschlepp an den feindlichen Bomberverband herangetragen und dann im Gleitflug seine Angriffe durchführen sollte. Dieses Flugzeug erhielt die Bezeichnung Me 328 A.

Messerschmitt Me 328 A
Die konstruktive Ausarbeitung dieses Jagd-Gleiters wurde dem Segelflugzeugbau Jacob Schweyer übertragen, der im März 1943 mit den Arbeiten begann. Für den billigen Masseneinsatz wurde das Muster äußerst einfach unter der Verwendung von zahlreichen Holzteilen aufgebaut. Die Bruchversuche mit der Me 328 A-Zelle verliefen zur vollsten Zufriedenheit. Die in der Zwischenzeit bei der Fi 103 (V-1) mit Erfolg eingebauten Pulso-Schubrohre ließen es wünschenswert erscheinen, diese auch in die Me 328 einzubauen. Diese Version sollte die Bezeichnung Me 328 B erhalten.

Messerschmitt Me 328 B
Noch Ende 1943 wurde mit der Konstruktion der mit zwei Argus As 014-Schubrohren ausgerüsteten Version begonnen.

Von einem Einsatz als Jäger sollte dabei Abstand genommen werden zugunsten einer Schlachtfliegerausführung, die eine 500-kg-Bombe an einem Gestell unter dem Rumpf mitführen konnte.

Zu jener Zeit war es klar, daß die Alliierten in absehbarer Zeit eine Invasion auf dem Festland versuchen würden. Im Herbst 1943 hatte der Luftwaffenoffizier Heinrich Lange eine kleine Gruppe von Luftwaffenangehörigen gegründet, die Anhänger des SO-(Selbstopferungs-)Einsatzes waren. Nach der genau ausgearbeiteten Theorie sollte jeweils mit einem SO-Flugzeug ein Landeschiff der Invasionsflotte versenkt werden. Der SO-Pilot hatte das als Verlustgerät gedachte SO-Flugzeug bis zum Auftreffen ins Ziel zu lenken und fand dabei den Tod. Im Oktober begann die Gruppe unter Lange mit Dr. Benzinger, Leiter des Institutes für Flugmedizin in Rechlin, und Hanna Reitsch, Testpilotin und Einfliegerin der Gruppe, mit der Ausarbeitung konkreter Pläne. Milch vom RLM lehnte den Plan ab. Am 28. Februar 1944 trug Hanna Reitsch Hitler den Plan vor, der ihn ebenfalls ablehnte, jedoch ein Weiterarbeiten in dieser Richtung gestattete. Die Führung der SO-Gruppe übernahm nun der Chef des Generalstabs der Luftwaffe, General Korten. Er teilte die Freiwilligen des SO-Einsatzes einem Geschwader zur Betreuung zu. Inzwischen waren Tausende von Freiwilligenmeldungen eingegangen. Zuerst wurde aber nur eine Gruppe von 70 Mann ausgewählt, während die anderen nach der Erstellung des Fluggerätes eingezogen werden sollten.

Um nun mit dem Fluggerät schnell auf einen Nenner zu kommen, entschied sich die Führung der SO-Gruppe, das bereits greifbare Muster Me 328 B zu verwenden. Nur sollte anstelle der 500-kg-Bombe unter dem Rumpf ein Lufttorpedo als Kampfkopf im Bug untergebracht werden.

222. Messerschmitt Me 328 B
auf dem Rücken von Do 217

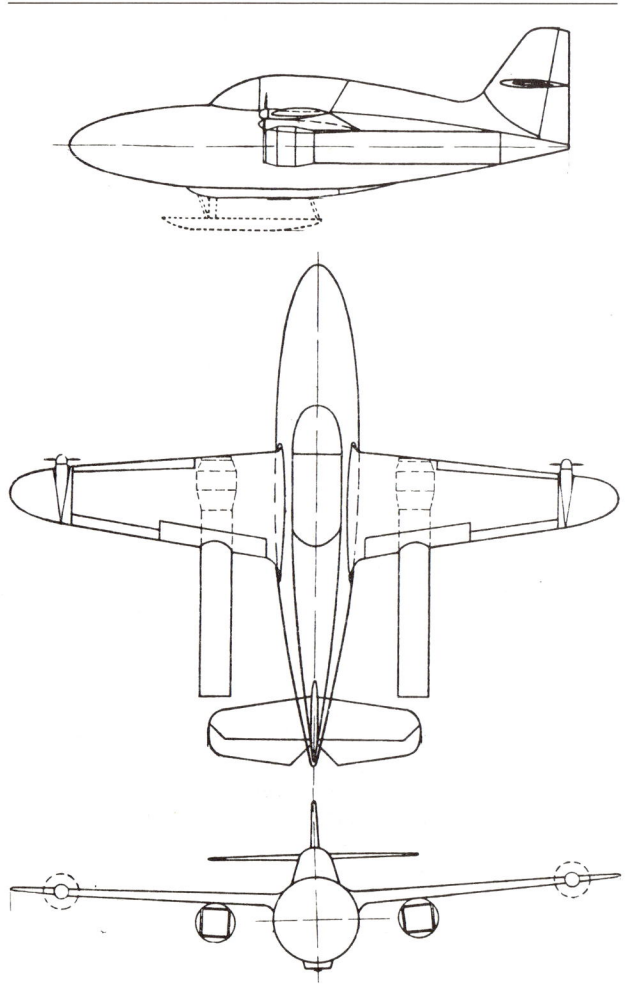

203. Messerschmitt Me 328 B ◁

Der erste Prototyp der B-Reihe, die Messerschmitt *Me 328 V-1,* konnte im Frühjahr 1944 in die Flugerprobung gehen. Die Flugversuche fanden ohne Triebwerke in Hörsching bei Linz statt und wurden von Hanna Reitsch und Heinz Kensche durchgeführt. Eine Dornier Do 217 E schleppte die Me 328 V-1 im Mistelverfahren auf 3000 bis 6000 m Höhe. Die Flugeigenschaften waren nicht besonders, reichten aber für den vorgesehenen SO-Zweck aus. In der Folgezeit wurden weitere V-Muster gebaut und auch mit zwei Argus-Schubrohren ausgerüstet. Die Pulso-Schubrohre übertrugen aber solche Schwingungen auf die Zelle, so daß die Erprobung nach dem ersten Todessturz abgebrochen wurde.

Typ: Zweistrahliges SO-Gerät.
Flügel: Freitragender Mitteldecker. Zweiteiliger, einholmiger Flügel in Holzbauweise mit einem Holm aus Stahlrohren, Vorflügel und abnehmbare Randbogen. Ladeklappen zwischen Querruder und Rumpf.
Rumpf: Leichtmetallschalenrumpf mit kreisrundem Querschnitt.
Leitwerk: Freitragendes Normalleitwerk in Holzbauweise unter Verwendung von Teilen des Me 109-Holzleitwerkes. Höhenleitwerk hoch an der Seitenflosse angesetzt.
Fahrwerk: Durch Federbein abgefederte ausfahrbare Zentralkufe unter dem Rumpf für die Landung. Start auf einem abwerfbaren Zweiradfahrgestell.
Triebwerk: Zwei Argus As 014 intermittierende Pulso-Schubrohre mit 2 × 360 kp Schub. Einbau unter den Tragflächen.
Besatzung: 1 SO-Pilot in geschlossener Kabine.
Militärische Ausrüstung: Lufttorpedokampfkopf im Bug (500 kg).

Messerschmitt Me 328 C
Der Mißerfolg mit der durch Schubrohre angetriebenen Version Me 328 B führte zur Umkonstruktion des Musters für eine im Rumpf liegende Jumo-004-Strahlturbine. Das

223. Messerschmitt Me 410 A-1 des ZG 26 △

204. Messerschmitt Me 410 A-1

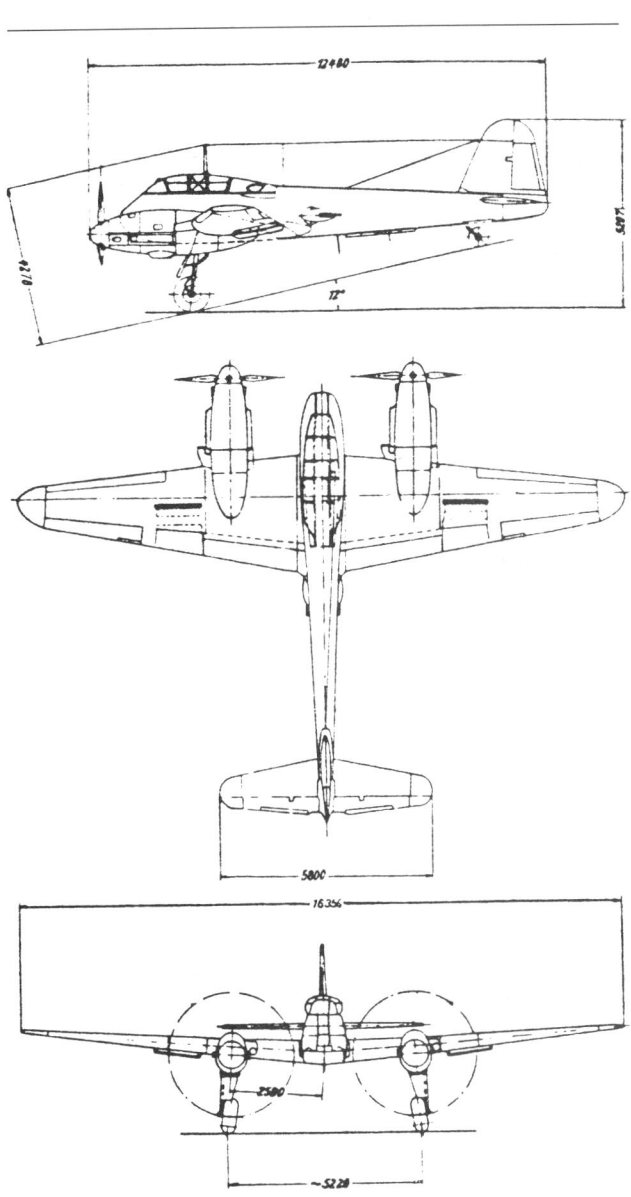

Projekt wurde jedoch nicht verwirklicht, weil die SO-Gruppe in der Zwischenzeit auf das »Reichenberg«-Gerät, eine bemannte Fi 103 (V-1), übergegangen war. Die Beschreibung des »Reichenberg«-Gerätes erfolgt im Teil Flugkörper unter Fieseler Fi 103 (Band 4).

Messerschmitt Me 410

Als die Flugeigenschaften der Me 210 leidlich befriedigten, wurde eine erneute Umkonstruktion des Musters vorgenommen, die sich hauptsächlich in der Verwendung der leistungsstärkeren Daimler-Benz DB 603 A-1-Motoren erschöpfte. Als Hauptverwendungszweck war der Einsatz des Musters als Schnell- und Jagdbomber ins Auge gefaßt worden. Zwischen 1943 und 1944 wurden insgesamt noch 1013 Me 410 der verschiedenen Versionen ausgeliefert, davon 1943 271 Jäger und Bomber und 20 Aufklärer, 1944 629 Jäger und Bomber und 93 Aufklärer.

Messerschmitt Me 410 A-Reihe
Grundversion als Bomber und Jagdbomber für kombinierte Einsätze. Sie wurde anschließend auch für den Jagdeinsatz umgerüstet.

Me 410 A-1
Ausführung als Bomber für eine Innenlast von 500 kg. Eine 1000-kg-Spezialbombe konnte unter Überlastbedingungen ebenfalls im Bombenraum mitgeführt werden. Die Besatzung bestand aus zwei Mann, angeordnet wie bei der Me 210. Ebenfalls stimmt der strukturelle Aufbau vollkommen mit dem der Me 210 überein.

Triebwerk: Zwei Daimler-Benz DB 603 A-1 flüssigkeitsgekühlte Zwölfzylinder-∧-Motoren mit 2×1720 PS Startleistung. VDM-Dreiblatt-Verstelluftschrauben. GM-1-Zusatzanlage. Panzerplatte hinter der Luftschraubenhaube. Kühler in Schächten unter dem Flügel jeweils außenseits der Motorengondeln. Unterseite der Motorengondeln und Kühler ebenfalls gepanzert. Kraftstoffkapazität 5000 Liter in 6 selbstschließenden Gummitanks im Flügel.
Militärische Ausrüstung: Bewaffnung bestehend aus 2×20 mm MG 151/20 und $2 \times 7,9$ mm MG 17 starr im Rumpfbug sowie 2×13 mm MG 131 in vom Beobachter ferngesteuerten beweglichen Gondeln (FDL 131) in den Rumpfseitenwänden. Bombenraum im

224. Messerschmitt Me 410 A-3 der 2. (F)/122

Rumpfbug unter dem Führersitz. Maximale Aufnahmefähigkeit 2 × 250 kg, 1 × 500 kg oder 1 × 1000-kg-Spezialbombe.

Die Umrüstungsversion des Bombers als Jäger trug die Bezeichnung *Me 410 A-1/U 2*. Sie unterschied sich lediglich durch zwei zusätzliche MG 151/20, die anstelle der Bombenzuladung starr im Bombenraum angebracht waren (Waffenbehälter WB 151, an ETC aufgehängt).

Me 410 A-2

Version als schwerer Jäger mit verstärkter Bewaffnung. Zu den 2 × 13 mm MG 131, beweglich in den hinteren Rumpfseitenwänden, besaß diese Version starr im Rumpfbug 2 × 20 mm MG 151/20 und 2 × 30 mm MK 103. Die mit gleicher Bewaffnung ausgestattete Umrüstversion *Me 410 A-2/U 2* war für den Nachtjagdeinsatz eingerichtet. Die *Me 410 A-2/U 4* dagegen erhielt nach der Entfernung der üblichen starren Bewaffnung im Bombenraum eine starre BK-5-Kanone mit 36 Schuß Munition. Trotzdem diese Version durch den Einbau der überschweren Waffe stark kopflastig war, wurde sie mit Erfolg gegen amerikanische Bomber eingesetzt.

Me 410 A-3

Version als Aufklärer mit vergrößerter Reichweite, Sichtfenstern im Bombenraum und einer dort untergebrachten Kameraausrüstung. Bewaffnung 2 × 20 mm MG 151/20 starr und die übliche Abwehrbewaffnung nach hinten.

Messerschmitt Me 410 B-Reihe

Entwicklungsreihe mit verstärkter Bewaffnung, hauptsächlich durch den Ersatz der beiden starren MG 17 durch zwei MG 131.

Me 410 B-1

Bomberversion wie Me 410 A-1, Bewaffnung jedoch aus 4 × 13 mm MG 131 und 2 × 20 mm MG 151/20 bestehend.

Me 410 B-2

Zerstörer analog der Me 410 A-1/U-2, jedoch mit dem Waffenbehälter WB 151 im Bombenraum als Standardausrüstung.

Me 410 B-3

Aufklärerversion wie Me 410 A-3, jedoch mit 4 × 13 mm MG 131 und 2 × 20 mm MG 151/20.

Für die einzelnen Serienausführungen der Me 410 waren folgende Rüst- und Umrüstsätze vorgesehen:

R 2	Waffenbehälter WB 108 (2 MK 108) im Bombenraum
R 3	Waffenbehälter WB 103 (2 MK 103) im Bombenraum
R 4	Waffentropfen WT 151 (2 MG 151/20) unter dem Rumpf
R 5	Waffen-Einbau 151 V (4 MG 151/20) im Bombenraum
U 1	Kamera-Einbau im hinteren Teil des Rumpfes
U 2	Waffenbehälter WB 151 A (2 MG 151) im Bombenraum
U 4	1,5 cm Pak 38/L 60 im Bombenraum mit geänderter Abdeckung, Einbau einer Robot-Kamera

242

An Umrüst- bzw. mit Rüstsätzen ausgestatteten Versionen
wurden eingesetzt:

Me 410 A-1   U 1, U 2 und U 4
       A-2   U 4
       A-3   U 1
       B-1   U 2, U 4
       B-2   U 2, R 2, R 3, R 4, R 5, U 4
       B-3   U 1

Folgende Serienmuster erreichten nur das Versuchsstadium:

Me 410 B-5   Torpedoflugzeuge, starre Bewaffnung nur 2 MG 151/20, 1 Torpedo 900 kg, auch LT 950 oder 1800 kg Bomben, Versuch 1944
       B-6   Zerstörer, 2 MG 131, 2 MG 151/20 und 2 MK 103 starr, 2 MG 131 zur Abwehr. Versuche 1944/45 zur U-Bootbekämpfung. FuG 200.
       B-7   Jagd-Aufklärer ähnlich B-3/U 1, Versuche 1944/45.
       B-8   Nachtfernerkunder, Leuchtbomben im Bombenraum, Versuche 1944/45.
       C   Mehrzweckflugzeug mit Abgas-Turbolader und verbesserter Kabinenverglasung. Sollte Musterflugzeug für D-Serie werden.
       D-1   nur Projekt Schnellbomber
       D-2   nur Projekt Zerstörer
       D-3   nur Projekt Fernerkunder
       H   Umbau aus B-2 für Höheneinsatz, Spannweite auf 23 m vergrößert, begonnen 1944, aber nicht mehr fertiggestellt.

Eine weitere Me 410 wurde für die Verwendung Werfer-Granate W. Gr. 21 umgebaut. Anstelle der starren Waffen wurde im Rumpfbug eine sich im Uhrzeigersinn drehende Trommel mit sechs Werferrohren eingebaut, von der jeweils eins zum Schluß freilag, während die anderen innerhalb des Rumpfes verblieben. Nach der Vorerprobung des Gerätes wurde die Maschine zur Erprobungsstelle Tarnewitz überführt. Die dort durchgeführten Schießversuche befriedigten nicht; die sich beim Schuß stauenden Pulvergase sprengten die gesamte Bugverkleidung der Me 410 ab.

Messerschmitt Me 509

Dieses Jägerprojekt wurde aus der Me 309 entwickelt, hatte aber einen geänderten Triebwerkseinbau. Wahrscheinlich angeregt durch einige in der UdSSR erbeutete US-Jäger des Musters Bell B-39 plante man den DB 605 hinter dem Führerraum einzubauen, von wo die dreiflügelige Luftschraube über eine Fernwelle, die unter dem Führersitz hindurchlief, angetrieben werden sollte. Mit der Streichung des Me 309-Programms verfiel auch die Me 509 der Ablehnung. In irgendeiner Form muß aber die Kenntnis von dieser Entwicklung nach Japan gelangt sein, denn dort entstand etwa zur gleichen Zeit der Versuchsjäger R2Y1. Ein Ver-

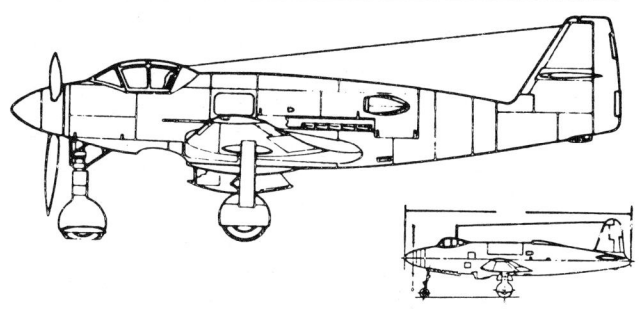

205. Messerschmitt Me 509 (R2Y1) △
206. Messerschmitt Me 609 ▽

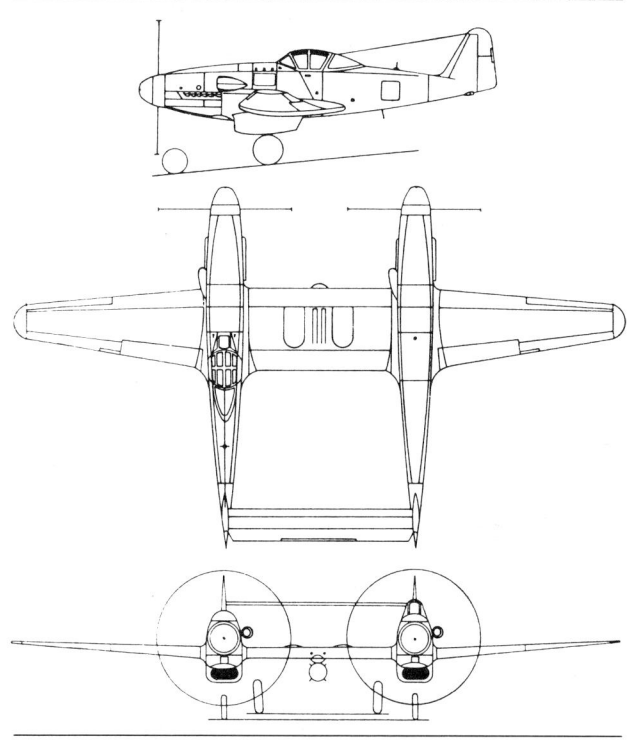

gleich der Seitenansichten der Me 509 und der R2Y1 läßt den Verdacht zu, daß R2Y1 die Realisierung des Me 509-Projektes auf japanische Art darstellen könnte, zumal ja Bf 109 und Me 410 nach Japan geliefert wurden.

Messerschmitt Me 609

Ähnlich der Me 109 Z, die als schweres Flugzeug aus zwei Me 109 zusammengesetzt werden sollte, wurde für die gleiche Ausschreibung der Zusammenbau von zwei Me 309 projektiert, der eine größere Leistungsfähigkeit des Gespanns versprach. Die Änderungen gegenüber der Originalkon-

243

struktion umfaßten etwa den gleichen Umfang wie bei der
Me 109 Z, jedoch war das Hauptfahrwerk der Me 609 nur
einfach vorhanden und unter dem neuen Mittelstück angelenkt.

1. Zerstörer mit starker Bewaffnung und eventuell kleiner
   Bombenlast bis 500 kg.
2. Schnellbomber mit verringerter Bewaffnung, jedoch
   größerer Reichweite und Bombenlast bis 2000 kg.

Gegenüber einer Neuentwicklung für die gleiche Aufgabenstellung hatte eine derartige Kombination bereits vorhande-
ner, oder in der Fertigung befindlicher Flugzeuge den
Vorzug, daß der Serienanlauf erheblich schneller einsetzen
konnte.

Vom Ausgangsmuster hätten übernommen werden können:
Rumpf, komplettes Triebwerk, vollständige Ausrüstung,
Flügel zu 80 Prozent und Teile des Fahrwerks, so daß nur
folgende Teile hätten neu gebaut werden müssen:
Flügelzwischenstück, Höhenleitwerk, Fahrwerksanlenkung
und Räder, Radkasten im Flügel, Verlängerung der Querru-
der und Slots, Zusatzbehältereinbau anstelle des zweiten
Führersitzes.

Für die Zerstörerversion waren als Bewaffnung ursprünglich
zwei MK 108 und zwei MK 103 vorgesehen, jedoch bestand
die Möglichkeit, zwei weitere MK 108 entweder in den
Außenflügeln oder in dem Flügelzwischenstück einzubauen.
Die Bombenlast sollte entweder aus einer SC 500 oder 2 × SC
250 bestehen.

Bei der Bomber-Version sollte, wie bereits geschildert, die
Bewaffnung auf 2 × MK 108 verringert, der Kraftstoffvorrat
aber auf 1500 kg gesteigert werden. Zwei ETC 1000 sollten
entweder je eine SB 1000 oder SC 1000 tragen. Diese konnten
gegebenfalls durch Schüttkästen oder Waffenbehälter ersetzt
werden. Die Höchstgeschwindigkeit der Zerstörerversion
sollte bei 720 km/h liegen, die der Bomberversion etwa
10 Prozent niedriger.

Messerschmitt-Projekte

Von den früheren nur mit einer Projektnummer belegten
Entwürfen des Messerschmitt-Projektbüros wurden noch
zahlreiche in die Tat umgesetzt, so die Me P. 1059 zur
Me 209, die Me P. 1064 zur Me 261 und die Me P. 1065 zur
Me 262. Dagegen kamen die meisten Kriegsprojekte, abgesehen von der Me P. 1101, nicht über das Konstruktionsstadium hinaus.

Eine Reihe weiterer Entwicklungen waren aus den Standard-
modellen geplant. Sie kamen alle nicht über das Projektstadium hinaus. Zu ihnen gehörte der *Me P. 1091/I*-Höhenjä-
ger, aus der Me 109 G-5 abgewandelt und mit einem
vergrößerten Leitwerk versehen. Der Antrieb sollte aus
einem DB 605 A für die Luftschraube und einem DB 603 zum
Antrieb des Laders bestehen. Bewaffnung: 1 × 30 mm MK
108 und 2 × 20 mm MG 151/20. Bei der *Me P. 1091/II* sollte
die Spannweite wesentlich vergrößert sowie Flügelmittelstück und Heck verändert werden. Eine dritte Ausführung,

207. Messerschmitt Me 1091 △

208. Messerschmitt Me 109 TL ▽

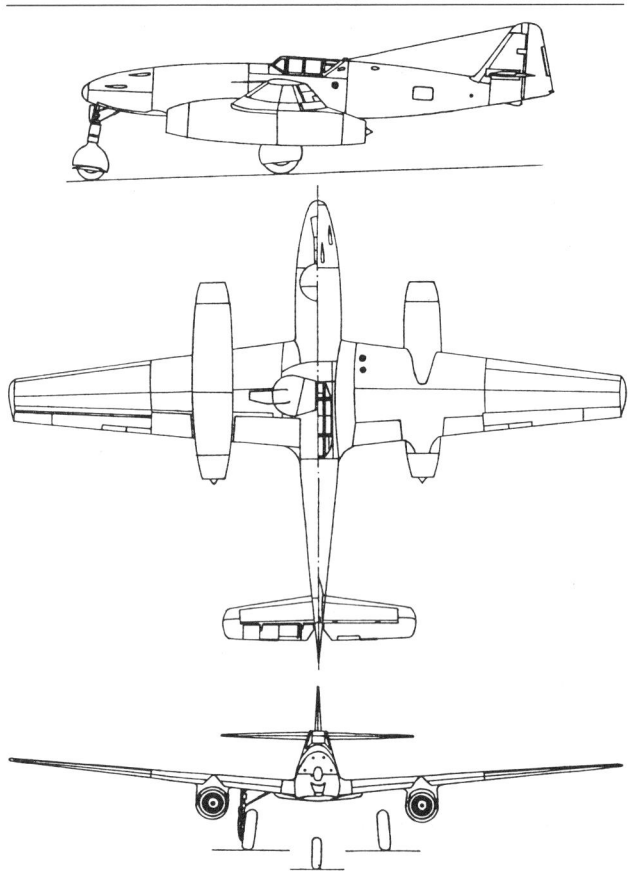

die *Me P. 1091/III,* wurde mit vollkommen neuem Rumpf
projektiert. Hier sollte der Antrieb aus einem DB 603 mit
TKL-15-Lader und zwei gegenläufigen Luftschrauben bestehen.

Messerschmitt Bf 109 TL

Am 22. Januar 1943 wurde bei einer Besprechung im RLM
vorgeschlagen, aus der Bf 109 einen Strahljäger zu entwikkeln. Dabei sollte der Rumpf der Me 155 verwendet werden,

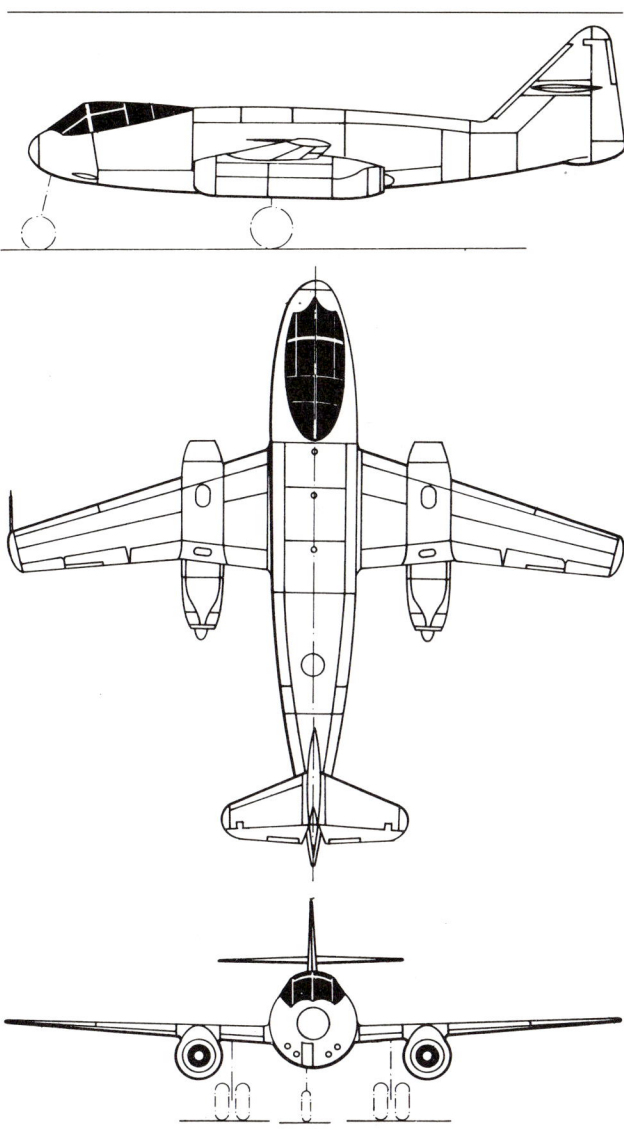

209. Messerschmitt P. 1099

das Fahrwerk der Me 309 und der Tragflügel der projektierten Me 409. Es stellte sich aber heraus, daß soviele Teile hätten geändert werden müssen, daß man das Projekt nach zwei Monaten aufgab.

Messerschmitt Me P. 1092

Entwurf eines Pfeilflügeljägers mit einer Jumo 004 C Strahlturbine. Die Version *Me P. 1092 A* sollte einen Flügel mit einer Spannweite von 7,75 m erhalten. Die *Me P. 1092*

B-1 hätte der Version A bis auf die vergrößerte Spannweite von 9,98 m entsprochen. Analog letzterer war die *Me P. 1092 B-2* mit einer geringeren Bewaffnung zur Geschwindigkeitserhöhung geplant.

Messerschmitt Me P. 1099

Dieses Projekt sollte ein Allwetterjäger als Ableitung aus der Me 262 werden. Als Antrieb waren zwei Jumo 004 C vorgesehen. Die überschwere Bewaffnung hätte eine 50 mm-BK 5-Kanone und eine MK 108 mit 30 mm Kaliber umfaßt.

Triebwerk	Jumo 004 C, später He S 011 A
Besatzung	2 Mann
Bewaffnung	4 MK 108 oder
	1 MK 103 und 2 MK 108 oder
	2 MK 103
später Ausführung B-1	1 FHL 151, 1 MK 103 Z, 2 FPL 151
B-2	1 MK 214, 2 MK 103, 2 FPL 151
Triebwerksleistung (Jumo)	2 × 1200 kp
Spannweite	12,61 m
Länge	12,00 m
Höhe	4,40 m
Flächeninhalt	22,00 qm
Rüstgewicht	5061 kg
Fluggewicht	8762 – 10262 kg
Höchstgeschwindigkeit	ca. 820 km/h

Messerschmitt Me P. 1100

Ähnlich P. 1099, jedoch nur Abwehrbewaffnung 2 FPL 151. Abmessungen und Leistungen ähnlich P. 1099.

Messerschmitt Me P. 1101

Der Mitte 1944 vom Oberkommando der Luftwaffe (OKL) ausgeschriebene Entwicklungsauftrag für einen Jagdeinsitzer mit einer He S 011-Strahlturbine als Antrieb, vier MK 108 als Bewaffnung und ungefähr 1000 km/h Höchstgeschwindigkeit in 7000 m Höhe wurde außer Blohm & Voß, Focke-Wulf, Heinkel und Junkers auch Messerschmitt übertragen. In der Oberammergauer Entwicklungsgruppe der Messerschmitt-Werke entstanden für diese Ausschreibung unter der Leitung von W. Voigt die Projekte Me P. 1101, Me P. 1106, Me P. 1110, Me P. 1111 und Me P. 1116. Sie sollten als Besprechungsunterlagen für eine erste Zusammenkunft der beauftragten Entwicklungsfirma vom 19. bis 21. Dezember 1944 in der DVL dienen. Unabhängig von der Entscheidung dieser Besprechung wurde auf persönlichen Wunsch Prof. Messerschmitts bereits im Juli 1944 mit der Konstruktion der Me P. 1101 begonnen. Dieses Projekt genügte sowohl in militärischer als auch in leistungsmäßiger Hinsicht nicht ganz der Ausschreibung und sollte hauptsächlich praktische Versuchsergebnisse des Hochgeschwindigkeitsfluges erbringen. Die Me P. 1101 wurde als Mitteldecker mit stark gepfeilten Flügel- und Leitwerksflächen ausgelegt,

225. Messerschmitt P 1101 V-1 in USA △
mit amerikanischem Triebwerk

226. Messerschmitt P 1101 V-1 während der Erprobung
bei der Bell Aircraft Company ▽

246

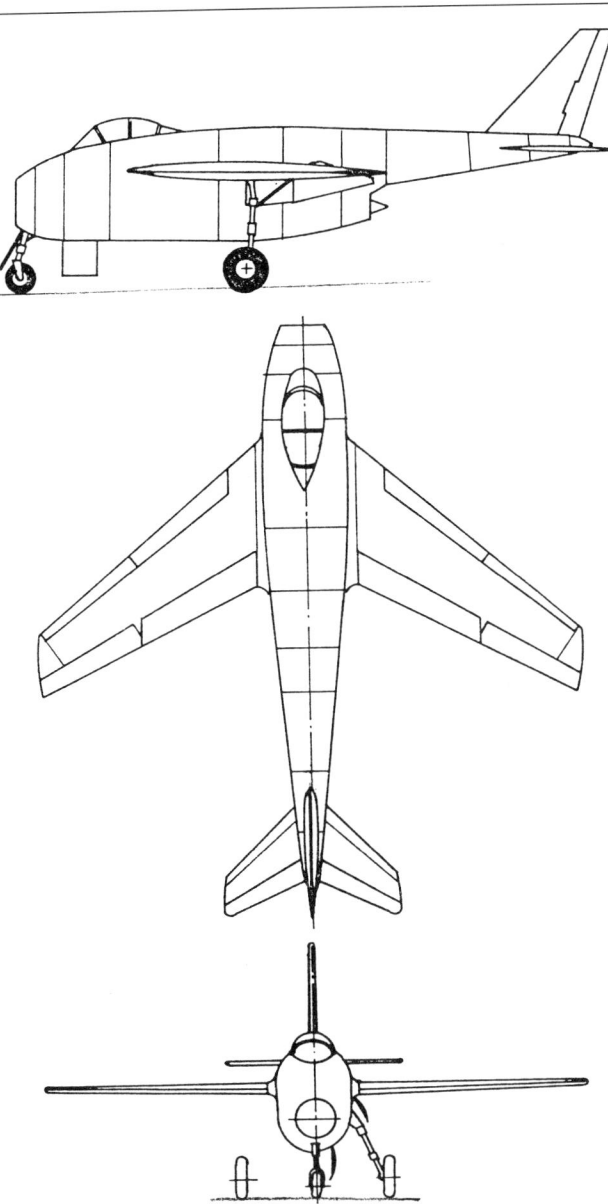

210. Messerschmitt P. 1101

1 × 1300 kp Standschub nicht so schnell verfügbar war, entschloß man sich, den Prototyp mit einer 1 × 890 kp Schub leistenden Jumo 004 B-Strahlturbine auszurüsten. Ein maßstäblich verkleinertes Modell des Prototyps mit 1,98 m Spannweite wurde 1944 für Windkanalversuche in Berlin-Adlershof gebaut. Der Prototyp selbst, die *Messerschmitt Me P. 1101 V-1,* stand Anfang 1945 nahezu vor der Fertigstellung, und fiel den Amerikanern in die Hände, die sie nach den USA abtransportierten. Die Firma Bell Aircraft Corp. hat nach der P. 1101 ein Hochgeschwindigkeits-Versuchsflugzeug X-5 entwickelt, das äußerlich genau der P. 1101 entspricht, bei der aber die Verstellung der Tragflächenpfeilung bereits im Flug möglich war. Diese Maschine ging dann bei der Erprobung zu Bruch. Die nachfolgenden Angaben betreffen die Version mit einer He S 011-Turbine.

Typ: Einstrahliger Jagdeinsitzer.
Flügel: Freitragender Pfeilflügelmitteldecker. Pfeilungswinkel am Boden zwischen 35° und 45° einstellbar. Vorflügel und Landeklappen zwischen Querruder und Rumpf. Aufbau in einholmiger Holzbauweise.
Rumpf: Gesamter Aufbau als Ganzmetallschale, vorne als Gondel mit ovalem Querschnitt, hinten als kreisrunder Leitwerksträger.
Leitwerk: Freitragendes gepfeiltes Normalleitwerk. Alle Flossen mit 45° Nasenpfeilung. Aufbau aller Flächen in Ganzholzbauweise.
Fahrwerk: Einziehbares Dreiradfahrgestell. Haupträder nach hinten in die Seitenwände der Rumpfgondel, Bugrad bei gleichzeitiger Schwenkung des Rades um 90° nach hinten unter dem Rumpfbug einfahrbar.
Triebwerk: Eine Heinkel He S 011 A-Strahlturbine mit 1 × 1300 kp Standschub. Kraftstoffkapazität 935 kg in 2 Flügel- und einem Rumpfbehälter.
Besatzung: 1 Pilot auf Schleudersitz in einer Druckkabine, abgedeckt durch eine aufgesetzte Vollsichthaube.
Militärische Ausrüstung: 2 × 30 mm MK 108 starr im Rumpfbug beiderseits der Lufteinlauföffnung, je 100 Schuß umfassend.

Messerschmitt P. 1102/5

Im Sommer 1944 entstand das Projekt 1102, das im wesentlichen eine Vergrößerung des Strahljäger-Projekts 1101 darstellte und als unbewaffneter Bomber ausgelegt war. Wie bei P. 1101 war die Tragflächenpfeilung verstellbar: Flugstellung 50°, Start- und Landestellung 20°. Die Pfeilung des Leitwerks betrug 60°. Die Tragfläche hatte einen Inhalt von 27 qm. Als Triebwerke waren drei BMW 003-Strahlturbinen vorgesehen, von denen sich zwei nebeneinander unter dem Rumpfbug befanden, während die dritte, die sich im Heck befand, ihre Lufteintrittsöffnung auf dem Rumpfrücken vor der Seitenflosse hatte. Im oberen Teil des Rumpfes befanden sich hintereinander angeordnet drei Treibstoffbehälter von je 1 200 Liter Fassungsvermögen. Der untere Teil des Rumpfes diente einmal zur Aufnahme der Bomben, zum anderen zur Aufnahme der einziehbaren Teile des Hauptfahrwerks. Dieses bestand aus einem einfachen Bugrad, einem Doppelrad etwa in der Mitte der Rumpflänge und seitlichen Stützrädern in den Tragflächen.

und zwar, der Materialengpässe wegen, in Gemischtbauweise. Um wirklich praktische Versuchsergebnisse zu erlangen, konnte am Boden der Pfeilungswinkel des Flügels zwischen 35° und 45° eingestellt werden. Die besten Ergebnisse versprach nämlich der Mittelwert mit 40° Pfeilung. Da die für den Einbau vorgesehene Heinkel He S 011-Turbine mit

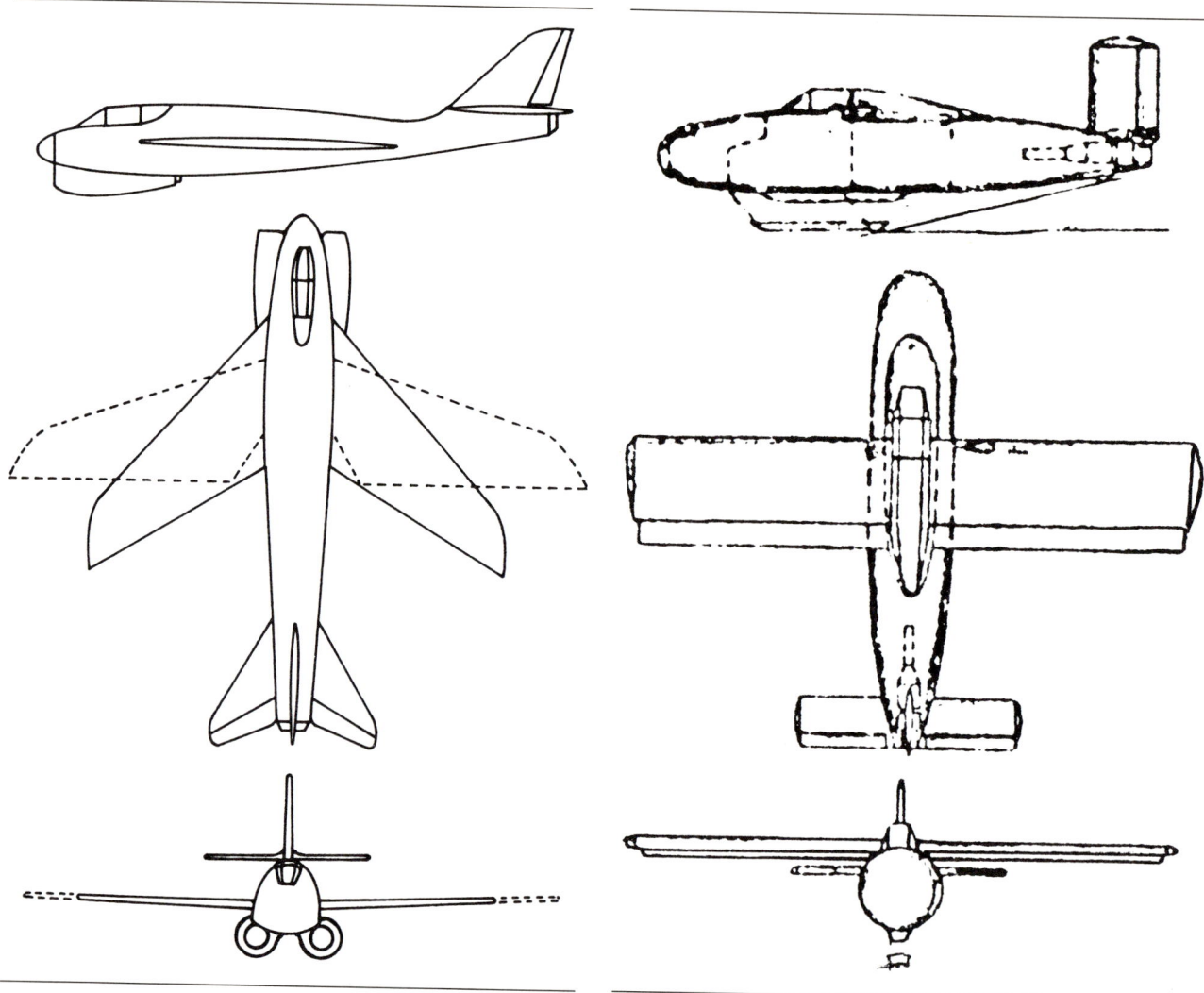

211. Messerschmitt P. 1102

212. Messerschmitt P. 1104

Messerschmitt Me P. 1104

Raketengetriebener Objektschutz-Raketenjäger, der nach der gleichen Ausschreibung wie Bachem Ba. 349 und die Konkurrenzentwicklungen bei Heinkel und Junkers entstand. Er war als konventioneller Schulterdecker in Holzbauweise ausgelegt und von einfachstem Aufbau. Rechteckiger Flügel mit bis zum Rumpf durchlaufenden Klappen an der Hinterkante, kreisrunder Rumpfquerschnitt bei angenäherter Symmetrie des gesamten Rumpfkörpers und rechteckige Leitwerksflächen. Für die Landung war eine ausfahrbare Zentralkufe unter dem Rumpf vorgesehen. Der Pilot saß unter einer aufgesetzten Haube. Der Antrieb sollte aus

einem Walter HWK 109-509 A-2-Flüssigkeitsraketenmotor mit 1×1700 kp Standschub durch die Hauptdüse und 1×300 kp Zusatzschub durch die Reiseflugdüse bestehen. Als Bewaffnung war 1×30 mm MK 108 im Rumpfbug vorgesehen. Nach der Entscheidung des RLM für die Bachem Ba 349 wurde das Projekt Me P. 1104 fallengelassen.

Messerschmitt Me P. 1106

Alternativentwicklung zur Me P. 1101 und eine direkte Ableitung aus diesem Muster. Die Me P. 1106 entsprach der Me P. 1101 in den äußeren Formen bis auf den Führersitz,

248

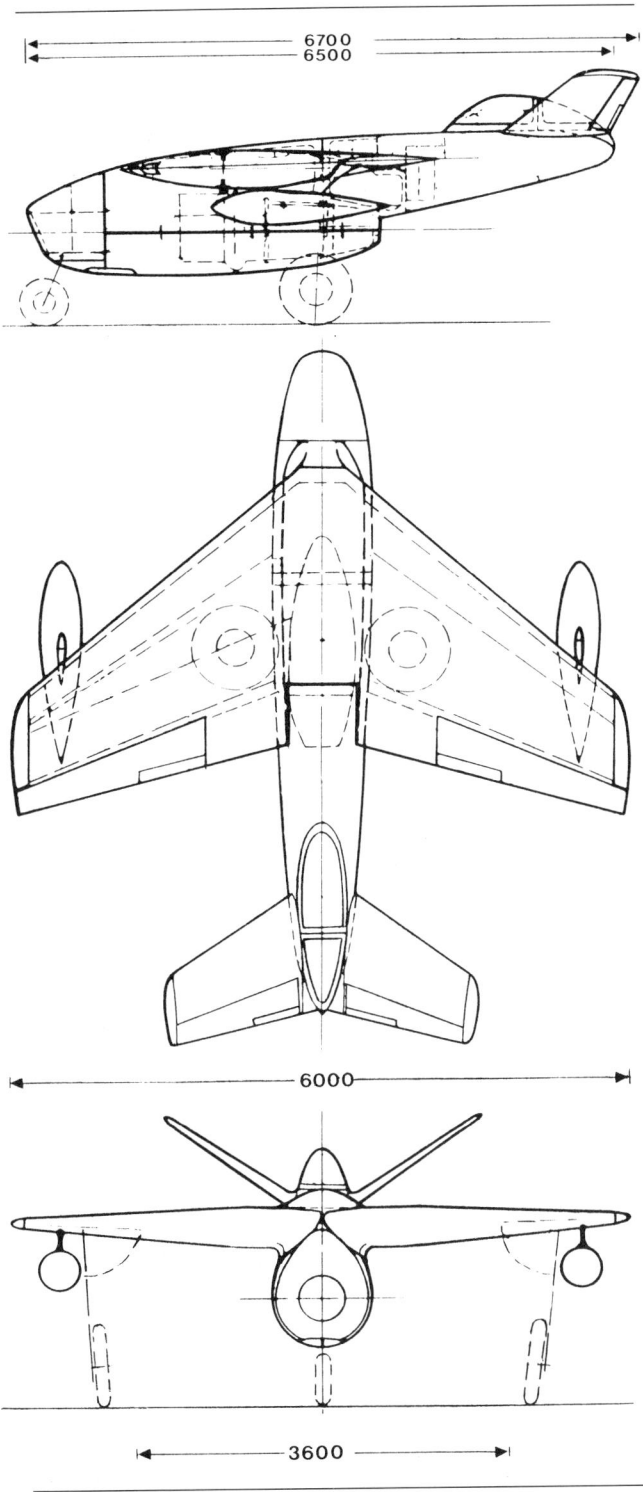

6700	
6500	

6000

3600

213. Messerschmitt P. 1106

der in das Rumpfhinterteil bis dicht vor dem Leitwerk verlegt wurde. Zweck dieser Anordnung war eine Vergrößerung der Kapazität des Rumpf-Kraftstofftanks, als die anfängliche Forderung von einer halben Stunde Vollgasflug auf eine Stunde erhöht wurde. Weitere konstruktive Änderungen umfaßten das Leitwerk, jetzt als V-Leitwerk aufgebaut, und das Hauptfahrwerk, welches bei der Me P. 1106 nach vorne in die Flügel eingezogen werden sollte. Antrieb und Bewaffnung wie Me P. 1101. Das Projekt wurde später aufgegeben, weil auch mit diesem Typ keine besseren Flugleistungen zu erzielen waren. Wohl wurde die Anordnung des nach hinten gerückten Führersitzes bei der Me P. 1116 erneut aufgegriffen.

Messerschmitt Me P. 1107

Projekt für einen vierstrahligen Pfeilflügelbomber. Aufbau als freitragender Mitteldecker in Ganzmetall. Dreiteiliger Schalenrumpf als Symmetriekörper mit kreisrundem Querschnitt. Vorderteil als vollsichtverglaste Druckkabine für die drei Mann Besatzung ausgebildet. Einziehbares Dreiradfahrgestell, alle Räder nach hinten in den Rumpf einfahrbar. Der Antrieb sollte aus vier BMW 018-Strahlturbinen mit 4×3450 kp bestehen. Zwei verschiedene Ausführungen waren in Erwägung gezogen. Die *Me P. 1107/I* hatte die Strahlturbinen paarweise in Gondeln unter dem Flügel hängend angeordnet. Weiterhin besaß der Flügel zwischen Querruder und Rumpf zweiteilige Spreizklappen als Landehilfe. Ein Vorflügel reichte über die halbe Spannweite eines Halbflügels. Das gepfeilte Leitwerk besaß T-Anordnung mit dem Höhenleitwerk auf der Seitenflosse. Demgegenüber waren bei der *Me P. 1107/II* die Strahltriebwerke näher an den Rumpf gerückt und im Flügel eingebaut. Dadurch konnten zwischen Querruder und Triebwerken einteilige normale Landeklappen verwendet werden. Ebenso wurde der Vorflügel fast bis zur Wurzel durchgezogen. Das Leitwerk wurde als gepfeiltes V-Leitwerk zur Widerstandsverminderung abgeändert. Das Projekt war wegen der Triebwerke erst in einem frühen Konstruktionsstadium, als der Krieg zu Ende ging.

Messerschmitt Me P. 1108

Für dieses Projekt eines Fernbombers lagen zwei Entwürfe vor. Ähnlich dem $1000 \times 1000 \times 1000$-Bomber-Entwurf von Focke-Wulf war der eine Entwurf ein konventioneller freitragender Tiefdecker mit Pfeilflügel, während der andere, der von der Gruppe Lippisch bearbeitet wurde, eine Delta-Nurflügel-Zelle vorsah. Über diese zweite Auslegung liegen keine Informationen vor. Auch die Unterlagen über den Pfeilflügel-Entwurf sind sehr spärlich. Das Flugzeug sollte eine Spannweite von ca. 20,12 m haben bei einer Länge von 18,2 m. Der Rumpf hatte kreisförmigen Querschnitt. Die Kabine für die zweiköpfige Besatzung war in die allgemeine Rumpflinie eingestrakt. Das Fahrwerk bestand aus einem

227. Messerschmitt P 1106 Modell

links:
214. Messerschmitt P. 1107-1
rechts:
215. Messerschmitt P. 1108/I

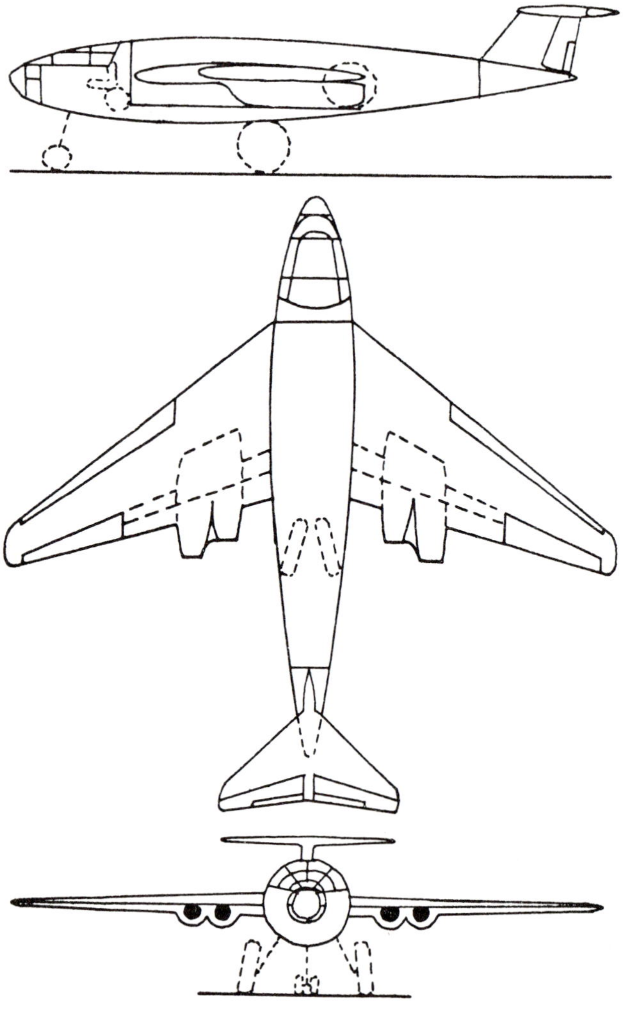

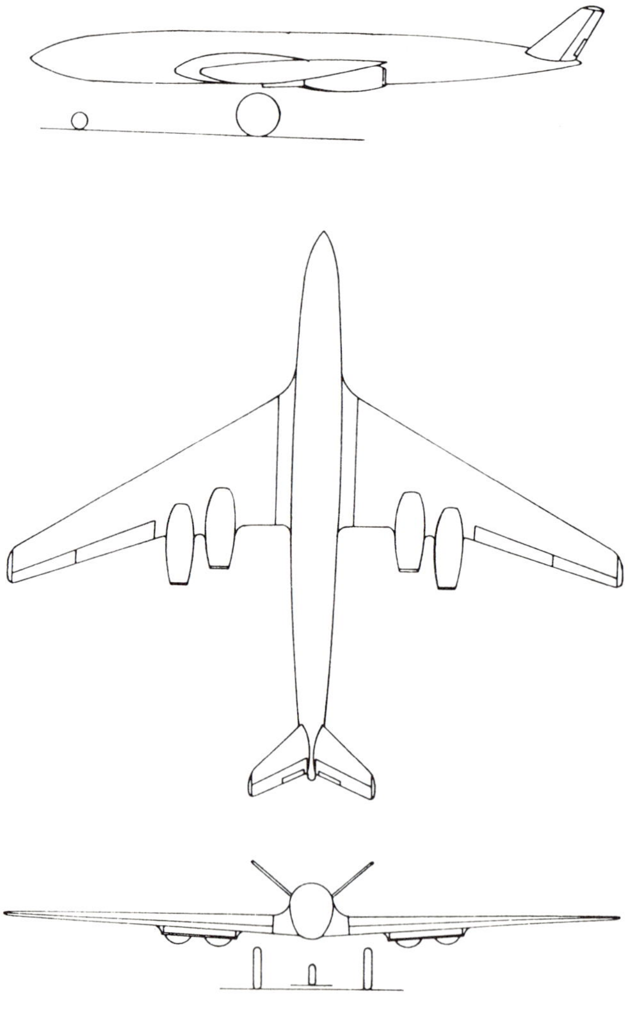

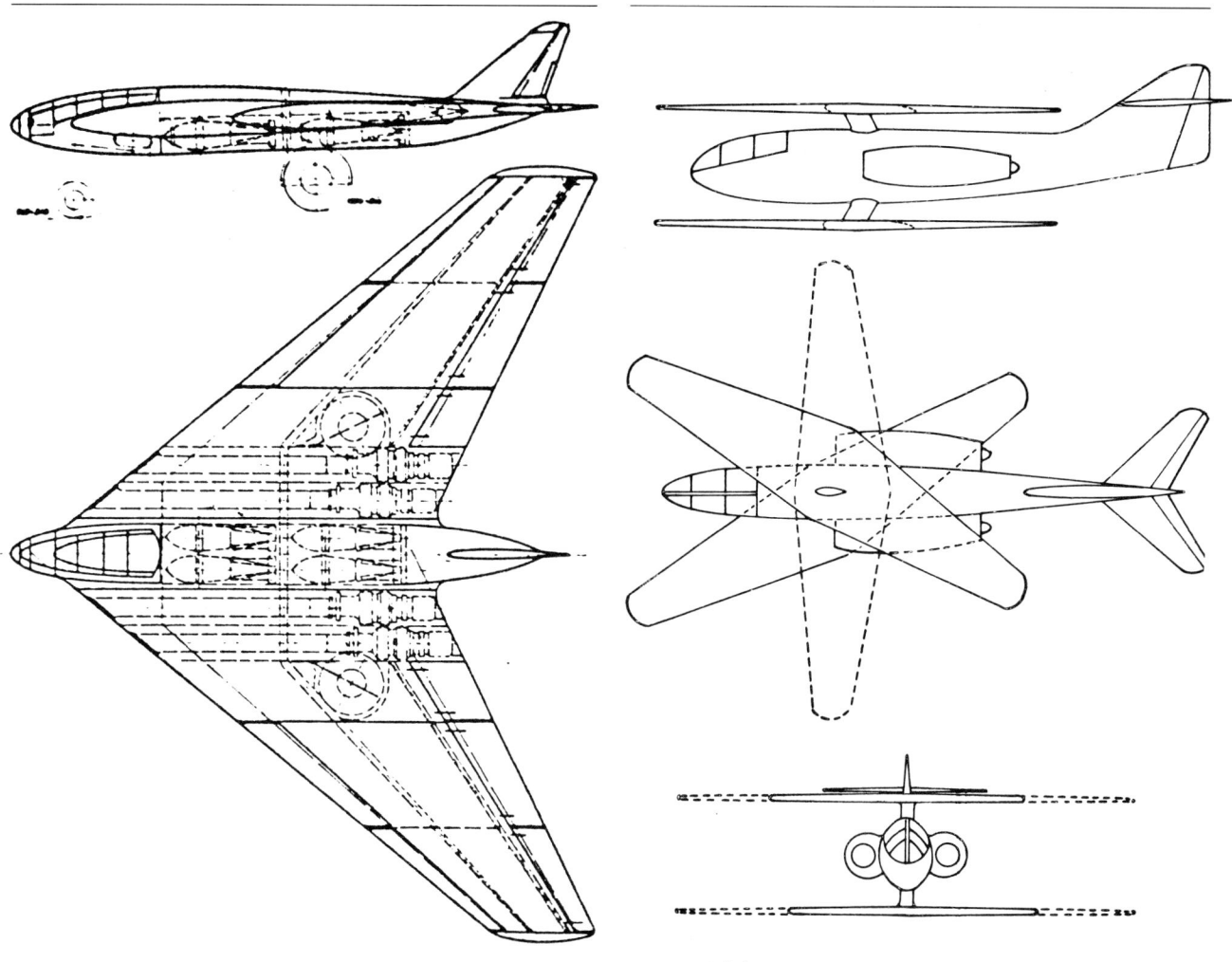

216. Messerschmitt P. 1108/II

217. Messerschmitt P. 1109

kleinen Bugrad und zwei größeren Haupträdern, die nach innen in den Rumpf-Flächenübergang eingezogen wurden. Statt eines konventionellen war ein V-Leitwerk vorgesehen. Das Triebwerk bestand aus vier Strahlturbinen des Musters Heinkel S 011, die halb versenkt in die Tragflächenhinterkante eingebaut waren. Die Turbinenpaare hatten eine flache, gemeinsame Lufteintrittsöffnung unter der Tragfläche. Weitere Einzelheiten waren nicht zu ermitteln.

Messerschmitt Me P. 1109

Die Projekt-Nummer ist nicht ganz sicher, da auf beschädigtem Original schlecht lesbar. Dieses Projekt stellt eine Weiterentwicklung der von Dr. Vogt im Projekt Blohm & Voss P. 202 entwickelten Gedanken dar. Genau wie Dr. Vogts Entwurf sollten hier die Nachteile des Pfeilflügels im Langsamflug durch um die Hochachse drehbare Flügel behoben werden. Die Zeichnung dieses Projekts ist vom 17. Juli 1944 datiert. Hierbei waren je ein Drehflügel über und der zweite unter dem Flugzeugrumpf angeordnet. Bei querstehendem Flügel sollte die Maschine eine Spannweite von 9,40 m haben. Die Länge betrug dabei 12,05 m, die Höhe 3,34 m. Die seitlich am Rumpf aufgehängten Strahlturbinen He S 011 sollten je 1300 kp Schub entwickeln.

Es scheint, daß dieses Projekt von Messerschmitt oder anderen Konstrukteuren noch weiterentwickelt worden ist, wie eine nach dem Kriege in Frankreich veröffentlichte Skizze beweist.

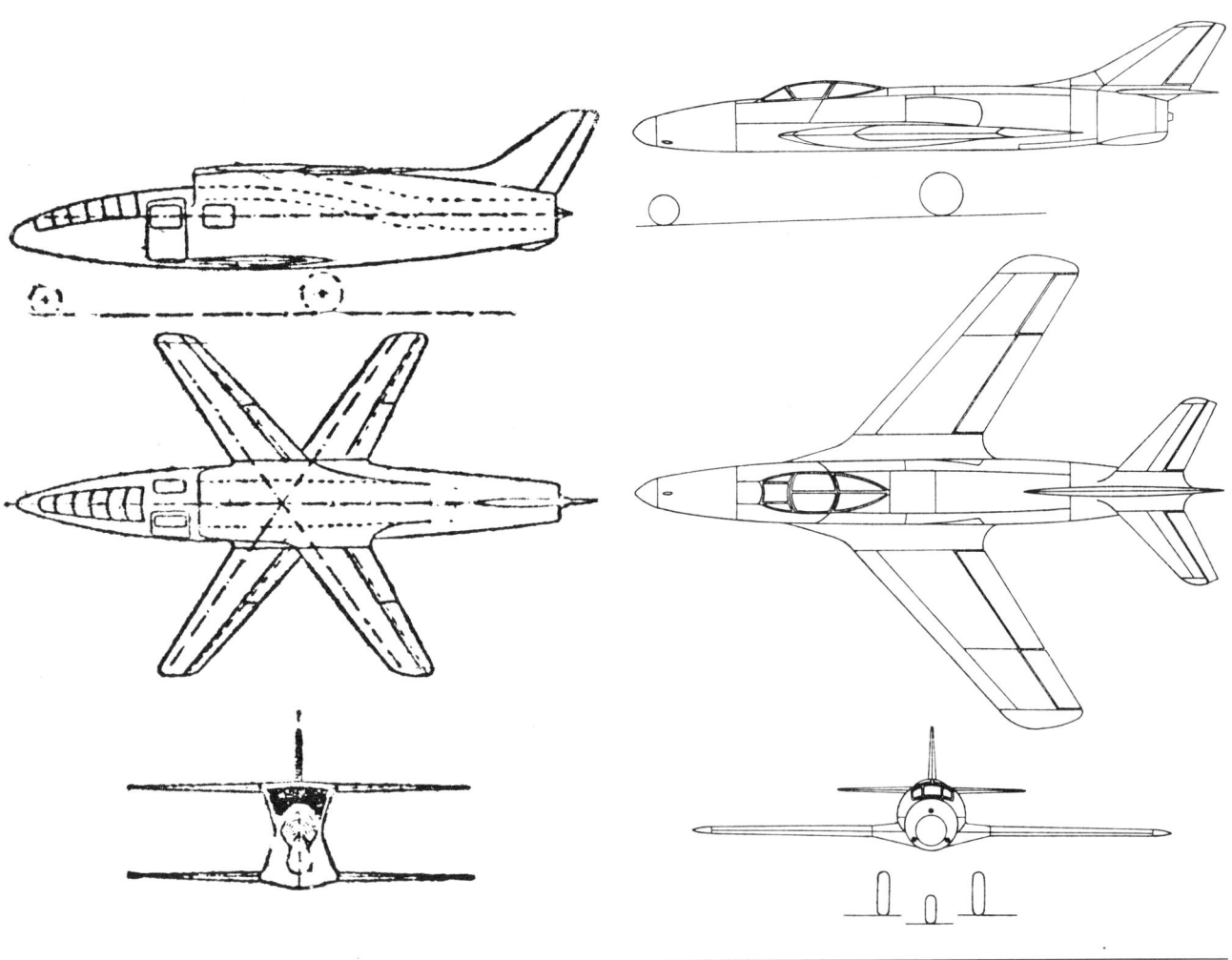

218. Messerschmitt P. unbekannt

219. Messerschmitt P. 1110/I

Messerschmitt Me P. 1110

Dieses Strahljägerprojekt war der Messerschmitt-Hauptentwurf für die OKL-Ausschreibung von 1944. Zwei verschiedene Ausführungen standen zur Entscheidung. Die *Me P. 1110/I* war ein konventioneller Pfeilflügel-Tiefdekker. Der Flügel war nach den Erfahrungen mit dem des Me P. 1101 entstanden, besaß die gleichen Abmessungen und den gleichen Aufbau aus Holz. Nur war die Flügelpfeilung auf 40° fixiert worden. Landeklappen saßen zwischen Querruder und Rumpf, Vorflügel reichten über die gesamte Flügelvorderkante. Allerdings waren die Flügelwurzeln für den geteilten Lufteinlauf aufgedeckt. Der Rumpf stellte eine normale Schalenkonstruktion in Ganzmetall dar, in dessen

Heck die geforderte Heinkel He S 011-Strahlturbine mit 1 × 1300 kp Schuß saß. Normales gepfeiltes Leitwerk. Als Fahrwerk war ebenfalls ein normales einziehbares Dreiradfahrwerk vorgesehen, bei dem das Bugrad nach hinten in den Rumpfbug, die Haupträder, unter dem Rumpf angelenkt, seitlich in die Flügel einklappen sollten. Für den Piloten war eine Druckkabine mit aufgesetzter Vollsicht-Abdeckhaube vorgesehen. Die Bewaffnung bestand aus 3 × 30 mm MK 108 im Rumpfbug. Um ein Maximum an Leistungen zu erlangen, wurde für die letzte Konstruktionsbesprechung zur Strahljäger-Ausschreibung 1944 der Entwurf zur *Me P. 1110/II* überarbeitet. Bei grundsätzlich gleichem Aufbau erhielt das Muster in dieser Version Flügel geringerer Spannweite und ein gepfeiltes V-Leitwerk. Die grundsätzlichste Änderung stellte jedoch der neue Lufteinlauf für die Turbine dar, der als Ring um den Rumpf hinter dem Flügel gelegt wurde und gleichzeitig für die Grenzschichtabsaugung mit herangezogen werden konnte. Das Einsaugen der Verbrennungsluft geschah durch ein zusätzliches Gebläse. In allen sonstigen konstruktiven Eigenheiten stimmen beide Versionen überein. Die Me P. 1110/II war der schnellste der eingereichten Entwürfe. Er wurde aber, wie alle anderen Entwürfe auch, zugunsten der Junkers EF 128 fallengelassen, weil die neuartige Konzeption eine zu lange Entwicklungszeit erfordert hätte.

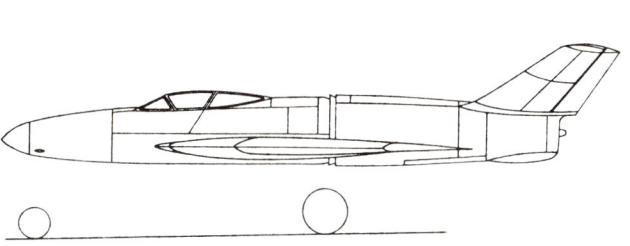

Messerschmitt Me P. 1111

Alternativlösung zur Me P. 1110/I als schwanzloses Baumuster in Ganzmetallbauweise. Antrieb durch eine Heinkel He S 011-Strahlturbine im Heck der Rumpfgondel. Geteilter Lufteinlauf in den Flügelwurzeln. Normales gepfeiltes Seitenleitwerk. Bewaffnung 4 × MK 108 im Rumpfbug. Kraftstoffkapazität 1200 Liter in sechs Flügeltanks.

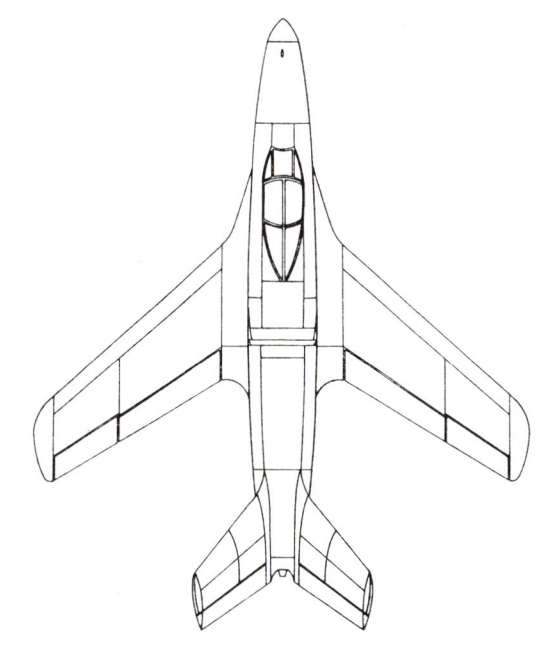

Messerschmitt P. 1112

Um die im Laufe der Arbeit an dem Projekt 1111 festgestellten Mängel abzustellen, begann Anfang 1945 die Arbeit an einem verbesserten Entwurf, der P. 1112. Die Abmessungen blieben im großen und ganzen unverändert. Äußerlich am meisten auffallend war die Änderung des Führerraums, der ganz in die Spitze des Rumpfes verlegt wurde und in den Strak einbezogen wurde. Hierdurch wurde eine Änderung der Waffenanordnung notwendig. Die Bewaffnung wurde an die Unterseite der Rumpfnase verlegt. Um den in der Rumpfnase gut sichtbaren Piloten zu schützen, erhielten die um 23° geneigten Frontscheiben des Pilotensitzes eine Dicke von 100 mm! Die seitlichen Panzerscheiben sollten 60 mm dick werden.

Abmessungen	Spannweite	9,15 m
	Länge	6,60 m
	Höhe	2,60 m
	Flächeninhalt	24,00 m²
Gewichte	Rüstgewicht	2291 kg
	Zuladung	2383 kg
	Fluggewicht	4674 kg
Errechnete Leistungen	Höchstgeschwindigkeit	1100 km/h

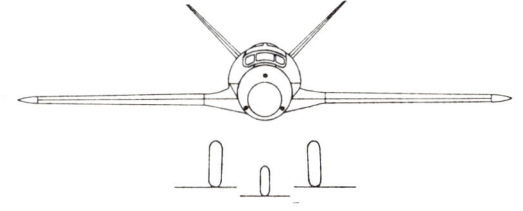

220. Messerschmitt P. 1110/II

Messerschmitt Me P. 1116

Abwandlung der Me P. 1106 mit verkürzter Spannweite. Mit diesem Entwurf nahm Messerschmitt neben der Me P. 1110/II an der Ausscheidung für die OKL-Strahljägerausschreibung von 1944 teil.

Messerschmitt Zerstörer-Projekt

Bekannt wurde dieses Projekt durch eine nach dem Kriege in Frankreich veröffentlichte Skizze. Eine später bekannt

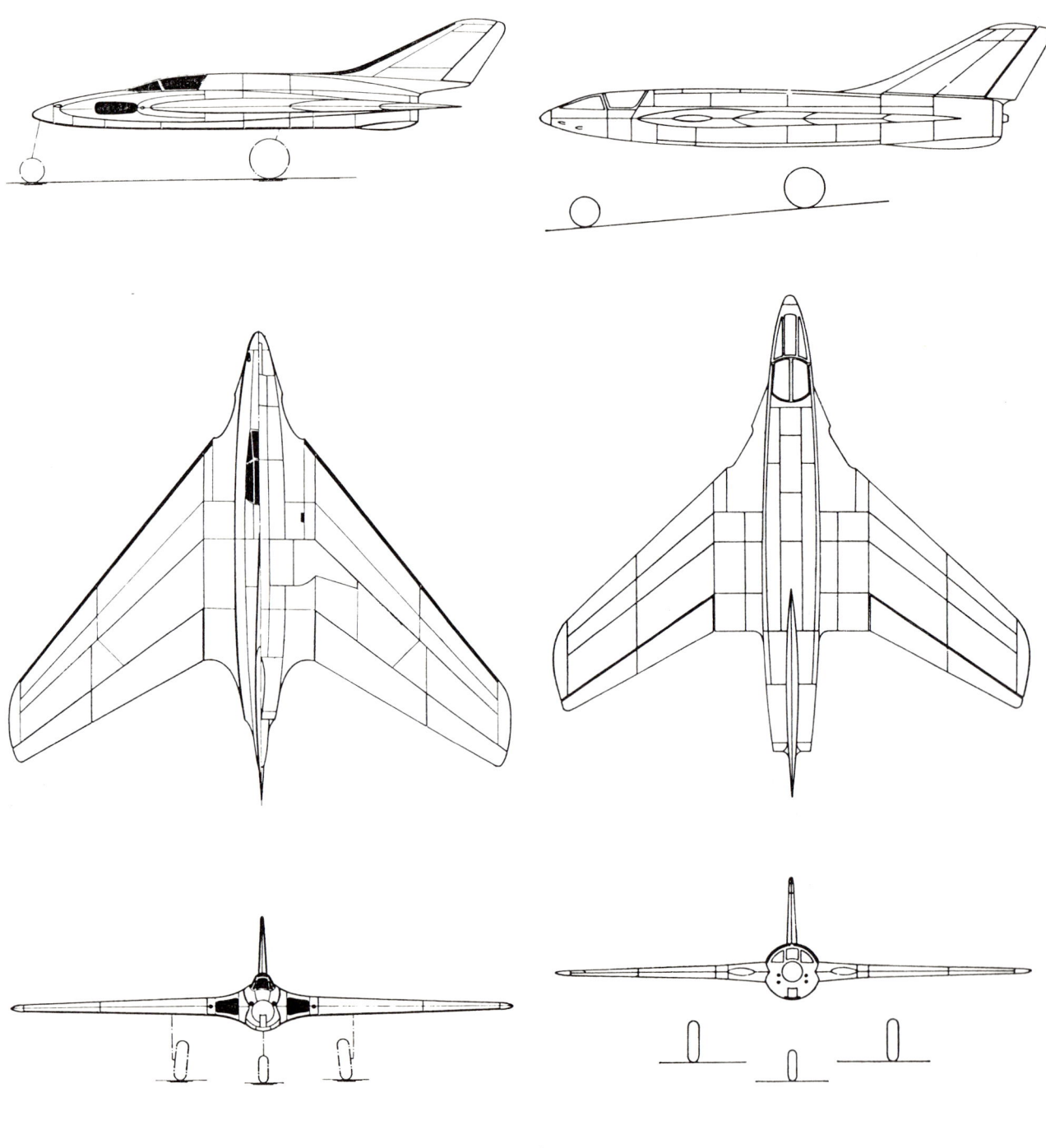

221. Messerschmitt P. 1111

222. Messerschmitt P. 1112

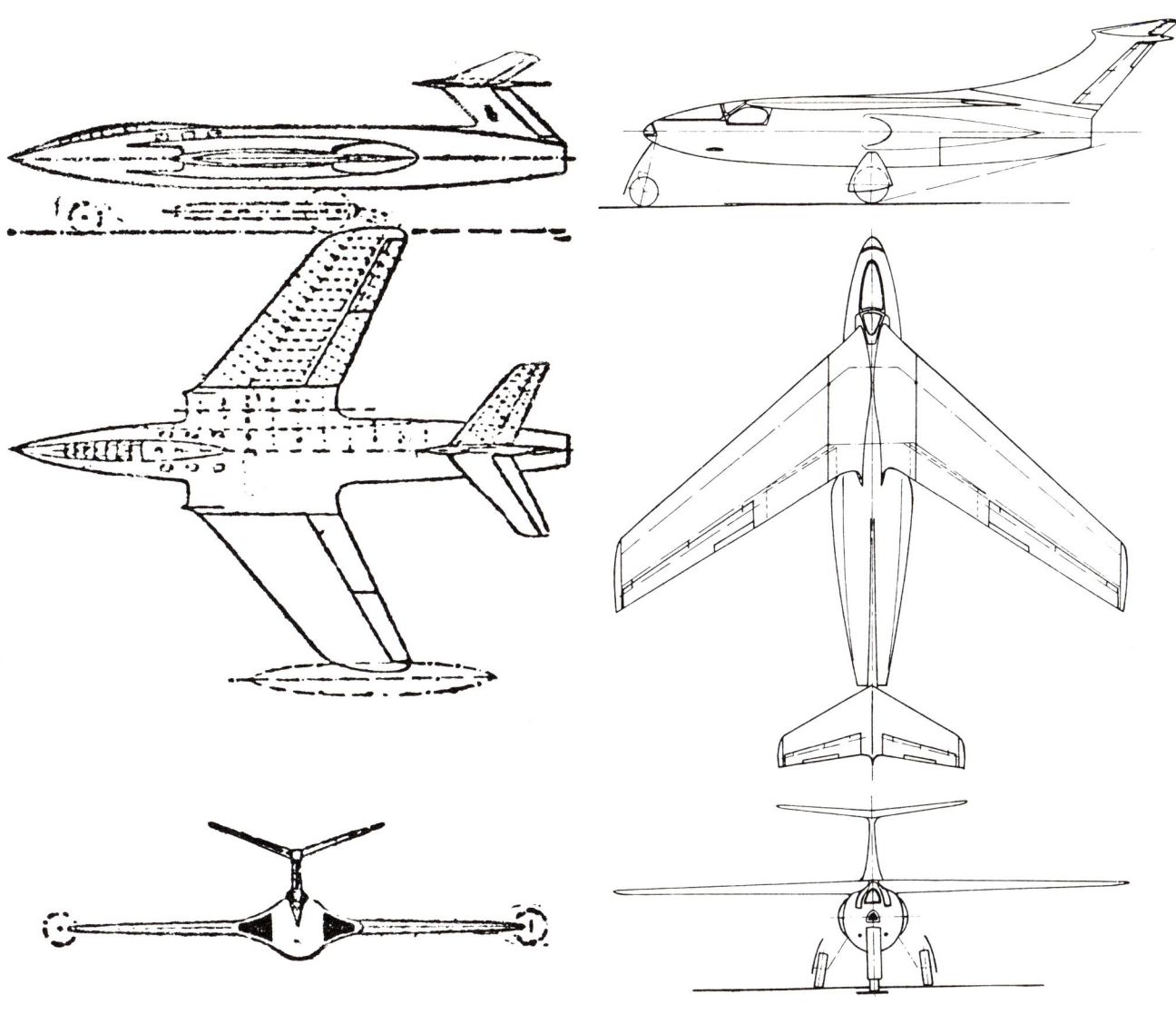

223. Zerstörer-Projekt I

224. Zerstörer-Projekt II

gewordene Zeichnung läßt vermuten, daß es sich um zwei Figurationen desselben Entwurfs handelt, obwohl Triebwerkseinbau und Gestaltung des T-Leitwerks verschieden sind. Anscheinend waren zwei Strahlturbinen He S 011 als Antrieb vorgesehen. Zur Erhöhung der Reichweite war die Mitnahme von 300 Liter-Zusatzbehältern an den Flächenenden geplant. Spannweite und Länge des Flugzeugs scheinen um 12 m gelegen zu haben.

Messerschmitt Transport-Projekt »Wildgans«

Trotz des massigen Aussehens läßt sich die Verwandschaft dieses 50 000 kg-Projekts mit dem Namen nicht leugnen. Auch wurden die Strahlturbinen im unteren Rumpfvorderteil angeordnet, wodurch der Eindruck einer »Kaulquappe« entstand. Interessant ist die Verwendung eines V-Leitwerks. Anscheinend ist die Verwendung zwei verschiedener oder Telescop-Tragflächen geplant gewesen. Ob sich bei dem

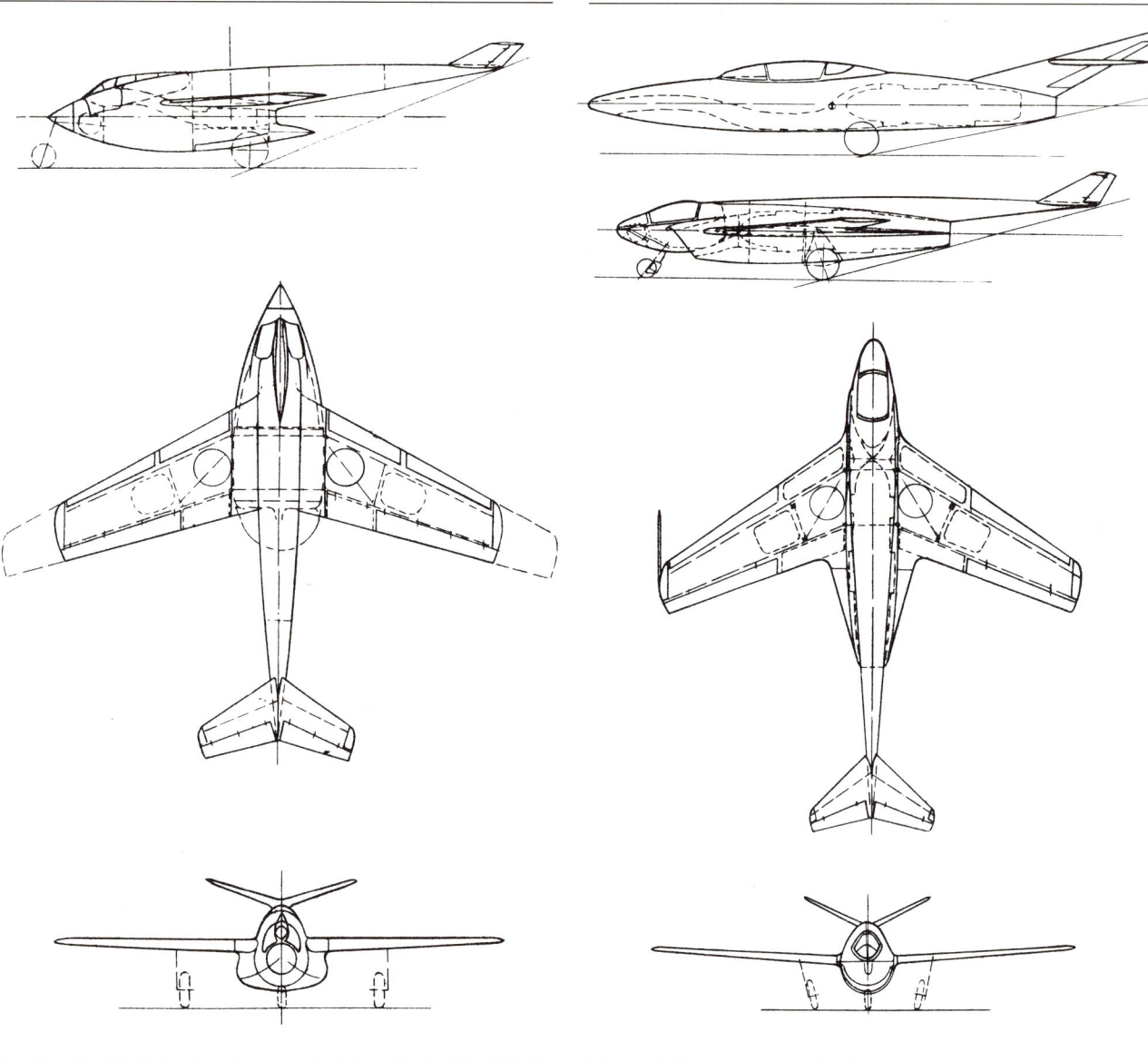

225. Projekt »Wildgans« I

226. Projekt »Wespe« I

geringen zur Verfügung stehenden Raum die Verwendung als Transporter gelohnt hätte, ist zu bezweifeln. Spannweite ca. 25 m (ohne Verlängerung), Länge 26,3 m.

Messerschmitt Jäger-Projekt »Wespe«

Dieser einstrahlige Jäger scheint ein Entwurf desselben Konstrukteurs zu sein, wie der Transporter »Wildgans«. Es ist eine nur etwas schlankere »Kaulquappe«. Zumindest gilt dies für die Ausführung mit V-Leitwerk. Bei der zweiten Ausführung mit vollkommen geändertem Rumpf scheint nur die Fläche dieselbe gewesen zu sein. Als Triebwerk war wahrscheinlich He S 011 vorgesehen. Über die errechneten Leistungen ist nichts bekannt. Die Höchstgeschwindigkeit dürfte an der 1000 km/h-Grenze gelegen haben. Spannweite 8,65 m, Länge 10 m.

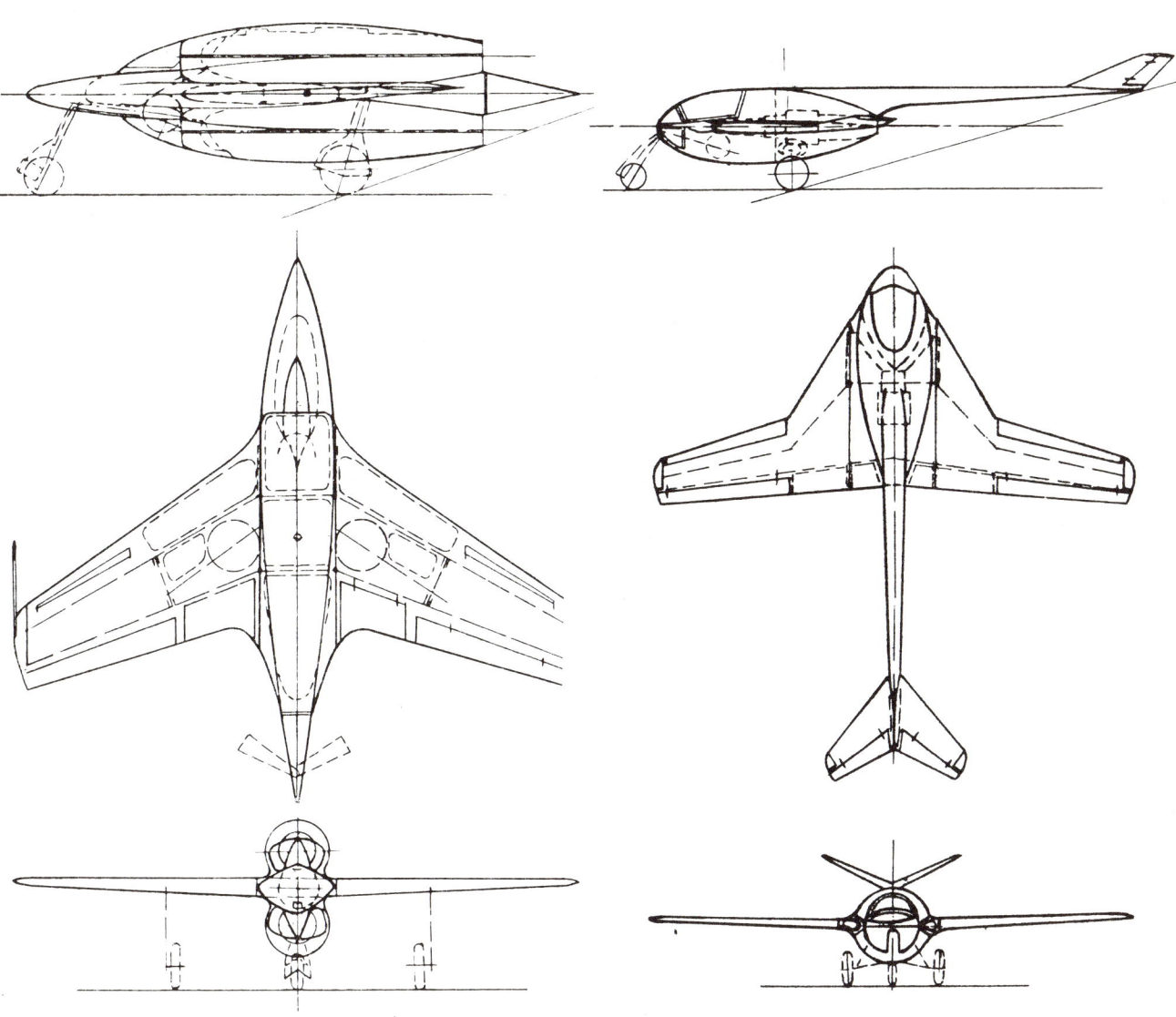

227. Projekt »Schwalbe« I

228. Projekt »Libelle« I

Messerschmitt Jagdbomber-Projekt »Schwalbe«

Der ganze Aufbau dieses Projekts deutet darauf hin, daß es sich hier um eine Umwandlung der Me 163 oder Me 263 zum Flugzeug mit Strahl- statt Raketenantrieb handelt. Die Abmessungen, Spannweite 9,05 m, Länge 8,90 m, sind nur geringfügig verschieden. Die auf der Zeichnung sichtbaren Klappen am Rumpfende dürften eine Vorrichtung zur Herabsetzung der Landegeschwindigkeit gewesen sein. Die Anordnung der Triebwerke über und unter dem Rumpf ist sicher durch die He 162-Entwicklung beeinflußt worden.

Messerschmitt Jäger-Projekt »Libelle«

Bei diesem einstrahligen Leichtjäger ist das »Kaulquappen«-Prinzip bis zum Extremfall verarbeitet worden. Aus dem kurzen eiförmigen Rumpf wächst ein ziemlich langer Träger, der das V-Leitwerk trägt. Es wäre interessant zu wissen, wie sich ein Modell der »Libelle« im Windkanal verhalten hätte. Spannweite 7 m, Länge 7,30 m. Triebwerk He S 011.

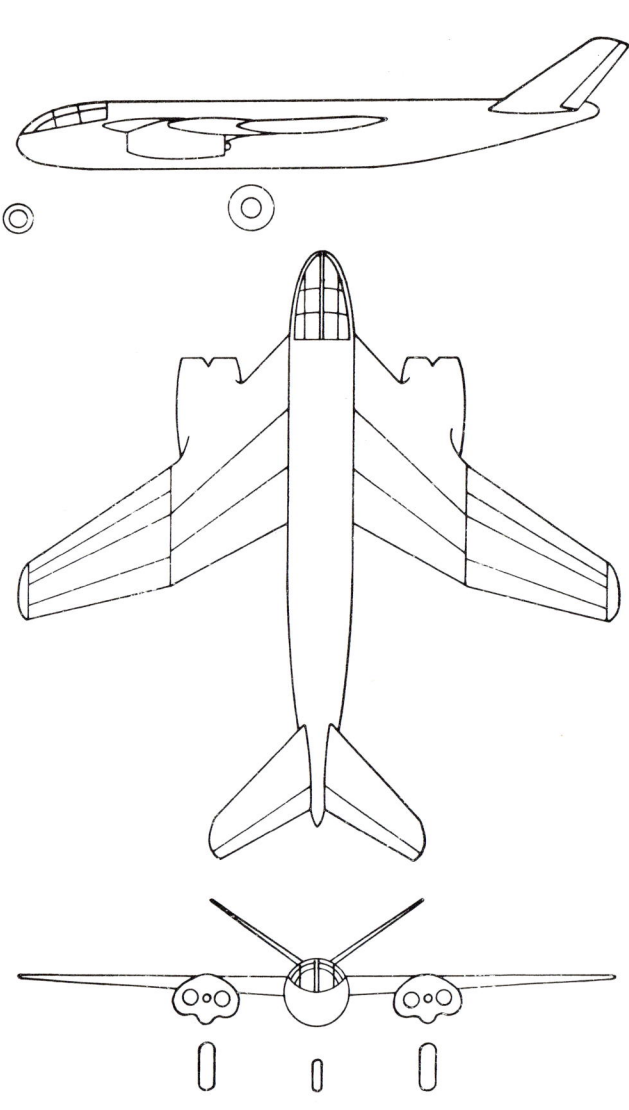

Messerschmitt-Bomberprojekt mit Sichelflügel

Der Sichelflügel wurde bei Messerschmitt auch für ein Bomberprojekt verwendet. Sichelflügel und hochgesetztes Leitwerk haben sicher die Entwicklung des englischen Bombers Handley-Page »Victor« beeinflußt. Hier scheint es sich nur um eine Abwandlung des Projekts P. 1108/I zu handeln. Hauptunterschiede sind der Sichelflügel und die Aufhängung der vier Triebwerke an der Tragflächenvorderkante wie bei der Arado Ar 234 V 8. Weitere Einzelheiten waren nicht zu ermitteln.

229. Projekt »Sichelflügel« I

Tabellenteil

Erläuterungen zu den Tabellen

Zweck (Type)

A = Aufklärer (Reconnaissance plane), B = Bomber (Bomber), H = Hubschrauber (Helicopter), J = Jäger (Fighter), JB = Jagdbomber (Fighter-Bomber), LS = Lastensegler (Cargo glider), LZ = Langstrecken-Zerstörer (Long range heavy fighter), M = Mehrzweckflugzeug (Utility plane), N oder NJ = Nachtjäger (Nightfighter), P = Postflugzeug (Mailplane), R = Reiseflugzeug (Touring plane), S oder Sp = Sportflugzeug (Sporting plane), Sc = Schlachtflugzeug (Ground-attack plane), Sch = Schulflugzeug (Basic trainer), SN = Seenotflugzeug (Sea rescue plane), T = Transporter (Cargo plane), Tr = Tragschrauber (Autogyro), Ü = Übungsflugzeug (Advanced trainer), V = Verkehrsflugzeug (Airliner), Wa = Wandelflugzeug (VTOL-Convertiplane), X = Versuchsflugzeug (Experimental plane), Z = Zerstörer (Heavy fighter).

B = Besatzung (Crew)

Triebwerk (Power plant)
Muster (Type)
$\times$ N = Anzahl der Triebwerke $\times$ Leistung (Number of engines $\times$ Power)
(PS = H.P.)

Abmessungen (Dimensions)

b = Spannweite (Span)   h = Höhe (Height)
l = Länge (Lenght)   F = Flügelfläche (Wing area)

Gewichte (Weights)

G_1 = Leergewicht (Weight empty)
G = Fluggewicht (Weight loaded)

Leistungen (Performance)

V_{max} = Höchstgeschwindigkeit (Max. speed)
V_{reise} = Reisegeschwindigkeit (Cruising speed)
V_{lande} = Landegeschwindigkeit (Landing speed)
V_{steig} = Steiggeschwindigkeit in Bodennähe (Initial rate of climb)
min für m = Steigzeit in Minuten für Höhe in Meter (Time of climb)
RW = Reichweite (Range)
H = Gipfelhöhe (Service Ceiling)

Militärische Ausrüstung (Armament)

Type	Zweck	B	Triebwerk Muster	× N	b (m)	l (m)	h (m)	F (m²)
Hs 121	Ü	1	Argus As 10 C	1 × 240 PS	10,00	7,30	2,30	14,00
Hs 122 B	A	2	BMW-Bramo Sh 22	1 × 660 PS	14,50	10,25	3,40	34,70
Hs 123 A	Sc	1	BMW 132	1 × 660 PS	10,50	8,33	3,21	24,85
Hs 124 V-2	B	3	BMW 132 Dc	2 × 870 PS	18,20	14,50	3,75	54,60
Hs 125	Ü	1	Argus As 10 C	1 × 240 PS	10,00	7,30	2,30	14,00
Hs 126	A	2	BMW-Bramo 323	1 × 830 PS	14,50	10,85	3,75	31,60
Hs 127	B	2	DB 600 D	2 × 950 PS	—	—	—	—
Hs 128	X	2	DB 601	2 × 950 PS	26,00	14,75	—	—
Hs 129 B-1	Sc	1	Gnôme-Rhône 14 M	2 × 700 PS	14,20	9,75	3,25	29,00
Hs 130 A-O	} B	2	DB 605 B	2 × 1 475 PS	26,00	15,90	.	81,50
Hs 130 E-O		3	{ DB 603 C / DB 605 T	2 × 1 750 PS / 1 × 1 475 PS	33,00	19,73	5,54	85,00
Hs 132 A	Sc	1	BMW 003	1 × 800 kgp	7,20	8,90	.	14,80
Hs P 54	V	4/14	BMW 801 TJ	2 × 1 750 PS	31,40	23,00	5,65	110,00
Hs P. 72	T	2/8	BMW 801 TJ	2 × 1 750 PS	24,20	17,60	5,20	—
Hs P. 75	J	1	DB 610	1 × 2 200 PS	11,30	12,20	—	—
Hs P. 76	Sc	1	Gnôme-Rhône 14 M	2 × 700 PS	15,50	10,10	3,50	—
Hs P. 80	X	2	DB 603 / DB 605	2 × 11750 PS / 1 × 1 175 PS	28,00	17,00	5,30	—
HS P. 87	B	3	DB 610	1 × 2 200 PS	—	12,15	—	31,70
Hs P. 122	B	2	2 × Hs 011	2 × 1 300 kp	—	—	—	—
Hs P 135	J	1	Me S 011	1 × 1 300 kp	9,20	7,75	4,10	20,50
Hs. P.600/67	JB	1	AS 074	2 × 500 kp	11,70	8,00	3,52	—
Hs P. Trspt.	T	4	BMW 801	2 × 1 600	30,00	20,00	—	140,00
Ho V V-2	X	2	Hirth HM 60 R	2 × 80 PS	16,00	6,00	2,10	42,00
Ho VII V-2	Ü	2	Argus As 10 C	2 × 240 PS	15,24	7,77	.	43,94
Ho VIII/1	X	3	Argus As 10 C	6 × 240 PS	40,00	19,00	4,30	152,00
Ho VIII	V	-	Jumo 222	6 × 3 000 PS	80,00	32,00	7,00	600,00
Ho IX V-2	J	1	} Jumo 004 B	} 2 × 680 kgp	16,78	7,47	2,81	52,50
Ho IX B	JB	2			16,60	9,20	2,90	50,20
Ho X	J	1	HeS 011	1 × 1 300 kgp	14,00	7,20	2,30	35,00
Ho XII	V	1	—	—	16,00	—	—	31,00

Gewichte		Leistungen						Rw.	Gipfh.	Militärische Ausrüstung
G_L (kg)	G_F (kg)	V max (km/h)	in H (m)	V Reise (km/h)	V Lande (km/h)	V Steig (m/min)	V Steig (min f. m)	(km)	(m)	
710	960	278	0	.	88	.	5,7 2000	.	6500	—
1650	2530	270	0	235	85	.	3,2 1000	500	5600	1 × MG 15, 1 × MG 17
1400	2110	.	.	.	.	.	. .	.	.	2 × MG 17
4250	7230	435	3000	.	110	.	17,5 6000	4200	.	2 × MG 15
695	975	280	0	.	90	.	4 2000	.	7000	—
2030	3090	253	0	.	95	.	. .	710	9000	1 × MG 15, 1 × MG 17
—	—	—	—	—	—	—	— —	—	—	1500 kg B
—	—	—	—	—	—	—	— —	—	1000	—
4050	4960	408	3800	320	145	570	23 7906	880	9000	2 × MG 17 + 2 × MG 151/20
8150	11200	460	5800	405	125	660	32 11000	1840	13900	—
12200	16700	610	14000	570	130	300	55 14000	2250	15100	1000 kg B.
.	3400	780	4000	.	152	.	6,2 4000	680	10000	1000 kg B.
10500	17200	475	7000	420	120	—	— —	3000	9500	—
—	—	—	—	—	—	—	— —	—	—	—
—	—	800	—	—	—	—	— —	—	12000	4 × MK 108
—	—	—	—	—	—	—	— —	3000	9500	4 × MG 151/20, 250 kg B.
—	—	—	—	—	—	—	— —	—	14000	—
—	9000	750	7000	—	—	—	— —	—	—	—
—	—	—	—	—	—	—	— —	—	—	1500 kg B.
—	4100	985	7000	—	155	1275	— —	—	14000	4 × MK 108
—	—	—	—	—	—	—	— —	—	—	—
8500	9500	350	4800	300	106	—	— —	1500	—	—
650	1100	260	0	230	65	330	3,5 1000	500	6500	—
.	3210	340	0	.	.	.	. .	.	.	—
6800	17000	320	0	290	90	.	. .	4000	6000	—
45000	120000	520	4000	420	131	.	. .	20000	14000	—
.	8500	1000	6100	900	} 130	} 1290	. .	1930	15600	} 4 × MK 108 2000 kg B.
.	9080	1050	6000	980			. .	2500	15000	
.	6000	1100	6000	950	100	.	. .	2000	15000	1 × MK 108, 2 × MG 151/20
—	700	—	—	—	—	—	— —	—	—	

Type	Zweck	B	Triebwerk		Abmessungen			
			Muster	× N	b (m)	l (m)	h (m)	F (m²)
Ho XIII A	X	} 1	—	—	12,20	11,00	1,90	} 40,00
Ho XIII B	J		BMW 003 R	1 × 1 400 kgp	12,00	12,00	4,20	
Ho XVIII B	B	6	Jumo 004 H	6 × 1 100 kgp	42,00	19,00	5,80	194,00
HB 28 b	S	2	Siemens Sh 13 a	1 × 88 PS	10,00	6,40	2,40	14,50
HK 39	S	2	Hirth HM 515	1 × 62 PS	10,00	7,00	2,46	13,50
Hü 211	V	3	Jumo 222 A/B	2 × 2 000 PS	24,55	16,50	—	40.00
Ju 33	T	2	Junkers L 5	1 × 310 PS	17,76	10,60	3,53	44,00
Ju 34	M	2 + 6	BMW 132 A	1 × 660 PS	18,48	10,27	3,53	44,00
Ju 38	V	7 + 34	Jumo 204	4 × 750 PS	44,00	23,20	7,20	305,00
Ju 46	P	2	BMW 132 E	1 × 660 PS	17,80	11,10	3,90	44.00
K 47	J	2	Bristol Jupiter	1 × 480 PS	12,40	8,55	.	22,80
A 48	P	2	Siemens Sh 20	1 × 540 PS	12,40	8,55	.	22,80
Ju 49	X	2	Junkers L 88 a	1 × 800 PS	28,25	17,20	4,75	.
Ju 50	S	2	A. S. Genet	1 × 88 PS	10,00	7,10	.	13,70
K 51	B	8	Junkers L 88	4 × 850 PS	44,00	23,20	7,20	290,00
Ju 52/1 m	T	3	BMW VII A	1 × 725 PS	29,00	18,30	.	116,50
Ju 52/3 m	V	3 + 17	BMW 132 A	3 × 660 PS	29,25	18,90	6,10	110,50
53	A	2	Junkers L 5	1 × 310 PS	15,94	8,21	.	29,80
Ju 60	T	2 + 6	Pratt u. Whitney Hornet	1 × 525 PS	14,30	11,84	3,50	34,00
EF 61	V	2	DB 600 2 × 950 PS	27,00	14,36	—	—	
Ju 85	B	3	DB 600	2 × 950 PS	18,25	14,35	5,30	—
Ju 86 C-1	T	2 + 10	Jumo 205 C	2 × 600 PS	22,50	17,30	4,80	82,00
D-1	B	4	Jumo 205 C-4	2 × 600 PS	22,50	17,87	5,06	82,00
Z-	T	2 + 10	Pratt u. Whitney Hornet	2 × 550 PS	22,50	17,30	4,80	82,00
P-1	A	2	Jumo 207 A-1	2 × 640 PS	25,60	16,46	4,70	92,00
R-1	B	2	Jumo 207 B-3/V	2 × 640 PS	32,00	16,46	4,70	97,50
Ju 87 A-1	B	2	Jumo 210 CA	1 × 640 PS	13,80	10,80	4,16	32,00
B-1	B	2	Jumo 211 DA	1 × 1 200 PS	13,80	11,10	3,80	32,00
D-5	B	2	Jumo 211 J	1 × 1 420 PS	15,00	11,13	3,84	31,90
G-1	B	2	Jumo 211 J	1 × 1 420 PS	15,00	—	3,88	31,90
Ju 88 A-1	B	4	Jumo 211 B-1	2 × 1 175 PS	18,25	14,35	5,30	52,50
A-5	B	4	Jumo 211 G-1	2 × 1 200	20,08	14,45	5,07	54,70
A-4	B	4	Jumo 211 J	2 × 1 410 PS	20,08	14,36	5,07	54,70
A-15	B	3	Jumo 211 J	2 × 1 410 PS	20,08	14,36	5,07	54,70
B-0	A	4	BMW 801 MA	2 × 1 560 PS	20,08	14,45	4,45	54,70
C-6	Z	3	Jumo 211 J	2 × 1 410 PS	20,08	14,96	5,07	54,70
D-1	A	4	Jumo 211 B-1	2 × 1 175 PS	20,08	14,36	5,07	54,70

Gewichte		Leistungen									Militärische Ausrüstung
G_L (kg)	G_F (kg)	V max (km/h)	in H (m)	V Reise (km/h)	V Lande (km/h)	V Steig (m/min)	V Steig (min	f. m)	Rw. (km)	Gipfh. (m)	
.	370	.	.	.	.	.	.	.	.	.	—
.	8 000	1 800	12 000	1 600	150	.	.	.	1 500	16 000	2 × MK 213
.	44 000	900	6 000	860	125	—	—	—	9 000	16 000	4 × MK 213, 4 000 kg B.
340	600	170	0	145	70	—	7,0	1 000	560	4 050	
310	550	185	0	165	65	—	7,8	1 000	650	4 000	
9 480	17 500	710	7 900	—	190	—	—	—	6 100	—	4 × MG 151/20 + 3 × Rb
1 470	2 700	198	0	.	.	.	.	.	.	4 000	—
1 700	3 200	265	0	233	116	315	3,2	1 000	900	6 300	—
14 900	24 000	225	0	210	95	210	5	1 000	1 900	5 500	—
2 070	3 200	230	0	202	115	.	3,4	1 000	2 000	4 250	—
1 050	1 650	285	0	230	105	.	.	.	570	8 500	3 × MG, 100 kg B.
1 115	1 650	265	0	220	105	.	.	.	.	7 500	—
.	4 250	146	0	.	.	.	.	.	.	13 000	—
360	600	172	0	145	.	.	.	.	.	4 600	—
16 400	23 000	210	500	206	93	360	6,6	1 000	2 060	340	1 × MK, 4 × MG, 5 000 kg B.
3 890	6 600	195	0	.	.	.	.	.	1 500	2 800	
5 800	10 500	290	1 000	264	106	198	4,5	1 000	1 200	6 300	
1 075	1 500	208	0	.	.	.	.	.	.	6 400	3 × MG
2 020	3 379	320	0	290	105	—	12	3 000	850	5 700	
—	—	—	—	—	—	—	—	—	—	12 300	1 × MG 15 + 4 × 250 kg B.
—	—	—	—	—	—	—	—	—	—	—	1 × MG 15
4 700	7 450	310	0	280	—	—	—	—	2 500	5 000	
5 150	8 060	300	0	275	96	—	—	—	570	5 900	3 × MG 15 + 1 000 kg B.
—	—	—	—	—	—	—	—	—	—	—	
7 160	11 320	400	12 000	242	—	—	54	10 000	1 040	13 800	
6 985	9 200	420	9 000	250	—	—	60	13 700	1 200	14 000	1 × MG 17
2 315	3 400	320	0	290	108	—	—	—	500	7 000	1 × MG 17 + 1 × MG 15, 500 kg B.
2 760	4 250	310	0	285	120	—	17	3 000	800	6 000	2 × MG 17 + 1 × MG 15, 700 kg B.
—	5 900	400	0	310	—	—	—	—	1 920	7 500	2 × MG 17 + 1 MG 81 Z, 1 250 kg B.
—	—	400	0	310	—	—	—	—	820	7 000	2 × BK 3,7 cm + 1 × MG 81 Z
7 250	10 360	450	0	370	140	—	—	—	1 500	9 350	3-4 × MG 15 + 2 500 kg B.
8 050	12 450	475	0	370	140	—	—	—	2 950	8 500	5 × MG 15 + 2 500 kg B.
8 550	14 000	440	0	385	140	—	—	—	2 500	8 500	5 × MG 81 + 3 600 kg B.
9 000	12 800	410	—	370	140	—	—	—	2 000	8 250	2 × MG 15 + 3 000 kg B.
9 100	12 470	540	—	510	175	—	—	—	2 850	9 050	3 × MG 81 Z + 2 500 kg B.
8 100	11 450	500	—	490	145	—	—	—	2 950	8 800	3 × MG 17 + 3 × MG 151/20, 1 × MG 81 Z
8 480	11 490	475	—	425	140	—	—	—	2 950	8 600	3 × MG 15 + 1 × Rb

Type	Zweck	B	Triebwerk Muster	× N	b (m)	l (m)	h (m)	F (m²)
Ju 88 R-2	NJ	3	BMW 801 D-2	2 × 1 700 PS	20,08	14,96	5,07	54,70
G-1	NJ	3	BMW 801 D-2	2 × 1 700 PS	20,08	15,50	5,07	54,70
G-6	NJ	3	Jumo 213 A	2 × 1 750 PS	20,08	15,50	5,07	54,70
H-1	A	4	BMW 801 D-2	2 × 1 700 PS	19,95	17,65	5,07	54,70
P-4	S	3	Jumo 211 J-2	2 × 1 420 PS	20,08	—	5,07	54,70
T-1	A	3	BMW 801 G	2 × 1 700 PS	20,08	14,84	5,07	54,70
Ju 89	B	9	DB 600 A	4 × 960 PS	35,27	26,50	7,61	164,00
Ju 90	T	4 + 40	BMW 132 H	4 × 750 PS	35,02	26,30	7,50	184,00
Ju 187	B	2	Jumo 213 A	1 × 1 750 PS	18,06	11,80	3,90	—
Ju 188 F-1	A	4	BMW 801 D-2	2 × 1 700 PS	22,00	14,95	4,45	56,00
A-2	B	4	Jumo 213 A	2 × 1 775 PS	22,00	14,95	4,45	56,00
Ju 248	J	1	Walter HWK 109-579 C	1 × 2 000 kp	9,50	7,89	—	17,80
Ju 252	T	4	Jumo 211 F	3 × 1 350 PS	34,09	25,10	5,75	122,60
Ju 268	B	0	Jumo 004 B	2 × 900 kp	—	—	—	—
Ju 287	B	2	Jumo 004 B-1	4 × 900 kp	20,10	18,28	—	58,30
Ju 288 A	B	3	Ju 222 A/B	2 × 1 800 PS	22,00	16,60	4,58	60,0
B	B	4	DB 606 A/B	2 × 2 080 PS	22,60	18,12	5,60	64,70
C	B	4	DB 610 A/B	2 × 2 500 PS	22,60	18,45	5,00	64,70
Ju 290 A-1	A	5-6	BMW 801 D-2	4 × 1 700 PS	42,00	28,20	6.83	205,30
Ju 322	LS	3 + 140	—	—	82,35	—	—	—
Ju 352	T	4	Bramo 323 R-2	3 × 1 200 PS	34,21	24,60	5,75	128,20
Ju 388 L-0	A	3	BMW 801 TJ	2 × 1 810 PS	22,00	15,20	—	56,00
K-1	B	3	BMW 801 TJ	2 × 1 810 PS	22,00	15,20	—	56,00
Ju 390	A	10	BMW 801 D-2	6 × 1 750 PS	50,32	29,15	—	254,30
Ju 488	B	5-6	Jumo 222 A/B	4 × 2 500 PS	31,29	23,24	7,10	88,00
Ju 635	J	3	DB 603 E	4 × 1 750 PS	27,45	18,50	—	80,50
EF 100	T	6 + 75	Jumo 223	6 × 2 500 PS	65,00	49,80	9,00	350,00
EF 101	A	4 + 2	DB 613	4 × 3 500 PS	70,00	26,00	—	—
EF 126	J	1	AS 044	1 × 500 kp	6,65	8,46	1,90	8,90
EF 127	J	1	Walter HWK 109-509	1 × 2 000 kp	6,65	7m60		8,90
EF 128	J	1	HeS 011	1 × 1 700 kp	8,90	7,05	2,05	31,20
EF 130	B	2-3	BMW 003 A-1	4 × 800 kp	24,00	—	—	120,00
Kl 25 D VII R	S	2	HM 60 R	1 × 80 PS	13,00	7,50	2,05	20,00
Kl 26 e V	S	2	As 8	1 × 120 PS	13,00	7,45	2,05	20,00
Kl 31 XIV	R	4	Bramo Sh 14 a	1 × 160 PS	13,50	8,50	2,30	20,80
Kl 32 XIV	R	3	Bramo Sh 14 A	1 × 160 PS	12,00	7,20	2,05	17,00
Kl 33	S	1	DKW „P"	1 × 18 PS	11,00	6,90	1,91	16,20
Kl 35 A			Hirth HM 60 R	1 × 80 PS				
B D DW	} S	} 2	} HirtH HM 504 A-2	} 1 × 105 PS	} 10,40	} 7,50	} 2,05	} 15,20

264

Gewichte		Leistungen									Militärische Ausrüstung
G_L (kg)	G_F (kg)	V max (km/h)	in H (m)	V Reise (km/h)	V Lande (km/h)	V Steig (m/min)	(min f. m)		Rw. (km)	Gipfh. (m)	
—	11 500	580	—	510	160	—	—	—	3 000	9 200	4 × MG 151/20 + 1 × MG 81 Z
—	12 100	540	—	480	165	—	—	—	2 800	9 400	6 × MG 151/20 + 1 × MG 131
—	12 400	580	—	510	170	—	—	—	2 200	9 550	6 × MG 151/20 + 1 × MG 131
—	—	445	—	410	140	—	—	—	5 150	8 500	2 × MG 131 + WTZ 81
—	11 400	390	—	370	140	—	—	—	2 000	8 000	1 × BK 5 + 2 × MG 81 Z
—	12 215	640	—	570	175	—	—	—	1 090	9 800	2 × MG 131 + 3 × Rb
16 980	27 800	386	5 700	312	110	—	—	—	2 980	7 000	2 × MG/FF + 2 × MG 15, 1 600 kg B.
19 225	33 680	350	2 500	320	109	—	—	—	2 092	5 750	
—	—	—	—	—	—	—	—	—	—	—	1 MG 151/20 + 1 MG 131, 700 kg B.
9 860	9 920	500	3 000	395	175	—	—	—	1 950	9 450	1 MG 151/20 + 2 MG 131 + 2 MG 81 Z
14 510	14 500	520	3 000	400	175	—	—	—	2 400	9 500	1 MG 151/20 + 1 MG 151 + 1 MG 121, 3000 kg B.
2 206	5 300	950	6 000	—	—	—	3	15 000	200	15 000	2 × MK 108
12 495	21 980	438	5 800	335	120	—	—	—	4 000	6 800	1 × MG 131 + 2 × MG 15
—	—	—	—	—	—	—	—	—	—	—	
—	22 250	814	3 000	—	170	—	—	—	1 576	10 800	—
11 000	17 200	645	4 800	565	180	—	—	—	3 850	10 300	1 MG 151 + 2 MG 131 Z + 2 MG 81, 3000 kg B.
13 600	20 928	625	5 000	545	175	—	—	—	3 600	9 300	2 MG 131 Z + 1 MG 151, 3000 kg B.
—	21 815	651	5 000	520	175	—	—	—	2 584	10 370	3 × MG 131 Z + 1 MG 151, 3000 kg B.
31 155	41 090	350	5 000	340	—	—	—	—	5 600	6 010	2 MG 151, 4 MG 81, 1 MG 15, 1500 kg B
—	—	—	—	—	—	—	—	—	—	—	3 × MG 15
12 500	19 500	370	5 050	240	—	—	—	—	3 025	6 000	1 × MG 151/20
—	13 900	520	6 000	490	175	—	—	—	2 250	13 100	2 × MG 131, 3 000 kg B.
—	14 000	520	6 000	490	175	—	—	—	2 250	13 100	2 × MG 131, 300 kg B.
—	67 500— 73 000	450	6 000	347	—	—	—	—	8 000	6 000	—
21 000	36 000	690	—	622	—	—	—	—	4 360	11 350	1 FDL 151Z, 1 FDL 131Z, 15000 kg B.
—	33 000	720	6 500	—	—	360	—	—	7 450	—	
44 200	74 500	570	3 000	545	122	—	—	—	6 000	12 300	—
—	—	—	—	—	—	—	—	—	—	—	4 × FDL 131 Z
1 025	2 970	780	—	—	—	—	—	—	600	—	2 × MG 151/20
1 030	2 960	—	—	—	—	—	1,15	10 000	700	—	2 × MG 151/20
2 607	4 077	990	7 000	—	186	1 265	—	—	—	13 750	2 × MK 108
—	38 100	990	6 000	—	—	5 920	—	—	—	—	
420	720	160	0	140	60	192	5,8	1 000	650	4 800	
520	900	175	0	155	72		5,5	1 000	515	5 400	
690	1 250	190	0	165	85	140	8,0	1 000	735	3 800	
590	950	210	0	190	80	240	6,0	1 000	800	4 800	
200	320	105	0	95	50	.	17,0	1 000	450	.	
415	705	200	0	100	72	120	6,5	1 000	800	4 300	
460	750	212	0	190	78	180	5,3	1 000	665	4 350	
480	780	210	0	195	75	210	6,0	1 000	630	5 100	
470	785	185	0	170	80	195	6,5	1 000	600	4 400	

| | | | Triebwerk | | Abmessungen | | | |
Type	Zweck	B	Muster	× N	b (m)	l (m)	h (m)	F (m²)
Kl 36 B	R	4	Hirth HM 508 F	1 × 220 PS	11,00	8,98	2,32	19,50
Kl 105	S	2	Zündapp Z 9-092	1 × 50 PS	10,92	7,35	2,00	15,00
Kl 106	S	2	HM 500	1 × 100 PS	11,20	8,10	2,15	14,50
Kl 107	R	2	Hirth HM 500 A-1	1 × 105 PS	10,87	8,16	2,06	15,70
FK 166	Ü	1	HM 60 R	1 × 82 PS	6,40	5,08	2,18	10,38
Lippisch								
Me 163 B	J	1	HWK RII/211	1 × 1 500 kp	9,30	5,70	2,50	19,60
Me 263	J	1	HWK 109/509 C	1 × 1 700 kp	9,50	7,89	—	—
Me 265	Z	2	DB 603 A	2 × 1 745 PS	17,40	10,00	—	45,00
Me 329	B	1	DB 603 A	2 × 1 745 PS	17,50	7,70	4,74	—
P. 11	B	1	Jumo 004 B-1	2 × 760 kp	12,65	8,14	4,00	37,30
P. 12/II	J	1	Staustrahlantrieb	1 ×	16,10	9,60	—	—
DM 1	Y	1	—	—	6,00	6,60	3,18	19,90
P 13 a	B	1	Staustrahlantrieb	1 ×	6,00	6,70	3,25	20,00
P 20	J	1	Jumo 004 C	1 × 1 010 kp	9,30	5,73	3,02	17,30
Messerschmitt								
M 35	S	2	BMW-Bramo Sh 14 A	1 × 150 PS	11,57	7,48	2,75	17,00
M 36	R	.	Gnôme	1 × 380 PS	15,40	9,82	3,50	30,50
Bf 108 A	} R	} 4	HM 8 U	1 × 250 PS	10,31	8,06	2,02	16,00
Bf 108 B			} As 10 C	} 1 × 240 PS	10,62	8,29	2,10	16,40
Me 208					11,50	8,85	3,35	17,40
Bf 109 B-2	}	}	Jumo 210 Da	1 × 685 PS	9,80	8,70	2,45	16,35
E-3			DB 601 A	1 × 1 100 PS	9,90	8,76	2,45	16,35
F-4		} 1	DB 601 E	1 × 1 350 PS	9,92	8,94	2,60	16,20
G-6	J		DB 605 A	1 × 1 475 PS	9,92	8,94	2,60	16,02
G-10			DB 605 D	1 × 1 435 PS	9,92	8,85	2,50	16,10
K-4			DB 605 D	1 × 1 435 PS	9,97	9,05	2,60	16,05
Bf 110 C-1	Z	2	DB 601 A-1	2 × 1 100 PS	16,25	12,07	4,13	38,40
F-4	NJ	2	DB 601 F	2 × 1 300 PS	16,25	12,07	4,13	38,40
G-4	NJ	2	DB 605 B-1	2 × 1 475 PS	16,25	13,05	4,18	38,40
Me 155	J	1	DB 603 A	1 × 1 750 PS	20,50	12,00	3,03	39,00
Me 161	A	2	DB 600 A	2 × 960 PS	16,25	—	—	—
M 162	B	3	DB 601	2 × 1 000 PS	17,16	12,75	3,58	—
Me C 164	R	2 + 8	Argus As 411	2 × 575 PS	18,90	13,65	5,0	—
Me 209 V 1	V	1	DB 601 ARJ	1 × 1 800 PS	7,80	7,24	—	—
Me 209 V 4	J	1	DB 601 N	1 × 1 175 PS	10,04	7,24	—	—
Me 209 V 5	J	1	DB 603 G	1 × 2 000 PS	10,95	9,74	4,00	—

Gewichte		Leistungen									Militärische Ausrüstung
G_L (kg)	G_F (kg)	V max (km/h)	in H (m)	V Reise (km/h)	V Lande (km/h)	V Steig (m/min)	V Steig (min f. m)		Rw. (km)	Gipfh. (m)	
720	1 300	260	0	235	85	—	4,0	1 000	880	5 000	
340	560	150	0	135	65	108	12,0	1 000	500	3 000	
485	780	192	0	—	—	—	6,0	1 000	700	4 600	
475	625	190	0	175	80	185	5,1	1 000	670	5 550	
320	475	200	0	175	78	240	2,1	1 000	450	5 800	
1 427	3 950	900	—	—	—	—	2,6	9 200	100	15 200	2 × MG 151/20
2 210	5 310	950	—	—	145	—	—	—	125	16 000	2 × MK 108
6 300	11 000	675	5 400	—	—	—	—	—	—	—	2 × MG 17 + 2 MG 131, 2 × MG 151/20
—	—	740	6 000	—	—	—	—	—	—	—	5 × MG 151/20, 1 000 kg B.
4 005	7 500	903	10 000	—	150	—	23,9	10 000	2 000	12 000	1 000 kg B.
—	—	—	—	—	—	—	—	—	—	—	2 × MG 151/20
375	460	560	—	—	72	—	—	—	—	—	
—	2 300	1 650	—	—	—	—	—	—	—	—	
2 419	3 383	915	8 000	—	167	—	14,2	10 000	560	12 300	2 × MK 103 + 2 × MK 108
500	800	230	0	195	85	340	3,3	1 000	700	5 800	—
1 050	2 000	240	0	215	.	.	4,0	1 000	700	4 900	—
560	1 050	} 300	0	.	60	.	.	.	700	.	—
860	1 400	} 300	0	265	85	345	2,9	1 000	950	4 800	—
945	1 580	305	0	277	100	.	.	.	1 200	5 900	—
1 580	2 200	470	4 000	360	120	—	9,8	6 000	450	8 150	2 × MG 17
2 060	2 610	570	3 750	380	130	945	.	.	660	10 450	2 × MG 17 + 2 × MG/FF
2 255	2 980	635	5 000	530	130	—	—	—	650	11 600	2 × MG 17 + 1 × MG 151
2 680	3 200	630	—	520	140	—	—	—	650	12 100	1 × MG 151/20 + 2 × MG 131
—	3 678	685	—	525	145	—	—	—	640	12 000	1 × MK 108 + 2 × MG 131
2 346	3 383	710	—	645	145	—	—	—	640	12 000	1 × MK 108 + 2 × MG 131
4 885	6 028	475	0	350	150	—	—	—	1 410	10 000	2 × MG/FF + 4 × MG 17 + 1 × MG 15
—	—	—	—	—	—	—	—	—	—	—	1 × MG/FF + 2 × MK 108 + 4 × MG 17
5 094	9 390	550	5 980	510	150	—	—	—	900	8 000	4 × MG 151/20, 1 × MG 81 Z
4 869	5 521	690	—	645	135	—	—	—	1 695	16 950	1 × MK 108 + 2 × MG 151/20
—	—	—	—	—	85	—	—	—	—	—	1 × MG 15
—	—	480	—	—	—	—	—	—	—	—	2 × MG 15, 1 000 kg B.
—	5 200	—	—	384	—	—	—	—	—	2 000	
—	—	755	0	—	—	—	—	—	—	—	
—	—	—	—	—	—	—	—	—	—	—	1 × MK 108 + 2 × MG 17
3 339	4 058	678	6 000	—	150	—	—	—	600	11 000	1 × MK 108 + 2 × MG 131, 2 × MG 151/20

Type	Zweck	B	Triebwerk Muster	× N	b (m)	l (m)	h (m)	F (m²)
Me 210 A-2	Z	2	DB 601 F	2 × 1395 PS	14,34	12,12	4,28	36,20
Me 261	A	3	DB 601 A/B	2 × 2950 PS	26,87	16,69	4,72	—
Me 262 A-1a	J	1	Jumo 004 B	2 × 900 kp	12,65	10,60	3,83	21,70
M 262 B-	NJ	2			12,65	11,75	3,83	21,70
Me 264	A	8	BMW 801 D	4 × 1700 PS	43,00	20,90	4,30	127,70
Me 309	J	1	DB 603 G	1 × 1750 PS	11,04	9,46	3,90	16,60
Me 321	LS	3	—	—	55,00	28,15	10,15	300,00
Me 323 D-1	T	7	Gnôme-Rhône 14 N	6 × 990 PS	55,00	28,15	10,50	300,00
Me 323 E-1	T	11	Gnôme-Rhône 14 N	6 × 1100 PS	55,00	28,50	9,60	300,00
Me 328 A	J	1	—	—	6,90			
Me 328 B	J	1	Argus As 014	2 × 360 kp	6,90	7,17	1,60	8,50
Me 410	Z	2	DB 603 A	2 × 1750 PS	16,35	12,48	4,28	36,20
Me 609	Z	2	DB 605 B	2 × 2000 PS	16,00	9,52	3,24	26,75
P 1099	J	2	Jumo 004 C	2 × 1200 kp	12,61	12,00	4,40	22,00
P 1101	J	1	Jumo 004 B	1 × 900 kp	8,08	8,83	—	15,80
P 1106	J	1	HeS 011	1 × 1300 kp	6,00	6,78	2,85	—
P 1107	B	3	BMW 018	4 × 3450 kp	17,37	—	—	80,00
P 1108/I	B	2	HeS 011	4 × 1300 kp	20,12	18,20	—	150,00
P 1108/II	B	2	HeS 011	4 × 1300 kp	21,70	12,50	3,12	150,00
P 1112	J	1	HeS 011	1 × 1300 kp	9,15	6,60	2,60	24,00

Gewichte		Leistungen									Militärische Ausrüstung
G_L (kg)	G_F (kg)	V max (km/h)	in H (m)	V Reise (km/h)	V Lande (km/h)	V Steig (m/min)	V Steig (min f. m)		Rw. (km)	Gipfh. (m)	
6410	10690	538	5200	188	145	—	13,0	6000	1620	8900	2×MG 151/20+2×MG 131, 2×MG 17
—	—	620	6500	495	—	—	—	—	—	10000	
4000	6775	870	6000	845	175	1200	13,2	9000	1050	11400	4×MK 108
4764	7700	841	6000	—	177	—	—	—	1500	10500	4×MK 108
21150	56000	545	6100	350	160	120	—	—	15000	8000	2×MG 151+3×MG 131+2000 kg B.
3530	4250	733	—	665	—	—	—	—	1100	12000	2×MG 151+3×MG 131
12200	34400	180	—	—	—	—	—	—	—	—	2–4 MG 15
27330	43000	285	0	218	155	—	—	—	1100	4000	5×MG 15
29600	45000	285	0	250	155	—	—	—	1100	4500	2×MG 151/20+7×MG 131
1600	4500	805	—	—	—	—	—	—	485	—	Sprengladung 500 kg
7983	11237	630	8100	582	163	—	22,5	8000	1300	9500	2×MG 151+2×MG 131, 1000 kg B.
6100	9930	685	—	—	—	1550	—	—	—	—	2×MK 108+2000 kg B.
4260	8762	—	—	—	—	—	—	—	—	—	4×MK 108
2077	4070	1100	6000	—	172	—	—	—	—	—	2×MK 108
—	—	—	—	—	—	—	—	—	—	—	2×MK 108
—	30700	880	—	—	—	—	—	—	2000	—	4000 kg B.
—	—	850	—	—	—	—	—	—	2000	—	1000 kg B.
—	46500	—	—	—	—	—	—	—	—	—	2500 kg B.
2291	4674	1100	8000	—	—	—	—	—	—	—	4×MK 108

Verzeichnis der Fotos

Verzeichnis der Skizzen

Der Autor

Heinz J. Nowarra, 1912 in Berlin geboren, 1919–1928 Besuch des Treitschke-Gymnasiums in Berlin-Wilmersdorf, 1928–1930 Lehre als Handlungsgehilfe. 1930 bis Ende 1933 arbeitslos. Dezember 1933 bis Januar 1936 Kontorist und Kassierer, 1936 bis Anfang 1940 Lagerbuchhalter und Terminbearbeiter bei Siemens-Schuckert, Schaltwerk. 1941 bis Mitte 1942 Gesellschaft für Luftfahrtbedarf in Berlin (Ersatzteilbewirtschaftung für Me 109, Januar 1942 für Ju 88). Ab Mitte 1942 in gleicher Funktion abgestellt zu Junkers-Flugzeug- und Motorenwerke, Werft Leipzig, als Gruppenleiter beim Ringführer Ju 88, später auch für Ju 188 zuständig, Mistel-Programm. Nach 1945 Ausübung verschiedener Berufe, ab 1949 Wiederaufbau des im Kriege zerstörten Luftfahrt-Bild- und Informationsarchivs, zur Zeit größtes Luftfahrt-Bildarchiv in privater Hand (über 30 000 Negative). 1968 bis Ende 1977 Mitarbeiter der Abteilung »Marktforschung und Verkehrsentwicklung« am Flughafen Frankfurt/Main, Arbeitsgebiet Interner Informationsdienst und Archiv. Seit 1958 umfangreiche Tätigkeit als Luftfahrtschriftsteller.

Bisherige Veröffentlichungen als Autor bzw. Mitautor:

1958	Harleyford, England	Richthofen and his Flying Circus
1959	Harleyford, England	Air Aces Germany 1914/18
1959	J. F. Lehmanns, München	Entwicklung der Flugzeuge 1914–1918
1960	Moewig, München	Jagdgeschwader 2
1960	Moewig, München	Nachtjagd
1961	J. F. Lehmanns, München	Die deutschen Flugzeuge 1933–1945 (Co-Autor: K. Kens)
1961	Eigenverlag	50 Jahre deutsche Luftwaffe, Bd. 1
1961	Moewig, München	Fliegerasse 1914/18
1961	Moewig, München	Bombengeschwader 1
1961	Moewig, München	6 Fliegergeschichten
1963	Harleyford, England	Messerschmitt 109
1964	J. F. Lehmanns, München	Die deutschen Flugzeuge (2. Auflage)
1964	Interconair, Genua	50 Jahre deutsche Luftwaffe, Bd. 2
1965	Harleyford, England	Marine Aircraft 1914/18
1966	Harleyford, England	Focke-Wulf Fw 190
1966	Aero Publishers, USA	Dornier Do 335
1966	Aero Publishers, USA	Junkers Ju 87
1966	Aero Publishers, USA	Tigers-Tanks
1967	Aero Publishers, USA	Heinkel He 177
1967	Aero Publishers, USA	Messerschmitt Me 262
1967	Caler, USA	Junkers Ju 87
1967	Caler, USA	Junkers Ju 88
1967	Interconair, Genua	50 Jahre deutsche Luftwaffe Bd. 3
1967	J. F. Lehmanns, München	Sowjetflugzeuge
1968	J. F. Lehmanns, München	Die deutschen Flugzeuge (3. Auflage)
1968	Hoffmann, Mainz	Eisernes Kreuz und Balkenkreuz
1968	Caler, USA	Marseille
1969	Hoffmann, Mainz	Deutsche Flughäfen
1970	Harleyford, England	Russian Civil & Military Aircraft
1971	Doubleday, New York	German Combat Planes (Co-Autor Ray Wagner)
1971	Jan Allen, England	Junkers (Co-Autor J. Hunter)
1972	J. F. Lehmanns, München	Die deutschen Flugzeuge (4. Auflage)
1975	J. F. Lehmanns, München	Heinkel und seine Flugzeuge
1977	J. F. Lehmanns, München	Die deutschen Flugzeuge (5. Auflage)
1977	Podzun, Friedberg	Spitfire (Bildband)
1977	Podzun, Friedberg	Uboot Typ VII (Bildband)
1978	Podzun, Friedberg	Deutsche Lastensegler (Bildband)
1978	Podzun, Friedberg	Russische Jagdflugzeuge (Bildband)
1978	Podzun, Friedberg	Fliegende Bleistifte (Bildband)
1978	Podzun, Friedberg	Junkers Ju 88 (Bildband)
1978	Podzun, Friedberg	Heinkel He 111 (Bildband)
1978	Podzun, Friedberg	Focke-Wulf Fw 200 (Bildband)
1978	Podzun, Friedberg	Luftschlacht um England (Bildband)
1978	Podzun, Friedberg	Geleitzugschlachten i. Mittelmeer
1978	Motorbuch, Stuttgart	Ju 88 und Folgemuster

1979 Motorbuch, Stuttgart — Die He 111
1979 Podzun, Friedberg — Blohm & Voß Bv 138 (Bildband)
1979 Podzun, Friedberg — Junkers Ju 87 (Bildband)
1979 Podzun, Friedberg — Fieseler Fi 156 »Storch«
1979 Podzun, Friedberg — Luftwaffeneinsatz »Barbarossa«
1980 Jane's, England — Heinkel He 111 (Motorbuch-Lizenz)
1980 Motorbuch, Stuttgart — Die verbotenen Flugzeuge
1980 Podzun, Friedberg — Die ersten Strahlbomber (Bildband)
1980 Podzun, Friedberg — Blohm & Voß Bv 222/238 (Bildband)
1980 Podzun, Friedberg — Deutsche Hubschrauber (Bildband)
1981 Motorbuch, Stuttgart — Junkers Ju 88 (2. Auflage)
1981 Motorbuch, Stuttgart — Nahaufklärer
1981 Podzun, Friedberg — Fokker Dr. I & D VII (Bildband)
1981 Podzun, Friedberg — Fremde Vögel
1981 Podzun, Friedberg — Die Bomber kommen
1981 Podzun, Friedberg — Heinkel He 219 (Bildband)

1982 Motorbuch, Stuttgart — Fernaufklärer
1982 Motorbuch, Stuttgart — Gezielter Sturz (Sturzbomber)
1983 Podzun, Friedberg — Die großen Dessauer (Bildband)
1983 Podzun, Friedberg — Udet
1983 Podzun, Friedberg — Die Flugzeuge d. A. Baumann
1984 Podzun, Friedberg — Heinkel He 162 (Bildband)
1984 Podzun, Friedberg — Me 109 II (Bildband)
1984 Podzun, Friedberg — Dornier Do X (Bildband)
1984 Motorbuch, Stuttgart — Torpedoflugzeuge
1984 Podzun, Friedberg — Die Flugzeuge des Alexander Baumann
1985 Podzun, Friedberg — Deutsche Jagdflugzeuge 1915 – 1945
1985 – 1988 Bernard & Graefe Verlag, Koblenz — Deutsche Luftrüstung (Bände 1 – 4)

Mitarbeit an mehreren Werken ausländischer Autoren; Artikel in »Flugrevue«, »Der Flieger« und »Le Fanatique de l'Aviation« (Frankreich)